(Mg. pag. 2f3 – 268.)
[La table de cet ouvrage n'a pas été
publiée. (Lettre du Préfet du Calvados,
29 Janvier 1852.)]

HISTOIRE
D'ARGENTAN

ET

DE SES ENVIRONS,

comprenant

DES RECHERCHES HISTORIQUES

Sur les Celtes et les premiers Gaulois ; sur les invasions des Romains,
des Franks et des Normands dans les Gaules ;
Sur les Chefs et Rois franks, depuis Pharamond jusqu'à nos jours ;
Sur la Normandie et l'Angleterre, avant et depuis la conquête par Guillaume ;
Sur le projet de canalisation de l'Orne, depuis Charles IX jusqu'en 1842 ;
Sur l'illustre famille Rouxel de Grancey.

ÉPISODES

De la domination des Celtes, des premiers Gaulois, des Romains, des Franks
& des Normands dans les Gaules.

ÉDITÉE ET PUBLIÉE

PAR JEAN-ALEXANDRE **GERMAIN,** ANCIEN AVOUÉ.

FASTES DE LA NORMANDIE. —— SYNCHRONISME.

ALENÇON,
TYPOGRAPHIE DE BONNET, ANCIENNE MAISON MALASSIS,
RUE DES FILLES-NOTRE-DAME.

1843.

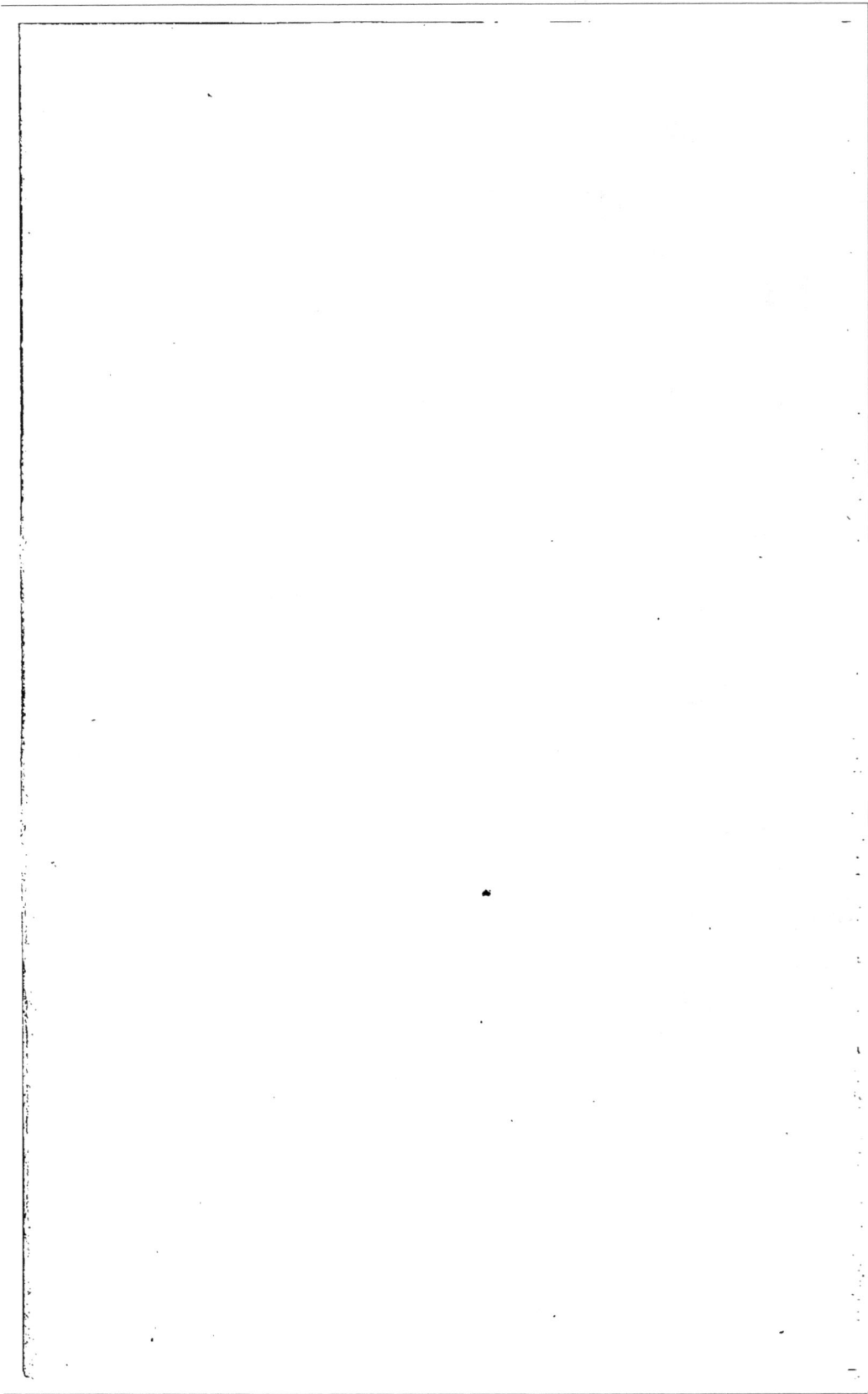

HISTOIRE
D'ARGENTAN.

CHAPITRE PREMIER.

INTRODUCTION.

Argentomo nobilissimo Neustriæ oppido.
NEUSTRIA PIA.

SOMMAIRE. — Du vieux royaume de Neustrie. — Divisions des républiques gauloises. — Les Gaulois font trembler les Romains. (Brennus.) — Les Romains franchissent le Pô et soumettent les Gaulois. — Annibal franchit les Alpes, défait les Gaulois et les Romains au Tésin et à la Trébia. — Chassés par les progrès de la mer, les Cimbres et les Teutons émigrent dans les Gaules. — César soumet les Gaulois et les Belges ; chassé des Gaules, il revient et s'en rend maître pour la deuxième fois. — César n'apparut jamais dans la seconde Lyonnaise. — Cités ou divisions sénatoriales, composant la deuxième Lyonnaise lors de la conquête par Sabinus, lieutenant de César. — Fondation de Seés au v.ᵉ siècle par les Saxons. — Fondation de Caen vers la même époque. — Position géographique d'Argentan. — Opinions sur la fondation de cette ville et l'étymologie de son nom. — Religion des Gaulois ; les Druides, leur empire sur la nation. — Monuments druidiques aux environs d'Argentan ; les

Druides nous ont transmis le dogme de l'immortalité de l'âme. — Des Bardes ; leurs poésies guerrières. — Comment a commencé et subsisté la nation gauloise, jusqu'à la conquête par les Romains. — Effets et durée de la domination romaine dans les Gaules. — De la religion du Christ ; consolidation de l'Église gallicane. — Ébranlement de la puissance romaine ; les peuples du Nord en partagent les débris ; les Germains et les Franks se fixent dans les Gaules. — Vestiges de camps romains ; monnaies à l'effigie des empereurs trouvées à Aulnou, près Argentan, en 1830. — Première mention d'Argentan dans l'histoire ecclésiastique de Normandie. — Saint Latuin, évêque de Seés à Argentan en 430. — Miracles de saint Germain à Tassilly, vers l'an 550. — Ce qu'étaient les Franks. — Pourquoi les conquêtes se font toujours du nord au sud.

Le vieux royaume de Neustrie ou France occidentale, sous les petits-fils de Clovis, était un démembrement de l'ancien territoire des Gaules.

Trois grandes divisions formaient l'ensemble des républiques gauloises appuyées, comme la France de l'empire, sur le Rhin, les Alpes, les Pyrénées, et bornées du reste par la mer du Nord, la Manche, l'Océan et la Méditerranée.

De ce pays, alors couvert d'immenses forêts, refuges d'un peuple belliqueux, sortirent à différentes époques d'innombrables soldats qui étendirent la Gaule bien au-delà de ses limites.

Plusieurs fois les Gaulois firent trembler les Romains. L'histoire nous apprend que Brennus, leur chef, après avoir défait l'armée romaine dans l'angle formé par le confluent de l'Allia et du Tibre, marche sur Rome qu'il trouve sans défense, la pille, la brûle, puis assiége le Capitole où s'étaient renfermés les hommes en état de porter les armes. Après plusieurs tentatives infructueuses pour s'en emparer, Brennus consent à traiter avec les Romains que la disette allait contraindre à se rendre. Mille livres d'or doivent être le prix de la rançon. Le vainqueur voulant y ajouter le poids de ses armes, dit aux Romains qui lui reprochaient sa déloyauté, le fameux *væ victis* (malheur aux vaincus). Mais Camille s'avance jusqu'au lieu de la conférence, fait remporter l'or des Romains, et sur les ruines de la ville immortelle , rachète avec le fer ce que le fer avait conquis.

Soixante ans plus tard , les Romains franchissent le Pô pour la première fois , et soumettent les Gaulois établis sur ses rives. Annibal franchit les Alpes , et secondé par les Gaulois cisalpins qui viennent se ranger sous ses drapeaux , il est vainqueur des Romains au Tésin et à la Trébia ; mais l'habileté des Romains, politiques et guerriers tout à la fois, pour lesquels la guerre était un besoin et l'extension de leurs conquêtes une nécessité, n'en soumet pas moins à leurs lois le pays des Allobroges , des Rhuténiens et quelques peuples limitrophes, dont ils incorporèrent le territoire à leur empire, organisant le tout en province romaine.

Trois ans leur suffirent pour la conquête de la Gaule méridionale qui a formé depuis le Dauphiné, la Provence et le Languedoc. Les troupes étaient conduites par les proconsuls Sextius et Domitius , auxquels succéda le consul Fabius, surnommé *le Grand*. A ce nom se rattache le souvenir d'un événement tragique qui, en nous faisant connaître combien était indomptable le courage de nos ancêtres, nous prouve jusqu'à quel point ils portaient l'amour de la liberté ; s'ils succombèrent, ce fut écrasés sous le nombre et peut-être parce qu'ils étaient moins expérimentés dans l'art de la guerre.

Ce fait est rapporté par Orose, auteur espagnol du iv.e siècle :
« Des Gaulois, dit-il, d'une nation au pied des Alpes, étaient
» assiégés par le consul Q. Marcius, et sur le point d'être
» forcés par ses troupes ; l'incendie dévorait déjà leurs maisons :
» plutôt que de se rendre , ils se jetèrent dans les flammes
» après avoir tué leurs femmes et leurs enfants. Ceux qui,
» surpris par les Romains, avaient été faits prisonniers, se
» donnèrent la mort, les uns par le feu, les autres en se
» pendant ; quelques uns se laissèrent mourir de faim ; et il
» n'y en eut aucun, même parmi les plus jeunes, chez qui
» l'amour de la vie fut assez fort pour leur faire supporter
» l'esclavage. »

Cet acte de désespoir n'est pas unique dans l'histoire : Numance, en Espagne, en avait donné l'exemple vingt ans auparavant ; il s'est renouvelé depuis, même de nos jours, dans la guerre des Grecs contre les Turcs ; et en l'année 1842, dans la guerre des Anglais contre la Chine.

Les Cimbres et les Teutons, chassés de la Chersonèse par les progrès de la mer, émigrent dans les Gaules au temps où les Romains venaient d'y pénétrer ; ils les ravagent et s'avancent vers l'Italie. Cinq corps d'armée leur furent opposés successivement, sous les ordres des consuls Scaurus, Cæpion et Mallius : tous furent taillés en pièces. Enfin, après cinq années de combats acharnés, ces masses d'hommes du Nord, qui avaient porté leurs ravages jusqu'en Espagne, et s'étaient repliés sur la Gaule, furent arrêtés par le consul Marius qui en extermina des milliers près d'Aix et de Verceil, et rendit ainsi la paix aux Gaules : ce qui en resta se trouvant au-delà des Alpes, fut totalement détruit dans le nord de l'Italie.

La Gaule celtique était depuis quelque temps divisée en deux factions principales, à la tête desquelles étaient les habitants de l'Autunois d'un côté, ceux de la Franche-Comté de l'autre ; les premiers appelèrent à leur aide les Germains, habitants de l'autre côté du Rhin, avec lesquels ils battirent leurs ennemis et les forcèrent à demander la paix ; mais bientôt ils eurent à se repentir d'avoir appelé des étrangers à leur secours, car ceux-ci, au lieu de retourner chez eux après l'expédition, se fixèrent sur le territoire des vaincus et même sur celui de leurs alliés, dont ils s'emparèrent à force ouverte. Bientôt après, Arioviste, leur chef, fit venir de nouvelles troupes de la Germanie, pénétra plus avant dans les Gaules et s'établit près des rives de la Seine.

Huit ans après, César chasse Arioviste, soumet les Gaulois et les Belges qui bientôt se révoltent et expulsent les Romains. César s'empare de nouveau des Gaules que défend en vain le vaillant Wercingentorix. Cet admirable chef des Gaulois, contraint de présenter ses mains aux fers des ennemis de sa patrie , conserva néanmoins toute la dignité de son beau caractère, et la fermeté de l'homme dont on ne peut enchaîner que le corps.

Sa captivité fut longue ; les guerres civiles firent durer six ans l'incertitude de son sort. Enfin arriva le jour où César, après avoir abattu Pompée et détruit ses nombreux partisans , se crut assez fort pour triompher en même temps et des étrangers et de ses propres concitoyens. « Un grand nombre de » prisonniers, dit un des auteurs de l'histoire romaine , précé- » daient le char, et entre eux , ou plutôt par-dessus tous, se » faisait remarquer Wercingentorix , ce chef infortuné de toute » la Gaule liguée, *qui fut , après la cérémonie , jeté dans un* » *cachot et mis à mort.* Triste fin pour un homme dont le crime » était d'avoir voulu venger son pays. »

César employa neuf années entières à la conquête des Gaules; jamais il n'apparut dans la partie des Gaules dite la seconde Lyonnaise et depuis la Normandie ; ce fut son lieutenant Titurus-Sabinus qui en acheva la conquête. Viridorix voulut en vain profiter de l'insurrection des Armoriques pour relever l'étendard de sa patrie, il fut vaincu près de la ville des Eburovices (Evreux). Ce généreux citoyen de la seconde Lyonnaise, cet autre Wercingentorix de la patrie gauloise fut passé par les armes.

Dès lors les Gaulois perdirent leur nationalité ; le pays ne fut plus qu'une province du grand empire ; devenus colons des Romains, ils cultivèrent leurs champs au profit des vainqueurs, dont ils partagèrent la gloire et les revers.

A l'époque de la conquête par Sabinus, la seconde Lyonnaise fut composée de neuf cités principales ou divisions sénatoriales; sept de ces divisions étaient comprises dans la Gaule celtique :

1.º Les Eburovices (entre la Seine et la Rille) , Evreux ;

2.º Les Lexoviens (de la Rille à l'Orne), Lisieux ;

3.º Les Bajocasses (habitants du Bessin), Bayeux ;

4.º Les Viducasses (de l'Orne à la Haute-Vire), Vieux ;

5.º Les Unelliens (le territoire du Cotentin), Coutances ;

6.° Les Abricantes (le territoire d'Avranches), Avranches ;

7.° Les Ossimiens ou Oximiens (aux sources de la Dive), Exmes ;

8.° Les deux autres divisions composant la seconde Lyonnaise étaient formées des Aulerces-Diablintes et peut-être même des Ambiliates qui occupaient en - deçà de la Sarthe les environs de Domfront ;

9.° Enfin les Aulerces-Cénomans au-delà de la Sarthe ; on ne connaît pas le nom de leur capitale, et Alençon n'existait pas alors.

Les Sessiens, Sagiens ou Saïens, n'ont été connus qu'à l'époque dés Saxons, qui fondèrent la ville de Seès au v.ᵉ siècle.

Ce fut vers la même époque que l'on connut les Cadétiens ; Caen venait d'être aussi fondée par les Saxons.

Tout le territoire embrassé par ces divisions était une partie de l'Armorique.

L'empereur Auguste, premier successeur de César, fit une nouvelle division des Gaules, en quatre parties.

Celle où notre territoire fut compris, tant que dura la domination romaine, conserva le nom de seconde Lyonnaise.

Sous l'empire de Dioclétien, la seconde Lyonnaise, qui était gouvernée par un président, occupa le même territoire qui, ensuite, sous les rois franks, fit partie de la Neustrie, laquelle prit le nom de Normandie, après la cession faite par Charles le Chauve à Rollon, duc ou chef des Normands.

Le pays aujourd'hui désigné sous le nom de département de l'Orne appartint, jusqu'au décret qui créa, en 1790, les départements, à l'ancienne Normandie et au Perche. Il fut composé de la Mayenne et de la Basse-Normandie, ainsi que de la partie occidentale du Perche. Ce territoire était, en presque totalité, dépendant de l'intendance d'Alençon et du diocèse de Seès.

La ville d'Argentan qui fait partie de la division oximienne, dans ce qui compose le département de l'Orne, et forme le deuxième arrondissement de ce département, est située au 17.ᵉ degré 35 min. de longitude, et au 48.e degré 45 min. de latitude. Aucun historien n'a pu jusqu'à ce moment nous donner des notions précises sur le temps et les auteurs de sa fondation ; tous se bornent à dire qu'elle se perd dans l'antiquité.

Les Gaulois ne nous ont pas laissé d'annales de leurs siècles. Les guerres et les constructions nouvelles qui se sont succédées ont dû faire disparaître les monuments du premier âge qui pouvaient exister sur le sol de cette ville.

A défaut de monuments et de renseignements historiques, nous rapporterons les différentes opinions des auteurs qui ont fait des recherches sur ce sujet et dont les travaux ont été conservés.

Simon Prouverre, prêtre d'Argentan, dans son *Histoire du diocèse de Scès*, en latin, dit que les historiens latins donnaient différents noms à cette ville ; les uns l'ont appelée *Argentariæ*, lieu où l'on fait la monnaie ; d'autres, avec M. de La Force, *Argentomum Castrum*, *Ara Gentis*, *Arx Gentana*. Selon Marin Prouverre, ce dernier nom serait celui qu'elle aurait conservé depuis, car celui d'Argentan n'est que la corruption des deux mots romains dont on a supprimé la dernière lettre.

Le même auteur croit que le nom primitif d'Argentan était celtique ; que la prononciation en a été adoucie ou corrompue par les Romains. Il ajoute que cette ville existait bien avant César, et que du temps des Romains, elle fut un lieu de passage et une station militaire de leurs troupes qui traversaient en cet endroit la rivière, lorsqu'elles allaient de Tours à Cherbourg ou à Lisieux ; ils y avaient élevé une forteresse pour maintenir la communication entre les camps qu'ils avaient établis chez les Cénomans, les Aulerces-Diablintes et les Lexoviens.

Plusieurs prétendent que c'est bien réellement l'*Aræ Genuæ* des tables de Putinger qui en fixe la position à 70 milles d'*Alauna* (aujourd'hui le village d'Alône, près Valognes, où l'on voit encore les ruines d'un vaste établissement de bains chauds, auxquels on donnait le nom de Thermes, et dont les Romains faisaient un usage journalier ; les ruines d'un cirque, c'est-à-dire d'un de ces édifices destinés aux jeux publics et à ces jeux cruels où de s'entr'assassiner les hommes se donnaient tablature ou bien luttaient contre des bêtes féroces), et à 90 milles de *Cæsarodurum* (Tours). On sait que ces tables furent dressées par Putinger, sous l'empire de Théodose. Ainsi, comme le pensent la plupart, Argentan était, avant l'invasion des Franks, comptée au nombre des villes de la Gaule.

M. de La Force prétend qu'elle fut nommée *Ara Gentis*, pour exprimer que c'était en ce lieu qu'était placé l'autel de la nation. Ce nom, dit-il, lui fut donné par les Romains, car Argentan, du temps des Druides, était un point assez important que ces prêtres avaient choisi pour célébrer leurs mystères.

En effet, la religion des Gaulois était celle de presque tous les peuples du Nord, le culte d'*Odin*, conquérant législateur, scythe déifié qui promettait aux braves les plaisirs sensuels du Walhalla, dans les salles du palais des morts. On comprend d'après cela comment la guerre était pour eux une passion : victorieux, ils acquéraient des richesses dans ce monde; morts, mais non vaincus, ils devaient être compagnons des dieux et partager leurs joies éternelles. Au nombre des objets de leur adoration étaient le soleil, la lune, le feu, les arbres, les rivières ; leurs prêtres ou Druides se réservaient exclusivement le soin d'élever la jeunesse au fond de ce qu'ils appelaient des bocages sacrés. Ils ne confiaient qu'à la mémoire les éléments des sciences. Ils choisissaient les hommes les plus intelligents, se les associaient et les instruisaient avec mystère dans les sciences chaldéenne, égyptienne, phénicienne, grecque, arabique, et dans tous les arts connus dans ces temps reculés, puisque l'origine de ces Druides date d'environ 1,500 ans avant Jésus-Christ.

La discrétion était particulièrement recommandée à leurs adeptes. Les caractères dont ils se servaient dans leur langue celtique étaient originairement les mêmes que ceux de l'alphabet grec, tant pour les lettres que pour les nombres arithmétiques [1], et par un art caché, chaque mot composait un nombre qui convenait à la chose qu'ils voulaient désigner. C'est ainsi qu'ils marquaient par des noms mystérieux ou voilaient sous des signes allégoriques les objets de leur culte ; en outre ils avaient adopté plusieurs divinités grecques et égyptiennes, et suivaient pour le culte divin le cérémonial majestueux du rite celtique, et quoique, depuis la conquête des Gaules, les empereurs romains leur eussent ordonné plusieurs fois de se conformer au rite de leur empire, ils n'en firent rien, ce qui fut en partie cause de leur destruction, sous l'empire de Tibère, vers l'an 27 de l'ère chrétienne [2].

Belenus Abrasax, noms grecs et celtiques de leurs divinités dont les caractères alphabétiques donnaient le nombre 365, signifiaient mystiquement le soleil, qui, dans sa révolution annuelle, fournit 365 jours [3].

Ces Druides, chefs de la religion, se faisaient aussi des dieux à leur image : c'étaient l'Incendiaire, l'Exterminateur, la Mort, le dieu du carnage, celui des vengeances. La Pitié, la Miséricorde, la Justice n'avaient pas d'autels.

---

(1) Druides græcis litteris utantur. (*Jul. Cæs. de bello gall.*, lib. VI, § XIV.)

(2) Anno 657 urbis Romæ Cn. Cornelio Lentulo, P. Licinio Crasso Consulibus senatûs consultum factum est, ne homo immolaretur, paulumque in tempus siluit sacri prodigiosi celebratio, gallias utique possedit, et quidem ad nostram memoriam : namque Tiberii Cæsaris principatus sustulit Druidas eorum, et hoc genus vatum medicorum que : quid ipse ego, hancce memorem artem Oceanum quoque transgressam et ad naturæ inane pervectam in Britanniam, quæ hodie eam attonite celebrat tantis ceremoniis, ut dedisse Persis videri possit adeo ista toto mundo consensere, quanquam discordi et sibi ignoto non satis estimari potest, quantum Romanis debeatur, qui sustulere monstra, in quibus hominem occidere religiosissimum erat mandi vero etiam saluberrimum.

(3) B E L E N U S   A B R A S A X
    2 8 30 5 50 70 200   1 2 100 1 200 1 60

Les chiffres souscrits de ces deux noms mystiques représentent la valeur numérale de chaque lettre ; les nombres de chacun de ces noms étant additionnés, donnent 365.

Avec eux et par eux , les Gaulois plaçaient le berceau de leur nation au sein des enfers ; ils se disaient enfants de Pluton (Hœder ou l'aveugle). C'est par suite du culte consacré à ce Dieu , qu'ils comptaient par nuits et non par jours. Il n'y a pas encore bien des siècles que l'on comptait en France par nuits. Le peuple de la campagne dit encore *à nuit*, *à nieu*, pour dire aujourd'hui. Ils excommuniaient les profanes , désignaient les victimes pour les sacrifices. C'était ordinairement des loups, des brebis et des renards : ils immolaient parfois des victimes humaines , particulièrement des vieillards, prétendaient guérir les maladies par des amulettes et par des enchantements composés des noms mystiques du soleil , de la lune et de la terre ; ils n'élevaient point de temple à la divinité , convaincus que l'univers entier n'est pas même capable de la contenir ; ils lui élevaient seulement des autels qui étaient en grand nombre dans nos forêts ; souvent une roche remarquable était à leurs yeux le symbole de quelque divinité.

A presque toutes ces pierres se rattachent des contes populaires qui attribuent l'élévation de ces masses énormes à des forces surnaturelles.

Les Bas-Bretons , dont le patois est un reste de la langue celtique , appellent *menhirs* (les pierres debout) ou *peulvan* (pilier-pierre) celles qui sont plantées en terre , seules, et se terminant en pointe comme des obélisques ; enfin ils nomment *dolmen* (table-pierre) le monument formé d'une grande pierre plate , élevée en forme de table, sur d'autres plantées de champ qui lui servent de supports et une quatrième posée sous le côté oriental à laquelle elle ne touche pas, et qui reste tellement en équilibre que le moindre vent , la moindre impression du doigt la fait osciller comme un anémomètre. Tous ces monuments sont formés de pierres brutes ; on n'en connaît point de taillées. Nous trouvons également dans nos contrées des enceintes druidiques, la plupart situées sur des hauteurs, dont Jules César , ou plutôt ses lieutenants s'emparèrent pour construire des camps, connus sous le nom de *Camps de César*.

MONUMENTS DRUIDIQUES AUX ENVIRONS D'ARGENTAN.

On a donné en général aux monuments dont nous venons de parler la qualification de *druidiques*, quoique peut-être les Druides ne les aient pas élevés. Ils ont pu être avant eux des points de réunion fréquentés par les peuples, et, pour cette raison, les Druides se les seront appropriés et les auront consacrés à leurs cérémonies religieuses.

Le premier de ces monuments que nous signalerons est le dolmen de Fresné-le-Buffard, qui se trouve dans la commune de ce nom, sur le bord du chemin de cette commune à Habloville, et qui est généralement appelé *Pierre-des-Bignes*. C'est une pierre brute, massive, épaisse de 1 mètre 55 centimètres, longue de 4 mètres, large de 3 mètres 33 centimètres; elle est à 1 myriamètre d'Argentan, appuyée sur trois roches, longues chacune de 1 mètre; une quatrième, à laquelle elle ne touche pas, est posée sous son côté oriental.

Le second est une pierre plus vaste et plus dure encore qui se voit à 1 myriamètre d'Argentan, à l'occident, vers Trun, à Fontaine-les-Bassets; elle est inclinée sur trois roches et pleurant toujours.

Le troisième est une vaste pierre, posée horizontalement sur trois autres moyennes, proche la paroisse du Cercueil, sur la Bruyère, vers l'entrée de la forêt d'Alençon, à 2 myriamètres d'Argentan.

Le quatrième se voit dans la forêt de Silly-en-Gouffern, canton d'Exmes, près la route de Paris, entre Silly et le Château-de-la-Vente, sur la commune du Pin. Cette pierre peut avoir 6 mètres d'élévation. On peut la placer dans la classe des pierres itinéraires des Celtes, puisqu'elle a cela de particulier qu'elle s'élargit paraboliquement du haut en bas.

Le cinquième est la roche pyramidale de Vignats, à deux myriamètres d'Argentan, sur le haut du côteau dans lequel est la grotte sacrée du Druide, actuellement nommée la *Loge du Loup*.

Le sixième est la fameuse roche de Bailleul, nommée le *Vaudobin*, sur laquelle sont imprimées beaucoup de cavités irrégulières, qui passent pour être les pas d'un bœuf et ceux d'un dragon à sept têtes de formes différentes, armé de griffes et de dents aiguës, dévorant les hommes et vomissant du feu par ses gueules, par ses nez et par ses oreilles. Aux environs de cette roche, dans le côteau, est l'antre qui servait de repaire à ce dragon.

Le septième est un monument funéraire, situé en la commune de Moulins-sur-Orne, section de Cuigny, au lieu dit les Hogues, et que l'on détruit aujourd'hui. C'était une éminence ou tertre conique de terres rapportées, et qui, suivant l'usage des Celtes, étaient amoncelées sur la sépulture des grands. On y trouve beaucoup d'ossements parfaitement conservés, des pièces de monnaie. Dernièrement on y a trouvé une petite hache en bronze, des petits vases en terre cuite et vernis noir; on y remarque de fortes pierres étrangères au sol. Le sommet du cône se terminait par une de ces pierres.

La seule enceinte druidique que nous connaissions dans les environs d'Argentan est le camp du Châtellier ou de César, situé dans la commune de Montmerrei, à peu de distance et à droite de la route d'Argentan à Seès. La forme de ce camp prouve qu'il n'est pas romain, surtout si l'on considère celle des camps romains, dont les anciens, entre autres Polybe, ont conservé les plans. Il offre la figure d'une ellipse dont le grand diamètre a 430 mètres et le petit 280; cet ovale, un peu irrégulier, s'aplatit vers le nord. Le rempart a 33 mètres à sa base : sa hauteur est de 13 mètres à l'ouest, et seulement de 10 mètres à l'est. Il est conservé dans son entier, à l'exception d'une ouverture qu'on a pratiquée du côté du nord. Le dessus du rempart a environ 5 mètres de largeur, l'enceinte peut avoir 1,240 mètres de circonférence; la construction est en terre et en pierres de toutes dimensions [1].

_____

(1) On a remarqué que tous les monuments druidiques étaient orientés :

César, liv. VI de la guerre des Gaules, dit que l'année des Druides commençait au solstice d'hiver, la sixième nuit de la lune, à minuit. Ils coupaient, avec une serpe d'or, le gui de chêne qu'ils distribuaient au peuple en criant *au gui l'an neuf!* C'était toujours à la sixième lune que commençaient leurs mois, leurs années, et leurs siècles qui étaient de trente ans.

Peuple de soldats, les Gaulois tremblaient à la voix de leurs Druides. Les anathèmes qui sortaient de leurs bouches les frappaient de la plus violente terreur ; toute espèce de pouvoir était concentré dans leurs mains ; ils étaient maîtres des esprits, et ils asservissaient la nation avec un empire d'autant plus absolu qu'elle n'en sentait ni la force ni l'étendue.

Ces Druides étaient célibataires, et ce renoncement les rendait plus vénérables aux yeux d'un peuple qui offrait de fréquents hommages à la beauté ; leur vie solitaire dans les forêts qui leur servaient de temples, semblait les faire communiquer plus particulièrement avec les dieux qu'ils adoraient.

C'est de ces espèces de mages néanmoins que l'on tient un dogme précieux, celui de l'immortalité de l'âme[2]. C'est là peut-être ce qui les portait à brûler leurs victimes pour les envoyer plus promptement aux dieux, lorsqu'ils les avaient purifiées en les faisant passer par les flammes. Ils n'oubliaient pas, en enterrant leurs morts, d'ensevelir avec eux leurs armes, comme ce qu'ils avaient de plus précieux et de plus cher au monde pour attaquer et se défendre, car en adoptant l'immortalité, ils laissaient à l'homme ses désirs et ses passions.

---

les dolmens aux quatre points cardinaux, les menhirs à l'équinoxe et aux solstices ; ce qui suppose dans les fondateurs quelques connaissances astronomiques et un système dans la destination. Il est probable qu'ils rendaient un culte au soleil, qu'ils ne regardaient cependant que comme l'emblème de la divinité.

(2) Les Druides eux-mêmes pouvaient le tenir des Phéniciens dont le temple subsistait 1,200 ans avant Moïse, et dont la religion, établie depuis plus

Si les Gaulois portaient un respect profond aux Druides, ils avaient de l'amour pour les Bardes qui étaient leurs poètes. Les armées ne marchaient pas sans être accompagnées de ces chantres qui célébraient les grands exploits, donnaient la renommée aux chefs quand ils étaient des héros, et apprenaient à tous à mépriser la mort pour obtenir la gloire. Leurs poésies remuaient les âmes belliqueuses et fortifiaient les courages, ajoutaient à cet enthousiasme guerrier qui ne voyait plus le danger ni la mort.

La nation gauloise, comme presque toutes les nations, a commencé par des populations réunies qui formaient une espèce de ligue, tantôt amies, tantôt rivales.

Du temps de Tarquin l'Ancien, 5.e roi de Rome, la Gaule, surchargée d'habitants, envoya, suivant l'usage des peuples anciens, l'excédant de sa population chercher fortune ailleurs, et fonder des colonies où ils trouveraient les moyens de le faire. Ces émigrants, en grand nombre, se formèrent en deux divisions, dont une se porta au nord, l'autre au midi. Celle-ci passa les Alpes et forma des établissements dans le nord de l'Italie, aux lieux où sont maintenant le Piémont, Gênes, la Lombardie et le pays de Venise. C'est ce que les Romains appelèrent depuis la Gaule Cisalpine, pour la distinguer de la grande Gaule qui, pour eux, était la Gaule Transalpine, *Trans Alpes*.

Les Gaulois, tant au-delà qu'en-deçà des Alpes, eurent à soutenir, pendant cinq siècles, des guerres où ils firent preuve du plus grand courage. Nous avons vu qu'après avoir battu les armées des Étrusques et des Romains, ils se rendirent maîtres de Rome qu'ils saccagèrent ; mais bientôt la victoire passa d'un camp à l'autre, parce que les Gaulois ne surent pas se

---

longtemps encore, annonçait l'immortalité de l'âme et des peines après la mort ; puisque, comme nous l'avons vu précédemment, ils étaient initiés dans les sciences des Chaldéens, des Egyptiens et des Syriens qui avaient embrassé depuis long-temps cette croyance utile.

tenir unis, et se prêter, quand il l'aurait fallu, un secours mutuel.

On lit dans les *Commentaires de César* de quelle manière il s'ouvrit un chemin dans les Gaules et comment il soumit ce peuple jugé redoutable, conséquemment destiné plus qu'un autre à subir le joug du vainqueur.

La domination romaine dura près de cinq siècles dans la Gaule. Contre l'usage des Romains, on lui ôta ses lois et ses coutumes. Plusieurs fois les Gaulois cherchèrent, comme nous l'avons dit, à reconquérir leur indépendance. De fréquents soulèvements avaient lieu ; mais Rome s'appesantit sur eux, et lois, institutions, mœurs, usages, langage même, tout devint romain, de telle sorte que, suivant l'abbé Dubos, il ne se trouvait, à proprement parler, plus de Gaulois dans les Gaules.

Après Jules-César, vint la religion du Christ, apportant avec elle les bienfaits et les maximes sublimes de l'Évangile.

Vers la fin du v.ᵉ siècle, les apôtres Nicaise et Mellon la répandent parmi les Véliocasses et les Caletiens (habitants des deux Vexins et du pays de Caux), et fondent l'église de Rouen. Un autre apôtre, Exupère ou Spire fonde celle de Bayeux sur les ruines d'un temple de Druides. La juridiction ecclésiastique s'étendit, et l'autorité des papes sur l'église gallicane fut consolidée.

Rome conservait dans son sein les éléments de sa propre destruction : l'étendue et le poids de son empire, les immenses richesses du sénat, la corruption des citoyens, la dégradation du peuple et toute l'insolence des prétoriens, arrachèrent à la ville des Césars le sceptre du monde.

Vingt peuples divers, tous sortis des nations gothique, scytique et germanique, se jetèrent sur le géant romain, le renversèrent, en déchirèrent les membres, s'en partagèrent les lambeaux.

A l'ébranlement de la puissance romaine et au bruit des invasions germaniques, les cités de la seconde Lyonnaise et celles situées entre la Seine, la Loire et l'Océan s'étaient liguées entre

2

elles, et avaient formé la république des Armoriques. Diverses peuplades qui occupaient les deux rives du Rhin, depuis les sources du Mein jusqu'aux marais Bataves, c'est-à-dire la Franconie, la Westphalie et la Gueldre, s'étaient réunies, sous le nom de Franks, pour défendre leur indépendance si souvent menacée par les Romains. Contents jusqu'alors, ils n'avaient pas franchi leurs limites, ou s'ils l'avaient fait, leurs excursions dans les Gaules n'étaient que de simples courses et jamais ils n'avaient eu l'idée de s'y fixer ; mais ayant trouvé leur pays trop épuisé pour fournir à leurs besoins sans cesse renaissants ; forcés de devenir eux-mêmes cultivateurs, il était naturel qu'ils préférassent notre beau pays aux déserts et aux marais de la Germanie. Bientôt ils pénétrèrent dans les Gaules et parvinrent à s'y maintenir même du consentement des Romains qui n'étaient plus en état de les repousser.

Ceci se passait au milieu du v.ᵉ siècle. Ce n'était pas cependant la première fois qu'ils se mesuraient avec les Romains, car, du temps d'Auguste, ils leur avaient fait éprouver de grandes pertes : la plus sanglante et la plus désastreuse fut la destruction de l'armée commandée par Varus, l'un des généraux d'Auguste, dans les marais et les bois de la Westphalie. Il avait sous ses ordres trois légions formant 18,000 hommes, trois corps de cavalerie formant 1,800 hommes, enfin six cohortes composées de 3,600 fantassins. Ce général imprévoyant attribuait à la crainte le silence de ses adversaires. Il crut pouvoir prendre l'initiative ; alors il s'éloigna des forts et s'avança avec toute son armée au milieu des contrées sauvages, stériles et marécageuses d'où sortent la Lippe et l'Ems, sans chemins praticables pour la cavalerie, au centre d'immenses forêts qu'il ne connaissait pas.

Les guerriers indigènes se rassemblèrent, élurent un jeune chef nommé Herman que les Romains, qui défiguraient tous les noms étrangers, ont appelé Arminius ; il les conduisit avec tant de sagesse et de secret, que le camp de Varus fut enveloppé, toutes les issues gardées, les bois garnis de troupes, et tous les défilés fermés avant que les Romains fussent informés du danger qui les menaçait. L'attaque seule les avertit de se défendre, ce qu'ils firent avec leur courage ordinaire; néanmoins ils durent succomber sous le nombre; leurs retranchements furent forcés. Le combat ou plutôt le carnage dura trois jours. Toute l'armée romaine périt, généraux, officiers et soldats. A peine quelques uns des derniers purent sortir des bois où ils étaient traqués pour aller porter la nouvelle de ce désastre. Varus voyant tout désespéré s'était tué lui-même. Les vainqueurs envoyèrent sa tête à l'empereur. A la nouvelle de ce terrible événement, Auguste fut accablé; il se frappait la tête contre les murs en s'écriant : « *Varus, rends-moi mes légions!* » Encore une fois Rome fut dans la consternation.

Cet empire romain qui s'écroulait de toutes parts formait chaque jour de ses débris un trône où chacun voulait s'asseoir.

Les Herules, les Goths, les Lombards eurent l'Italie; les Visigoths s'établirent sur le Rhône, la Garonne et les Espagnes ; les Vandales s'arrêtèrent en Afrique ; les Germains et les Franks se fixèrent dans les Gaules; et, à dater de cette invasion, la puissance romaine ne fut plus qu'un souvenir. Tout le littoral de l'Océan gaulois se souleva ; la Neustrie et les provinces voisines chassèrent les magistrats romains ; la ligue armoricaine prit une telle consistance que les empereurs, après avoir vainement tenté de la dissoudre, se virent obligés de faire des traités avec elle. Ils furent bientôt rompus. Cependant les Romains, vers le milieu du v.ᵉ siècle, abandonnèrent l'Armorique pour n'y plus revenir. Les Franks y étant fixés, ces peuples, mêlés avec les anciens Gaulois ou Celtes, sont donc nos pères.

Les Romains eux-mêmes ne nous ont laissé que de faibles traces de leur passage ou de leur séjour dans nos contrées. Des restes de camps, de voies ou routes et de champs de sépulture, des ruines de cirques et d'édifices destinés à l'usage des bains, des monnaies en or, argent, cuivre et bronze, à l'effigie des empereurs romains, des débris d'armure, des briques et des tuiles de fabrication romaine sont les seules preuves que les soldats romains ont foulé notre sol.

Les objets trouvés dans les environs d'Argentan consistent, pour ce qui est à notre connaissance, dans des débris d'armures trouvés, en la commune de Boucé, vers 1828; d'autres trouvés à Joué-du-Plain; la quantité de soixante livres ou environ d'argent monnayé trouvé dans la forêt de Gouffern, trillage d'Aunou-le-Faucon, vers 1830. Ces monnaies sont à l'effigie des empereurs; nous en avons une sous les yeux, du temps d'Adrien-Auguste. Des ouvriers étaient employés au défrichement dans cette partie de la forêt; ils aperçurent, dans une taupinière, quelques pièces noircies par oxidation; ils creusèrent à peine soixante centimètres et trouvèrent la masse dans un vase de grès. Il nous est revenu que ce trésor avait été partagé entre le propriétaire du sol et ceux qui l'avaient découvert.

Sous la domination des Romains, la Gaule avait conservé son nom; sous celle des Franks, elle le perdit et prit le leur : on la nomma la France, et ses habitants, que jusque-là les historiens appelaient Gallo-romains furent appelés Français.

L'histoire de France ne parle pas d'Argentan sous les chefs militaires ou rois franks de la première et de la seconde race; les chroniques et l'histoire de Normandie gardent le même silence. L'histoire ecclésiastique de la Normandie est la première qui en fasse mention, à la date de 430; à cette époque, dit-elle, saint Latuin, premier évêque de Seès, mort vers l'an 440, avait opéré beaucoup de conversions dans l'Hyemois, particulièrement à Falaise et à Argentan.

M. Decourteilles dit aussi que saint Germain, évêque de Paris, venant d'Angleterre combattre l'hérésie de Pélasge, passa par Argentan, y fit miracles et conversions; qu'il suspendit l'Armorique révoltée contre les Romains, et les ravages d'Escaric, roi des Alains, chargé par Ætius de les réduire. Enfin, on lit dans l'ouvrage qui a pour titre : *Acta Sanctorum ordinis Sancti Benedicti*, cet extrait de la vie de saint Germain, par Venance Fortunat :

« Producat pagus Oximensis inter nostra, quod suum est, ne
» teneatur in obscuro posteritati, res luminis. Si quidem vir
» sanctissimus ad villam Tasiliacum cùm declinâsset itinere,
› offertur ei mulier cui duplex morbus erat, indè vetustas

» hinc cæcitas. Salutem deprecari verbis trementibus incepit :
» quâ supplicatione motus, senis mulieris et debilis, oratione
» præcedente, oleo superfuso, lucernæ oculorum reddunt luminis
» radios, et, datis specularibus, tenebræ fugerunt. »

Traduction. — « Pour l'instruction de la postérité, il convient
» de lui dire que dans le pays Hyemois, ce grand saint fit un
» miracle des plus éclatants. S'étant détourné de sa route, il vint
» à Tassilly. Une femme, atteinte de deux maladies, se présente
» devant lui; la vieillesse d'une part, la cécité de l'autre, assié-
» geaient son triste individu. D'une voix tremblante elle lui
» demande la santé. Le saint ému de compassion à la demande de
» cette vieille femme, se mit en prières et versa de l'huile sur
» ses yeux. Les ténèbres se dissipèrent; l'humeur liquéfiée se
» répandit; le miroir optique s'éclaircit et réfléchit les rayons
» de la lumière. »

Aucune chronique ne fait mention des ravages que dut nécessairement souffrir Argentan lors de l'invasion de la Neustrie par
les peuples du Nord, principalement aux sanglantes époques où
les Haldan, Biert, surnommé Côte-de-Fer, Ragénaire, Hasting,
Woland, Siderik, Godefroy, Sigefroy, Erik et Rollon, vinrent,
à la tête de leurs hordes barbares, apporter dans notre pays la
destruction, la mort et l'esclavage.

Cependant pour enchaîner les temps, nous allons esquisser
l'histoire à partir de l'arrivée des Franks jusqu'au moment où
nous pourrons, avec les chroniques, reprendre l'histoire d'Argentan.

Nous avons dit que les Franks étaient des peuplades habitant
cette partie de la Germanie, des deux côtés du Rhin, depuis
les sources du Mein jusqu'aux marais Bataves, c'est-à-dire la
Franconie, la Westphalie et la Gueldre, qui s'étaient réunies
pour défendre leur indépendance contre les Romains et les avaient
contraint de leur céder, pour habiter, des terres plus fertiles et
plus faciles à cultiver que les leurs et placées sous un climat plus
doux. Ils vinrent donc s'établir entre la Meuse et le Rhin, dans
les plaines de Cologne. Ce sont ces peuples, confédérés sous le

nom de Franks, qui, pendant trois siècles encore, ont harcelé les Romains, et, pied à pied, gagné du terrain sur eux. Ils ont fini par les déposséder de tout ce qu'ils avaient dans les Gaules ; mais cela ne se fit que dans l'espace de trois siècles.

Vers le milieu du III.e siècle de l'ère chrétienne, une multitude de barbares sortis des extrémités septentrionales de l'Europe et de l'Asie, se précipitaient, avec l'impétuosité d'un torrent, sur le midi de l'Europe ; leurs hordes innombrables se trouvaient à l'étroit dans de vastes régions où ils n'avaient pour gage de leur subsistance que la faible ressource de la chasse et de la pêche, puisqu'ils ignoraient l'art de l'agriculture et n'étaient pas commerçants. L'expérience de tous les siècles nous apprend qu'il n'y a que l'agriculture et le commerce qui puissent soutenir une grande population. Leur sol, privé de culture, couvert, pour ainsi dire sur tous les points, ne pouvait suffire à l'entretien d'un peuple qui, n'étant que pêcheur, chasseur et pasteur, avait besoin d'un territoire toujours libre, immense et dégagé, pour nourrir ses enfants, et former à la fois ses futures colonies.

Comme tout était soldat chez ces peuples barbares, trois millions d'hommes pouvaient aisément fournir près d'un million de combattants. Les empereurs furent souvent obligés de veiller sur les frontières qui s'étendant de l'Océan germanique au Pont-Euxin, formaient avec les sinuosités une ligne de près de mille lieues.

C'était non-seulement pour défendre leur indépendance contre les Romains, mais aussi pour arrêter, autant qu'il était en eux, les incursions des barbares, que les peuples qui habitaient entre le Rhin, le Mein et le Wezer s'étaient ligués sous le nom de Franks et avaient tourné définitivement leurs armes contre les Romains pour les contraindre à leur céder des terres dans les plaines de Cologne, puis avaient pénétré en conquérants dans les Gaules.

En faisant cette conquête, ils cédaient à l'instinct secret qui porte les peuples septentrionaux à se jeter sur ceux du Midi. Les conquêtes se font toujours du nord au sud ; les nations pèsent sur les peuples qui sont à leur midi, et ceux-ci pèsent à leur

tour sur les contrées qui leur sont plus méridionales. Ce n'est
pas l'excès de population et le besoin de conquêtes, ainsi qu'on
pourrait le croire, qui causent les émigrations : le nord n'a jamais
été trop peuplé ; les femmes y sont moins fécondes ; mais les
enfants sont plus hardis, plus entreprenants dans leurs travaux
que les peuples du Midi ; c'est donc au développement de cette
propension des peuples du Nord à se porter sur ceux qui sont à
leur sud, et au désir de vivre sous un climat moins rigoureux que
l'on attribue l'invasion des Franks.

CHAPITRE II.

ÈRE CHRÉTIENNE.

420 — 752.

SOMMAIRE. — Pharamond, premier chef des Franks. — Clodion lui succède. — Attila dans les Gaules. — Mérovée donne son nom à la première race des rois Franks. — Childerik prend Orléans et Paris. — Clovis, son successeur, met un terme à la domination romaine dans les Gaules. — Il épouse Clotilde qui lui fait embrasser le christianisme. — Batailles de Tolbiac et de Vouglé. — De la législation sous Clovis. — Paroles injurieuses du temps. — Les quatre fils de Clovis; leurs divisions et leurs crimes. — Révolte de Chram, fils naturel de Clotaire. — Les quatre fils et les petits-fils de Clotaire 1.er, fils de Clovis. — Rivalité funeste de Brunehault et Frédégonde. — Assassinat de la reine Galswinthe et de Sigebert, son frère. — Landrik. — Clotaire II. — Torture de Brunehault. — Système féodal en France. — Dagobert, roi de Neustrie. — Clovis II. — Clotaire III, fils ainé de Clovis. — Ebroin maire du palais. — Childerik II, second fils de Clovis, est assassiné par Bodillon. — Ebroin et Hermanfray. — Clovis III. — Childebert III. — Roderik, roi d'Espagne viole Florenda la méchante. — Vengeance de Julien, son père. — Dagobert III. — Chilperik II. — Théoderik de Chelles. — Charles Martel. — Défaite d'Abderame, chef des Sarrazins. — Interrègne.

420—428. PHARAMOND. — Pour plusieurs historiens, l'éxistence de ce premier chef des Franks est tout-à-fait problématique;

d'autres le font descendre de Marcomir, duc des Sicambriens, qui, des rives du Bosphore Cimmérien, vers les Palus-Méotides, pays qu'ils auraient quitté pour obéir à leurs oracles, étaient venus se fixer sur les bords du Rhin, dans les provinces d'Allemagne que nous appelons Gueldres, Clèves et Juliers; étaient passés ensuite en Hollande où seulement ils avaient pris le nom de Sicambres, d'une de leurs reines. De ce pays, nommé Sicambrie, pendant longtemps ils firent la guerre aux Gaulois, ravagèrent la Gaule-Belgique jusqu'à la rivière de Meuse. Plusieurs s'y fixèrent avec le dernier Marcomir, père de Pharamond. Celui-ci, succédant à son père, voulut à la tête des siens pénétrer plus avant dans les Gaules; il se rendit maître de Tournay où il s'établit. On ne peut sérieusement donner le titre de roi au chef de hordes rassemblées pour exercer le brigandage; il n'est pas plus permis d'attribuer à ces barbares la rédaction de la loi salique, cette nation ne vivant que de pillage et de rapine, n'ayant pas une ville fermée au temps où ce prétendu code aurait été écrit : il est nécessairement supposé, et ne peut avoir été fait que dans des temps postérieurs.

Pharamond ne paraît pas s'être avancé au-delà de Tournay. Son commandement aurait duré huit années; il peut avoir établi pour ses compagnons une manière de vivre plus humaine et plus disciplinée; mais il est certain qu'il n'était pas grand législateur.

428—448. CLODION, dit *le Chevelu*, fut le successeur de Pharamond, par droit de naissance ou plutôt par droit d'élection, attendu que les Franks-élisaient leurs chefs militaires. Il voulut étendre les limites fixées à sa nation et gardées par son prédécesseur; ses desseins furent traversés par Ætius et Stilicon, lieutenants-généraux, l'un après l'autre, d'Honorius, empereur d'Occident. Cependant il s'empara de Cambray dont il passa la garnison au fil de l'épée, soumit la partie de la Gaule comprise entre l'Escaut et la Somme; défait au siège de Soissons où périt son fils aîné, il mourut de chagrin après avoir conservé vingt années son commandement. Il était surnommé *le Chevelu* parce qu'il portait les cheveux longs et que de son temps c'était une marque de dignité. Cet usage venait des Romains qui faisaient raser la tête aux gens de condition inférieure.

448—456. MÉROVÉE, que l'on présume fils ou proche parent de Clodion, fut élu pour lui succéder. Un règne assez court, mais illustré par un grand événement auquel il eut la part la plus honorable, lui mérita le glorieux privilége de donner son nom à la première race de nos rois, qui, de lui, furent appelés *Mérovingiens*. Il médita la conquête de toutes les Gaules; le moment lui parut d'autant plus opportun qu'il savait qu'Ætius, gouverneur des Gaules pour les Romains, seul général qu'on pût lui opposer, avait été rappelé de son gouvernement par l'empereur Honorius. A la tête de ses troupes il pénètre plus avant dans les Gaules, prend les meilleures places du pays. Les Romains surpris ne sont pas en mesure de s'opposer à sa marche. Valentinien, successeur d'Honorius, rétablit Ætius dans ses fonctions, comme seul capable de résister à Mérovée; mais au lieu de le poursuivre en ennemi, le général romain rechercha son amitié, pour unir leurs forces contre les Huns ou Tartares, qui, sous la conduite du cruel Attila et de Bleda, son frère, après avoir fait trembler Théodose sur son trône de Constantinople, et appelés par Genserik, roi des Vandales, contre les Goths, en Espagne, avaient tourné vers l'Occident, et se dirigeant d'abord sur la Gaule, s'avancèrent vers le Rhin, à la tête de leurs hordes nombreuses, écrasèrent les Bourguignons qui opposèrent une vaine résistance à leur passage, mirent tout à feu et à sang dans les provinces du Nord et marchèrent droit à Paris à l'effet de traverser la Seine en cet endroit, suivant la plupart des historiographes. L'armée d'Attila se composait, dit-on, de cinq cent mille hommes. Ce nombre doit être fort exagéré, car une telle masse de combattants aurait été trop difficile à nourrir sur la route, et ces Huns venant de la Sibérie devaient être nécessairement en petit nombre. Dans l'état de décadence où se trouvait l'empire romain, il suffisait de quarante à cinquante mille hommes pour jeter l'épouvante dans son sein. La peur exagérant le péril, les habitants fuyaient en foule. Cependant le danger commun avait rapproché les divers partis qui se disputaient la Gaule. Une armée nombreuse, composée de Romains commandés par Ætius, de Franks conduits par Mérovée, de Visigoths par Théoderik, et de Bourguignons par Gondicaire, se réunit pour combattre ces barbares dont le chef croyait par ses cruautés justifier les titres suivants qu'il se donnait : *Attila, fils de Mundizik, issu de la lignée du grand Nemrod, natif d'Engade, roi des Huns, des Goths, des Mèdes et des Danois, la terreur du monde et le fléau de Dieu.* Cependant ces hordes ne poussèrent pas jusqu'à Paris dont les habitants se préparaient à évacuer les murs; ils en furent détournés, dit-on, par les assurances prophétiques d'une simple bergère de Nanterre, *Geneviève,* devenue depuis la patronne de la capitale. Changeant tout-à-coup de dessein, Attila passa la rivière sur un autre point et fut investir Orléans ; les armées alliées l'atteignirent en cet endroit, et leurs premiers efforts sauvèrent la ville dont Attila venait de forcer les portes ; les rues furent bientôt jonchées des cadavres de ses soldats. Il lui fallut céder, subir la honte d'une retraite et étudier avec inquiétude les mouvements d'un ennemi qui se présentait avec des forces égales. Après plusieurs jours de marche, il est forcé au combat ; les deux armées en viennent aux mains dans les plaines de Châlons ; le choc fut terrible ; Théoderik y fut tué ; mais Attila vaincu fut obligé de fuir jusqu'aux lieux d'où il était parti. Mérovée et les siens firent des prodiges de valeur. Ætius agit mollement ; on ignore ses motifs. Valentinien, informé de cette lâche conduite, mande son lieutenant et le poignarde de sa propre main ; quelques jours après, l'empereur est assassiné lui-même par deux gardes d'Ætius.

La puissante coopération de Mérovée à la délivrance des Gaules lui valut donc l'honneur de donner son nom à la première race des rois franks. Redouté des Romains, honoré des Gaulois, il pénétra plus avant dans le pays. Paris, Senlis, Orléans lui ouvrirent leurs portes, et tous les peuples circonvoisins se placèrent sous sa domination ; alors il forma un corps d'état qu'il dirigeait avec bonheur et prudence. Il régna huit ans, et mourut l'an 456, laissant la couronne à son fils.

456—481. CHILDERIK. — Pendant la première année de son règne, la conduite de ce prince fut celle d'un libertin audacieux. Il souleva contre lui l'indignation générale et se fit chasser du trône. Forcé de céder à l'orage, il se réfugia en Thuringe, chez Bizing, souverain de cette contrée, dont il paya l'hospitalité en séduisant sa femme ; néanmoins il avait conservé l'espérance du retour. Un fidèle serviteur, appelé Guyeman, devait préparer les voies et l'informer du moment favorable. Pendant son absence le trône fut occupé par Ægidius, maître des milices romaines dans les Gaules. Guyeman lui conseilla d'imposer des charges excessives à la nation et de les faire lever par la force. Ces perfides conseils le firent chasser. Chilperik fut rappelé, remonta sur le trône; mais instruit à l'école de l'expérience, son gouvernement fut plus sage, ses dernières années furent marquées par des expéditions heureuses contre les Allemands et Odoacre, roi des Saxons, qu'il fit périr. Il conquit une grande étendue de pays sur les rives du Rhin, prit la ville d'Angers et réunit l'Anjou à ses états; il épousa Bazine, femme du roi de Thuringe, qu'il avait séduite dans son exil; il en eut un fils et deux filles. Il mourut en 481. Son règne avait duré 25 ans.

On présume que ce prince résidait à Tournay, parce qu'en 1653 on découvrit son tombeau dans cette ville. Parmi les diverses curiosités qu'il renfermait, on trouva sa hache d'armes et son anneau d'or, portant le nom et l'effigie de ce prince. L'électeur de Mayence, vers 1664, se fit un devoir d'offrir à Louis XIV ces précieuses antiquités; on les voit encore au cabinet des médailles où ce prince voulut qu'elles fussent déposées.

481 — 511. CLOVIS. — A peine âgé de 15 ans, il succède à

Childerik, son père. Le nouveau souverain forme la résolution de mettre fin à la domination romaine dans les Gaules : c'était à la victoire de couronner ce projet héroïque. Bientôt il défait Syagrius, général romain qui avait fixé sa résidence à Soissons. La déroute fut complète. La crainte que lui inspira le vainqueur l'emporta jusqu'à Toulouse, chez Alaric, roi de Thuringe. Clovis le demanda assez impérieusement pour ne pas être refusé, l'obtint et le garda prisonnier. Quelque temps il l'amusa par de fausses promesses de liberté, au moyen desquelles il facilita plusieurs de ses conquêtes, puis il lui fit trancher la tête secrètement. Avec lui finit la domination romaine en Occident.

Ce conquérant libérateur voulut affermir son pouvoir naissant, et rompre l'espèce d'égalité qui jusqu'alors avait régné parmi les guerriers franks : partageant les mêmes périls ils partageaient aussi la même autorité.

L'occasion ne se fit pas attendre : on devait procéder au partage du butin d'après la loi du sort, selon la coutume immémoriale des Franks. Le prince n'avait que la part de général. Un vase précieux, enlevé dans une église, est réclamé par le prince ; un soldat lève sa hache d'armes en menaçant, et s'écrie : « Tu n'au- » ras ici d'autre part que celle qui te sera donnée par le sort. » Clovis dissimulant ne fit pas de réplique et n'infligea point de punition ; mais à quelque temps de là, dans une revue générale, supposant à ce soldat de la négligence dans sa tenue, il lui arrache sa hache d'armes et la jette à terre en présence des troupes assemblées. Le soldat veut la ramasser et se baisse ; le prince lui fend la tête d'un coup de sa francisque, lui criant : « Souviens-toi du vase de Soissons ! » Cette action audacieuse frappa de crainte et de respect tous les soldats, leur inspira la soumission et établit une grande distance entre eux et lui.

En 493, Clovis épousa Clotilde, fille de Chilperik, roi des Bourguignons, qui avait été assassiné par Gondebaud, son beau-frère, dans le but d'usurper son trône. C'est à cette princesse que nous devons l'inestimable bonheur d'être nés chrétiens. Si d'abord ses efforts ne furent pas couronnés de succès, ils lui laissèrent du moins l'espérance d'arracher l'époux qu'elle chérissait aux erreurs du paganisme. Cet espoir ne devait pas être trompé.

Les Allemands passent le Rhin, barrière antique et naturelle de la France, dévastant le pays qu'ils parcourent. Sigebert implore le secours de Clovis contre l'ennemi qui menace leurs états. Les deux rois réunirent leurs forces et les armées se rencontrèrent dans un lieu nommé Tolbiac, aujourd'hui Zulpich, à quelque distance de Cologne; elles combattaient avec opiniâtreté; mais, au milieu du choc, Clovis voit plier les siens et ses efforts sont impuissants pour les retenir. Dans cette extrémité il s'écrie : « Dieu de la reine Clotilde, qui donnez du secours et » la victoire à ceux qui vous implorent, j'invoque votre assis- » tance ! Si vous me faites vaincre, je croirai en vous et je me » ferai baptiser. J'ai invoqué mes dieux, ils ne me secourent » pas : secourez-moi, je vous adore. » Le sort des armes change ; les Allemands sont enfoncés ; la déroute est complète.

Le baptême suivit de près la victoire ; ce fut de la main de saint Rémi, évêque de Rheims, qu'il le reçut.

Le dieu de Clotilde étant devenu celui de son époux, les Franks à leur tour adorèrent bientôt le dieu de leur souverain ; on fait monter à trois mille, tant hommes que femmes, le nombre de ceux de l'armée et de la suite de Clovis qui reçurent le baptême avec lui. Toute la nation se rendit insensiblement à la religion chrétienne. En 507, Clovis gagna sur Alarik, deuxième roi des Visigoths, qu'il tua de sa propre main, la bataille de Vouglé ou Vouillé, près Poitiers, et il soumit tout le pays compris entre la Loire et les Pyrénées. En vain la ville d'Angoulême voulut résister, il lui fallut promptement ouvrir ses portes et recevoir le vainqueur ; il défit aussi, près de Toulouse, l'armée d'Almarik, fils d'Alarik. Les Romains, les Bourguignons et les Visigoths ayant évacué les Gaules, Clovis en demeura seul possesseur. Anastase, empereur d'Orient, envoya à Clovis la robe de sénateur avec les titres de consul et de citoyen romain. P. OEmile dit qu'il y ajouta une couronne d'or.

Les succès de Clovis ne furent pas sans mélange de revers; ils lui vinrent de la part de son beau-frère Théoderik ou Thierry, chef des Ostrogoths qui, comme tuteur et aïeul d'Almarik, embrassa la défense de ce jeune prince. Ses troupes ayant passé les Alpes, il défit, près d'Arles, celles de Clovis et le contraignit à la retraite. Cette victoire le rendit maître de tout le pays entre les Alpes et le Rhône. L'histoire, à partir de l'avénement de Clovis jusqu'à Charlemagne, est celle du meurtre et de l'assassinat. Au récit des forfaits commis à cette époque, on croit marcher dans le sang et heurter à chaque pas un cadavre.

De retour en France, Clovis déshonora ses victoires par des assassinats provoqués ou commis de sa propre main sur des princes ses alliés ou de sa famille : Sigebert, roi de Cologne ; Cararik qui régnait en Belgique ; Ragnachaire, Reignier et Rigomer (ce dernier résidait au Mans), tombèrent sous ses coups. Il est le premier qui fit de Paris sa capitale ; il mourut dans cette ville dans la 45.e année de son âge ; il commandait depuis 30 ans. Son tombeau fut placé dans l'église de S.t-Pierre-et-S.t-Paul, nommée depuis S.te-Geneviève, parce que cette sainte y fut inhumée.

Il a fait nombre de fondations, comblé le clergé de priviléges et de richesses; il est sur la légende au nombre des saints. Il n'avait pas moins, comme nous venons de le voir, égorgé cinq roitelets de ses parents pour arrondir ses états et étendre sa puissance.

Le gouvernement des Franks continua d'être celui des peuples du Nord : tout se réglait dans les assemblées générales de la nation sous la présidence du chef militaire. Ces assemblées se tenaient en mars ou en mai, et prenaient, selon l'occurence, le nom de ces mois. Cette administration fut presque la seule, sous les deux premières races, jusqu'à Charles le Simple.

Les mœurs, sous ce règne, n'étaient plus ce qu'elles avaient été sous les chefs précédents. La fréquentation des Romains, déjà civilisés et accoutumés à l'ordre, avait produit des lois, mais elles étaient bizarres. Elles marquent bien quelles étaient encore les affections et les habitudes du temps.

Le labyrinthe de la procédure n'existait pas ; les formes étaient simples et expéditives ; les causes n'étaient pas embrouillées par de longs débats ; les tribunaux ne hérissaient pas la surface du royaume ; les juges du peuple étaient les guerriers qui combattaient pour lui : on peut alors se faire une idée de la tenue des juridictions.

Comme à d'autres époques, néanmoins, l'or était le dieu qui effaçait tous les délits. Blessait-on un homme à la tête, on en était quitte pour quinze sols d'or, mais si l'on dépouillait un cadavre, il fallait payer soixante-deux sols d'or. L'assassinat avait un tarif ; il y avait une différence énorme entre serrer le bras d'une femme ou sa main ; on était moins coupable en lui serrant la main ; on rachetait la calomnie, l'adultère, les injures, les violences de toute espèce ; le rapt était soumis à une amende pécuniaire. Une parole très injurieuse et qui entraînait des peines bien graves, c'était d'appeler un homme renard ou lièvre.

511—558. Clovis laissa quatre fils : Thierry, Clodomir, Childebert et Clotaire. Ils partagèrent entre eux les états de leur père. Childebert se réserva Paris et ses dépendances, le Poitou, le Maine, la Touraine, la Champagne, l'Anjou, la Normandie et autres pays bornés par l'Océan ; il y réunit l'Aquitaine et la Gascogne, après en avoir complétement expulsé les Visigoths. Clotaire eut la principauté de Soissons, Clodomir Orléans, et Thierry Metz, avec les provinces adjacentes.

L'ambition et l'avarice portèrent Sigebert, de concert avec Clodomir, à s'emparer de la Bourgogne, sur Sigismond, dont ils prirent la femme et les enfants qu'ils firent jeter dans un puits, à Orléans. Clodomir lui-même trempa ses mains dans le sang de Sigismond, qui était fils de Gondebaud, assassin du père de Clotilde. Quelques jours après, Clodomir, enveloppé dans une embuscade, à la bataille de Voiron, tomba percé de coups, et sa tête fut mise au bout d'une lance ; ses soldats néanmoins furent victorieux.

Gondemar, frère de Sigismond et son successeur au trône de Bourgogne, continua la guerre, mais Clotaire et Childebert venant alors en force avec de nouvelles troupes contre celles de Gondemar déjà épuisées, le firent prisonnier, l'enfermèrent dans une tour où il mourut ; on ignore le genre de sa mort. Les vainqueurs réunirent la Bourgogne à leurs états. Clodomir laissait trois fils ; cependant ses frères se saisirent de ses états, et, sous prétexte de prendre les jeunes princes sous leur tutèle, ils les firent venir à Paris ; ils y furent arrêtés et gardés à vue. Clotilde, leur aïeule, surprise et alarmée, presse ses fils à genoux de leur rendre justice ; pour réponse, elle reçoit des ciseaux et une épée nue, ce qui signifiait qu'elle eût à choisir entre leur mort ou leur séquestration. Dans sa douleur, elle s'écria qu'elle aimait mieux les voir au tombeau que rasés, c'est-à-dire sans couronne. Ce fut l'arrêt de leur trépas. Clotaire enfonce son poignard dans le cœur de l'aîné, âgé de dix ans ; le second, qui n'en avait que huit, embrasse les genoux de son oncle Childebert. Ce prince attendri conjure Clotaire de l'épargner ; mais ce forcené, brûlant d'ambition et de colère, lui dit : « C'est toi qui m'as engagé à commettre ce crime et tu recules ! » meurs toi-même ou laisse-moi achever ! » Childebert effrayé prend la fuite ; Clotaire égorge l'enfant. Dans sa rage il fit mettre à mort tous les gens qui avaient accompagné les jeunes princes, croyant en eux détruire les témoins importuns de ses forfaits. Le troisième, nommé Clodoald, fut sauvé. Il vécut près de Paris, dans un hermitage où il se sanctifia, et qui de son nom défiguré a pris celui de Saint-Cloud. Clotaire avait épousé la veuve de Clodomir son frère ; cette circonstance ajoute encore au crime de son barbare époux.

Les deux frères n'ayant pu s'entendre sur le partage de l'héritage tombé entre leurs mains par la mort de leurs frères et l'extinction de leur postérité, se préparèrent à la guerre. Les armées étaient prêtes à en venir aux mains, lorsqu'un orage considérable les glaça de terreur et détermina ces princes à faire la paix.

5

Childebert tourna ses armes contre l'Espagne et Almaric, roi des Visigoths, son beau-frère, qu'il fit décapiter pour le punir des mauvais traitements qu'il faisait éprouver à Clotilde, son épouse, à cause de sa religion. Ayant conquis sur lui l'Auvergne, la Guyenne et la Gascogne, il étendit sa domination jusqu'aux pieds des Pyrénées et des Alpes. Il eut encore quelques divisions avec son frère Clotaire, mais elles furent terminées par sa mort arrivée en l'année 558, la 47.e de son règne. Il laissait deux filles. Clotaire s'empara néanmoins du royaume de Paris, en vertu, *dit-on*, de la loi salique qui excluait les filles du trône ; l'erreur est évidente, puisque la loi salique n'existait pas alors. Il vaut donc mieux dire qu'il établit son droit par la force. A peine fut-il maître des états de son frère, qu'il renferma ses nièces et leur mère dans une prison où elles moururent.

558—562. CLOTAIRE, resté seul de la postérité de Clovis, réunit sous sa domination tous les états de son père; il fit un traité d'alliance avec l'empereur Justinien, battit deux fois les Saxons qu'il repoussa jusqu'au Weser. Ces peuples ne se soulevèrent, la seconde fois, que parce qu'ils les avait réduits au désespoir. Il dut se retirer après la victoire, et ne parvint à se soustraire à leurs embûches qu'avec beaucoup de peine.

Chramm, fils naturel de Clotaire, se révolta souvent. Vaincu, puis rentré en grâce, il reprenait encore les armes. Dans une dernière rebellion, son père, qui jusqu'alors n'avait employé que les frères du coupable contre lui, voulut marcher en personne. Le combat eut lieu en Bretagne sur le bord de la mer. Chramm fut battu ; il aurait pu se réfugier sur les vaisseaux qu'il tenait en rade, mais voulant sauver sa femme et ses enfants, il fut pris avec eux. Le vainqueur fut inexorable ; par son ordre le coupable fut lié sur un banc dans une chaumière où il s'était réfugié avec les siens, battu de verges, étranglé ; puis on mit le feu à la cabane où ils furent tous consumés.

Clotaire forma le projet de s'emparer du tiers des biens de

l'église; mais le clergé s'y opposa si fortement que, suivant Grégoire de Tours, il dut y renoncer. Nous lisons dans des histoires modernes qu'il se contenta d'apaiser quelques évêques qui se plaignaient, en leur faisant des dons particuliers.

Il érigea en royaume la terre d'Yvetot située au pays de Caux, en Normandie, pour l'expiation du meurtre par lui commis sur la personne de l'un de ses serviteurs nommé Gautier qui en était seigneur, un jour de Vendredi-Saint, et dans la chapelle où il assistait à l'office divin.

Le souvenir de ses crimes le poursuivait sans cesse ; jamais il ne put se distraire de sa douleur; il la porta jusqu'au tombeau. Pressé par le remords de sa conscience, il marquait en mourant, par d'effrayantes exclamations, la terreur que lui inspirait le jugement qu'il allait subir. Il fut pris de la fièvre, étant à la chasse dans la forêt de Compiègne, et mourut en 562. Il avait régné 51 ans, dont quatre seulement sur toute la France. Il fut enterré à Soissons, dans l'église Saint-Médard, qu'il avait fait bâtir. Le règne de Clotaire fut un tissu d'adultères, d'incestes, de cruautés, de meurtres et de toutes sortes d'horreurs.

Les épouses de Clovis et de Clotaire protégèrent les ordres monastiques, particulièrement celui de Saint-Benoît, qui a défriché nos terres et contribué à amener l'aurore de notre liberté.

562 — 584. CLOTAIRE laissa quatre fils : CARIBERT, GONTRAN, SIGEBERT et CHILPERIK. De ces quatre princes, trois peuvent être cités comme ayant donné l'exemple du mépris de toute bienséance dans leurs amours et leurs mariages.

Chilperik était auprès de son père quand il mourut. Il ne lui eut pas plutôt fermé les yeux qu'il s'empara de ses trésors. Avec ce secours, il leva une armée et se rendit maître de Paris ; mais ses trois frères le contraignirent promptement au partage : Caribert, l'aîné, eut Paris et la partie de la Neustrie étendue le long de la Seine jusque vers la Loire. Gontran eut la Bourgogne et fixa son séjour tantôt à Chalons-sur-Saône et tantôt à Orléans. Sigebert eut l'Austrasie ou les pays compris entre la Moselle, le Rhin et au-delà : Metz fut sa capitale. Chilperik eut la Belgique et le Soissonnais. Suivant l'usage, cette division eut lieu du consentement des Franks, puisque les états étaient fédératifs et avaient une diète ou assemblée commune, qui délibérait sur les affaires relatives aux quatre états.

Chilperik, se trouvant à l'étroit dans son domaine, se jeta, pour l'agrandir, sur les terres de Sigebert. L'Austrasien l'en fit bientôt repentir et vint jusqu'à Soissons dont il s'empara. C'est à l'intervention de ses deux frères que Chilperik dut de recouvrer ses états.

Caribert mourut après un règne de cinq ans, sans laisser d'autre souvenir qu'une excommunication lancée contre lui, pour inceste, par saint Germain, évèque de Paris. A sa mort chacun de ses frères voulut s'emparer de ses états, mais ils finirent par un arrangement : tous trois régnèrent ensemble sur Paris.

Chilperik entretint à la fois plusieurs femmes de condition servile ; entre elles, il distingua quelque temps Audovère, qui lui donna trois fils ; il s'attacha ensuite à une de ses suivantes, nommée Frédégonde, fille d'un simple paysan de Picardie, qui était douée de la plus rare beauté et d'un génie supérieur. Sigebert, prince sage et réglé, qui avait épousé Brunehault, fille d'Atanalgide, roi des Visigoths, avec laquelle il vivait honorablement, fit reproche à Chilperik de ses déréglements, et parvint à lui faire épouser Galswinde, sœur aînée de son épouse ; mais cette princesse ne vécut pas longtemps ; quelques uns racontent qu'elle fut étranglée dans son lit par ordre de sa rivale. Frédégonde ne pardonna pas à Brunehault d'avoir voulu introduire une autre femme dans le lit et sur le trône de son mari ; Brunehault n'oublia pas non plus le meurtre de Galswinde, c'est ce qui explique la cause de la haine acharnée de ces deux princesses, et les suites funestes qui en résultèrent.

Sigebert voulut tirer vengeance de l'assassinat de sa belle-sœur ; il prit les armes contre Chilperik. A la tête d'une armée victorieuse il le pressa de tous côtés et le contraignit à se réfugier dans Tournay. Bientôt il allait être puni. Frédégonde alors, pour débarrasser son mari, gagna deux scélérats qui poignardèrent Sigebert dans sa tente. Vainement ils essayèrent de prendre la fuite, ils expirèrent sur le corps du roi. Profitant du désordre que cause dans l'armée la mort de son chef, Chilperik sort de Tournay. Les Austrasiens déconcertés retournent en désordre dans leur pays. Chilperik ne les troubla pas dans leur retraite, mais marcha droit à Paris où Brunehault attendait son mari pour partager son triomphe dans la capitale; elle put faire sauver son fils qui parvint en Austrasie; mais elle-même tomba dans les mains de ses ennemis; elle fut conduite à Rouen pour y garder prison. Pendant le séjour qu'elle fit dans cette ville, Mérovée, fils de Chilperik et d'Audovère, s'éprit d'amour pour la belle prisonnière, qui n'ayant que 28 ans, le séduisait autant par ses charmes que par son esprit. Ce jeune prince, dans un voyage en Bretagne, qu'il avait entrepris par l'ordre de son père, se détourna de son chemin, passa par Rouen. Il y revit et épousa la reine d'Austrasie. Prétextat, évêque de Rouen, bénit imprudemment cette union. Aussitôt que Chilperik en eut appris la nouvelle, il se mit à leur poursuite, les atteignit, leur pardonna, mais les força de se séparer; il fit raser Mérovée et le confina dans un couvent. Pour Brunehault, il la rendit aux Austrasiens qui la redemandaient pour surveiller l'éducation de son fils.

Brunehault persistant à venger la mort de Sigebert, son premier mari, arme son fils contre Chilperik. Ce dernier est défait; il s'en prend à Mérovée qui s'était échappé du couvent de Saint-Calais; il le poursuit, le fait envelopper dans une métairie où il s'était réfugié. Ce jeune prince ne voyant aucun moyen d'éviter la vengeance de son père, se fit donner la mort par un de ses amis. Chilperik vit son trépas avec tranquillité.

Deux fils de Frédégonde, pour ainsi dire au berceau, furent enlevés par une maladie commune aux enfants de cet âge. Clovis, frère de l'infortuné Mérovée, fut accusé par cette marâtre d'avoir causé, par des maléfices, la mort de ses enfants. Elle obtient de la faiblesse de son mari que le prince lui soit livré avec ses complices, afin de tirer d'eux la vérité par la torture. Ceux-ci expirent dans les tourments et Clovis est trouvé mort dans son lit, percé d'un poignard qu'on avait laissé auprès de lui pour faire croire qu'il s'était suicidé dans la crainte du supplice.

Gontran avait uni ses forces à celles de Childebert, fils de Sigebert, contre Chilperik; mais bientôt il tourna ses armes contre son allié, de sorte que la guerre devint sanglante entre ces trois princes. Un coup aussi imprévu que celui qui déconcerta les Austrasiens devant Tournay y mit un terme.

Frédégonde avait une liaison intime avec Landry, maire du palais. Elle se trouvait avec Chilperik au château de Chelles. Le roi étant sur le point de partir pour la chasse, entra dans l'appartement de sa femme; elle était à sa toilette; il s'approche doucement, et lui donne un petit coup de baguette sur l'épaule. Frédégonde, tout occupée de son favori qu'elle attendait, et ne soupçonnant pas que cette familiarité fût de son mari, lui dit sans se retourner : « Tout beau, Landry. » A quoi elle ajouta d'autres paroles plus libres encore; à peine sont-elles échappées qu'elle reconnaît son mari; il sort sans rien dire; mais les signes de son mécontentement n'échappent pas à son épouse; elle mande Landry, lui raconte son imprudence dont elle lui fait sentir les conséquences à leur égard. A son retour de la chasse, le roi est poignardé au moment où il descend de cheval; il expire et le meurtrier fuit à la faveur des ténèbres. Landry fut soupçonné d'être l'auteur de ce crime.

Le coup fut si prompt, que Frédégonde n'avait pu rien préparer; le voisinage des troupes de Childebert qui marchait sur Paris rendait sa position des plus embarrassantes; dans cette extrémité, elle gagne l'asile de la cathédrale de Paris et s'en fait un rempart contre la fureur de Childebert. De là elle écrit à Gontran qui, heureusement pour elle, arrive avant Childebert; celui-ci se présente aux portes qu'on refuse de lui ouvrir; il demande qu'on lui livre Frédégonde pour la punir du meurtre de son oncle; Gontran ajourne sa réponse à l'assemblée des états. Enfin, pour ne pas voir augmenter, par l'héritage de Chilperik,

la puissance de l'Austrasien, Gontran fait proclamer le petit
Clotaire, dernier fils de Chilperik, roi de Neustrie.

Après avoir fait la paix avec Childebert, Gontran établit un
conseil à Clotaire, et va faire la guerre aux Goths d'Espagne ; il
y échoue complétement et meurt sans postérité le 28 mars 592.
Childebert voulut après lui s'emparer de ses états, et même de
ceux du jeune Clotaire ; mais l'armée, sous le commandement de
Landrik, maire du palais, arrêta les progrès de l'ennemi, le
surprit et défit ses troupes dans le Soissonnais.

584 — 628. CLOTAIRE II, fils de Chilperik, régna donc après
son père ; mais n'étant âgé que de quatre mois au moment de sa
mort, Gontran le prit sous sa protection, et, au moment de son
départ pour l'Espagne, il le plaça sous un conseil de régence.
Frédégonde mourut en l'année 597 ; elle avait mis Clotaire en
état de défendre son royaume, même de prendre l'offensive, le
cas échéant. Ce prince fut dans la nécessité de soutenir plusieurs
guerres qui lui étaient suscitées par la reine Brunehault et ses
deux petits-fils, Théodebert et Théoderik. Ces derniers, réunis-
sant leurs forces, furent vainqueurs de leur cousin à la bataille
de Dormelle. Dans cette expédition, un fils de Clotaire, encore
à la mamelle, fut pris et inhumainement massacré. Bientôt
Clotaire trouva l'occasion de se venger : ayant vaincu Théoderik,
il fit poignarder deux de ses fils et raser le troisième qui était
son filleul. Le quatrième s'évada pour ne plus reparaître ; mais
sa vengeance n'était pas complète ; il lui fallait l'aïeule de ces
enfants ; il ne cesse de la poursuivre, se la fait enfin livrer et la
traduit devant un tribunal qu'il préside, composé des princes
de France, d'Angleterre, de Bourgogne et de Neustrie ; elle
parut revêtue du manteau royal et la couronne sur la tête,
portant dans ses yeux la fureur de la haine ; tous ses crimes furent
énumérés et elle fut d'une voix unanime condamnée à la torture qu'elle subit pendant trois jours. Le premier, elle fut promenée sur un vieux chameau, couverte d'un habit déchiré et

avec les livrées de la plus humiliante ignominie. Le second, elle fut exposée aux sarcasmes de la multitude. Le troisième, on l'attacha par les cheveux, par les bras et par un pied à la queue d'un cheval indompté qui la traîna sur les rochers et les ronces. La campagne fut teinte de son sang et parsemée de ses dépouilles.

Cette exécution eut lieu près de Paris, dans l'endroit où fut placée depuis la croix du Tiroir. Brunehault avait été cause de la mort de dix rois ou fils de rois.

Par la mort des enfants de Théoderik, Clotaire se trouva seul possesseur de tout le royaume. En 616 il publia ses capitulaires ou code de Clotaire; l'année suivante il institua des placita ou plaids, espèce de parlements ambulatoires. C'est vers cette époque que commença le système féodal en France.

Clotaire eut deux fils : Dagobert et Caribert; il proclama le premier roi d'Austrasie et de Neustrie, le second eut les provinces du Midi, Toulouse fut sa capitale; mais il mourut bientôt laissant un fils au berceau, qui ne survécut que peu de temps à son père. Dagobert ressaisit ainsi la partie du royaume qui lui était échappée et se trouva, comme son père, seul possesseur de la monarchie. L'avénement de Dagobert au trône d'Austrasie parut à Berthould, duc des Saxons, une occasion favorable de secouer le joug de la dépendance; une bataille eut lieu : Dagobert y fut blessé et il envoya à son père une touffe de ses cheveux ensanglantés en témoignage du danger qu'il avait couru. Clotaire bien accompagné arrive sur les bords du Weser, ôte son casque et développe sa longue chevelure pour être reconnu. Berthould, loin de se soumettre, insulte le roi et le provoque; Clotaire, irrité, pique son cheval, se jette dans le fleuve suivi de ses braves, et le passe à la nage; l'insolent fuit épouvanté; mais le monarque l'atteint, lui abat la tête d'un seul coup et la fait porter au bout d'une pique. La déroute fut complète. Clotaire mourut en l'année 628; il avait régné quarante-deux ans.

628 — 638. DAGOBERT prit sans secousse l'héritage de son père; il rétablit l'ordre et la discipline que les guerres civiles et la facilité de Clotaire avaient relâchés.

Après avoir répudié Nantilde, sa première femme, il en eut jusqu'à trois à la fois, et en outre beaucoup de concubines. En l'année 634 il eut de Nantilde, qu'il avait reprise à la sollicitation de saint Amand, évêque¹ de Tongres, et avec laquelle il vécut jusqu'à sa mort, un fils qui fut nommé Clovis. Dagobert eut à soutenir plusieurs guerres, d'abord contre un marchand nommé Sammon, devenu roi des Esclavons, et contre les Gascons. Cette guerre n'eut pas de suite; il alla tenir des assises au palais Georges, près Versailles. Dagobert mourut en 638 à Epinai et fut enterré dans l'église Saint-Denis qu'il avait fondée. Nonobstant son penchant pour les femmes, il a été canonisé, ainsi que saint Eloi, orfèvre, né en Limousin, qu'il avait appelé auprès de lui, à cause de ses chefs-d'œuvre dans cet art, qu'il fit trésorier et depuis évêque de Noyon. C'est sous les auspices de saint Eloi que fut bâtie l'église Saint-Paul, hors des murs de Paris. Dagobert fut pieux et juste; il enrichit plusieurs monastères de France et d'Allemagne, fit bâtir des temples, particulièrement celui de Saint-Denis dont la couverture était d'argent massif. Nous plaçons en 638 la mort de Dagobert, mais néanmoins sous ce roi la chronologie est aussi confuse que sous les précédents, car les uns le font mourir en 639, les autres en 643, Dutillet et Ivigné en 646.

638 — 660. DAGOBERT laissa deux fils : le premier, sorti de Ragnetrude, se nommait Sigebert; il fut roi d'Austrasie. Le second, appelé Clovis, issu de Nantilde, eut la Neustrie et la Bourgogne. Ce partage se fit suivant le testament du père.

Clovis II régna sous la tutèle de Nantilde, sa mère; elle gouverna conjointement avec OEga, maire du palais. C'est de cette époque que date l'autorité des maires du palais; le soin des affaires de l'état est tout entier dans leurs mains; les rois en sont éloignés. OEga mourut au palais de Clichy : Erkinoald ou Archambaut, parent du roi, lui succéda dans sa charge. Sigebert II, roi d'Austrasie, meurt; son fils, encore enfant, fut envoyé secrètement dans un monastère d'Irlande et tonsuré. Clovis II fut alors regardé comme seul roi de la France. Ce prince mourut à 24 ans, en 660, la 18.ᵉ année de son règne. Il fut enterré à Saint-Denis; il avait épousé Badour ou Batilde, femme d'une rare beauté ; des pirates l'avaient prise sur les côtes d'Angleterre, amenée en France, vendue à Archambaut, maire du palais, qui en avait fait présent au roi. On répandit le bruit qu'elle était de la race des rois de Saxe. « Quand on est élevé par la fortune, » dit Mezeray, on n'a qu'à choisir la race dont on veut être. » Esclave ou princesse, Batilde joignit à la beauté le charme de l'amabilité et d'une conduite sans reproches. Clovis II en devint éperdûment amoureux et la fit asseoir sur son trône; il en eut trois fils : Clotaire, Childerik et Thierry, qui furent aussi nuls et obscurs que leur père.

Quelques chroniques rapportent que dans une pressante famine, Clovis II fit enlever l'or et l'argent dont Dagobert son père avait fait couvrir le dôme de l'église Saint-Denis, et le distribua aux pauvres; il détacha aussi un bras du corps de saint Denis, pour le mettre dans son oratoire ; c'est à cette action, qui ne fut tout au plus qu'une piété indiscrète, que plusieurs attribuent les convulsions et l'état frénétique dans lequel il tomba, étant âgé seulement de 24 ans. L'on tient enfin qu'il serait le premier des rois de France qui aurait entrepris d'aller en pèlerinage à Jérusalem.

660 — 670. Les maires du palais (majordomus regiæ, palatii gubernator, præfectus) étaient les ministres de la maison du roi : choisis d'abord par le souverain, les maires du palais n'étaient que les premiers serviteurs, mais cette charge devint élective, et dès lors d'une rivalité dangereuse, puisqu'il pouvait arriver que, sous des princes faibles, le pouvoir tombât aux

mains des maires du palais. C'est ce qui arriva en effet, quand ils eurent habitué le peuple à ne plus envisager les souverains que comme des machines à représentation; las de rendre un hommage dérisoire à des fantômes de rois, ils brisèrent l'idole pour se mettre à sa place.

Les seigneurs (leudes ou fidèles) avaient intérêt à maintenir la division dans l'autorité royale, puisque c'est à la faveur de cette division qu'ils pouvaient espérer parvenir à constituer à leur tour de petits états indépendants dont ils seraient les chefs.

A l'époque de la conquête, ces seigneurs avaient obtenu des sénoriats ou seigneuries héréditaires de mâle en mâle seulement; ils étaient en outre revêtus de charges militaires qui donnaient droit à des bénéfices et circonscriptions territoriales, dont les revenus appartenaient aux grades; ces charges étaient amovibles, et les circonscriptions territoriales, et les revenus relatifs aux grades, n'étaient que passagèrement dans les mains des détenteurs. Au moment où les rois perdirent leur autorité, ces bénéfices militaires furent retenus en toute propriété par ceux qui en étaient pourvus. C'est le point de départ de la féodalité, qui se dessine mieux par la faiblesse des successeurs de Charlemagne. Revenons aux rois franks.

Les trois fils de Clovis II étaient en bas âge quand leur père mourut; on n'en reconnut pas moins Clotaire III pour roi de Neustrie et de Bourgogne; Childerik II pour roi d'Austrasie. Thierry ne prit aucune part dans le partage. Clotaire régna sous la tutèle de Batilde sa mère et d'Archambaut; ils gouvernèrent avec sagesse pendant l'existence de ce maire, qui ne fut pas de longue durée; son fils était en âge de lui succéder; mais il ne fut pas élu: la charge fut déférée à l'ambitieux et cruel Ebroin, homme intelligent, actif et brave, propre au gouvernement, mais incapable de souffrir que son autorité fût partagée. Il suscita tant d'affaires, tant d'embarras à la vertueuse Batilde qu'elle se retira dans l'abbaye de Chelles où elle vécut dans les pratiques les plus austères de la religion, qui lui ont mérité le titre de sainte. Elle mourut en l'année 686.

Ebroin n'étant plus arrêté par aucun frein donna l'essor à son caractère dominant, à son avarice et à sa cruauté; il ravissait les biens de tout le monde, vendait la justice et les charges, éloignait les grands de la cour, surtout ceux qui auraient pu lui tenir tête. Clotaire resta trois ans environ entre les mains de ce méchant ministre, et mourut l'année 670, la 10.ᵉ de son règne. Suivant les uns il serait enterré à Chelles, suivant d'autres à Saint-Denis; il n'existe rien de positif sur ce fait. La nullité de ce prince, pendant un règne si court, prouve qu'il fut étranger à la générosité avec laquelle fut accueilli à sa cour, Pertharit, roi des Lombards, dépouillé de ses états par Grimoald, et aux secours inutiles qui lui furent donnés pour remonter sur son trône.

670 — 673. Childerik ii, second fils de Clovis ii, se trouve seul maître de la monarchie par la mort de Clotaire iii et la déchéance de Théoderik qui fut confiné dans l'abbaye de Saint-Denis. Le pouvoir se trouva remis aux mains de saint Léger, évêque d'Autun, qui conduisit sagement et avec prudence le vaisseau de l'état. Vainement Ebroin voulut engager une lutte; menacé de perdre la vie il lui fallut prendre le froc dans le monastère de Luxeuil où il s'était retiré. Saint Léger ne sympathisa pas longtemps avec Childerik : aussitôt après son émancipation il lui remit la direction des affaires. Ce prince se livra aux flatteurs qui caressèrent ses passions et achevèrent de le corrompre. Maître hautain et débauché, il signala son règne par la cruauté. Un seigneur nommé Bodille ou Bodillon, ayant hasardé de lui faire des représentations au sujet d'un impôt qu'il voulait établir, Childerik le fit saisir, coucher à terre et battre de verges en sa présence. Bodillon se releva sans se plaindre; mais, quelque temps après, l'ayant épié avec plusieurs seigneurs irrités de cet affront, lorsqu'il chassait dans la forêt de Livry, il le poignarda ainsi que la reine Bilchide sa femme qui était enceinte et le petit prince Dagobert encore enfant. Il existait un autre enfant royal

nommé Daniel, que l'on élevait au palais et qui parvint depuis à la couronne. Cet assassinat eut lieu dans l'année 673, après trois ans de règne général.

673 — 691. On reprit à l'abbaye de Saint-Denis ce même Théoderik, dernier des fils de Clovis ii, qui y avait été confiné quelque temps auparavant. Il monta sur le trône de Neustrie et de Bourgogne. Ebroin sortit en même temps du monastère de Luxeuil où il avait été contraint de se réfugier, laissa croître ses cheveux et se mit à la tête d'une troupe de gens sans aveu. Il tourna ses armes contre Théoderik qui l'avait repoussé. Après six ans de guerre, de pillage, de massacre, cet intrigant victorieux se fait reconnaître maire du palais, fait assassiner saint Léger qui avait été le conseil de Théoderik. Dans le même temps il fit poignarder le roi d'Austrasie. Le peuple de ce pays redoutant de tomber sous le pouvoir de cet homme cruel, ne veut plus reconnaître de roi ; Pépin d'Héristal, petit-fils de Pépin de Landen, maire d'Austrasie, et Martin, en furent déclarés ducs ou gouverneurs. En 688 Ebroin, odieux à juste titre, fut assassiné par un seigneur du nom d'Hermanfray qui l'attendit un matin au sortir de chez lui pour aller à l'église, lui fendit la tête d'un coup d'épée, prit la fuite et se retira en Austrasie. Plusieurs maires lui succédèrent ; Pépin suscitait continuellement des ennemis à Théoderik ; pour le punir, le roi marcha contre lui, fut défait, et Pépin s'empara de toute l'autorité, sous le nom de maire du palais. Théoderik iii ou Thierry est le premier des rois surnommés fainéants. Nous donnons à cette partie de l'histoire la forme d'annales afin qu'on saisisse mieux la filiation de ces souverains infortunés, car la dénomination de fainéants est impropre, puisque la plupart sont parvenus au trône, sortant à peine du berceau et ont disparu, les plus âgés en finissant l'adolescence. Théoderik, qui est le 15.e sur la liste des rois de France, mourut en 691, après avoir occupé le trône 18 ans. Il fut enterré dans l'église de Saint-Vaast d'Arras qu'il avait fondée. De

Clotilde sa femme, il eut deux enfants: Clovis et Childebert qui lui succédèrent.

691—695. Clovis iii, âgé de 11 à 12 ans, succède à Théoderik, son père : roi de nom, il n'a aucun pouvoir : c'est Pépin qui gouverne. Néanmoins il parut à une assemblée de seigneurs neustriens qui fut tenue à Valenciennes sous l'influence du maire du palais. On y régla la forme de la convocation des armées, la manière de pourvoir à leur subsistance et les rangs de ceux qui la composaient. Le principal étendard était la chappe de saint Martin, espèce de bannière à l'effigie du saint, que l'on allait prendre sur son tombeau et que l'on conservait avec une grande précaution. Enhardis par les guerres civiles qui désolaient l'empire, les ennemis de Clovis iii étaient venus l'attaquer; Pépin d'Héristal marcha contre eux, les mit en fuite et fit même des conquêtes. Après quatre ans d'un règne fictif, Clovis meurt de maladie à l'âge de 15 ans. Il fut enterré au monastère de Choisy, près Compiègne. C'est le 2.e roi fainéant.

695 — 711. Childebert iii, à peine âgé de 12 ans, succède à son frère Clovis iii; mais ainsi que lui il ne possède qu'un vain titre. Pépin met auprès de lui, pour remplir la charge de maire du palais, Grimoald, son fils; mais lui-même gouverne de fait, donne des lois de police, préside les assemblées de seigneurs, bien qu'il y fasse paraître le roi, commande les armées, enfin agit en tout en véritable souverain. Childebert termina sa carrière le 15 avril 711, à l'âge de 28 ans, n'ayant fait ni vu faire rien de mémorable sous son règne. Il vécut renfermé dans son palais, faisant sa principale occupation des pieux exercices de la religion. Il fonda des monastères. « Le vii.e siècle, dit Mezeray, » fut celui de la grande chaleur de la vie monastique. » Ce roi, le 16.e des rois de France, est le 3.e qui fut appelé fainéant.

Une révolution qui devait avoir une influence immense sur

notre hémisphère avait éclaté en Orient pendant le règne de Clotaire II. L'Arabe Mahomet avait conçu le projet de donner à sa patrie de nouveaux dogmes et un nouveau gouvernement. Il eut en peu de temps un parti qui se grossit par la persécution. De Médine, où il avait été contraint de se réfugier, il revint à la Mecque où il avait été proscrit huit ans auparavant. C'est de l'époque où il partit pour Médine que ses sectateurs comptent leur ère ou hegire. Exploitant le fanatisme de leurs soldats, Mahomet et ses successeurs étendirent rapidement leurs conquêtes en Asie, en Afrique. Vers la fin du règne de Childebert, Vitizia, roi d'Espagne, fut détrôné par Roderik. Quelque temps après, en 711, ce dernier souverain viole Florenda la Méchante, fille du comte Jullien, qui, pour se venger, livre l'Espagne au kalif Musah. Tarif, son lieutenant, livre la bataille de Xérès où Roderik fut tué. Avec lui finit le royaume des Goths. Ce fut le premier pas des Arabes en Europe. Maîtres de l'Espagne, ils gouvernèrent par des vice-rois (ou joussefs), depuis 712 jusqu'en 756, époque à laquelle Abderame voulut étendre ses conquêtes dans les Gaules. Nous en parlerons à l'occasion.

711 — 716. Dagobert III, fils de Childebert III, monta sur le trône, sortant à peine de l'enfance ; son autorité fut aussi limitée que celle de son père. Pépin d'Héristal perd ses deux fils ; il fait Théodoald, son petit-fils, maire du palais sous la tutèle de Plectrude son aïeule et meurt laissant un fils naturel nommé Charles (Karle). La veuve de Pépin, qui gouvernait, le fait arrêter. Le peuple, fatigué du gouvernement de Plectrude, se révolte ; Théodoald se sauve, et Rainfroy (Raghenfred) est élu maire du palais. Karle s'échappe de sa prison, se rend en Austrasie dont il est proclamé duc. Dagobert meurt en 716, laissant un fils nommé Thierry de Chelles, parce qu'il fut élevé dans cette abbaye, mais qui ne succéda pas à son père. Ce roi, le 18.e sur la liste des rois de France, fut le 4.e nommé fainéant. Son règne de cinq années est tout-à-fait dénué d'intérêt.

716 — 721. Kilderik ii, à l'époque où il fut assassiné par Bodillon avec sa femme et son fils, laissait un autre fils qui fut enfermé à l'abbaye de Saint-Denis; ce fut ce fils que Rainfroy tira du monastère et plaça sur le trône sous le nom de Chilperik ii. Charles ou Karle, duc d'Austrasie, tenta de saisir l'autorité souveraine, secondé par Raghenfred. Chilperik se mit en défense; mais la lutte ne fut pas égale. Défait par Charles dans plusieurs rencontres, il fut forcé de se retirer en Acquitaine; Raghenfred ou Rainfroy perdit sa place. Charles mit sur le trône un Clotaire qui mourut vite. Charles alors rappela Chilperik et voulut bien se contenter du titre de maire du palais. Chilperik mourut à Noyon, en l'année 721, la 5.e de son règne. C'est le 19.e roi de France, le 5.e des rois fainéants.

721 — 737. Théoderik ou Thierry iv, dit de Chelles, fils de Dagobert iii, monta sur le trône à l'âge de huit ans. Charles, qui régnait pour lui, reçut le surnom de Martel, parce qu'il était ferme dans ses projets et avait toujours les armes à la main pour battre ses ennemis; il défit les Saxons qui avaient encore osé prendre les armes, marcha contre les Allemands, les repoussa jusqu'au Danube, subjugua les Bavarois, contraignit Eudes, duc d'Acquitaine, d'implorer sa clémence, lui porta secours contre les Arabes commandés par Abderame, qui voulaient étendre leurs conquêtes dans les Gaules et profitaient du moment où les hordes allemandes, inquiétant le nord de la France, tenaient occupées les troupes de Charles Martel; mais les Allemands sont bientôt défaits et chassés loin du territoire français. Charles Martel réunit ses troupes à celles du duc d'Acquitaine; ces armées alliées attendent Abderame dans les plaines de Poitiers et en viennent aux mains avec lui. Jamais, au dire des histoires contemporaines, bataille ne fut plus sanglante ni plus meurtrière : du côté des payens la perte, en tués et blessés, fut immense. La déroute d'Abderame fut complète; il fut tué lui-même et les débris de son armée furent trop heureux de pouvoir gagner les

Pyrénées. Cet événement est de l'an 732. Charles Martel soumet ensuite les Frisons, leur fait embrasser la religion chrétienne, et réunit leur pays à l'empire. Eudes qui devait à Charles Martel de la reconnaissance pour les secours qu'il en avait reçus contre les Sarrasins, eut l'imprudence de le provoquer et de se mesurer avec lui ; le gain d'une bataille mit son pays à la merci de Charles ; ses troupes y exercèrent toutes les horreurs des guerres de ce temps. Eudes en mourut de chagrin. Harold ou Hunaut, son fils, lui succéda sans l'imiter et vécut en bonne intelligence avec son suzerain. Charles pacifia la Bourgogne, retourna contre les Saxons qui se remuaient, et les repoussa victorieusement. Les Sarrasins viennent attaquer pour la seconde fois le duc d'Aquitaine, ravagent le Languedoc, et se rendent maîtres des places que possédait Hunaut dans la Provence. Charles les bat encore près de Narbonne, en 738, les chasse de la Provence et les contraint de rentrer en Espagne. Théoderik ou Thierry venait de mourir sans être sorti de sa nullité ; il était âgé de vingt-trois ans ; son règne en avait duré dix-sept. C'est le 6.e qui reçut le surnom de fainéant.

737 — 742. Charles Martel négligea de proclamer un roi, et continua de régner sous le titre de duc des Franks. Pour récompenser ses soldats, il s'empara d'une partie des biens du clergé dont il leur fit distribution, à charge de service militaire, de foi et hommage ; quelques historiens considèrent cette action comme l'origine de la féodalité, qu'ils ne font point remonter au règne de Clotaire II.

En 744 Charles Martel mourut, laissant deux fils de Rolande, austrasienne, qui se partagèrent le gouvernement du royaume. Pépin eut la Neustrie, la Bourgogne et la Provence ; Carloman les autres contrées. Grippon, troisième fils de Charles Martel, né de Sonnichilde, nièce d'Odillon, duc de Bavière, n'eut qu'un petit nombre de places.

Le clergé protesta hautement contre le droit que s'était arrogé

Charles Martel de disposer des biens de l'église. Cette action fut traitée d'attentat, de sacrilége. La crédulité fut longtemps après jusqu'à donner en preuve, que, lorsqu'on ouvrit son tombeau, on le trouva noirci par le feu dans l'intérieur, et qu'à la place du cadavre il n'y avait qu'un serpent hideux qui s'était envolé en poussant un cri infernal, au milieu d'un épais tourbillon de fumée.

Charles Martel avait terminé sa carrière à l'âge de cinquante-trois ans : il était fondateur de l'ordre de la Genette, dont les ornements étaient simples comme la légende consistant en ces mots : *Exaltat humiles.*

Vers la fin de ce règne, un missionnaire de Germanie, nommé Virgile, entrevit la possibilité des Antipodes, ce qui était assurément, pour son siècle, un effort de génie. « *Il peut y avoir au-delà des mers*, disait le novateur, *un autre monde, d'autres hommes, des astres nouveaux, etc.* » Avec des passages de l'Ecriture sainte, on condamna sa doctrine. Virgile fut menacé de se voir dégradé et excommunié s'il ne renonçait à cette dangereuse hérésie ; c'est ainsi qu'on appelait son opinion. Il se rétracta et demanda pardon d'avoir dit la vérité, comme le fit depuis Galilée devant le tribunal de l'Inquisition.

CHAPITRE III.

---

742 — 987.

« Si l'on est obligé de connaître les grandes actions
» des Grecs et des Romains, il n'est pas permis d'i-
» gnorer l'histoire de son pays. »

SOMMAIRE. — Pépin et Carloman succèdent à Charles Martel, leur père. — Guerre contre le duc de Bavière; il est défait. — Carloman abdique la royauté. — Grippon ou Griffon, son frère consanguin, le remplace. — Sa conduite fâcheuse. — Childerik III est déposé dans l'assemblée de mai. — Décision du pape en faveur de Pépin; il est couronné. — Deuxième race dite des *Carlovingiens*. — Pépin châtie les Saxons; il chasse les Lombards de l'Italie.—Charlemagne et Carloman succèdent à Pépin, leur père. — Mort de Carloman. — Physionomie de Charlemagne; son règne; sa mort.—Première horloge sonnant les heures, à Argentan. —Louis le Débonnaire, fils de Charlemagne; son règne; son abdication.—Concile d'Aix. — La fièvre noire désole la France et l'Allemagne. — Abolition de l'épreuve par l'eau froide. — Charles le Chauve monte sur le trône. — Bataille de Fontenay. — Les Normands dans les Gaules. — Baudouin. — Charles meurt empoisonné. — Robert le Vaillant. — La puissance féodale. — Fable de la papesse Jeanne. — Dispute du moine Godeschal. — Louis le Bègue; son règne. — Concile tenu en France. — Domaines de la couronne déclarés inaliénables. — Louis et Carloman. — Les Normands battus à Courtray. — Charles le Gros; ses visions. — Assassinat de Godefroy, chef des Normands. — Leur fureur et leur vengeance. — Le duc de Saxe; sa mort. — Trève avec les Normands. — Charles veut répudier sa femme; il est déposé et étranglé. — L'évêque Gorlin. — Eudes, roi de France. — Deuxième siège de Paris par les Normands. — L'évêque Harcherie. — Les Normands obtiennent des conditions.— Eudes et Charles le Simple se font la guerre. — Rollon, chef des Normands. — Fortifications d'Argentan.

742 — 750. Les deux fils de Charles Martel furent étroitement unis; en tout ils agirent de concert; leur puissance s'accrut de leur union; ils gouvernèrent sagement. Pépin s'étant un jour aperçu de quelque mouvement parmi la noblesse, jugea nécessaire, pour la contenir, de mettre fin à l'interrègne, en faisant instantanément nommer un roi qu'il plaça sur le trône, c'est-à-dire qu'il le fit proclamer souverain de la partie du royaume dont il était duc; ce fut Childerik III qu'on a surnommé l'*Insensé;* sa filiation est incertaine; l'opinion la plus probable le fait fils de Thierry, le dernier roi, et lui donne onze à douze ans. Pépin et Carloman continuèrent les exploits de leur père contre les Sarrasins et les Saxons.

Sonnichilde, belle-mère des deux frères, qui était enfermée dans un couvent, favorisa le mariage de leur sœur avec le duc de Bavière, sans qu'ils en fussent informés. La princesse s'échappa du couvent pour se réunir à son futur époux. Après ce trait, la guerre devenait inévitable; le duc et ses beaux-frères s'y préparèrent chacun de leur côté. Déjà les armées sont en présence, la rivière les sépare; les Bavarois et leurs alliés restent sur la défensive pour lasser leurs ennemis et les forcer à la retraite, ce qui, pour eux, eut été une victoire complète. Pépin, presque découragé, balançait sur le parti à prendre, lorsque Carloman s'avisa d'un stratagème renouvelé bien des fois depuis : il sonda la rivière en divers endroits, trouva des gués au-dessus et au-dessous du camp; il fit allumer des feux auprès des tentes comme si les soldats étaient oisifs, puis, divisant leurs troupes en deux corps, ils passèrent la rivière chacun de leur côté, et tombèrent à l'improviste sur l'ennemi; le duc et ses alliés furent défaits. La belle-mère, resserrée plus étroitement, n'eut plus la faculté de les troubler et resta au couvent jusqu'à sa mort.

Carloman abdiqua la royauté et se retira au monastère du Mont-Cassin. Grippon ou Griffon, ce frère de Pépin, né d'un autre lit, après la retraite de Carloman, fut appelé dans le palais. Bientôt il trahit son frère, se ligue contre lui avec le duc des Saxons; tous deux pressés par l'habileté de Pépin, offrent la paix. Il pouvait punir, il aima mieux traiter le coupable avec douceur. Il lui fait, du Maine et de l'Anjou qu'il érige en duché, un apanage dont il espère qu'il se contentera. Ces bienfaits furent inutiles : Grippon cabala toujours et traversa son frère autant qu'il lui fut possible.

La monarchie française était affermie, les nations voisines enchaînées par l'admiration ou la crainte. Pépin dont les glorieux travaux avaient amené cet état de prospérité, pouvait prétendre, de l'aveu de la nation, au titre de roi. Le malheureux Childerik pouvait être facilement replongé dans le néant. Ces ombres royales, avilies, s'étaient éteintes aux yeux du peuple, déjà las de leur rendre ces honneurs qui sont plutôt offerts à la place qu'à l'homme. Dans l'assemblée nationale des grands, au mois de mai, l'on proposa de déposer Childerik, et il le fut d'une voix unanime. Quelques historiens qui lui reconnaissent une épouse disent qu'elle fut confinée dans un monastère, ainsi que Thierry, son fils, dont on n'a plus entendu parler. Childerik lui-même, déchu de la royauté, fut rasé et revêtu de l'habit de moine dans la communauté de Stethin.

Cette révolution se fit sans aucun trouble sérieux parce que, depuis longtemps, la race de Clovis était détrônée dans l'esprit du peuple, et que l'opinion qui fait tout renverse tout.

Ainsi tomba du trône la première race des rois de France, nommés *Mérovingiens*.

Pour parvenir plus aisément à la déchéance de Childerik, Pépin, agissant de concert avec les membres de l'assemblée, avait posé cette question au pape Zacharie : « Quel est le plus digne de régner, de celui qui fait utilement toutes les fonctions de la royauté, sans avoir le titre de roi, ou de celui qui porte ce titre et n'est capable d'en faire aucun usage? » Le pape répondit en faveur du gouvernant actif contre le souverain inutile. Cette décision porta Pépin sur le trône; il fut reconnu roi de France, et avec lui commença la seconde race des rois de France dite des *Carlovingiens*.

Pépin dit le Petit ou le Bref, parce qu'il était de très petite taille, châtia les Saxons qui s'étaient révoltés et leur fit accomplir les traités ; il fit encore reculer les Sarrasins qui occupaient les provinces méridionales et paraissaient disposés à tenter de nouvelles irruptions. Les Lombards, sous la conduite d'Astolphe, leur souverain, voulaient envahir le territoire de Rome ; Grippon se rendit avec des troupes auprès de ce prince pour agir de concert avec lui ; mais il fut arrêté à l'entrée de la vallée de Maurienne, par les troupes que Pépin avait commises à la garde des Alpes. Il y eut un combat où Grippon fut tué. Pépin marcha vers l'Italie, et défit complétement les Lombards.

Par reconnaissance, le pape Etienne II, successeur de Zacharie, le sacra, lui, sa femme la reine Berthe aux grands pieds et ses deux fils Charles et Carloman, dans l'église Saint-Denis ; de plus il défendit à la nation de choisir jamais un roi dans une autre race que celle de ce prince. Lorsqu'ils virent les troupes de Pépin rentrées en France, les Lombards, au mépris du traité que leur avait dicté la force, vinrent pour la seconde fois assiéger Rome. Le pape envoie à Pépin une lettre de Saint Pierre, datée du ciel, pour l'engager à venir défendre son état qui était en danger. En cas d'obéissance, on lui promet la victoire et la vie éternelle ; en cas de refus, on lui annonce des malheurs en ce monde, des tourments dans l'autre.

Pépin repasse les Alpes, contraint les Lombards à faire une paix plus honteuse. Il dépose alors sur le tombeau de Saint Pierre les clefs des villes rendues au pape comme faisant partie des domaines de Saint Pierre, plus un acte de donation à l'église de l'Exharchat qui comprenait treize villes, avec le Pentapolis qui en contenait seize autres, comme une réponse honnête à la lettre dont le saint apôtre l'avait honoré.

La suite du règne de Pépin ne démentit pas de si heureux commencements. Il jouissait de la plus grande renommée ; des ambassadeurs venaient de tous côtés lui offrir les hommages de leurs souverains. Il avait réuni à la couronne l'Auvergne, la Saintonge, le Limousin et le Poitou que quelques particuliers avaient envahis et possédaient sous le titre de comtés, pendant le règne des rois fainéants ses prédécesseurs.

Pépin mourut à cinquante-quatre ans, d'une hydropisie de poitrine; cette maladie lui laissa le temps de partager ses états entre ses deux fils, Charles et Carloman; un troisième, nommé Gilles, se fit religieux. Selon Anquetil, Pépin n'aurait eu que trois filles, deux qui moururent jeunes et la troisième qui fut abbesse de Chelles. Mercier lui en donne sept, entre autres Berthe, mariée à Milon, comte d'Angers, père de Roland, et Chiltrude, femme de René, comte de Gênes, mère d'Ogier le Danois, personnage renommé comme Roland dans les romans de chevalerie.

Pépin fut regretté de ses sujets dont il était l'idole. Son règne avait duré dix-sept ans. Sa tombe portait pour épitaphe : *Ci-gît Pépin, père de Charlemagne.*

768 — 814. Charlemagne et Carloman succédèrent à leur père ; le royaume se trouvait donc partagé. Cette erreur politique, heureusement rectifiée de nos jours, annonçait de funestes révolutions. La reine Berthe parvint, non sans peine, à les empêcher d'éclater. Jamais cependant il n'exista de véritable harmonie entre les deux frères. Enfin Carloman mourut en 771. Sa mort rendit son frère maître de toute la monarchie. Charles I.er, connu sous le nom de Charlemagne ou le Grand, possédait de la franchise, de la générosité, une certaine audace ouverte et noble; il avait en outre reçu de la nature ces dons qui, dans un prince, fixent les regards et disposent les citoyens à l'estime et à la vénération. Le peuple a toujours aimé à rencontrer dans un souverain une figure majestueuse et imposante, la physionomie lui paraissant le miroir de l'âme.

Charles était alors dans sa vingt-cinquième année; sa stature était aussi haute que celle de son père était petite; il avait le teint beau et fleuri, l'air affable, le visage riant et ouvert, l'œil vif et perçant; il annonçait le guerrier, le conquérant et le politique.

Les circonstances ne formèrent point le génie de Charlemagne, mais lui donnèrent son essor. Il résolut de prévenir les dissensions intérieures en occupant habilement les Français par des guerres étrangères, et leur laissant poursuivre le fantôme de la gloire sur un sol éloigné.

Charles convoqua plusieurs parlements ou assemblées, qu'on appelait aussi conciles; il les associa à son autorité, les fit participer à la confection des lois, et ne craignit pas de partager le pouvoir souverain, sûr qu'il était de dominer partout par la force de son génie et la grandeur de son caractère.

Les Français se couvrirent de gloire sous sa conduite; leur nom, porté sur les ailes de la victoire, pénétra jusqu'aux extrémités de l'Afrique et de l'Asie. Charles étendit son empire; les Gaules, l'Italie, le vaste pays qui s'étend du Rhin à la Vistule et à la mer Baltique, enfin une grande partie des Espagnes passèrent sous sa domination, et les peuples de ces contrées, plus frappés d'admiration que de terreur, ne se crurent pas humiliés de recevoir le joug de ce grand prince.

En 772, la veuve de Carloman, mécontente de ce que le pape Adrien refusait de couronner rois de France les enfants de son mari, excita Didier, son frère, roi des Lombards, à se jeter sur les états de l'église; mais le pape, à l'exemple de ses prédécesseurs, eut recours au roi de France. Charles franchit les Alpes tout-à-coup, se précipitant avec une armée nombreuse dans la Lombardie dont il se rendit maître; Didier, à la tête de troupes rassemblées à la hâte, veut en vain opposer quelque résistance, ses soldats l'abandonnent, les uns frappés de terreur, les autres séduits par le pape. Didier resserré dans Pavie se rend à discrétion. Le vainqueur le fait raser et revêtir du froc dans un monastère de France où il mourut promptement. Ainsi finit le royaume de Lombardie. La veuve de Carloman, ses deux enfants et Aldagise, fils de Didier, s'étaient renfermés dans Vérone, le dernier parvint à se sauver, mais les autres tombèrent entre les mains de Charlemagne; on ne sait quel sort il fit à sa belle-sœur, mais il envoya ses neveux en France et l'histoire n'en parle plus. Paisible possesseur de ce royaume, Charlemagne lui donna le nom de royaume d'Italie; il se fit couronner à Milan, avec une couronne de fer que l'on conserve toujours; ensuite il vint à Rome visiter le tombeau des SS. Apôtres, confirma la donation de son père et y ajouta de grands présents. Par reconnaissance, le pape convoqua le concile de Latran, où le droit de confirmer la nomination de tous les prélats et même du pape fut conféré à Charlemagne.

Les Saxons (on doit comprendre par la dénomination générale de Saxons les peuples qui occupaient le milieu de la Germanie au-delà du Rhin, auxquels se joignaient souvent ceux qui habitaient les côtes de la mer Baltique et les rives des grands fleuves qui se jettent dans l'Océan; enfin toutes les nations depuis la partie méridionale vers la Bohême, jusqu'aux glaces de la Norwége), reste des anciens Scythes, étaient pour la France comme un orage menaçant suspendu sur ses frontières; toujours prêts à y lancer les feux de la guerre avec tous les fléaux qui l'accompagnent.

Les rois de la première race avaient eu beaucoup de peine à les contenir. Charles Martel le premier pénétra dans leur pays. Pour prévenir leurs irruptions et leurs fureurs, Pépin les punit d'avoir enfreint les traités. A l'avénement de Charlemagne, il existait une trêve, résultat des succès de Pépin; mais instruit par leurs préparatifs qu'ils se proposaient de la rompre, Charles entra brusquement sur leur territoire et commença la guerre qui dura trente-trois ans. A plusieurs reprises il les défit près de Paderborn, détruisit le temple idolâtre d'Irminsul. Il y eut une suspension d'armes qui fut de peu de durée. La guerre recommence; Charles fait prêcher aux Saxons la religion chrétienne et veut les contraindre à embrasser le christianisme. Witikind, leur chef, rassemble une armée, fond à l'improviste sur les Français dont il fait un grand carnage. Dans le massacre furent compris les prêtres et les moines qui tombèrent entre les mains de ces furieux.

Irrité de cette affreuse boucherie, Charles revient en personne, déterminé à tout détruire et à mettre un désert entre lui et ces féroces guerriers. Contraints de capituler, ils subissent la terrible condition de livrer quatre mille des plus mutins ; ils furent exterminés dans un même jour; on les égorgea sur le bord d'une petite rivière qui se décharge dans l'Oder. Suivant quelques uns le roi de France assistait à cette sanglante exécution.

Charlemagne continua de faire poursuivre les vaincus par son fils qui fit une espèce de battue dans le pays, brûlant, saccageant et poursuivant de l'Orient à l'Occident, du Midi au Septentrion, les malheureux habitants dans les forêts, les marais, les cavernes et les retraites les plus sauvages. Les écrivains du temps élèvent à trente mille le nombre des victimes qui succombèrent dans ces expéditions. Witikind, hors d'état de s'y opposer, prit le parti de céder à la force. Il vint trouver Charlemagne dans son palais d'Attigny, lui jura foi et hommage ; embrassa la religion chrétienne et y persista.

778. Charles passe en Espagne pour rétablir Inharalabi dans Sarragosse ; sur sa route il reçoit les hommages de tous les principaux souverains qui commandent des Pyrénées à la rivière de l'Èbre. Loup, duc de Gascogne, attaque et bat dans la vallée de Roncevaux l'arrière-garde de l'armée de Charlemagne ; Roland, neveu de l'empereur, que l'Arioste a rendu si célèbre, périt dans cet engagement.

787. Tassilon, duc de Bavière, s'étant de nouveau révolté contre l'empereur, fut confiné dans un couvent et ses états réunis à la couronne.

788-89. A la guerre, à la politique, aux soins du gouvernement, Charlemagne joignait le goût des arts et des lettres; il fonda dans son palais une espèce d'Académie et attira les savants nationaux et étrangers. Il établit une école où l'on enseignait le plain-chant, les mathématiques, l'astronomie et la grammaire.

Les Bretons ayant refusé le tribut furent promptement subjugués. En 794, Charlemagne présida le concile de Francfort. En 796, les Saxons ayant fait périr le roi des Abodrites, allié fidèle de Charlemagne, l'empereur, dans son exaspération, abandonne la Saxe à la fureur de ses soldats; la population fut pour ainsi dire décimée; ce qui en resta fut transporté dans l'empire, et, par une loi promulguée dans le temps, les enfants furent privés du droit de succéder à leurs pères. En 805 l'empereur publia son recueil de lois ou *Capitulaires*, parce qu'elles étaient rangées par chapitres datés d'Aix-la-Chapelle. Il n'y a point d'état qui ne trouve ses devoirs dans ces Capitulaires. On remarque particulièrement ceux imposés aux juges et à tous ceux qui sont admis à la magistrature : « *Ils suivront les lois, jugeront avec équité, sans* » *acception de personnes, surtout ne recevront jamais de présents,* » *car,* — « *Où entrent les présents, de là s'enfuit la justice.* »

L'esprit humain, sujet dans tous les temps aux mêmes infirmités, eut toujours un goût prononcé pour le merveilleux. La prédiction de l'avenir fut un commerce qui trouva dans tous les siècles des fripons pour vendre et des sots pour acheter. Les Grecs et les Romains prétendaient lire les choses futures dans Homère et dans Virgile. Sous Clovis 1.er, les actes des Apôtres étaient le livre des destinées. Sous Charlemagne, l'Évangile et le Psautier servaient au même usage; mais il ne tarda pas à promulguer des lois qui défendaient que personne eût la témérité de prédire le sort par l'Évangile ou les Écritures.

Charlemagne conçut le projet d'un canal pour faire communiquer le Pont-Euxin à l'Océan en joignant le Rhin au Danube.

Si quelque chose dut flatter ce grand empereur ce fut l'ambassade des Arabes. Le kalif Aaron-al-Raschild, maître de la Perse, lui envoya des présents, gages de son estime et de son admiration. Sa joie devait être bien pure, car il les devait à sa grande renommée et non à quelque intérêt politique. Parmi les présents qui lui furent offerts, se trouvaient des pavillons de soie et une horloge sonnant les heures, avec de merveilleux automates; c'était la première que l'on voyait en France. Elle fut établie sur la tour du palais. La seconde machine de ce genre fut posée quelques années après sur la tour dite de l'Horloge, à Argentan.

En 806, Charlemagne partagea son empire entre ses fils. En 807 les incursions en France des Normands, Suédois, Danois et Anglais, lui firent présager les ravages qu'ils y feraient un jour. Il fit construire des vaisseaux qui restaient toujours armés, stationnaient ou observaient toute la ligne, depuis l'embouchure du Tibre jusqu'en Danemark, pour défendre l'abord des côtes à ces pirates. Dans ce même temps, l'empereur perdit son fils aîné, Charles, le compagnon de ses victoires, auquel il destinait l'empire et qui lui fut enlevé par une maladie. Le même genre de mort ouvrit le tombeau à Pépin, son second fils qui lui-même laissait un enfant nommé Bernard, né d'un mariage appelé depuis *ad morganiticam*, de conscience ou de la main gauche.

873. Il ne restait à Charlemagne que Louis, roi d'Aquitaine, qu'il associa à l'empire. Il donna le royaume d'Italie à Bernard, son petit-fils.

814. Charlemagne fut pris de la fièvre dans son palais d'Aix où il mourut le 28 janvier de cette année, âgé de soixante-douze ans. Son empire avait duré quatorze ans, son règne quarante-huit. Il fut inhumé dans l'église d'Aix-la-Chapelle qu'il avait bâtie.

Mezeray rapporte que la mort de ce grand prince fut précédée de toutes sortes de prodiges, au ciel et sur la terre, capables d'étonner ceux mêmes qui n'y ajoutent pas foi.

814 — 840. LOUIS I.er, *le Débonnaire*, surnom qui désigne une vertu, mais dont l'excès est un défaut, succéda à son père, à l'âge de vingt-six ans; il était remarquable par sa taille et son adresse dans tous les exercices gymnastiques. Il avait le regard doux et bienveillant, était instruit et aimait la musique; sobre, frugal, chaste et religieux, il eut peu de prévoyance dans la combinaison et l'exécution de ses projets. Le monde était en paix; les Normands seuls troublèrent un moment cette tran-

quillité générale; ils parurent sur les côtes de la Belgique et de la Neustrie. Louis se présenta devant eux; ils n'osèrent mettre pied à terre; mais la fierté de leur retraite indiquait des projets pour des temps plus opportuns.

816. Le nouveau roi mit à exécution le projet conçu par Charlemagne, d'envoyer dans les provinces des commissaires chargés d'examiner la conduite des gouverneurs et des juges, et de remédier aux maux causés par leur négligence ou leur corruption. Il s'occupa de rectifier ce qu'il y avait d'irrégulier dans les mœurs et réglements ecclésiastiques. Les évêques, les abbés paraissaient dans les camps, à la tête de leurs troupes; il y eut même des abbesses qui menèrent leur contingent à l'armée; de là résultait le faste, le luxe, la vie dissipée et souvent licencieuse que les prélats rapportaient dans leurs palais, les abbés et abbesses dans leurs monastères. Louis réunit à Aix-la-Chapelle un concile qui fit des canons sévères contre tous ces désordres. On date de cet acte d'autorité la haine que plusieurs membres influents du clergé conçurent contre ce prince; du reste, pendant la durée de son règne, il trouva dans le clergé plus d'ennemis que de partisans.

Louis, qui avait été couronné du vivant de son père, voulut encore recevoir la couronne des mains du pape Etienne IV. Il fit en même temps poser la couronne sur la tête d'Ermengarde, son épouse.

817. Cette princesse lui avait donné trois fils; il leur partagea dès leur enfance tous ses états. Il associa Lothaire, son fils ainé, à l'empire, et lui assura la Neustrie; à Pépin, son second fils, il donna l'Aquitaine, et la Bavière à Louis, son troisième fils. Il fit la paix avec Abdérame II, surnommé *el Mouzaffer* (ou le Victorieux), kalif d'Occident et roi de Cordoue. Louis le Débonnaire (on lui conserve ce surnom pour le distinguer de Louis, roi de Bavière, son fils qui est surnommé le Germanique) apaisa les Saxons en leur rendant le droit de succéder; fit une loi pour exempter les religieux du service militaire. En 818 et 819, il soumit les Gascons et les Bretons révoltés. Il épousa

Judith, princesse Bavaroise, dont les désordres lui occasionnèrent mille humiliations. Bernard, roi d'Italie, mettant de côté
le vice de sa naissance, prétend, comme fils de Louis, aîné des
descendants de Charlemagne, avoir des droits à la couronne de
son grand-père; pour les faire valoir, il s'insurge contre son oncle
et vient l'attaquer. Louis, averti à temps, passe les Alpes et
surprend le jeune imprudent que son armée abandonne. Dans
cette extrémité, il prend le plus dangereux parti, celui de venir
lui-même à Châlons se jeter aux pieds de l'empereur et lui demander pardon; il fut arrêté avec tous les seigneurs de sa suite.
De retour à Aix, le monarque leur fit faire leur procès. Les séculiers
furent condamnés à mort; les évêques, du nombre desquels était
Théodulphe d'Orléans, à être dégradés et renfermés dans des
monastères; Bernard lui-même à perdre la vue.

Ce jeune prince se défendit courageusement contre les bourreaux envoyés pour exécuter la sentence; il saisit l'épée de l'un
d'eux, en tua cinq et ne succomba qu'accablé par le nombre.
Il mourut trois jours après, et l'Italie fut réunie à la couronne
de France.

822. Louis fit expiation du meurtre de son neveu dans Attigny-
sur-Aisne, puis il envoya Lothaire, son fils, en Italie, où le pape
le couronna empereur.

824. Le pape Eugène II refuse de prendre de l'empereur la
confirmation de son élection et obtient de ce prince l'abandon du
droit d'élire les pontifes romains que le pape Adrien avait octroyé
à Charlemagne et à ses successeurs. Louis le Débonnaire ayant
démembré les états de ses trois premiers fils pour en constituer un à
Charles le Chauve, fils de sa seconde femme Judith, Allemande
ambitieuse, d'un caractère hautain et impérieux, qui, profitant de
son influence sur l'esprit de son mari, l'avait poussé à ce démembrement, les trois frères éprouvèrent un tel mécontentement
qu'ils se révoltèrent.

831-832. Pépin arrive, surprend son père dans le palais de
Verberie, le contraint, ainsi que son épouse, à se retirer,
l'empereur à l'abbaye de Saint-Médard de Soissons, et Judith

dans un monastère de Poitiers, pour y prendre l'un et l'autre l'habit religieux. La mésintelligence qui s'établit entre les frères fournit à Louis les moyens de ressaisir la couronne. Son premier soin fut de rappeler son épouse. Une seconde conjuration de ses fils qui réunissent leurs armées auprès de Strasbourg, le met entre leurs mains. Aidés par Grégoire IV, ils le forcent à abdiquer et à se revêtir du sac et du cilice. C'est dans l'église de Compiègne que le monarque déchu lut la formule d'abdication préparée à l'avance et une confession chargée de tous les aveux que ses fils croyaient les plus propres à le rendre criminel aux yeux du peuple.

834. Les mêmes divisions de ses enfants le sauvent encore et le forcent de combattre ces fils dénaturés. Il marcha contre Louis qu'il avait fait duc de Bavière, et qui avait franchi le Rhin à la tête des Bavarois, des Saxons et des Thuringiens. Arrivé à Ingelheim, près Mayence, ce malheureux père fut pris d'une fluxion de poitrine qui le contraignit de garder le lit sous ses tentes; sa maladie dura quarante jours au bout desquels il expira. Son corps fut porté à Metz et inhumé dans l'abbaye de Saint-Arnoult de cette ville. Ce monarque confirma les capitulaires de son père, en publia de nouveaux également fort sages, pour l'administration de la justice, la répartition et la perception des contributions, la répression des désordres, le réglement des mœurs et l'instruction du peuple. Cependant il négligea de faire observer les lois de son père qui prohibaient sévèrement le cumul. Averti par les suites fâcheuses qu'eut la négligence de son père, il eut soin de marier de bonne heure ses fils et ses filles. Adèle, l'aînée, épousa Conrard, comte de Paris, et, en secondes noces, Robert le Fort.

Enhardis par les soins que les troubles domestiques donnaient à l'empereur, les Normands ne s'en tinrent pas au pillage des côtes; ils pénétrèrent plus avant dans le pays, y firent beaucoup de ravages et eurent des succès; la discorde entre le père et les enfants léguait à ces derniers, pour héritage, le germe de guerres sanglantes longtemps perpétuées sous les règnes suivants.

Au temps de Loùis le Débonnaire finit l'heptarchie qui datait de 450. Egbert réunit les sept royaumes en un seul, sous le nom de royaume d'Angleterre.

840 — 877. CHARLES II dit *le Chauve*, fils de Louis I.er le Débonnaire et de la princesse Judith, monta sur le trône de France, à l'âge de dix-sept ans. Il s'unit à Louis de Bavière pour repousser les envahissements de Lothaire, qu'ils rencontrèrent près d'Auxerre dans la plaine de Fontenay; on en vint aux mains le 2 juin 841. La victoire pencha d'abord du côté de Lothaire; mais un gros corps de Provençaux et de Toulousains étant survenu à propos, elle se déclara pour les deux rois. La déroute fut complète, le carnage effroyable. On dit qu'il resta plus de 100,000 hommes sur le champ de bataille. Jamais pareil combat n'avait ensanglanté le sol Français.

842. Après sa défaite, Lothaire se retira à Aix-la-Chapelle. La guerre continua néanmoins contre Pépin, son neveu et son auxiliaire; d'un autre côté, les deux frères, persuadés que tant que leur aîné posséderait un coin de terre sur lequel il pût reposer en France, ils demeureraient exposés à ses entreprises, le poursuivirent et le forcèrent de se retirer au-delà des monts. Ils divisèrent entre eux les états qu'il possédait en deçà; ils firent approuver cette spoliation dans un concile tenu à Aix-la-Chapelle; les prélats assemblés prononcèrent que les désobéissances de Lothaire envers son père; ses parjures, ses injustices envers ses frères; ses cruautés, ses ravages et toutes les calamités qu'il avait causées en France le rendaient indigne d'y commander et, par l'autorité divine, ils donnèrent aux deux frères l'investiture qu'ils sollicitaient.

Pépin et Charles, fils de Pépin, roi d'Aquitaine, se défendirent pendant cinq ans contre les efforts envahisseurs de Charles le Chauve, leur oncle qui, dans un nouveau partage commencé à Coblentz et terminé à Thionville, avait fait annexer l'Aquitaine à ses états sans qu'il eût été fait la moindre mention des deux princes. Tous les moyens de résistance leur parurent bons ; ils invoquèrent même l'appui des Normands qui, dans ce même temps, paraissaient à l'embouchure de la Seine, sous la conduite d'Oscher ou Hochery, brûlaient Rouen, d'où ils partirent pour aller mettre le feu au monastère de Jumièges. Celui de Fontenelle fut épargné ou plutôt se racheta moyennant six livres.

Cette alliance les rendit odieux et hâta leur ruine. Charles, le plus jeune, succomba le premier. Il fut surpris dans une embuscade, conduit à son oncle et condamné, dans une assemblée convoquée à Chartres, à être rasé, puis renfermé dans le monastère de Corbie. Pépin fut également livré au roi de France par ses propres sujets, revêtu de l'habit de moine et confiné dans l'abbaye de S.¹-Médard de Soissons. Il parvint à s'échapper, mais il fut bientôt repris et renfermé à Senlis où il mourut.

Les Normands continuaient leurs ravages en France. En 845 une nouvelle flotte portant des troupes auxiliaires remonta la Seine, promena le fer et la flamme sur les deux rives et vint s'établir à Rouen. Louis le Germanique profite de ce que son frère est occupé à repousser les Normands pour s'emparer d'une partie de ses états. Charles les reprend. Le roi de Lorraine, leur neveu, tenta de rétablir la paix entre ses deux oncles et les réconcilia. Ils vécurent en assez bonne intelligence.

Peu d'années après, Godefroy, nouveau chef de pirates normands, entra de même par la Seine dans les états de Charles le Chauve et les ravagea ; mais au lieu de combattre les pillards, celui-ci les admit au nombre de ses sujets, et leur assigna des terres. Beaudouin, grand forestier de France, enleva la fille de Charles le Chauve ; il obtint la permission de l'épouser avec le titre de comte de Flandre. Les concessions du roi de France en faveur des Normands ne les rendaient que plus exigeants. C'était pour mettre un terme aux brigandages de ses nouveaux sujets que Charles faisait fortifier le Pont-de-l'Arche, en 861, et leur opposait son parent Robert le Fort, ou le Vaillant, descendant de Childebrand, frère de Charles Martel.

5

Celui-ci s'acquitta si bien de sa mission que, pour le récompenser, le roi lui donna le duché de France qui se composait
de tout le pays situé entre la Marne et la Loire, dont Paris était
la capitale. Robert reconnut ce bienfait en s'attachant sincè-
rement à son roi. Il trouva l'occasion de faire preuve de fidélité
dans une circonstance grave. Louis le Bègue, fils aîné de Charles
le Chauve, voulait obtenir un apanage ; cette demande déplut
à son père qui refusa. Louis le Bègue lève des troupes et marche
contre son père ; mais il est bientôt défait par Robert le Vaillant
qui contribua depuis à réconcilier le père avec le fils. Robert ne
fut pas également heureux dans une autre expédition ; il venait
de remporter un grand avantage sur les Normands commandés
par Hastings ; il les avait investis et se croyait certain d'un
nouveau succès, lorsque les Normands, trouvant l'occasion
favorable, fondent à l'improviste sur les Français pour faire
une trouée et s'échapper ; Robert, atteint d'un javelot dans la
mêlée, meurt sur le champ de bataille, et les Normands peuvent
se dégager.

Le roi de Lorraine étant mort sans que ses états puissent
passer à ses héritiers directs, Louis le Germanique et Charles
le Chauve se les partagèrent. Après cette acquisition d'une
partie de la Lorraine, un nouvel événement mit le comble aux
désirs de Charles le Chauve. L'empereur Louis II mourut sans
enfant mâle et laissa vacant le trône d'Italie. Charles le Chauve
conduit promptement au-delà des monts une armée nombreuse,
précédant par sa diligence deux fils de Louis le Germanique
qui se posaient en concurrents. Charles le Chauve l'emporte
sur eux et se fait couronner empereur et roi d'Italie, en grande
solennité, le jour de Noël 875. Ses neveux n'abandonnent pas
pour cela leurs prétentions ; ils viennent attaquer la France
pendant que son souverain est en Italie. Charles le Chauve se
dirige vers ses états ; mais il tombe malade à Brios, village au
pied des Alpes, et y meurt dans une petite chaumière, le 6 octobre 877, empoisonné, dit-on, par Sédécias, médecin juif qui
avait toute sa confiance. Son corps fut inhumé à Verceil, et, sept

ans après, apporté de cet endroit dans l'abbaye de Saint-Denis. Il était âgé de cinquante-cinq ans; son règne en avait duré trente-huit, à compter de la mort de son père. Pendant deux ans il porta le titre d'empereur. Il cultiva les lettres, fit venir des savants de tous les pays, les combla d'honneurs et de récompenses pour en enrichir la France.

A l'imitation de Charlemagne, il envoya des commissaires qu'on appelait *Missi Dominici*, pour surveiller les comtes qui abusaient quelquefois de leur pouvoir, pour vérifier si la justice était bien rendue, la police bien tenue, et si les deniers royaux étaient bien perçus et administrés. Le commissaire envoyé par Charlemagne dans le comté d'Exmes en 770, se nommait Magelgand; celui qui se présenta dans le même comté par ordre de Charles le Chauve, se nommait Hardouin; il avait aussi la mission de surveiller les officiers du Lieuvin et du Bessin.

Avant Charles le Chauve les comtés n'étaient pas héréditaires; c'étaient des bénéfices à vie que le roi donnait aux principaux guerriers et pour récompenser des services rendus. Charles Martel avait donné le funeste exemple de rendre quelques fiefs héréditaires. Dans un parlement tenu à Carisi-sur-Oise, peu de temps avant son dernier voyage en Italie, Charles le Chauve proposa d'étendre le privilège de l'hérédité à tous les fiefs dont les possesseurs viendraient à mourir pendant son absence. Tout devint fief : commandement militaire, fonctions de justice, dignités laïques et cléricales; greffiers, concierges, huissiers, tenaient leurs offices en fiefs et arrière-fiefs; ils en faisaient hommage par gradation à leurs supérieurs qui les reportaient au roi; tout cela était possédé sous l'obligation de redevances pécuniaires ou de service corporel. Il y a eu de ces redevances très onéreuses, d'autres, selon le caprice du donateur, fort ridicules; quelques unes mêmes contraires à la bienséance et aux mœurs. Cette concession d'hérédité des grands fiefs fut la source du droit d'aînesse. Les fiefs détachés du domaine de la couronne devinrent de petites principautés indépendantes, dont les petits souverains guerroyèrent entre eux et placèrent la France dans un état permanent d'anarchie.

On reprochait à Louis le Débonnaire d'avoir élevé aux dignités ecclésiastiques des gens de condition servile ; sous ce rapport Charles le Chauve le surpassa, car il éleva aux emplois des gens nuls, de basse extraction et de sentiments conformes à leur naissance ; de là vint un surcroît de bouleversement dans l'état, l'ordre naturel étant ainsi perverti.

Charles le Chauve n'eut pas d'enfants de Richilde, mais il en avait eu plusieurs de Hermentrude, sa première femme. Cependant il ne restait qu'un fils vivant, nommé Louis, qu'on surnomma le Bègue, parce qu'il l'était en effet.

C'est au règne de Charles le Chauve que l'on fait remonter la fable de la papesse Jeanne. Dans tous les temps on a vu de ces êtres extraordinaires qui, en mentant à leur sexe, ont été l'étonnement de tous les deux. La nature physique, qui a ses exceptions, a quelquefois placé chez les femmes le courage, l'intrépidité et les grands talents ; mais le pontife de l'église romaine qui accouche au milieu d'une procession solennelle est une mauvaise facétie répandue par les ennemis du Saint-Siége, pour laisser contre lui de fàcheuses impressions sur les esprits légers et superficiels, parce que les auteurs de semblables fariboles sont convaincus que le ridicule est une arme bien puissante.

Le dogme de la présence réelle avait toujours été admis sans contradiction ; il fut remis en doute. La prédestination excita de même de vives querelles. Un moine de Germanie, nommé Godescalch, souleva tout-à-coup ces questions profondes et inutiles ; il eut pour adversaire Hinemar, archevêque de Rheims. Après avoir été longtemps agitées et débattues, elles furent repoussées, et, dans un concile, Godescalch fut condamné à être dégradé de l'ordre de prêtrise, fustigé devant un grand feu, jusqu'à ce qu'il y eût jeté de sa main ses propres écrits. Il mourut de ce supplice sans s'être rétracté ; il fut excommunié ; on lui refusa les sacrements et la sépulture. Cette espèce de martyre lui attira cependant quelques prosélytes.

Charles le Chauve affichait un luxe extraordinaire ; fastueux dans ses vêtements, il portait une longue dalmatique qui lui descendait jusqu'aux talons ; un baudrier en broderie d'or, très rehaussé de perles et de pierreries ; une épée d'or enrichie de diamants ; un voile de soie sur la tête, et par-dessus une riche couronne.

877 — 879. Louis II dit *le Bègue*, fils de Charles le Chauve, succède à son père ; il est le vingt-sixième roi de France. Cependant Carloman, fils de Louis le Germanique, se pose en prétendant à l'empire. Le pape Jean VIII soutient en vain la cause de Louis ; il est lui-même contraint de se réfugier en France où il sacre son protégé.

A son avénement à la couronne, Louis, par ses folles largesses, s'aliène une partie des grands qui n'y eurent point part.

C'est du règne de Louis II que datent une multitude de fiefs, indépendamment des duchés et comtés de Bourgogne, de Provence, de Bretagne et d'Anjou.

Le pape, toujours réfugié en France, tint un concile où il publia ce canon : « Les puissances du monde traiteront les » évêques, désormais, avec le plus grand respect, et, consé-» quemment, n'auront jamais la hardiesse de s'asseoir devant » eux, s'ils ne l'ordonnent. »

En terminant le concile, le pontife présenta une donation qu'il disait avoir été faite par Charles le Chauve, en faveur de Saint-Pierre. Cette donation comprenait, outre de riches monastères, les abbayes de S.ᵗ-Denis et de S.ᵗ-Germain-des-Prés.

Louis le Bègue paraissait, par amour de la paix, vouloir l'accepter ; mais les grands la rejetèrent, disant que les rois n'étant qu'usufruitiers des biens de leur royaume, ne pouvaient les aliéner.

On soupçonne que Louis le Bègue fut empoisonné par ceux-là même qui avaient fait périr son père. En mourant il laissait Alix ou Adélaïde, sa femme, enceinte d'un fils qui fut Charles le Simple. De Ansgarde, fille de Hardouin, son favori, qu'il avait épousée secrètement et ensuite répudiée pour obéir à son père, il avait eu Louis et Carloman qui lui succédèrent. N'ayant régné que deux années il n'eut pas le temps de remédier aux abus et d'entreprendre quelque chose d'utile et de mémorable. Son inaction le fit placer au nombre des rois fainéants ; cependant il paraît qu'il n'était pas dépourvu de talents pour gouverner, et qu'à l'époque de sa mort il commençait à se faire craindre des seigneurs turbulents.

879 — 884. Louis et Carloman se partagent l'empire. Le premier a la Neustrie et la Bourgogne, le second l'Aquitaine et la Septimanie. Ils furent sacrés dans l'abbaye de Ferrière, en Gatinais, par les mains d'Anghesile, archevêque de Sens. Maîtres de leurs états et de leurs actions, ils agirent de concert et arrêtèrent momentanément les ravages des Normands. Cinquante mille de ces aventuriers (si l'histoire n'exagère pas) étaient entrés par l'embouchure de la Somme ; ils avaient pris Amiens, Corbie et plusieurs autres villes situées sur cette rivière. Louis accourut et les défit en une seule bataille qui fut livrée près de Courtray. Les Normands se rallièrent, prirent Cambray, et, retranchés dans un fort que le roi avait abandonné, ils continuèrent leurs courses jusque dans la Picardie. Ils furent battus en Champagne par Carloman qui, bientôt après, obtint la paix pour douze ans, moyennant 12,000 livres pesant d'argent.

Le règne des deux frères fut de peu de durée. Un accident assez singulier causa la mort de Louis : il voulait obtenir les faveurs d'une jeune fille qui se sauva de ses bras ; le roi la poursuivant avec vivacité donna sur une porte que cette jeune fille tirait après elle ; il se cassa la tête et mourut à Tours. Son frère Carloman lui survécut peu. Se trouvant à la chasse dans la forêt de Montfort-l'Amaury, un sanglier furieux menaçait de ses défenses un jeune seigneur de sa suite qui, voulant percer l'animal, lança son épieu sur le roi et le blessa à la cuisse. Dans la crainte que cet officier ne fût puni pour ce crime tout involontaire, le roi publia lui-même qu'il avait été blessé par le sanglier ; ce trait de bonté doit illustrer sa mémoire. Il mourut à l'âge de 28 ans, après avoir souffert huit jours de sa blessure.

Les combats livrés aux Normands par Louis et Carloman furent très meurtriers sans être décisifs. Ces aventuriers n'en continuèrent pas moins à occuper plusieurs contrées de la France ; ils s'y fixèrent avec d'autant plus de facilité qu'ils furent promptement délivrés de leurs principaux adversaires.

884 — 888. CHARLES, fils posthume de Louis le Bègue, devait succéder aux rois Louis et Carloman, ses frères, morts sans postérité; mais il était trop jeune, et la France, agitée et menacée d'ennemis étrangers et domestiques, avait besoin d'une main ferme et intelligente pour commander les armées. Les seigneurs français assemblés élurent pour les gouverner Charles le Gros. Suivant quelques auteurs ce fut à titre de régence, ce qui fait que ce prince n'a pas de rang numérique parmi les rois de France du nom de Charles.

Charles le Gros, empereur d'Allemagne et d'Italie, se trouvait alors dans son royaume d'Italie ; c'était le plus puissant monarque de l'Europe ; fils de Louis le Germanique, arrière-petit-fils de Charlemagne, le sceptre du grand empereur semblait devoir revivre en ses mains.

Mais l'étendue de sa domination ne servit qu'à mettre à découvert la faiblesse de son génie. Sa tête était malade dès sa plus tendre enfance ; il avait peur du diable ; le jour, il le voyait à ses côtés, et la nuit tapis au pied de son lit, tel que l'avait peint sa nourrice qui se plaisait sans doute à lui remplir l'âme de ces vaines terreurs :

Crines flammanti stemmate cinctum,
Pectus et os illi turgens, oculique micantes,
Alta supercilia, erectus, similisque minanti
Vultus erat, latæ nares, duo cornua lata,
Ipse niger totus : . . . .
. . . . . . Referebat cauda leonem,
Nudus erat, longis sed opertus corpora villis.

PALLINGEN, IN SAGITT., p. 196.

Cette fatale impression de sa jeunesse était si profonde que, se croyant possédé du malin esprit, il se fit exorciser plusieurs fois ; mais il n'en resta pas moins sous l'empire de ces fâcheuses illusions. Une âme livrée à ces craintes perpétuelles ne pouvait avec dignité porter la couronne. Il appelle la trahison à son secours, attire dans un piége Godefroy, l'un des plus célèbres chefs normands, sous le prétexte de conférer, et le fait lâchement assassiner avec toute sa suite dans une île du Rhin. Cette sanglante perfidie rallume la fureur des Normands. Sous la conduite de Sigefroy, ils entrent dans la Seine avec sept cents barques et un si grand nombre d'autres bateaux qu'ils couvraient la rivière dans une étendue de plus d'un myriamètre ; ils se jettent sur Pontoise et viennent assiéger Paris qu'ils tinrent bloqué pendant trois années. Charles le Gros leur opposa le duc de Saxe. Pour sa première attaque, il force le camp des Danois, met quelques provisions et secours dans la ville, puis il se retire ; mais la seconde fois son cheval étant tombé dans une fosse recouverte de paille et de menus branchages (piéges ordinaires du temps), il fut assassiné et dépouillé. Son armée privée de chef se retire en Allemagne. Charles le Gros vient en personne à la tête de 100,000 combattants ; il campe au mont de Mars (Montmartre), n'osant attaquer Sigefroy dans ses lignes ; il se borne à signer une trève, et permet aux Normands de vivre à discrétion dans la Neustrie maritime. Ils dédaignent la permission, et au lieu de descendre la Seine, ils la remontent jusqu'en Bourgogne, en tirant leurs bateaux à terre et les remettant à flot au-dessus de Paris. Après ce traité il s'en retourna en Germanie, tourmenté de violents maux de tête qui nécessitèrent des incisions. Les Normands restèrent six mois en Bourgogne ; pendant ce temps ils pillèrent cette province tout à leur aise. Les profondes incisions pratiquées sur la tête de Charles le Gros, au lieu de le guérir, augmentèrent le trouble de son cerveau. Il avait épousé une princesse d'une rare beauté ; il vécut dix ans avec elle sans consommer le mariage ; puis il la répudia, l'accusant d'adultère avec un évêque. L'impératrice, jurant sa virginité, se justifia. Les juges présents furent pour elle contre l'empereur.

Dans l'assemblée qui fut tenue à Compiègne, vers 888, les grands déclarèrent Charles le Gros incapable de gouverner. Ils regrettèrent, mais trop tard, d'avoir mis à leur tête cet imbécille monarque. Sa position était horrible ; il ne lui resta pas un valet pour le servir ni un denier pour vivre. Luisberg, évêque de Mayence, le prenant en pitié, lui donna des secours, c'est-à-dire lui concéda les revenus de trois ou quatre villages pour sa subsistance. Ce triste souverain mourut dans cette même année 888 ; on croit qu'il fut étranglé par ses ennemis. Son corps fut enterré au monastère de Richenove, dans une île du lac de Constance.

Le siége de Paris par les Normands, qui avait duré si long-temps, fut surtout mémorable par la vigoureuse résistance des Parisiens et par la bravoure de l'évêque Gorlin qui, plantant une croix sur le rempart, combattit pour la patrie, le casque en tête, la cuirasse sur le dos. Eudes, comte de Paris, se fit particulièrement remarquer par sa bravoure et son intrépidité.

Les vastes états possédés par Charles le Gros furent divisés à sa mort pour ne plus être réunis. C'est à partir de cette époque que l'Allemagne devint un empire borné et séparé de l'empire français.

888 — 898. EUDES, fils de Robert le Fort, est roi par élection. Il est le vingt-neuvième dans la nomenclature générale. Son règne dura dix ans. Les évêques et les seigneurs, réunis en parlement à Compiègne, firent choix de ce jeune comte de Paris dont le père avait péri les armes à la main, sous le règne de Charles le Chauve, contre ces mêmes Normands que le fils venait de repousser avec une valeur incroyable. La couronne fut ainsi le prix de ses services. Il se trouvait dans une de ces circonstances où le besoin que l'on a des grands hommes les met à leur véritable place. Il acquit de nouveaux droits à la

reconnaissance de ceux qui l'avaient nommé. Il soutint la France pendant neuf années d'orages, déployant de toutes parts de grandes connaissances et un courage héroïque.

En 889 les Normands reviennent de la Bourgogne dans l'intention de se rendre maîtres de Paris. Repoussés, ils se vengent sur Meaux dont ils massacrent les malheureux habitants.

En 890 l'évêque Harcherie qui avait succédé à l'évêché et aux vertus de Gorlin, comme lui sauve Paris de la fureur des Normands que leur expédition sur Meaux avaient enhardis. Arrivant à propos, le roi Eudes en détruisit 19,000 à Mont-Faucon et poursuivit le gros de l'armée qui fuyait devant lui jusqu'aux confins du royaume. Toutefois, après la défaite, ils semblaient se multiplier; leur nombre était si grand et tellement réparti sur plusieurs points de la France que, pendant que le roi poursuivait les fuyards, d'autres ravagèrent la Champagne; prirent d'assaut la ville de Troyes qu'ils pillèrent et livrèrent aux flammes, de même que Toul et Verdun. Ils se rallient de nouveau, et, pour la troisième fois, essayent de surprendre Paris; mais ils sont encore battus et se retirent en Neustrie.

En 892 Eudes combat encore les Normands; mais il est forcé de composer avec eux. Ensuite il marche sur Laon où des séditieux voulaient proclamer Charles le Simple. Foulques, archevêque de Rheims, s'interpose entre les deux princes qui n'en continuent pas moins de guerroyer. Enfin un partage qui donnait à Eudes la Seine et les Pyrénées pour limites de ses états, et à Charles le Simple la Seine et la Meuse, termina leurs différents. Eudes mourut à La Fère, en 898, âgé de quarante ans, et fut enterré à Saint-Denis. Charles le Simple réunit tout l'empire sous sa puissance. Le calme produit en France par la valeur du roi Eudes ne fut pas de longue durée; les Normands reparaissent, et cette fois c'est pour toujours.

898 — 929. Comme on avait contesté à Louis et à Carloman leur légitimité, parce qu'ils étaient nés d'une femme répudiée,

on la contesta de même à Charles le Simple, sous le prétexte que son père l'avait eu d'une seconde femme, du vivant de la première ; il en résulta des guerres intestines entre les grands du royaume, que la faiblesse du roi ne put empêcher. Les Normands, bien informés de ces guerres civiles, en devinrent plus audacieux. En 903, Héric et Harec, deux de leurs capitaines, brûlèrent le château de Tours et l'église Saint-Martin. Vers le même temps, une révolution s'était opérée en Danemark et en Norwége. Harald, l'un des chefs de cette contrée, résolut de la soumettre tout entière ; il y parvint, non sans peine, car il s'attaquait à des hommes aussi braves que lui-même, et qui, de plus, se battaient pour leur indépendance. La bataille navale de Hafiersfiord le débarrassa de tous ses ennemis et le rendit maître du sol en toute souveraineté.

Une grande émigration avait suivi la conquête de Harald ; le fils de Rognevald, Iarl, comte de Mœre, nommé Hrolf, et que nous désignerons sous le nom de Rollon, faisait partie de ceux qui refusèrent de se soumettre ; l'exil fut son partage. Déjà, dans ses courses, il avait exploré les côtes d'Angleterre. Il cingle vers cette île. Vainement les Anglais voulurent les empêcher d'aborder, les Normands mouillèrent dans leurs hâvres ; mais ils ne furent pas toujours heureux. Repoussé par Alfred le Grand, Rollon comprit qu'il devait s'adresser à des princes moins vigilants, et chercher un butin plus facile. Cependant il lui fallait un moyen de sortir sans honte d'un pays où il ne pouvait plus se maintenir ; il eut un songe, véritable reflet des traditions orientales apportées par Odin chez les Scandinaves. Les songes entraient dans la croyance religieuse imposée aux hommes du Nord, parce qu'ils pouvaient merveilleusement servir les projets du fondateur et de ceux qui devaient régner après lui. Nous verrons plus tard nos rois ne pas dédaigner ce moyen. La vision de Rollon est donc historique, qu'elle ait ou non eu lieu, parce qu'elle est conforme aux croyances de son pays et qu'elle lui offrait le moyen le plus facile, le plus naturel et le plus sûr de sortir d'une position dangereuse.

Il assemble les chefs de sa troupe ; leur raconte qu'il a vu pendant son sommeil un essaim d'abeilles bourdonnant au-dessus de sa flotte ; que ces abeilles, prenant ensuite leur vol à travers l'Océan, étaient allées s'abattre sur des arbres de différentes espèces, et que toute la contrée d'alentour, émaillée de mille fleurs, semblait saluer l'arrivée de ses nouveaux hôtes. Il ajoute que ces abeilles lui indiquent le chemin qu'il doit suivre, et aussitôt fait tout préparer pour le départ. Un vent favorable porte les Danois à l'embouchure de la Seine. Ils ne rencontrèrent aucun obstacle ; comment en auraient-ils trouvé, quand la faiblesse était sur le trône et l'anarchie dans la nation.

Rollon erra longtemps sur les côtes, ravageant les cantons qui se trouvaient sur son passage et que ses précurseurs avaient déjà désolés. Rouen était dans l'impossibilité de se défendre ; ses murs avaient été rasés ; la population ne songeait qu'à fuir ou à piller pour son propre compte. L'évêque se rend à Jumièges, au-devant des pirates, et traite avec eux. Ils prennent aussitôt possession de la ville de Rouen où ils abordèrent à la porte voisine de l'église Saint-Martin. Ils firent de cette place leur quartier général, rétablirent les fortifications ainsi que celles des châteaux environnants et y mirent des garnisons. Pendant cinq années, Rollon fit des excursions dans toutes les provinces voisines où il exerça beaucoup de ravages ; il s'établit dans le Cotentin dont il se rendit maître, détruisit les villes d'Évreux et de Bayeux. De cette dernière ville, Rollon emmena la fille du comte Berenger, nommée Pope, qu'il épousa suivant le rit scandinave. Presque partout il défit les Français ; cependant à Chartres il fut obligé de battre en retraite. Une autre division de ses troupes fut également mise en déroute auprès de Tonnerre.

Après son échec devant Chartres, Rollon se retire à Rouen ; mais accoutumé à vaincre et furieux d'avoir été vaincu, il se bat alors pour la vengeance ; il met le feu aux églises, traîne les femmes en esclavage, égorge tout ce qui lui résiste ; en un mot il fait la guerre en bête féroce (1).

(1) « .... Succeduntur ecclesiæ, mulieres ducuntur captivæ, trucidatur populus, fit omnibus commune luctus. » GUILL. GEMMET, p. 231.

En 911 la puissance de Rollon était si bien établie que tout le monde se trouva d'accord sur la nécessité de traiter avec lui sans délai. Charles convoqua de suite les évêques, les comtes et les abbés qui formaient alors le conseil d'état; et ce fut de leur consentement qu'on fit des propositions aux Normands. Francon, évêque de Rouen, fut chargé des premières négociations. Rollon accorda une trève de trois mois, à l'expiration de laquelle un traité définitif fut conclu à Saint-Clair-sur-Epte. D'un côté de la rivière était Charles entouré des grands du royaume, au nombre desquels se trouvait Robert, comte de Paris, qui avait battu Rollon devant Chartres; sur l'autre bord se tenait Rollon avec ses chefs normands. Le traité donnait à Rollon la ville de Rouen et ses dépendances, plus le pays déjà nommé la Normandie qui fut érigé en duché et s'étend depuis la rivière d'Epte jusqu'à la mer. Cette donation était en franc alleu, sans autre obligation qu'un simple hommage envers la couronne de France. Quelques auteurs racontent que, lors de ce vain hommage, Rollon se refusait au cérémonial qui consistait à baiser le pied du roi; pour expédient on imagina de charger un simple officier de cette basse soumission. Le roi lève le pied, le Normand s'incline, prend le pied du roi pour le porter à ses lèvres; mais il l'élève si haut qu'il l'eut fait tomber à la renverse s'il n'avait été soutenu à temps. Chacun se prit à rire; le roi, raffermi sur ses jambes, rit comme les autres.

Par le même traité de Saint-Clair-sur-Epte, Rollon consentait à recevoir la foi chrétienne. Le roi de France lui accordait la main de la princesse Ghiselle. L'évêque Francon l'instruisit des vérités de la religion et lui donna le baptême; Robert, comte de Paris, fut son parrain. Les Normands, convaincus par les discours du docte prélat, imitèrent leur chef et se firent baptiser. Charles se rend à Paris avec ses troupes. Rollon avec le comte de Paris vient à Rouen, capitale de son duché; il y fut reçu avec la plus grande magnificence.

Rollon commença par distribuer des récompenses à ses compagnons d'armes; il leur partagea les terres de la Normandie dont ainsi que tous les conquérants il déposséda les anciens propriétaires. Il releva et dota les églises que Bier, *Côtc-de-Fer,* Hasteng et leurs troupes avaient ruinées ; enfin il épousa la princesse Ghiselle. Pour repeupler la Normandie, de tous côtés il appela les fugitifs exilés ou étrangers, les amnistia et leur donna des terres.

Cet appel fut entendu. Les villes furent bientôt rebâties et repeuplées ; les terres furent cultivées et l'abondance reparut dans le pays.

A l'époque où Clovis, par la défaite de Syagrius, affranchit les Gaules de la domination romaine, au nombre des peuples qui passèrent à lui étaient les habitants des bords de la Seine, de la Rille, de la Touque et de l'Orne : ils se composaient de naturels, de Romains et de Saxons. La ville d'Exmes passa donc volontairement sous ce chef des Franks et devint la capitale d'un comté considérable.

Ce comté s'étendait au nord jusqu'à la mer, à l'est jusqu'à Nogent-le-Rotrou, au sud jusqu'à la Sarthe, et à l'ouest jusqu'à Caen ; il comprenait le pays d'Auge, l'Ouche, le Perche, la campagne d'Alençon, le Passais, le Houlme et la campagne de Caen. Ce fut toujours un prince ou un seigneur du premier ordre qui posséda le comté d'Exmes.

Le père de Saint Godegrand fut un comte d'Exmes. Nous dirons en passant quelques mots sur ce vertueux prélat qui étendit les conquêtes du Christ et augmenta le troupeau des fidèles, fertilisant la terre défrichée par Saint Sigisbold, Saint Landri, Cril, Hubert et Litarède qui prit solennellement le titre d'évêque d'Exmes et se rendit en cette qualité au concile d'Orléans convoqué par Clovis, où l'on arrêta l'établissement des Rogations. C'est dans la maison de l'évêque de Seès que le saint reçut l'instruction et l'ordre de prêtrise. Peu de temps après il fut élu évêque. Suivant l'esprit du temps il voulut aller à Rome visiter le chef de l'église et le tombeau de Saint Pierre ; il laissa pour économe des biens de son église, Chrodobert, gouverneur d'Exmes, son parent. En s'occupant des affaires spirituelles,

Chrodobei t n'oublia pas les affaires temporelles. Il prit tant de
goût pour les deux, qu'il voulut se les approprier et se fit élire
évêque, publiant que Saint Godegrand ne reviendrait pas. Cependant le saint reparut et réclama le siége. Chrodobert, sans
difficultés, remit le gouvernement de l'église de Seès à son pasteur
légitime ; mais il médita la mort du saint évêque avec un malheureux que Godegrand avait tenu sur les fonds baptismaux.

Un jour que le prélat se mit en route pour rendre visite à Sainte
Opportune, sa sœur, abbesse d'Almenêches, son méchant
filleul, aposté par Chrodobert près de Nonant, feignit de vouloir
l'embrasser et le frappa mortellement au sinciput. Le saint demeura étendu sur la poussière. L'assassin reçut le châtiment dû
à son crime.

912. Le comté d'Exmes, après avoir appartenu aux Romains,
aux Saxons et aux Franks, passa sous le joug d'un prince danois,
comme conséquence du traité de Saint-Clair-sur-Epte. Selon
Marin Prouverre (Hist. de Norm. ms.), Rollon, après avoir
organisé son duché, voulut en faire la visite. Il vint à Exmes et
à Argentan, donna le comté d'Exmes à Ansfred ou Onfroy le
Danois, et le chargea de rétablir les fortifications des villes de
son duché. C'est à ce nouveau comte que l'on attribue la création
ou au moins la reconstruction des fortifications d'Argentan ; elles
renfermaient dans leur enceinte les habitations agglomérées, les
églises Saint-Germain, Notre-Dame-de-la-Place et Saint-Mar-
tin-des-Prés. Ce dernier édifice était adossé aux remparts.

Cette clôture était percée de sept portes, savoir : la porte
Millet, la porte des Vignes, la porte Lafilard ou Poterne, la
porte de la Chaussée, la porte des Telliers, la porte......, enfin la porte de l'Éguillier.

La porte Millet tendait à Falaise, séparait la rue Saint-Martin
au-dessus de la place dite de l'Herbier, au point de jonction des
rues Magni et du Marais.

La porte des Vignes tendait à Écouché, se trouvait entre
l'église Saint-Martin et celle de Notre-Dame-de-la-Place ; elle
tirait son nom du réage où elle conduisait, sur lequel, sans

doute, on cultivait des vignes. De nos jours il est encore connu sous le nom de Réage-des-Vignes. Hors de cette porte on voyait un étang où se rendait l'eau de la fontaine Saint-Martin.

Le chemin d'Écouché traversait les marais par Baulieu et par le prieuré de Goulet. Ce chemin, souvent submergé, fut abandonné vers la fin du xiv.ᵉ siècle. Pierre de Valois, seigneur d'Argentan, fit alors enclore une partie du marais que l'on connaît aujourd'hui sous le nom de Grand-Pré-du-Domaine.

La porte de la Poterne, vulgairement appelée Lafilard, était placée vers le petit marais de la chaussée.

La porte de la Chaussée était dans la rue de ce nom, placée près de l'emplacement du Grand-Pont.

La porte des Telliers était près du couvent des capucins. En 1294 Philippe le Bel aumôna aux religieux dominicains le terrain des anciens fossés et murs qui avoisinaient cette porte : *Ex alia meta ubi ipsis dedimus alias, ut dictum est, plateas, usque ad portam Tellariorum.*

La porte...... se trouvait au haut de la rue Saint-Thomas et conduisait au faubourg des Trois-Croix. Marin Prouverre et l'abbé Decourteilles ne nous ont pas donné le nom de cette porte ; seulement ils observent que les jardins et maisons à droite, en descendant de Saint-Thomas aux Capucins, sont sur l'emplacement du fossé de l'ancien rempart ; ils en donnent pour preuve que le sol de ces maisons et jardins est moins élevé que celui sur lequel sont édifiées les maisons de la rue de la Planchette.

La porte de l'Éguillier partageait la rue de la Poterie à peu près en deux.

Thomas Prouverre fait observer que l'abbé Decourteilles et Marin Prouverre (Bichetaux), dominicain, qui nous ont transmis cette description des plus anciennes fortifications d'Argentan que l'on connaisse et dont il existait encore des vestiges de leur temps, ont oublié une huitième porte, nommée la porte *Cenomane*, qui devait faire face à la rue de la Noë, et tendait à l'ancienne route de Seès par le bain sacré, où l'on traversait la rivière d'Orne, passant au pied des églises N.-D.-de-Coulandon et Saint-Martin-des-Champs. Il existe encore des traces de cette ancienne route de Seès à laquelle on donne le nom de *Chemin Rié*, par corruption du nom primitif, *Chemin Royal*.

Telles étaient les fortifications d'Argentan jusqu'aux premières années du x.ᵉ siècle où elles furent détruites, puis rebâties et enfin démolies pour ne plus reparaître. Nous dirons en temps utile les causes et les dates des reconstructions et démolitions. Il nous faut continuer l'histoire générale.

CHAPITRE IV.

ÈRE CHRÉTIENNE.

912 — 987.

SOMMAIRE. — Fin du règne de Charles le Simple ; sa détention à Péronne ; sa mort. — La reine Ogine et son fils en Angleterre. — Rollon ; son gouvernement ; son abdication. — Hugues, comte de Paris. — Louis d'Outre-Mer. — Révolte des comtes de Bretagne. — Rollon les défait et leur pardonne. — Guillaume Longue-Epée. — Riouf, comte du Cotentin ; sa révolte ; sa défaite ; sa fuite. — Abbaye de Jumièges ; Guillaume empêché de s'y rendre. — Ligue des Franks et Anglo-Normands. — Richard-sans-Peur. — Bernard d'Harcourt. — Flotte danoise à Cherbourg. — Bataille de Croissanville. — Deuxième traité de Saint-Clair-sur-Epte. — Mariage de Richard. — L'empereur Othon à Noyon, avec ses troupes. — Combat de Bihorel. — Siège de Rouen. — Mort de Hugues ; ses enfants sous la tutèle de Richard. — Mort de Louis d'Outre-Mer. — Lothaire ; son règne ; sa mort. — Louis V lui succède ; sa mort. — Fin de la race Carlovingienne.

Le traité de Saint-Clair-sur-Epte ne mit pas fin à l'état d'anarchie où se trouvait alors le pays soumis à Charles le Simple ;

il augmenta la faiblesse de ce prince qui, par suite des usurpations des grands de son royaume, se trouvait privé de la meilleure partie de ses domaines. Robert, frère du feu roi Eudes, se met à la tête d'un parti puissant et se fait sacrer à Rheims. Charles lui livre bataille près de Soissons et le tue de sa propre main. Hugues, fils de Robert, prend le commandement des troupes et défait l'armée royale. Charles le Simple est forcé de fuir. Herbert, comte de Vermandois, lui envoie le comte de Senlis pour le prévenir qu'il est prêt à se déclarer pour lui et à marcher avec tous ses vassaux ; Charles, confiant, se rend à Saint-Quentin où l'attendait ce parent perfide qui le fait conduire à Château-Thierry où il le retient prisonnier. La reine Ogine, apprenant la détention de son mari, fuit en Angleterre, près d'Adelstan son frère, emmenant avec elle son fils Louis qui pour cette cause reçut plus tard le nom d'Outre-Mer. Charles est déposé à Soissons et va mourir à Péronne, après y être resté prisonnier pendant six ans. Il était âgé de cinquante ans et en avait régné vingt-cinq. Il décéda le 7 octobre 929.

913. ROLLON trouvant dans le traité de Saint-Clair-sur-Epte un droit de suzeraineté sur la Bretagne, demande par ses envoyés qu'on le reconnaisse pour souverain. Les Bretons refusent, et, pour les y contraindre, Rollon prend les armes, s'empare de quelques places, force Berenger, comte de Rennes, et Allain, comte de Dôle, à lui faire hommage. Revenu victorieux, il profita de la paix pour établir de bonnes lois, entretenir, par sa fermeté, la concorde entre les habitants du nouvel état. Son gouvernement n'était pas absolu. Les lois par lui promulguées avaient préalablement obtenu l'assentiment d'un conseil. Il établit une cour de justice, sorte de parlement ambulatoire, nommé *échiquier*, pour juger les causes importantes, reviser les sentences rendues par les vicomtes et par les tribunaux subalternes. Plus tard cette cour de justice fut le parlement de Normandie.

Rollon régna dix-neuf ans sur la Normandie. Sa sagesse et sa fermeté étaient proverbiales. Il n'eut pas d'enfants de la princesse Ghiselle qui mourut de bonne heure, et pour laquelle d'ailleurs il ne paraît pas qu'il ait eu beaucoup d'affection. Après sa mort il épousa, selon le rit chrétien, la belle Pope, fille du comte Berenger, qu'il avait enlevée à Bayeux et répudiée au moment de son baptême. Il en avait eu deux enfants, un fils nommé Guillaume, et une fille nommée Gerlotte.

Prévoyant une fin prochaine, Rollon assembla les principaux de ses états et leur présenta son fils Guillaume pour lui succéder : ils le reconnurent et lui jurèrent fidélité comme à leur duc futur. Guillaume promit de respecter les lois, coutumes, priviléges et libertés de la Normandie.

Rollon mourut à Rouen, l'an 931, âgé de quatre-vingt-six ans : il fut inhumé dans l'église Sainte-Marie de Rouen, où l'on voit son tombeau vis-à-vis celui de son fils.

931—943. RAOUL, duc de Bourgogne, que les grands avaient élu roi, fut obligé de leur concéder de nouveaux domaines et d'établir de nouveaux fiefs. Raoul fait la guerre aux Hongrois qui sont entrés en France ; il reprend au comte de Vermandois tout le pays qu'il avait occupé et le comté de Laon qu'il s'était fait céder. Raoul mourut en 936 dans la ville d'Autun, sans laisser de postérité. Son règne fut une série de combats, et tout son courage ne put dompter l'anarchie qui désola la France.

Hugues, fils de Robert, petit-fils de Robert le Fort, duc de France et de Bourgogne, comte de Paris et d'Orléans, ne voulut pas s'emparer de la couronne ; il fit revenir Louis d'Outre-Mer de l'Angleterre où il était, et le fit sacrer à Laon par Bertrand, archevêque de Rheims. Il eut plusieurs guerres à soutenir contre les Lorrains révoltés, contre les grands de son royaume qui s'étaient ligués en faveur de Othon. Les chroniques de Normandie marquent, en la même année 936, une entrevue du roi Louis avec Henri, souverain de Germanie ; elles ajoutent

que cette entrevue fut ménagée par le duc Guillaume Longue-
Epée dont nous parlerons immédiatement; que c'est à l'entremise de cet empereur et du pape que Louis fut redevable du
maintien de sa couronne.

Nous avons dit plus haut que dès l'an 927 Rollon avait abdi-
qué en faveur de son fils Guillaume, surnommé Longue-Epée.

Les comtes de Bretagne, Alain et Berenger, vassaux du duc
de Normandie, voulurent profiter de la jeunesse et de l'inexpérience de Guillaume, pour secouer le joug et recouvrer leur
indépendance; Guillaume les terrassa et ne leur accorda le
pardon qu'à l'intervention amicale du roi d'Angleterre.

En 929 le nouveau duc épousa, selon la méthode scandinave,
Esprote que Guillaume de Jumièges dit être une très noble
fille, et qui lui donna son unique fils, depuis Richard i.er. Il
n'en épousa pas moins dans les formes chrétiennes la jeune et
belle Heutgarde, fille de Hébert, comte de Senlis, vassal de la
couronne de France.

Guillaume rétablit l'abbaye de Jumièges, détruite lors des
premiers ravages de Hastengs. Cette célèbre abbaye avait eu
jusqu'à neuf cents moines, plus cinq cents aspirants. Lui-même
résolut de se retirer dans ce monastère. Les barons, le clergé et
le peuple sont indignés d'une pareille détermination, et, au
moment où ce prince songe sérieusement à revêtir le cilice, les
poignards d'Arnoult, comte de Flandre, viennent l'en empêcher.
Ce comte avait été battu par Guillaume qui était allé contre lui
au secours de Hellouin, comte de Ponthieu; pour se venger, il
envoie une ambassade à Guillaume, demande son amitié, sollicite une entrevue, indique le rendez-vous dans une île de la
Somme, à Pecquigny; le duc s'y rend avec une imprudente
confiance; un moment après, séparé des siens, il reçoit sur la
tête un coup d'aviron de la main de Bausset, fils du comte de
Cambray; d'autres conjurés l'achèvent avec leurs poignards.
Ainsi périt le deuxième duc de Normandie, à l'âge de quarante-
deux ans, le 18 décembre 943.

943—996. Richard i.^{er} aux longues jambes, surnommé *Sans-Peur*, fils de Guillaume Longue-Epée, fut le troisième. duc de Normandie ; son règne dura cinquante-quatre ans.

Richard, à la mort de son père, n'était âgé que de dix ans ; il fut reconnu des Normands et des Bretons, et, comme ses prédécesseurs, il reçut le cercle et le manteau ducal des mains de l'archevêque de Rouen. L'assemblée des barons lui nomma un conseil de régence composé de Bernard le Danois, premier comte d'Harcourt, de Raoul de la Roche-Tesson, de Lancelot de Bricbec et d'Osmont de Cent-Villes ; ce dernier fut particulièrement choisi pour faire et surveiller l'éducation du jeune prince.

Les cendres de Guillaume Longue-Épée ne sont pas encore froides, que Louis d'Outre-Mer, qui lui devait son trône, songe à dépouiller son fils. Il arrive à Rouen, paraît applaudir à l'esprit et aux gentillesses de Richard ; il le caresse, mais c'est pour mieux l'étouffer. Il veut, dit-il, le conduire à sa cour, pour l'instruire *à bonnes mœurs et discipline*. Le peuple de Rouen entrevoit la perfidie, s'ameute, court aux armes pour délivrer le petit-fils de Rollon. Le roi proteste de ses bonnes intentions. Les rassemblements se dissipent. Louis emmène Richard à Laon, et, pour mieux exécuter son projet de se rendre maître de la Normandie, il se propose de faire brûler les jarrets du jeune duc. Heureusement, Osmont de Cent-Villes veillait sur les jours de son pupille. Informé à temps du projet de Louis, il prévient Richard de la conduite qu'il doit tenir. C'est en faisant le moribond que le duc arrête le bras de l'assassin. Pendant la nuit, les gardes trompés et sans défiance se retirent ; aussitôt, profitant de la circonstance, le fidèle Osmont, déguisé en palefrenier, enveloppe Richard dans une botte de paille ou d'herbe, et l'emporte sur ses épaules ; un cheval les conduit au château de Coucy, puis à Senlis où ils se trouvent sous la protection de Hébert, oncle maternel de Richard, et bientôt sous celle de Hugues le Grand, comte de Paris, alors tout puissant. L'ambition de Hugues lui fait abandonner l'orphelin et contracter alliance avec Louis d'Outre-Mer pour envahir et partager la

Normandie. Bernard, comte d'Harcourt, membre du conseil de régence, trouve le moyen de sauver sa nouvelle patrie ; il sème la discorde entre Louis et le comte de Paris. Le premier expulse les familles normandes, distribue les meilleures terres à ses courtisans et donne l'ordre au comte de Paris d'abandonner la basse Normandie qu'il s'était adjugée et où ses troupes occupaient déjà Gacé, bourg situé sur la Touques. Herluin, son chancelier, et Dragy, son chambellan, avaient été reçus par les moines de Saint-Evroult dont ils avaient visité le reliquaire et le trésor. Ils avaient assiégé la ville d'Exmes ; mais ayant été vigoureusement repoussés, leur rage s'en accrut ; ils pillèrent et désolèrent les lieux que dans leur retraite il leur fallut parcourir ; ils violèrent l'église de Saint-Evroult, s'emparèrent des corps de Saint Evroult, Saint Ebremont et Saint Asbert, qui étaient enveloppés dans des cuirs de cerfs ; de diverses autres reliques et du trésor.

Le talent diplomatique du rusé Bernard n'était pas épuisé ; Hugues le Grand doit en subir l'influence ; c'est auprès de lui qu'il faut jouer un nouveau rôle. Bernard lui fait envisager ses propres dangers et l'intéresse en faveur du jeune Richard. Hugues devient son plus chaud partisan : que feraient de mieux les diplomates de nos jours ?

Les négociations diplomatiques de Bernard ne lui faisaient pas perdre de vue la nécessité des moyens matériels. Depuis bientôt une année, des troupes danoises étaient débarquées à Varaville; quelques bâtiments s'étaient avancés jusqu'aux salines de Corbon ; ces troupes occupaient le Cotentin ; elles arrivèrent sur la Dive, grossies de la cavalerie normande, des Bessins et Contentinais en état de porter les armes, qui s'y étaient réunis à Bavent. Louis d'Outre-Mer vient à leur rencontre ; d'abord il entre en conférence avec le chef des Danois ; bientôt elle est interrompue par un cavalier normand qui aperçoit le traître Helouin (il avait favorisé l'assassinat de Longue-Épée par les sicaires d'Arnoult) au milieu de l'escorte du roi de France ; ne pouvant maîtriser son indignation, il lui fend la tête d'un coup de sa hache d'armes, et l'étend à ses pieds. Les armées en viennent aux mains et les Français sont vaincus à Croissanville. Louis veut fuir ; mais suivi de près par Harald, chef des Danois, il est contraint de rendre son épée et placé sous la garde de quatre cavaliers. Il parvient à s'échapper dans la forêt de Touques ; il est repris et mis en prison à Rouen. Harald poursuivit ses avantages et rétablit l'autorité de Richard partout où il se présenta.

La reine Gerberge apprenant la captivité de Louis son mari, réclame l'assistance de Othon son frère, roi de Germanie, qui vient en France à la tête d'une armée nombreuse ; mais déjà Hugues le Grand avait offert sa médiation ; les Normands exigèrent, avant de donner à Louis sa liberté, qu'on leur remît en otages ses deux fils et deux évêques. Guy, évêque de Soissons, fut un de ces otages.

Le jour fixé pour l'adoption finale des traités, le roi de France et son armée se rendent sur la rive droite de l'Epte; les Normands et Richard sur la rive gauche. Le second traité de Saint-Clair-sur-Epte est arrêté ; en voici la teneur :

1.º Le roi Louis rend au duc Richard toute la Normandie et renonce à toutes prétentions sur ce duché ;

2.º Le duc normand jouira, comme ses ancêtres, du titre de souverain de Bretagne ;

3.º Jamais le roi de France ne prendra l'offensive contre le duc des Normands ; au contraire il lui prêtera main de secours contre tous, comme à son ami et fidèle sujet ;

4.º Pour réparer le dommage causé par l'invasion des troupes françaises en Normandie, le duché qui se bornait à la rivière d'Andelle s'étendra jusqu'à la rivière de l'Epte ;

5.º Après la signature du présent traité, qui sera juré sur les reliques des saints par le roi, les prélats et comtes qui l'assistent, les otages seront rendus ;

6.º Enfin le duc Richard est obligé faire hommage lige de son duché, que le roi doit recevoir à homme.

On se rendit ensuite à Rouen, et tel fut, suivant Dudon, his-

torien, l'empressement général à se porter au-devant de Richard,
que le clergé, qui était lui-même sorti en grande pompe, put à
peine dépasser les faubourgs, à cause de la multitude qui
encombrait les avenues. Tout à fait affermi dans ses états, Richard
rétablit l'ordre, protége les intérêts de tous, punit les exactions,
cicatrise les plaies, fait toutes les améliorations possibles, épouse
la princesse Emme ou Agnès, fille de Hugues le Grand, avec
laquelle il avait été fiancé lorsqu'ils n'étaient encore nubiles
ni l'un ni l'autre.

Louis d'Outre-Mer voulant se venger de Richard et de Hugues
dont l'alliance l'effraie, s'unit à l'empereur Othon qui, à la
tête de sa nombreuse armée, s'empare de Rheims, manque
Senlis, échoue devant Paris, met le Vexin au pillage et vient
camper à Noyon, entre l'Epte et l'Andelle.

Richard marche contre les souverains alliés, détruit à Bihorel
leur avant-garde ; sous les murs de Rouen tue de sa propre
main le neveu de l'empereur. Le siége de cette ville n'en est pas
moins formé. La ruse, les stratagèmes, l'audace de Richard et
de ses braves Normands répondent à toutes les attaques. La discorde est au camp des ennemis ; ils lèvent furtivement le siége ;
l'arrière-garde tombe tout entière sous les coups de Richard et
de ses compagnons. Ce n'est plus un enfant à la merci de ses
ennemis, c'est un homme, un héros que l'adversité a pu rendre
grand et qui joint à ses vertus guerrières la sagesse et la prudence d'un législateur. Par son alliance avec Hugues le Grand,
sa puissance est devenue respectable. A sa mort, en 956, le 16
juin, Hugues, son allié, lui confie la tutèle de ses enfants,
tige de cette famille qui depuis huit siècles gouverne la France.
Son fils aîné, Hugues, surnommé Capet, avait environ seize ans
à la mort de son père.

La retraite des troupes alliées sous les murs de Rouen fit dé-
générer les hostilités en une multitude de combats isolés qui
ne pouvaient rien décider, dont la Normandie n'était plus le
théâtre et qui ne présentent alors aucun intérêt. Richard gouvernait donc en paix. Louis et Hugues guerroyaient toujours ;

enfin le premier mourut à Rheims, en 954, d'une chute de cheval. Il allait de Laon à Rheims ; un loup traverse le chemin; son cheval effrayé se cabre et le démonte si rudement qu'il fut tout froissé. Cette forte meurtrissure se tourna en lèpre qui occasionna la mort. Il fut enterré à Rheims dans l'église Saint-Remi. Il laissait deux enfants, Lothaire et Charles. Hugues le Grand, qui ne lui survécut que deux années, fit couronner Lothaire à Rheims, le 12 novembre 954 , par l'archevêque Artold.

954 — 986. LOTHAIRE, fils aîné de Louis d'Outre-Mer, fut donc le 33.e roi de France. Les premières années de son règne s'écoulèrent sans aucun événement remarquable. Vers l'année 961, il fit quelques tentatives contre la France neustrienne, dans le but de la réunir en un seul corps d'état à la France orientale. Pour une pareille entreprise il veut avoir l'assentiment de ses barons ; il les convoque à Melun. Il fut décidé à l'unanimité que le roi porterait la guerre en Normandie. Clotaire, à la tête de cinquante mille hommes, pénètre dans le duché, prend Évreux; Thibaut, comte de Chartres, un de ses lieutenants, vient asseoir son camp entre Rouen et la forêt de Rouvray. Richard et ses Normands traversent la Seine à la faveur des ténèbres, tombent sur le camp ennemi, le pillent, le brûlent, exterminent les envahisseurs ou les font prisonniers, les poursuivent dans le pays Chartrain et y portent la dévastation, le pillage et la mort. A son retour en Normandie, Richard apprend que les comtes de Flandre, du Perche et de Bélesme projettent avec Lothaire une nouvelle invasion. Il établit trois corps d'armée, l'un dans le Vexin, l'autre vers Aumale, le troisième à Séez ; lui-même est à la tête d'un corps d'observation. Il dévaste la Beauce et l'Ile-de-France dont il partage les terres à ses soldats. Le projet de Lothaire resta sans exécution ; ce roi de France mourut le 2 mars 986. On croit qu'il fut empoisonné par la reine sa femme. On voit son tombeau et son effigie dans l'église Saint-Remi, à

Rheims. Il avait vécu quarante-cinq ans; il en avait régné trente-deux. Il laissait un fils du nom de Louis, alors âgé de vingt ans.

986 — 987. Louis v, fils de Lothaire et d'Emme, 34.ᵉ roi de France, monte sur le trône ; il épouse Blanche, princesse d'Aquitaine. Non-seulement elle ne l'aimait pas, mais elle entretenait des liaisons criminelles ; elle le quitta même quelque temps pour retourner en Aquitaine. Il la fit revenir près de lui ; mais presque aussitôt il mourut empoisonné, étant à Compiègne. Généralement on charge sa femme de ce crime. Quelques auteurs cependant en accusent sa mère. C'est dans l'église Saint-Cormeille qu'il fut inhumé ; son règne n'avait duré qu'une année.

Charles, son oncle, devait régner après lui ; mais Hugues Capet, dont la grandeur était l'ouvrage de Hugues le Grand, s'empara du trône. Un auteur du temps dit que Louis v l'aurait, dans son testament, désigné pour son successeur. Avec Louis finit la race *Carlienne* ou *Carlovingienne* qui avait duré 237 ans et fourni onze rois.

CHAPITRE V.

ÈRE CHRÉTIENNE.

987 — 1029.

> « Quand l'autorité se trahit elle-même par
> » sa faiblesse, les races royales sont retranchées,
> » et le plus hardi des compétiteurs à la couronne
> » devient le maître de l'état. »
>
> (*Fastes civils de la France*, 1831 , p. 67)

987 — 996. Selon la loi d'hérédité, si elle eut été fortement établie, la couronne appartenait à Charles, frère de Lothaire et

duc de Lorraine ; mais Hugues Capet, le plus puissant des princes qui rendaient un hommage immédiat à la couronne de France, sut habilement exploiter l'état d'anarchie dû à la faiblesse des descendants de Charlemagne ; car à cette époque on ne voyait plus de traces des franchises nationales ; le gouvernement municipal établi dans les villes par le grand empereur avait disparu ; les arrêts de la justice n'étaient plus que les décisions de la force ; la France, divisée en une multitude de fiefs, propriétés privilégiées qui constituaient des maîtres et des esclaves, n'avait ni unité ni harmonie. Profitant de la confusion, appuyé du duc de Normandie, Hugues convoque à Noyon une assemblée composée de ses vassaux et de ses amis au nombre ou plutôt à la tête desquels figure Richard ; il donne à cette assemblée le nom d'États. On considéra que le royaume de France était électif autant qu'héréditaire. Le voisinage des troupes de Hugues et de Richard contribuant à fixer l'élection, Hugues, par cette poignée d'affidés, fut reconnu roi de France. La cérémonie du couronnement eut lieu à Rheims le 3 juillet 988. Charles de Lorraine voulut défendre ses droits à la couronne ; il vint assiéger la ville de Laon ; la garnison fit une sortie et fut mise en déroute. Charles se rendit maître de la place ; mais, le 2 avril 991, Hugues ne pouvant réussir par la force, s'entendit avec le vieil Ascelin, évêque de Laon et conseiller de Charles. Cet indigne évêque, dit l'annaliste qui rapporte ce fait, imitateur d'Achitopel et de Juda, lui livra, pendant la nuit du Jeudi-Saint, la ville de Laon, Charles et son épouse. Hugues fit emprisonner son rival malheureux dans la tour d'Orléans où il mourut vite. Son épouse avait partagé son sort. La défaite et la mort de Charles entraîna la reddition des ducs de Guyenne et de Vermandois, et des comtes de Flandre qui tenaient pour lui.

Adalbert, comte de Périgueux, s'était emparé de Tours ; Hugues, n'osant l'attaquer, lui adressa un message contenant cette question : « Qui t'a fait comte ? » à laquelle le Périgourdin répondit par ces mots : « Qui t'a fait roi ! »

L'avénement de Hugues Capet ne rétablit pas l'unité politique. Les grands propriétaires de fiefs se faisaient la guerre entre eux, indépendamment de l'autorité de celui qui portait le nom de roi. Les moindres possesseurs de châtellenies se mettaient aussi en campagne. On ne connaissait plus l'infanterie, l'honneur étant mis à ne combattre qu'à cheval. On prit l'habitude de porter une armure complète de fer; les brassards, les cuissards furent une partie de l'habillement. Quiconque était riche devint presqu'invulnérable à la guerre. C'est alors qu'on se servit de massue pour assommer ces chevaliers que les pointes ne pouvaient percer.

La France, ainsi démembrée, languit dans des malheurs obscurs. Occupés à guerroyer, les seigneurs n'avaient pas l'usage de l'écriture. Les propriétés existaient sans titres; les traités de mariages n'avaient d'autres archives que la mémoire des témoins; aucun acte légal ne constatait l'état de la famille et les degrés de parenté. La langue latine qui, sous les rois de la première race, était la langue vulgaire, n'était plus en usage parmi le peuple; à sa place il s'était introduit un idiome barbare mêlé de frank et de latin qui est le commencement de notre langue nationale.

Hugues Capet fit fortifier Abbeville pour s'opposer aux incursions desDanois et des Normands. Son règne ne présente rien de remarquable que l'abrutissement progressif du peuple. C'est lui qui établit à Paris le siége des rois de France. Clovis avait déjà choisi cette résidence; mais aucun des rois de la seconde race ne l'avait habitée.

Hugues Capet mourut le 9 août 996; d'autres historiens disent le 24 octobre. Il fut enterré à Saint-Denis. Il avait épousé en premières noces Adélaïde d'Aquitaine dont il eut un fils nommé Robert; il n'eut pas d'enfants de Blanche, veuve de Louis v, qu'il avait épousée en secondes noces.

Richard tenait dans ses mains les destinées de la France; il fut l'âme des états qui, en 987, décernèrent à Hugues la couronne de France; il demeura l'arbitre des princes et voulut continuer l'œuvre de Rollon. Il agrandit de beaucoup la cathédrale de Rouen, les abbayes de Saint-Ouën, du mont Saint-Michel, de Fontenelle et de Fécamp. L'état politique de la Normandie fut plus satisfaisant que partout ailleurs. L'esprit guerrier de la population, la prudence, la finesse des chefs, la sévérité des réglements établis, l'indépendance du prince relativement au service militaire dû par les autres vassaux au roi de France, la facilité par conséquent d'employer les troupes dans l'intérêt seul du pays, la situation géographique de la province, tout se réunissait pour assurer à la Normandie une grande supériorité sur ses voisins.

Ainsi, sous le règne de Richard, la condition religieuse de la Normandie fut à peu près celle des autres pays. La condition politique était plus avancée; l'ordre régnait à la place de l'anarchie.

Richard eut deux femmes, Agnès ou Eumacette, fille de Hugues le Grand, décédée sans enfants, et Gonnor, fille d'un chevalier danois; cette dernière fut d'abord sa concubine. L'histoire rapporte qu'étant à chasser au bois, il fut épris des attraits de la femme d'un forestier chez lequel il entra, et lui découvrit sa passion. Elle introduisit à sa place dans la couche du prince, sa sœur nommée Gonnor. Cette fille, plus spirituelle et plus belle que son aînée, charma le prince qui la conserva toujours près de lui et dont il eut plusieurs enfants : Richard qui lui succédera; Robert, archevêque de Rouen et comte d'Evreux; Mauger, comte de Corbeil, père de Guillaume, comte de Mortain; Emme qui épousa Ethelrède, roi d'Angleterre; Avoise qui épousa Geoffroy, duc de Bretagne, et Mathilde, mariée à Eudes, duc de Chartres. D'autres concubines il eut Godefroy, comte d'Auge et de Brione; enfin Guillaume, comte d'Hiesmes. Depuis il épousa Gonnor pour légitimer ses enfants.

Richard visita son duché en 995. Dans ce voyage il vint à Exmes, à Falaise et à Argentan; il fut reçu dans cette dernière ville par Tursten Gotz qui en était gouverneur. Dans les premiers jours de 996, il convoqua les états de Normandie, leur fit reconnaître son fils, sous le nom de Richard II. Il mourut la nuit même qui suivit cette reconnaissance.

996—1031. ROBERT, fils de Hugues Capet, fut le 36.e roi de France. Son père l'avait fait couronner à Orléans dès 990. Son règne de fait date de la mort de son père. Ce prince était grand, bien fait, d'un air doux et grave, vertueux et fort instruit pour son siècle. Il avait épousé en premières noces Lieutgarde, veuve d'Arnout, comte de Flandre, avec laquelle il n'eut pas d'enfants. Cette princesse étant décédée, Robert épousa Berthe, fille de Conrad, sœur de Raoul le Fainéant, roi de Bourgogne, veuve de Eudes, sa commère et sa cousine au 4.e degré ; mariage qui paraissait nécessaire au bien de l'état, que les évêques avaient approuvé dans un concile national, et que le pape lui-même n'avait pas défendu. Mais à peine fut-il célébré que Grégoire v, qui était Allemand de nation, dans un concile où figurait l'empereur Othon iii, prononça la nullité de ce mariage, imposa au roi une pénitence de sept ans, lui ordonna de quitter sa femme, l'excommunia en cas de refus. Le pape interdit l'archevêque qui les avait mariés et les évêques qui avaient consenti à ce mariage, leur ordonna de venir à Rome demander l'absolution à ses pieds.

La présence de l'empereur Othon, peu ami de Robert, dans le concile, fait croire que la raison d'état eut autant de part à cette décision que les motifs religieux.

Les évêques obéissent et se mettent en route ; Robert, moins docile, reste avec son épouse. La foudre de l'excommunication, partie du vatican, met tout le royaume en feu ; l'interdit est général ; on ne célébrait plus l'office divin, les malades ne recevaient plus les sacrements, et, ce qui devenait bien dangereux, les morts étaient sans sépulture ; la confusion est à son comble ; on fuit, on abandonne le roi, on tremble d'approcher un excommunié. Les historiens ajoutent qu'il ne lui resta que deux serviteurs qui faisaient passer par le feu tout ce qu'il avait touché ; les restes de sa table étaient jetés aux chiens. Il est probable que ce récit est exagéré, comme le rapport du cardinal Pierre Damien qui certifie qu'en punition de cet inceste prétendu, la reine accoucha d'un monstre.

Robert souscrivit enfin à la décision de Rome; la reine fut répudiée. Le pape, comme apaisé, daigne lever l'interdit; tout se calme et rentre dans l'état normal.

Séparé de la reine, le roi contracta une nouvelle alliance; il prit pour femme Constance, fille du comte de Provence, princesse orgueilleuse, dont le caractère altier acheva sa pénitence, car elle le tourmenta le reste de sa vie. Elle tenta de soulever les fils du roi contre leur père. Elle avait toute la méchanceté de Frédégonde, sans en avoir les talents; à ses autres vices elle joignait la cruauté; nous en citerons un trait qui fait horreur:

Une secte dont l'erreur avait quelque ressemblance avec celle des manichéens qui admettaient les deux principes, s'était nouvellement répandue; elle traitait de fables et de rêveries nos saints mystères et tout ce qu'on lit dans le livre sacré de l'évangile. On dénonça au roi les novateurs. Lorsqu'ils furent connus, les chefs de la secte furent arrêtés et interrogés; ils demandèrent à se défendre. Les imprudents discutèrent contre les prélats dans un concile qui fut tenu à Orléans; la dispute finit sur un bûcher. L'un des plus fermes adhérents était Étienne, confesseur de la reine. Elle eut la cruauté de lui crever un œil avec sa canne, lorsqu'on le menait au supplice, et de charger ses compagnons d'invectives. Le roi Robert assistait à l'exécution; le premier, en France, il donna l'horrible signal de brûler des hommes pour le crime d'hérésie. On dit que près du bûcher ces malheureux voulurent se rétracter; on leur répondit: *il est trop tard....* Le Languedoc eut aussi ses victimes. Arras dut à son évêque et au véritable esprit du christianisme qui l'animait de ne pas voir de sacrifices humains.

On prétendit, dans le même temps, que les Juifs avaient excité le calife à détruire le temple de Jérusalem, et sur cet absurde prétexte ils furent massacrés.

Le goût des pèlerinages commençait à se répandre et servait d'avant-coureur aux croisades. Les événements politiques, sous Robert, furent bien rares; mais une horrible famine, remplaçant les désastres de la guerre, désola la France et l'Europe. Les

détails en font frémir. On alla jusqu'à déterrer les morts pour les manger ; des hommes se tenaient au coin des bois pour se jeter sur les passants et les dévorer, à l'exemple des animaux féroces et carnassiers ; un aubergiste de Mâcon assommait des pauvres, la nuit, pour en faire un repas aux riches, après avoir déguisé cet épouvantable mets. Un homme et une femme, ayant eu le bonheur d'échapper à son couteau, le dénoncèrent ; on trouva dans sa cave quarante-huit têtes dont les corps avaient servi d'aliments ; il expia dans les flammes ce détestable forfait.

Quelques historiens disent que Robert était pieux, clément et charitable lorsqu'il n'était pas aveuglé par le fanatisme ; qu'il composa des hymnes, bâtit des temples et des chapelles ; que sa piété le portait à faire baptiser solennellement les cloches, à servir les pauvres à genoux le Jeudi-Saint, et à leur laver les pieds, couvert d'un cilice. Cet usage s'est perpétué jusqu'à nos jours. Il assistait régulièrement à l'office, revêtu de la chape, la couronne sur la tête et le sceptre à la main.

Au siége d'Avalon, il fit pendre la plupart des habitants qui s'étaient défendus en braves ; le reste subit la peine de l'exil.

Faible, avili dans son domestique, Robert ne faisait l'aumône qu'en tremblant et disait aux malheureux qu'il secourait : allez et prenez garde que Constance ne le voie ou ne le sache. C'est le premier de nos rois qui, dit-on, ait reçu le don spécial de guérir les écrouelles en touchant les malades et prononçant sur eux ces paroles : « Le roi te touche, Dieu te guérisse! »

Robert refusa la couronne impériale et le royaume d'Italie que lui offraient les Italiens après la mort de l'empereur Henri, décédé sans postérité, puisqu'il avait fait dans le mariage le vœu singulier de virginité, de concert avec Sainte Cunegonde, sa femme, et qu'il n'avait pas violé ce vœu.

Robert et Henri ii, empereur d'Allemagne, se rencontrèrent à Yvoie et formèrent une alliance dans le but d'entretenir l'union dans l'église et dans leurs états. Hugues, fils aîné de Robert, étant mort, Henri, son second fils, fut associé à l'empire et sacré à Rheims le 23 mai 1027. Robert (suivant le président

Hénault) posa la première pierre de l'église Notre-Dame de Paris, sur les ruines d'un temple consacré à Jupiter par les bateliers de la Seine, sous l'empire de Tibère; il bâtit aussi le château d'Étampes.

Le roi Robert mourut à Melun le 20 juillet 1031, étant âgé de soixante-un ans; son règne avait duré quarante-cinq ans, dix avec son père et trente-cinq depuis sa mort; il fut inhumé à Saint-Denis.

996 — 1026. Revenons aux ducs de Normandie. RICHARD II fut le quatrième duc de Normandie. Il n'a d'autre mérite que de succéder à un grand homme; mais il oublie que, pour s'en rapprocher, il ne suffit pas de se livrer à des pratiques de dévotion, de ne voir que prélats et barons qu'il enrichit du fruit de ses exactions sur la partie de la nation que, dans sa superbe, il nomme ses vilains. Les seigneurs veulent surpasser Richard. La population opprimée, paysans, laboureurs, artisans, se plaignent en disant : « *Que combien qu'ils soient hommes comme* » *eux, et que l'état de noblesse soit nourri et soutenu du labeur de* » *leurs mains, néanmoins rien ne leur est laissé non plus qu'aux che-* » *vaux qui gagnent l'avoine et ne la mangent pas* (sic vos non vobis). » Désarmés ils ne peuvent d'abord recourir à la force; mais des associations se forment; chaque réunion a deux députés pour organiser une association mère, chargée d'agir au nom de tous et d'entraîner dans leurs intérêts les habitants des villes et bourgs du duché. Ces affiliations sont découvertes dès leur principe; le féroce Raoul, comte d'Yvri, qui était le Turenne de ce temps-là, fut l'exécuteur des vengeances de son neveu Richard. Les députés de chaque conciliabule sont pris et livrés à d'horribles supplices; aux uns Raoul fait arracher les dents; d'autres ont les yeux crevés, les mains coupées, les jarrets brûlés; d'autres enfin sont jetés dans le plomb fondu ou brûlés à petit feu.

Guillaume, comte d'Hiesmes, frère de Richard, avait refusé de se rendre à l'assemblée des barons, pour prêter serment de fidélité. Le comte d'Yvri fut chargé de le réduire. Guillaume, persuadé qu'il pouvait défier le duc de Normandie, consolide ses remparts et fait de grands préparatifs de défense. Le comte d'Yvri parut devant Exmes, à la tête d'une armée formidable, battit cette ville d'après les règles stratégiques du temps, et s'en rendit maître. Le comte d'Hiesmes, fait prisonnier, fut conduit à Rouen et enfermé dans la tour bâtie par Richard i.er, que l'on appela dans la suite *la vieille tour;* elle s'élevait sur la place de Rouen qui porte encore aujourd'hui ce nom, et la Seine en baignait le pied. La famille de Guillaume et ses partisans sont traités avec la même barbarie que le peuple conjuré.

Guillaume resta cinq ans prisonnier; après ce temps il parvint à s'évader par un stratagème singulier : un de ses amis lui fit tenir, dans une bouteille, une longue corde, le long de laquelle il se glissa et prit la fuite. Il erra quelque temps, ne marchant que de nuit, pour mieux échapper aux émissaires qu'on aurait pu mettre à sa poursuite. Fatigué de ce genre de vie, il résolut d'épier l'occasion de rencontrer son frère pour solliciter lui-même son pardon; elle se présenta promptement. Un jour que Richard chassait dans la forêt de Verneuil, Guillaume d'Exmes se présenta devant lui, dans un état pitoyable, le visage abattu, les cheveux épars, les habits en désordre; il se jeta à ses genoux, qu'il tint longtemps embrassés, sans proférer une parole. Richard attendri laissa couler ses larmes, releva son frère, lui rendit son amitié, ses anciennes possessions qu'il augmenta même considérablement; enfin il lui fit épouser Esseline, dame d'Auge, fille du comte Turchetil, nièce de Turoulphe de Pont-Audemer, très riche héritière, qui fit bâtir l'abbaye de Saint-Pierre-sur-Dive où elle voulut être enterrée. Cette princesse lui donna trois fils : Robert, comte d'Eu; Guillaume, comte de Soissons, et Hugues, évêque de Lisieux.

En 1003, la nation anglaise se plaignit d'Ethelrède, son roi, mari d'Emme, sœur de Richard ii. Ce dernier le réprimande sur sa conduite scandaleuse. Pour réponse, le roi d'Angleterre met une armée sur pied, ordonne à son sénéchal de marcher en

Normandie, de s'en rendre maître et de lui présenter Richard enchaîné. Le sénéchal débarque à Barfleur ; mais Néel de Saint-Sauveur, vicomte du Cotentin, gouverneur de la basse Normandie, rassemble les chevaliers du pays, tombe sur les Anglais dont il fait un grand carnage ; à peine il en resta pour diriger la flotte vers l'Angleterre. Une circonstance remarquable de cette action, c'est que les femmes y prirent une grande part, et se battirent comme les hommes. Ethelrède apprenant ce désastre, jure d'en obtenir vengeance. Les Anglais et les Normands se préparent à la guerre ; mais le pape Jean XVI et l'évêque Léon parviennent à rétablir la paix entre les beaux-frères.

Ethelrède ne se corrige pas ; plus que jamais il se livre à la débauche et à la cruauté. Wallingfort, écrivain anglais, en rapporte un trait conçu sans doute par une imagination en délire, exécuté avec une barbarie sans exemple : « En 1003, la veille » de la Saint-Brice, les commandants de chaque ville d'An- » gleterre reçurent l'ordre secret de faire périr tous les Danois » établis dans le pays. Cet ordre épouvantable fut exécuté. On » extermina depuis le plus petit jusqu'au plus grand ; *à minimo* » *usque ad maximum ;* ni l'âge ni le sexe ne furent épargnés ; » des femmes eurent les seins tranchés, d'autres furent enterrées » vivantes ; des enfants moururent écrasés et broyés sous la » pierre. Telle était la rage des Anglo-Saxons que plusieurs » égorgèrent, non-seulement leurs propres épouses qu'ils soup- » çonnaient d'intelligence avec les Danois, mais encore les inno- » centes créatures regardées par eux comme le fruit de ces » liaisons criminelles. »

Swenon, roi de Danemark, dont Gunhilde, la sœur, mariée à un comte anglais et convertie au christianisme, avait en elle-même la tête tranchée, après avoir vu égorger sous ses yeux son époux et son fils, arrive pour venger la mort de ses compatriotes et de sa sœur. Ethelrède, contraint de fuir, vient implorer l'hospitalité de Richard. Swenon est aussi cruel et débauché que son prédécesseur. La haine des Anglais le poursuit jusque contre son fils qui lui avait succédé ; ils rappellent Ethelrède. Ce souverain avait conservé toute sa férocité ; sa mort et celle de son fils Edmond laissèrent le trône vacant. Canut, fils de Swenon, épousa la veuve d'Ethelrède et monta sur le trône. Les enfants du premier lit, Alfred, Edouard et Godiove leur sœur, revinrent en Normandie auprès de leur oncle Edouard.

1017. RICHARD II , désirant obtenir des héritiers légitimes , résolut de se marier ; il épousa Judith, sœur de Geoffroy, duc de Bretagne. Le mariage fut célébré au mont Saint-Michel. Il en eut six enfants , dont trois fils, Richard et Robert qui furent successivement ducs de Normandie ; Guillaume qui fut moine à l'abbaye de Fécamp ; Alix qui épousa Renaud, comte de Bourgogne, mère de Guillaume et de Gui qui furent comtes de Briosne et de Vernon ; Alienor, femme de Beaudoin , comte de Flandre ; la troisième fut fiancée avec Alphonse , roi de Navarre , mais le mariage ne fut pas consommé ; elle mourut vierge à Fécamp. Il eut d'autres enfants de plusieurs concubines , entre autres Mauger , archevêque de Rouen , et Guillaume, comte d'Arques.

La duchesse Judith était pieuse ; c'est elle qui fit bâtir à Bernay le monastère de Notre-Dame. Elle fut enterrée dans le cloître de cette communauté. Après la mort de cette princesse , Richard épousa Esterite, sœur de Canut, roi d'Angleterre.

Gautier, gouverneur de Melun , ayant livré cette ville à Eudes, comte de Chartres, pendant l'absence de Bouchard , comte de Melun, occupé pour le service du roi de France, ce souverain enjoignit à Eudes de rendre la place ; sur son refus, il marche contre lui, réunit ses troupes à celles de Richard qui , dans le même temps, redemandait à ce même duc de Chartres, son beau-frère, la dot de la princesse Mathilde , que celui-ci ne voulait pas restituer. La ville de Melun se rendit à Richard. Eudes demanda la paix. Le roi de France remplit alors le rôle de médiateur. Il fut convenu que le comte de Chartres garderait le château de Dreux, en rendant le territoire, et que le château de Tillières , élevé par Richard sur la limite des deux pays, resterait debout et demeurerait propriété normande.

L'alliance de la Normandie était toujours recherchée avec empressement par les rois de France, car, sans l'appui de cette province, la race capétienne se fut difficilement maintenue sur un trône qu'elle n'occupait que parce que son auteur avait été le plus hardi compétiteur à la couronne.

Lorsqu'il fit le siége d'Avalon, Robert demanda l'appui des Normands; Richard, pour répondre à son appel, marche à la tête de trente mille hommes et force les places de Sens et d'Avalon, qui tenaient depuis trois mois, à ouvrir leurs portes.

Renaud, comte de Bourgogne, voulut aussi se placer sous le patronage de Richard; il demanda et obtint la main d'Alix ou Adèle, sa fille. Quelque temps après cette union il s'éleva un différend entre Hugues, comte de Châlons, et Renaud; celui-ci ayant donné dans un piége que lui avait tendu son ennemi, fut pris, chargé de fers, et confiné dans une étroite prison. Informé de cet événement, Richard demanda l'élargissement de son gendre : Hugues refusa de le mettre en liberté. Richard assembla ses Normands, et comme il était alors trop vieux pour commander l'expédition en personne, il en confia la direction à son fils aîné. Préalablement il avait acheté le consentement des comtes du Vexin, pour traverser leur territoire; il leur avait cédé la terre d'Elbœuf, et celle de Chamboy dans le comté d'Exmes. Le jeune prince ouvre la campagne à la tête de troupes pleines d'ardeur, avides de butin et de conquêtes; il envahit la Bourgogne, assiége et prend des chateaux, met le feu partout, rase le château de Marmande et marche sur Châlons. Le comte de Châlons s'aperçut trop tard qu'il avait eu tort de lutter avec la Normandie; il se rendit à merci, c'est-à-dire qu'il se soumit à l'humiliation la plus forte qui pût être alors imposée à un chevalier. Il se présenta donc, suivant l'usage du temps, devant son jeune adversaire, une selle de cheval sur le dos et dans l'attitude d'un cheval que son cavalier s'apprête à monter. En cet équipage, il implora son pardon qui lui fut accordé sous la condition qu'il mettrait en liberté le gendre du souverain normand, et qu'il se rendrait à Rouen, auprès de ce dernier, pour lui donner particulièrement satisfaction. La guerre ainsi terminée, Richard revint avec ses troupes en Normandie.

1026. Pour obliger les religieux de Jumièges à prier Dieu pour le salut de son âme, Richard II leur donna la forêt de Vimoutiers ; il leur fit en outre de grands avantages, et releva l'abbaye de Sainte-Vandrille. Quoique d'une grande dévotion, il avait répudié Esterite et lui avait substitué Papie, à la manière danoise, c'est-à-dire par un de ces mariages toujours en usage,

> Qu'on fait souvent de Paris à Pékin,
> Sans eau bénite et sans mot de latin.

Par son testament il institua Richard III, son fils aîné, duc de Normandie, puis il donna le comté d'Hiesmes à Robert, à la charge de foi et hommage à son frère.

1027. Richard II mourut à Fécamp le 23 août 1027. Il avait gouverné la Normandie pendant trente années. Ses obsèques furent magnifiques.

1027 — 1029. RICHARD III, 5.e duc de Normandie, déjà connu par ses actes de bravoure sous le règne de son père, dans la guerre de Bourgogne, reçut la couronne ducale de Normandie lors de la mort de son père. Les comtes et barons le reconnurent immédiatement, et son avénement présageait un âge heureux. Tout était en paix. Cette paix générale fut bientôt troublée, car Robert, frère de Richard, mécontent du partage paternel, voulut agrandir son apanage ; de plus il refusa de rendre à son frère l'hommage qu'il lui devait. Il assembla les seigneurs et les troupes du comté d'Exmes, et au lieu d'attendre son frère dans le château, comme avait fait Guillaume son oncle, il se crut dans le cas de tenir la campagne, et s'empara du château de Falaise qui se trouvait une des plus fortes places de l'Hiesmois, la garnit d'hommes et de vivres pour opposer une vigoureuse résistance. Richard III, appuyé par Guillaume de Bélesme, comte d'Alençon, fit cerner la ville de tous côtés par des troupes nombreuses et aguerries. Les opérations du siége étant poussées avec vigueur, Robert fut contraint de se rendre. Son frère lui pardonna et la paix fut cimentée entre eux. Richard licencia ses troupes et revint à Rouen. A peine fut-il arrivé, qu'un jour, pendant le dîner, il fut saisi d'un mal violent dont il mourut. Généralement on pensa qu'il avait été empoisonné. Ce soupçon prit d'autant plus de consistance que plusieurs seigneurs de sa maison périrent en même temps que lui. Ce prince fut regretté. Son inhumation eut lieu avec pompe. Le corps fut placé dans l'église Saint-Ouën, devant le grand autel. Il n'avait pas eu le temps de se marier et ne laissa pas d'héritiers légitimes. D'une courtisane il eut un fils qui fut abbé; deux filles, dont une fut l'épouse de Gautier de Saint-Valery, et l'autre du vicomte de Bayeux.

CHAPITRE VI.

ÈRE CHRÉTIENNE.

1029 — 1200.

« Le flambeau des lettres commence à se rallumer,
» et les pâles clartés qu'il jette au milieu des ténèbres
» qui couvrent l'Europe promettent au monde une
» plus vive lumière. »

SOMMAIRE. — Épisodes normandes. — Tancrède de Hauteville et ses enfants; leurs combats de géants et leurs succès. — Robert le Diable, 6.ᵉ duc de Normandie; son règne; son pèlerinage; sa mort. — Gui de Bourgogne. — Combats partiels en Normandie. — Guillaume, duc de Normandie — Combat du Val des Dunes. — Victoire des Normands. — Fuite de Gui de Bourgogne. — Secours fournis au roi de France par Guillaume contre le duc d'Anjou. — Alençon et Domfront pris et repris. — Épisode terrible à la reprise d'Alençon. — Néel de Saint-Sauveur rentre en grâce. — Nouveaux compétiteurs de Guillaume. — Guerres intestines. — Le roi de France et le duc d'Anjou en Normandie. — Prise et destruction d'Argentan. — Nouvelles fortifications; leur description. — L'impératrice Mathilde à Argentan. — Création de la foire Pentecôte. — Création de sergenteries nobles — Armoiries d'Argentan. — Henri II, roi d'Angleterre, assemble les troupes de Normandie à Argentan. — Assemblée des comtes et barons dans la même ville pour délibérer sur le projet de conquête de l'Irlande. — Henri reçoit à Argentan les légats du pape. — Le domaine d'Argentan est cédé à Éléonore d'Aquitaine; sa résidence à Argentan. — Jean-sans-Terre tient à Argentan sa cour plénière.

Nous n'avons pas le projet d'enregistrer ici toutes les actions éclatantes, les faits d'armes presque fabuleux de quelques héros qui sont la gloire éternelle de la Normandie; nous rapporterons les plus saillants à l'époque où nous nous trouvons.

Vers 985, cinquante Normands, venant de la Terre-Sainte, se trouvaient à Salerne qui était assiégée par une armée de Sarrasins; ils fondent sur l'ennemi et le mettent en fuite. Le prince de Salerne veut récompenser ses généreux libérateurs et les fixer dans ses états; ils refusent. L'amour du sol natal les appelle. De retour dans leur patrie, ils engagèrent, par le récit de leur victoire, d'autres Normands à passer dans la grande Grèce. Quelques centaines de ces héros aventureux abordèrent près de Naples, et, malgré les Sarrasins et les Grecs, fondèrent la ville d'Averse, affranchirent le royaume de Naples du joug des empereurs grecs et du despotisme des barbares.

Le vieux Tancrède de Hauteville, près Coutances, a douze fils qui tous deviennent fameux par leur courage et leurs hauts-faits. Les trois aînés, Guillaume Bras-de-Fer, Drogon et Humfroy, vont en Sicile; ils offrent au catapan de l'armée grecque de combattre, sous ses ordres, les Sarrasins établis en Sicile; ils en viennent aux mains avec les infidèles et les mettent en pièces. Guillaume Bras-de-Fer ou Fier-à-Bras tue de sa propre main le chef des Arabes. Leurs combats sont des combats de géants. Le catapan qui n'a pu que les admirer vient à les craindre, puis il les paye d'ingratitude. Ils expulsent les Grecs de l'Italie et s'emparent de la Pouille; Guillaume Fier-à-Bras en est proclamé comte par ses soldats. Chaque capitaine normand reçoit en partage une ville ou un village; c'est-à-dire qu'ils établissent le gouvernement féodal, le seul qu'ils eussent connu dans leur patrie. Guillaume Fier-à-Bras étant mort, Drogon, son frère, lui succède. Robert Guiscard, l'un des plus jeunes fils de Tancrède, arrive sous l'habit de pèlerin, à travers l'Italie, dépossède ses neveux, s'empare de la Pouille et de la Calabre. L'empereur Henri III ne pouvant s'opposer aux progrès de ces conquérants, leur donna l'investiture de tout ce qu'ils avaient envahi et les rendit feudataires de l'Allemagne. Leur voisinage est une ombre menaçante pour l'empire. Henri III marche à la tête de ses troupes contre les héros normands. Le pape lui-même les redoute. Léon IX croyant les foudres du Vatican plus puissantes que les

forces du souverain allemand, excommunia les fils de Tancrède.
Cette excommunication fut appuyée de troupes italiennes in-
vitées à se croiser contre ces prétendus ennemis du Saint-Siége.
Les croisés sont quatre contre un. Robert Guiscard, Humfroy et
Richard, chacun à la tête d'une division aguerrie, taillent en
pièces les armées allemandes et italiennes. Le pape veut fuir ; il
est pris par les Normands qui le gardèrent prisonnier pendant
un an et néanmoins le traitèrent avec respect. Deux autres papes
continuèrent à foudroyer les Normands sans pouvoir les arrêter.
Nicolas II, plus faible ou plus sage, fit alliance avec les excommuniés contre l'empereur, sous la condition qu'ils se reconnaî-
traient feudataires de Rome. La politique humaine dirigeait dès
ce temps les conseils du Saint-Siége.

Robert Guiscard conduit ses troupes en Sicile, la reprend sur
les Arabes et les Grecs, soumet les princes de Salerne et s'empare de la capitale. Les fugitifs se retirent dans la campagne de
Rome ; Guiscard les poursuit ; il est encore excommunié ; pour
réponse il s'empare de Bénévent. Grégoire VII lève l'interdit,
flatte celui que ses foudres ne pouvaient intimider, et qu'il est
dans l'impuissance de vaincre. Par reconnaissance, Guiscard lui
rend Bénévent.

Les nouveaux amis du vicaire de Jésus-Christ ne tardèrent
pas à lui prouver l'utilité de leur alliance. Guiscard était occupé en Dalmatie à de nouvelles conquêtes ; là il apprend que
l'empereur Henri IV, maître de Rome, tient le pape assiégé dans
le château Saint-Ange. Il arrive sur le Tibre, délivre Grégoire,
malgré les Allemands et les Romains, s'empare de sa personne,
le conduit à Salerne où le pape meurt le protégé d'un gentilhomme normand.

Robert Guiscard avait marié sa fille au fils de l'empereur des
Grecs. La cour de Constantinople était toujours en révolution.
Michel était chassé par Nicéphore. Constantin, gendre de Robert, venait d'être fait eunuque. Alexis Comnène occupait le
trône impérial. Robert, accompagné de son fils Bohémond, si
célèbre dans les croisades, s'empare de la Dalmatie, de la Ma-

cédoine. Déjà son nom portait la terreur dans Constantinople, lorsque sa mort, arrivée à l'île de Corfou, mit fin à ses entreprises.

Le comte Roger, frère de Guiscard, resta maître de la Sicile. Le duc Roger, fils de Guiscard, conserva ce que les Normands avaient acquis dans la terre ferme.

Bohémond alla chercher fortune en Orient, au milieu des croisades; il devint souverain d'Antioche, et domina jusqu'à l'Euphrate.

Laissons ces épisodes normandes sur un sol étranger. Revenons à la mère-patrie; là, de même et toujours, nous retrouverons la gloire d'âge en âge.

Nous nous étions arrêté à la mort de Richard III arrivée en 1028. Robert, fils et successeur de Hugues Capet, occupait toujours le trône de France. Les affaires de ce royaume, celles de la Normandie et de l'Hiesmois sont tellement liées qu'il nous faudra presque toujours les faire marcher de front.

1028 à 1035. ROBERT dit *le Magnifique*, comte d'Hiesmes, frère de Richard III, lui succède au trône de Normandie; il en est le 6.e duc. Avant son avénement à la couronne ducale, n'étant alors que comte d'Hiesmes, il était généralement redouté à cause de ses vivacités et *méchantes prouesses*. Nous avons vu que l'opinion publique l'accusait d'avoir empoisonné Richard; mais bientôt on n'en parla plus. Il avait été admis à la succession, du consentement unanime des barons. Ses airs chevaleresques, sa bravoure proverbiale, l'avaient fait surnommer *le Diable*. Une certaine loyauté, de la grandeur dans le caractère, l'avaient rendu populaire. Il gouverna ses états avec beaucoup de sagesse. Celui qu'on appelait *le Diable* mêlait la religion à la galanterie. Il témoigna de son attachement pour les prêtres et les moines en faisant bâtir l'abbaye de Cerisy, où il se retirait souvent, et les combla de présents.

L'archevêque de Rouen fait de l'opposition; il se retire dans la ville d'Évreux dont il est comte, et la fait fortifier; Robert en fait le siége et s'en rend maître après plusieurs assauts. Le prélat se retire à Paris d'où il excommunie son neveu et met en interdit tout le duché. De tels actes, dans le temps, avaient leur puissance. L'archevêque obtient ce qu'il désire; il est créé chef du conseil à la place de Hugues, évêque de Bayeux, que l'on force de vivre dans son évêché.

1029. Guillaume de Bélesme, comte d'Alençon, l'un des premiers vassaux du duché, refusa l'hommage qu'il devait à son suzerain. Robert dirige ses troupes sur les terres du comte, cerne sa capitale et le contraint de venir hors des murs solliciter son pardon selon les vieux *us*. Le duc le reçut en grace et à homme, lui rendit son comté et se retira. Le comte et ses fils, Garni, seigneur de Domfront, Foulques, Robert et Guillaume Talvas, n'en conservèrent pas moins le désir de venger l'humiliation de leur père, car à peine le duc était-il rentré dans Rouen que Garni fit couper la tête à Gontier de Bélesme, cavalier de mérite, partisan du duc Robert; mais aussitôt il fut étranglé par les deux frères de Gontier et ses autres compagnons. Le comte d'Alençon envoya deux autres de ses fils, Foulques et Robert, parcourir et ravager la basse Normandie, sous prétexte que le duc aurait manqué à sa parole parce qu'il avait promis à Robert sa sœur bâtarde et l'avait donnée en mariage à Mauger, fils du vicomte du Cotentin; et qu'il lui avait en outre donné le château de Balon ou Blivel, sur les limites de la Normandie, du Maine et du Perche. Mauger mit fin à leurs brigandages, leur donna la chasse et les poursuivit jusqu'aux bois de Balon où le combat fut long et la victoire incertaine; néanmoins elle se déclara pour les Normands; Foulques y fut tué. Son frère, quoique blessé, parvient à se sauver. Le comte d'Alençon meurt de chagrin. Robert, celui de ses fils qui s'était sauvé à l'affaire de Balon, lui succède et continue de guerroyer; il est fait prisonnier et étranglé dans sa prison.

1030. Guillaume Talvas, dernier des fils de Guillaume de Bélesme, recueille la succession de son frère; il est le troisième comte d'Alençon. Ce méchant seigneur fit un jour étrangler sa femme devant tout le peuple qui s'était assemblé sur la place du palais. Quelque temps après il se maria en secondes noces à la fille du vicomte de Beaumont. Il invita plusieurs seigneurs, entre autres Guillaume Giroye, comte de Montreuil et d'Échauffour, à ce nouvel hymen. Les frères de Giroye, qui n'avaient en Talvas qu'une confiance très limitée, firent de vains efforts pour l'empêcher de se rendre à cette invitation ; il partit, mais il ne tarda pas à connaître que leurs craintes étaient fondées, car pendant les fêtes du mariage, Talvas le fit arrêter, lui fit couper le nez, les oreilles, et le rendit eunuque. Cet infortuné seigneur, ainsi mutilé et défiguré, se fit moine à l'abbaye du Bec.

Les amis de Giroye et ses frères, pour le venger, pillèrent les terres de Talvas et vinrent aux portes d'Alençon, de Domfront et de Bélesme ; mais ce fut en vain ; ils ne purent jamais l'attirer en campagne ; cependant son crime ne resta pas impuni.

Arnulphe son fils, secondé de la noblesse du duché d'Alençon, prit les armes contre lui, le força de fuir et de vivre misérablement. Il se retira chez Roger de Montgommeri, vicomte d'Hiesmes, auquel il donna sa fille Mabile en mariage. De cette union sortirent Robert II, comte d'Alençon, de Bélesme et de Séez ; Hugues d'Arundel et plusieurs autres enfants. Talvas mourut ainsi dans l'exil. Arnulphe, qui s'était emparé d'Alençon, fut trouvé étranglé dans son lit. Yves de Bélesme, évêque de Séez, recueillit la succession ; ce fut lui qui détermina Roger de Montgommeri, vicomte d'Hiesmes, à fonder et faire batir Saint-Martin-de-Séez et l'abbaye sous la règle de Saint-Benoit. Ce docte prélat dirigeait son diocèse avec sagesse et dans une grande sécurité lorsque son repos fut troublé par Richard, Robert et Avesgo Soreng, fils de Guillaume Soreng, qui vinrent à la tête d'une bande de misérables ravager le pays de Séez et des comtés voisins ; ils s'emparèrent de l'église Saint-Gervais de Séez dont ils firent leur retraite. Ce lieu de prières fut transformé en un asile de scélérats et une maison de prostitution. L'évêque Azon avait fait élever ce beau monument des ruines des murailles de la ville. Yves fit tout ce qui était en son pouvoir pour faire cesser cette profanation, et, pour y parvenir plus sûrement, il demanda des secours au vicomte d'Exmes qui lui donna Hugues de Grandménil, à la tête de tous les barons et gentilshommes des environs. Ils assaillirent la tour du monastère ; les assiégés se défendirent courageusement. Pour les presser davantage on mit le feu aux bâtiments ; alors les assiégés, contraints de sortir, se firent jour à travers leurs ennemis. Richard Soreng, dans sa fuite, fut assommé par un paysan qu'il avait rançonné et qui le reconnut ; son frère Robert éprouva le même sort à Écouché. Avesgo périt écrasé par une solive qui se détacha dans un bâtiment où il était.

Yves de Bélesme, sur l'ordre du pape Léon, fit reconstruire l'église avec des secours qu'il obtint de ses parents, dans l'Italie et à Constantinople. La construction dura près de quarante années. De ses voyages en Asie, Yves rapporta un morceau de la vraie croix que l'on conserve toujours à Séez.

Revenons à Robert le Diable, duc de Normandie. Une expédition plus glorieuse que le châtiment d'un comte d'Alençon lui est offerte ; Beaudoin le Barbu, comte de Flandre, détrôné par son fils, implore l'appui du duc normand. Robert court en Flandre, terrasse le rebelle, rétablit Beaudoin dans son autorité et le réconcilie avec son fils.

1031. A leur retour de Flandre, les Normands apprirent la mort de Robert, roi de France. Pour l'ordre chronologique, nous devons nous occuper de son successeur.

1031 — 1061. HENRI I.er, fils de Robert, est le 37.e roi de France ; son avénement à la couronne éprouva des difficultés, et voici à quelle occasion :

Les six premiers rois de la race des Capet ayant fait reconnaître leurs fils aînés pour leurs successeurs, et leur ayant fait prêter serment dans cet ordre, c'était désormais une loi fondamentale de l'état. Le droit de primogéniture était donc reconnu.

Les fils puînés ne pouvaient prétendre qu'à recevoir un apanage pour leur tenir lieu de la portion héréditaire.

Cette loi nouvelle faillit être renversée par les intrigues de la reine Constance; cette princesse, jalouse de maintenir l'autorité qu'elle tenait de la faiblesse de son époux, prétendit placer la couronne sur la tête de son second fils, au préjudice des droits du premier, parce qu'elle le trouvait plus facile à ployer à ses volontés. Pour appuyer cette injustice, et lui donner quelque faveur, elle prétendait que tel avait été le dernier vœu du monarque expirant; elle excita par ce moyen une révolte contre son fils aîné Henri 1er. Le parti formé contre ce prince devint si puissant qu'il fut obligé de quitter Paris et de se retirer, lui douzième, près de Robert, duc de Normandie, dont il implore le secours. Le duc le reconduit à la tête d'une armée formidable, la faction opposée est épouvantée; les Normands ravagent le territoire des rebelles, mettent tout à feu et à sang : c'était la maxime de Richard de faire ainsi la guerre; il disait qu'il fallait la pousser à toute outrance, pour la terminer promptement, ou ne point la déclarer. C'est encore une des causes qui l'avaient fait surnommer le Diable.

1032. La reine Constance meurt, et Robert, frère du roi, rentre en grâce ; non seulement Henri 1er lui pardonne, mais en outre il lui donne le duché de Bourgogne. Henri termina fort heureusement d'autres guerres qu'il eut à soutenir contre les comtes de Champagne, de Chartres et un autre de ses frères, qui le sommait de lui faire part de la succession de son père : toujours ses armes furent victorieuses. Son frère, ayant été défait, cherchait à réparer ses pertes, lorsque la mort vint le frapper.

La guerre étant ainsi terminée, pour reconnaître les services qu'il avait reçus de Robert-le-Diable, Henri lui donna les villes de Chaumont, Pontoise et le Vexin français, et le duc revint dans son duché. Ecoutons le récit de la vieille chronique de Normandie sur la naissance de son fils :

« Le duc Robert étant un jour à Falaise, vit une fort belle et
» gracieuse pucelle nommée Harlette, fille d'un bourgeois de la
» ville, laquelle fut si bien à sa grâce, qu'il la voulut avoir pour
» amoureuse; et, pour ce, il la requit affectuesement à son
» père, ce qui onc ne lui était advenu pour demander femme à
» *épouse ou autrement.* Le père, de prime face, ne lui accorda
» pas; toutte fois il fut tant par le duc importuné de prières,
» que, voyant la grande affection qu'il portait à sa fille, il
» consentit|, en cas que sa dite fille le voulut accorder; laquelle
» répondit à son père : Je suis votre enfant et géniture, ordonnez
» de moi ce qu'il vous plaît, je suis prête à vous obéir. De cette
» réponse fut le duc moult joyeux, etc. Quand vint le temps
» que la nature requiert, Harlette enfanta un fils qui fut nommé
» Guillaume. »

Nous avons dit comment, avec l'alliance et la protection de Robert, Henri Ier avait ressaisi la couronne, et l'abandon du territoire que, par reconnaissance, ce souverain lui avait fait. A peine le Normand est-il rentré dans ses états, qu'il lui faut soumettre Alain, comte de Bretagne; il fait construire sur la rivière de Couesnon, à la limite de la Bretagne, le château de Carrouges, pénètre plus avant, assiège la ville de Dol, la prend et la livre au pillage. Alain, qui comptait sur une surprise, se trouve lui-même, avec son armée, entre les troupes de Robert et celles de Néel de Saint-Sauveur, vicomte du Cotentin, premier gouverneur de Carrouges ; une véritable boucherie anéantit l'espoir des Bretons. Alain, complétement défait, se réfugie à Rennes, et lui-même se rend au Mont-Saint-Michel où il sollicite et obtient son pardon.

1032. Robert fit rétablir l'abbaye de Cérisy-la-Forêt, près Saint-Lo, détruite par les premiers Normands.

La passion de Robert pour Arlette, qu'il avait épousée de la main gauche, fut si forte, qu'il refusa toute autre alliance. Guillaume, né, nourri et élevé dans le château de Falaise, y reçut une éducation au dessus de celle qu'on donnait alors, et digne de sa future grandeur. Cet enfant n'avait que huit ans, lorsqu'il prit fantaisie à son père de faire un pèlerinage à Jérusalem ; peut-être Robert avait-il un grand crime à se reprocher en songeant à la mort de son frère, et cédant aux idées de son siècle, qui faisaient regarder le voyage d'outre-mer comme la plus sûre expiation de tous les péchés et même des crimes les plus énormes, voulait-il dégager sa conscience ?

Sa résolution arrêtée, il assemble ses barons ; tous veulent le détourner d'un projet aussi insensé : vainement on lui objecte qu'il va laisser l'Etat sans guide et sans boussole ; sa volonté est immuable : Robert présente son fils Guillaume, le déclare son successeur, et veut le faire reconnaître ; chacun se récrie contre l'illégitimité de sa naissance, Robert persiste, et les états obéissent. Il nomme pour gouverneur de la Normandie, pendant son absence, Alain, duc de Bretagne, son vassal et son parent ; il confie le jeune Guillaume au roi de France et part, en pèlerin, pour la Palestine, si l'on est pèlerin avec un faste orgueilleux et en étalant sur son passage un luxe asiatique ; il entre dans Rome et dans Constantinople en satrape de l'Orient : la mule qu'il monte porte des fers d'or, qu'à dessein on a mal attachés, et qui deviennent la proie des spectateurs. Cette fastueuse dévotion contraste beaucoup avec l'humilité chrétienne ; toutefois il accomplit son pèlerinage, visite Jérusalem et se met en marche pour revenir dans ses états ; chemin faisant il est pris de la fièvre et contraint de se faire porter en litière par des maures ou nègres ; il est rencontré dans cet équipage par un pèlerin normand, qui lui demande s'il n'a rien à faire dire au pays. « *Tu diras*, répond » le duc, *que tu m'as vu porter en Paradis par quatre diables.* »

Ils le portèrent du moins au tombeau, car il mourut à Nicée, en Bythinie, au mois de juillet 1035. Guillaume pouvait avoir neuf années à cette époque; la plupart des barons qui l'avaient reconnu au départ de son père, le repoussèrent, donnant pour prétexte sa bâtardise et sa grande jeunesse. Le duché tombe dans l'anarchie. Guerroyer, s'arrondir est le besoin des combattants. Les combats partiels de château à château sont à l'ordre du jour. Gachelin, baron de Ferrières, voulant tirer vengeance d'une offense qu'il prétendait avoir reçue de Hugues A-la-Barbe, comte de Monfort-sur-Rille, sort à la campagne, le rencontre, ils en viennent aux mains avec tant d'acharnement, que tous deux périrent sur la place avec un grand nombre de leurs amis. Gilbert Crespin, comte de Briosne, seigneur du Sap, veut agrandir ses domaines aux dépens des Giroye, seigneurs de Montreuil et d'Echaufour : ces derniers tuèrent bon nombre de ses gens, le mirent en fuite et se rendirent maîtres du Sap. Gilbert veut entrer au conseil de tutelle du jeune duc, Raoul de Gacé, tuteur principal, le fait poignarder. Robert de Guitot, instituteur de ses enfants, s'enfuit avec eux chez Beaudouin, comte de Flandres. Ce comte, qui plus tard donna sa fille en mariage au duc Guillaume, fit rentrer en grâce ces mêmes enfants; l'aîné, qui se nommait Beaudouin, reçut de la faveur du duc le Sap et Meules; le jeune, nommé Richard, obtint Bienfaite et Orbec.

Alain III, comte de Bretagne, l'un des chefs de la régence, voulant faire cesser ces petites divisions intestines, tombe sur les rebelles et les disperse ; mais ils savent s'en venger : Alain meurt empoisonné à Vimoutiers. Il fut enterré à Fécamp. Theroulde, précepteur du jeune duc, fut assassiné sous les yeux de son élève. Guillaume de Montgommeri, vicomte d'Hiesmes, pousse l'audace jusqu'à pénétrer dans l'intérieur du château de Vaudreuil, où il égorge Osbern de Crespon, intendant de la

maison du prince , fils d'Herfast , frère de la comtesse Gonnor ;
Barnon de Glos-la-Ferrière , prévôt d'Osbern , voulant venger
la mort de son seigneur , assembla de vigoureux champions , et
la nuit suivante se rendit à la maison où dormaient Guillaume
de Montgommeri et ses complices , les surprit et les fit passer par
les armes. Peu de temps après la mort d'Osbern , son sénéchal ,
le duc Guillaume lui-même faillit être assassiné à Valognes,
où il se trouvait sans défiance et sans garde. Heureusement un
bouffon avait entendu le complot des conjurés ; il va réveiller le
jeune duc qui n'a que le temps de s'enfuir à toute bride et traverse les Vés Saint-Clément, puis il revient à Falaise , d'où il se
rendit à Rouen.

Ainsi donc , pendant la minorité de Guillaume , il y avait
en Normandie, mépris de la loi , oppression des personnes , pillage des propriétés , exercice violent du droit naturel , absence
de tout pouvoir régulier : ce régime devait nécessairement finir.

Guillaume croissait en âge, en force , en expérience ; son âme
s'élevait au milieu des dangers. C'est à lui qu'on attribue la
convocation du concile qui établissait en Normandie *la Trève de
Dieu*. D'autres règlements donnaient encore de nouveaux gages
à la sûreté publique. Quelques actes de vigueur commençaient
aussi à faire connaître ce jeune homme sortant à peine de l'adolescence , que les contemporains nous représentent déjà comme
le plus redoutable chevalier de toute la Gaule. C'était , à les
entendre , un beau spectacle que de le voir maîtrisant son cour-
sier , brillant par son épée , éclatant par son bouclier , menaçant
par son casque et ses javelots.

Tout portait donc à croire que la paix allait renaître et se consolider en Normandie , lorque Guy , second fils de Regnauld de
Bourgogne et d'Adèle , fille de Richard II , par conséquent cousin de Guillaume , éleva des prétentions au duché de Normandie , ou , du moins , à de grands apanages. Guillaume convoqua

à Rouen l'élite de ses barons, leur demande avec noblesse d'éclairer son inexpérience, de l'aider de leurs conseils afin de consolider au sein du duché le bien-être et la paix. L'assemblée, d'une voix unanime, lui nomme pour gouverneur Raoul de Gacé, connétable de Normandie, qu'elle charge de réduire définitivement les rebelles, et décide qu'au besoin il solliciterait l'appui du roi de France, seigneur suzerain du duché, que les lois féodales l'obligeaient à défendre. Guy de Bourgogne, qui avait passé ses premières années auprès de Guillaume et dans son intimité, qui avait reçu de lui, comme gage d'amitié, les châteaux de Briosne et de Vernon, voulant profiter du désordre, parvint à se créer un parti puissant parmi les seigneurs qui redoutaient sans doute la domination d'un jeune homme doué d'une volonté forte, inflexible, tyrannique et de toute l'énergie nécessaire pour la faire prévaloir. Les seigneurs qui s'associèrent à la révolte de Guy; étaient Nigel, comte du Cotentin; Regnauld, comte du Bessin; Grimout du Plessis, Raoul de Briquesart, Hamon de Thorigny, l'évêque de Bayeux, d'autres encore, et surtout, comme on voit, seigneurs de Basse-Normandie. Trop faible pour résister à cette coalition avec ce qui lui restait de partisans, Guillaume et son gouverneur demandent des secours au roi de France. Henri 1er se ressouvient un moment qu'il doit sa couronne au duc Robert, père de Guillaume; il se rend à la tête de trois mille hommes d'armes sur les frontières de Normandie, fait sa jonction avec Guillaume, qui l'y attendait avec une armée composée des troupes du pays d'Avranches, de celui de Lisieux, de la vallée d'Auge, d'Evreux, du Roumois, du Vexin, de Rouen et du pays de Caux. Les insurgés se trouvaient en force au Val-des-Dunes, distant d'un myriamètre cinq kilomètres de la ville de Caen; Henri et Guillaume marchèrent à leur rencontre, prirent position, et leur présentèrent la bataille. L'armée était divisée en deux corps : Henri et les Fran-

çais tenaient la droite, Guillaume et les Normands tenaient la
gauche. Wace, roman des ducs Normands, désigne les lieux occupés par les troupes alliées :

> « Entre Argence et Mesodon
> » Sur la rivière de Laison,
> » Se hebergerent ceux de France,
> « Et joute lève de Muance
> » Qui par Argence va courant
> » Se hebergèrent li Normand,
> » Qui o Guillaume se tenaient
> » Et en sa besoigne venaient.

Le signal est donné, toutes les lances sont en arrêt, les chevaux sont lancés et tous les combattants sont aux prises. Il y
eut de part et d'autre de beaux faits d'armes : le combat dura
long-temps, sans qu'aucun des deux partis reculât. Le roi de
France fut atteint d'un coup de lance ; désarçonné et renversé
aux pieds des chevaux, il se releva sans blessure grave, et
rentra vaillamment dans la mêlée. Hamon aux Dents, seigneur
de Thorigny, Bercy et Creully, soupçonné d'avoir fait le coup,
fut tué par le comte de Saint-Paul, de la maison du roi. Comme
Henri avait eu à combattre les Cotentinois, on répéta long-temps
après dans le pays ce refrain :

> « De Costentin iessi la lance
> » Ki abati le rei de France. »

Guillaume, en cette rencontre, donna des preuves de cette
valeur désespérée qui distingua la plupart des ducs normands.
On le vit constamment au plus épais de la mêlée, cherchant
surtout Regnault, son antagoniste. Il traversa de son épée,
Harduc, neveu de Grimout du Plessis, et le plus vaillant chef

des troupes bessines. Regnault voyant les siens tomber autour de lui sous l'épée de Guillaume, prend la fuite enfin. Néel essaie vainement de tenir tête avec les Cotentinois ; la défaite de son allié détermine la sienne. Ce fut alors une déroute générale ; les vainqueurs poursuivent les vaincus et en font un carnage horrible. Les fuyards se précipitèrent dans la rivière d'Orne pour échapper au fer de l'ennemi ; mais il s'en noya un grand nombre, et la victoire de Guillaume n'en fut que plus complète.

Cette seule bataille ruina les projets des insurgés. Plusieurs périrent dans le combat ; quelques-uns eurent la tête tranchée par ordre de Guillaume ; les autres, à l'exception de Néel qui se réfugia en Bretagne, firent leur soumission, et Guillaume les mit hors d'état de recommencer, en détruisant leurs châteaux forts : cette mesure donnait au duc une immense supériorité de force ; força les seigneurs à vivre en paix les uns avec les autres, et rétablit la tranquillité dans les campagnes.

Quant à Guy de Bourgogne, il avait fui l'un des premiers et s'était retiré en toute hâte dans le château de Briosne, qu'il tenait de la libéralité de Guillaume. Le duc vint l'y assiéger sans délai. Il fallut élever rempart contre rempart, car cette citadelle, construite sur un nouveau plan, était entourée de tous côtés par la rivière de Risle, qui n'était pas guéable, dans cet endroit. Le siége, ou plutôt le blocus, dura long-temps ; ce ne fut même que la famine qui força les assiégés à se rendre. Guy de Bourgogne obtint son pardon ; mais Guillaume le dépouilla des comtés de Vernon et Briosne ; Guy retourna en Bourgogne auprès de son frère aîné, comte de la province, qu'il tenta par la suite, mais inutilement de détrôner. Après plusieurs années de guerre, il fut battu, mis en fuite ; on ignore comment il finit.

Le roi de France ne tarda pas à recevoir le prix du service qu'il venait de rendre au duc de Normandie ; Geoffroy Martel, comte d'Anjou, ayant refusé de lui rendre hommage, Henri, pour le ranger à l'obéissance, demande à Guillaume l'appui de ses armes. Le duc se met en campagne, et renouvela en Anjou les traits de bravoure qu'il avait multipliés à la journée du Val-des-Dunes. L'Angevin est contraint de déposer les armes. Guillaume revint dans son duché, couvert de gloire.

1048. Geoffroy Martel ne pardonnait pas à Guillaume d'avoir prêté sa coopération à Henri. Il entra sur le territoire normand, prit sur Yves de Belesme Alençon et Domfront, deux châteaux forts construits, selon toute apparence, par Richard 1er, et tout le passais ; mit partout de bonnes garnisons et retourna dans l'Anjou. Mais à peine a-t-il tourné les talons que Guillaume marche sur Domfront, s'en rend maître et détruit la garnison. Ensuite il se dirige sur Alençon. Néel de Saint-Sauveur, vicomte du Cotentin, retiré en Bretagne depuis sa défaite au Val-des-Dunes, vient demander son pardon à Guillaume. C'est en héros qu'il le demande, car à la nouvelle de la prise de Domfront, il a quitté sa retraite, porté la terreur à travers l'Anjou : les Angevins venus à sa rencontre tombèrent dans une embuscade où douze cents d'entre eux demeurèrent, le vicomte de Saint-Sauveur fit le reste prisonnier ; c'est le laurier à la main qu'il se présente devant le duc de Normandie.

En arrivant au château d'Alençon, Guillaume trouva une redoute avancée, occupée par un petit nombre d'hommes qui eurent le malheur de le railler sur sa naissance et l'humble profession des parents de sa mère : moins humilié qu'irrité de cette audace, Guillaume s'écrie : « Par la splendeur de Dieu, » si je les prends, ils paieront cher cette parole ! » Aussitôt il attaque la redoute, l'emporte, la brûle, se fait amener les trente-deux hommes qui la gardaient et l'avaient insulté. Là, à la vue des habitants d'Alençon accourus sur les remparts, il ordonne que l'on coupe les pieds et les mains de ces malheureux.

et fait jeter ces membres sanglants par dessus les murs de la ville. Cette effroyable vengeance fit comprendre à ceux qui défendaient Alençon, qu'il valait mieux céder à Guillaume que de lui tenir tête; ils se rendirent. Le duc d'Anjou venait au secours d'Alençon, Guillaume marche vivement à sa rencontre, le défait et le contraint à prendre la fuite ; mais il ne le suivit pas dans sa retraite, satisfait d'en avoir débarrassé le pays.

Ces nouveaux avantages affermirent la puissance de Guillaume, et la Normandie, comme état séparé, se trouva plus forte qu'elle n'avait jamais été ; cependant la tranquillité ne fut pas complétement rétablie, car Guillaume dut encore trouver dans sa famille deux compétiteurs à la souveraineté; ce fut Guillaume, comte d'Eu, petit neveu de Richard Ier ; l'autre, Guillaume, comte d'Arques, l'un des Fils de Richard II. La révolte du premier fut promptement réprimée ; le duc s'empara de son château d'Eu, et le contraignit à s'exiler. Le comte d'Eu se rendit auprès du roi de France, qui le maria et lui donna le comté de Soissons.

Le second adversaire, Guillaume d'Arques, résista plus longtemps, parce que sa révolte se trouvait favorisée par le roi de France. En effet, la puissance normande devenait tout à fait inquiétante pour les états voisins. Henri croit l'occasion favorable pour la renverser et réunir la province à la couronne de France. Il pense que le jeune duc, sous le coup des partis et des embarras intérieurs, ne sera pas en mesure de lui résister, mais il a déjà pu se convaincre que ce jeune homme est un héros et les Normands un peuple fier, à qui le courage a donné une patrie et des institutions que le reste de la France ignore. Les préparatifs que fit le roi de France, il faut en convenir, étaient dignes de la grandeur du projet. Tous les vassaux de la couronne eurent ordre d'amener leurs contingents. Et la Normandie vit s'ébranler contre elle toutes les troupes levées dans le pays compris entre la Seine et la Garonne.

Cependant la garnison d'Arques, bloquée depuis long-temps, commençait à souffrir de la disette des vivres. Le roi de France voulut la ravitailler, mais il en fut empêché; alors il fallut céder et rendre la place; les assiégeants eurent pitié des spectres de la garnison. Le comte d'Arques se retira auprès du comte de Boulogne, où il demeura jusqu'à sa mort.

Ce fut vers ce temps que Guillaume demanda et obtint en mariage Mathilde, fille de Beaudouin, comte de Flandres. Comme ils étaient parents, le pape consentit accorder les dispenses nécessaires, moyennant quelques satisfactions. Le duc fit bâtir en 1057 l'église Saint-Etienne de Caen, appelée depuis Abbaye-aux-Hommes. La duchesse fit bâtir l'abbaye Sainte-Trinité de la même ville, appelée Abbaye-aux-Dames; elle fut achevée en 1664. Les quatre hôpitaux furent établis à Caen, Rouen, Bayeux et Cherbourg.

Mauger, archevêque de Rouen, voulut contredire ces dispenses, il excommunia les époux; mais aussitôt un concile provincial, assemblé à Lisieux, déposa ce prêtre qu'il déclara factieux et le relégua à l'île de Guernesey. Quelques historiens affirment qu'il n'arriva pas à ce lieu de déportation, et que son corps fut un jour trouvé asphyxié par immersion entre deux rochers; qu'il fut alors inhumé dans l'église de Cherbourg.

Lors de l'appui qu'il donnait à Guillaume, le roi de France s'était fait livrer le château de Tillières, sous prétexte que les rebelles pouvaient s'en emparer, et l'avait fait raser puis rebâtir, et y avait établi une forte garnison; c'est là le rendez-vous des hommes de guerre; avec le secours du duc d'Anjou, il se trouve à la tête de cent mille hommes. Ils entrent plus avant dans la Normandie, pénètrent dans le comté d'Hiesmes qu'ils ravagent; et assiégent la ville; mais elle eut la gloire de résister à cette armée toute nombreuse qu'elle était. Forcés de se retirer honteux et confus de cette expédition, ils assouvissent leur rage sur le pays d'alentour et viennent assiéger Argentan, prennent cette ville, la pillent et la brûlent. L'on avait peu de renseignements sur cet événement.

Mezeray dit simplement que Henri 1er, après avoir ravagé le comté d'Hiesmes, brûla la petite ville d'Argentan, qui est peut-être le lieu que les Romains appelaient *Aræ-Genuæ*.

On lit dans Guillaume de Jumièges, à l'occasion des troupes de Henri 1er en Normandie, *Argentomum ducis victus flammis voracibus combusit*. Gaguinus, dans la vie de Henri 1er, roi de France, confirme ce fait et ajoute que la ville fut rasée :

Henricus in Normanniam proficissens Argentomum diruit.

Marin Prouverre rapporte dans ces termes la destruction d'Argentan, d'après Dumoulin, curé de Menneval *(Hist. de Norm.)* :

  « Henri premier assiege le chateau d'Hiesmes dans toutes
» les formes, mais desesperant de le prendre vient à Argentan
» Tursten Goz qui etait vicomte commandait cette place ; voyant
» que le roi le pressait fort, il lui fit proposer de lever le siege
» promettant de lui livrer Falaise dont il etait gouverneur. Le
» roi ne voulut point consentir à ce traité, car ayant été pré-
» venu que les seigneurs normands s'unissaient pour s'opposer
» à ses conquêtes, il fit donner l'assaut à Argentan, l'ayant pris
» il le brula. »

Nous trouvons dans le petit journal judiciaire d'Argentan, de l'année 1835, le récit de cet événement, extrait, ainsi qu'il est dit, d'un vieux manuscrit dont on ignore l'auteur. Voici la copie littérale :

  « . . . . Le roi principal ducteur et recteur de larmez,
» adévenant à la brune par la fouretz de Gouffer, mit tôt le siége
» dévant Argentin avec son armez repoussée d'Hiesmes, cette
» villette se mit par peu de temps en moult resistance. Mais
» que pouvait elle faire, les murailles dicelle etant peu fortes ?
» Henry per mieulx inciter ses gens à toutte valeur et prouesse

» proumist a iceux tout le pillage de cette place s'ils la pouvaient
» gaigner. Cette proumesse accrut doublement le courage diceux
» batailleurs et gens de guerre, ains que la force et puissance
» diceux en choses belliques. Le lendemain au lever du soleil,
» larmez cuidant bien gaigner la vilette, advole vers les rem-
» parts dicelle. Avant lassaut général donné, voici qu'une
» troupe de nombreux batailleurs du roi, se débande, et de
» furie sans commandement de chief, escalade vivement les
» défenses d'une porte et estonnent tant moult fort les poures
» citadins, qu'aucuns d'iceux, mis à la defense dicelle porte, se
» saulvent, par la fuite, neanmoins les citadins firent bonne
» contenance ; mais larmez ayant environné la place de touttes
» parts donna lassaut général à icelle, et dura la batterie jus-
» qu'après le soleil couchié, où il y eut grande tuerie, car iceux
» combatants etaient moult fort acharnez les uns sur les autres.

» A l'abord les citadins se défendirent moult courageusement,
» mais bientôt lardeur diceulx fut ralentie, car les machines
» aptes à renverser les murailles et à se rendre maître de la
» place, ayant ébranlé les remparts et arces en moult endroits,
» donna une entrée libre aux assaillants, et malgré le bon
» pourtement et vaillance des poures citadins, la fortune tourna
» tellement sa senestre roue que la place fut prinse et emportéez
» dassaut.

» Cette prinse donna grande désesperance de salut à ceux qui
» etaient dedans. Les victorieux entrant par un côté de la
» vilette, les défenseurs les plus opiniatres cherchant enfin à se
» sauver de l'autre côté par une porte libre d'assiégeants, à
» l'occasion de la rivière qui baignait la vilette et de palus et
» brousses qui étaient dicelui côté et per deça icelle rivière ;
» mais les poures citadins furent si vivement poursuivis par
» iceux victorieux qu'icelle porte se trouvant bouchée par la
» foule des fuyants, moult gens furent occis et estouffez en icelle.

» Les troupes du roi irritez et furieuses d'avoir perdu moult
» de sang au siege d'Hiesmes, s'assouvirent du sang des poures
» gens d'Argentin, occidant tout pêle-mêle, sans différence
» d'age ni de sexe.

» De la plus effrenez cruauté qu'on ne le peut écrire sans
» effroi, ne entendez le recit sans larmoyer, or fut ainsi cette
» malheureuse vilette pillée et saccagée plusieurs jours durant,
» par les victorieux, qui lassez de brigandages et de débauche,
» mirent le feu a ycelle et s'en retournerent plus chargé de
» butin que de gloire bellique. L'incendie dura 8 jours et autant
» de nuicts après lesquels Argentin ne fut plus qu'un monceau
» de ruines et un theastre de dévastation. »

La ruine d'Argentan irrita les Normands contre leur jeune
duc ; ils lui reprochèrent son peu de vigilance pour secourir cette
place, dont le rétablissement du château et autres fortifications
leur tenait à cœur.

L'abbé de Courteilles rapporte que les maisons qui échap-
pèrent à cet incendie furent exposées près d'un siècle, sans
défense ni clôture, aux incursions des ennemis. D'autres pensent
que c'est une erreur; pour le prouver, ils disent que Robert de
Bellesme, deuxième du nom, se retirait à Argentan, pendant
la guerre qu'il soutenait contre Henri ^{er}, roi d'Angleterre, et
depuis duc de Normandie; que ce roi, pour l'en chasser, fut
obligé de l'assiéger. Les anciennes fortifications, sans lesquelles
Bellesme n'aurait pas été en sûreté, avaient donc été réparées,
ou il en avait été construit de nouvelles. Après la détention de
ce sujet factieux, Henri, maître de la ville d'Argentan, voulant
mettre cette place à l'abri des entreprises des Français et de ses
sujets révoltés, fit construire de nouvelles fortifications, mais
dans un cercle moins étendu que les précédentes ; il fit également établir la citadelle ou donjon et le château ou maison du
gouverneur : il fit entourer ces fortifications de larges fossés.

Orderic Vital et le père Prouverre fixent à 1135 la fin de ces travaux. Henri mettait Argentan au rang des plus fortes places de Normandie ; il y entretenait garnison.

L'enceinte des nouvelles fortifications ne renfermait que le centre de la ville ; le pourtour de ses remparts était à peu près de forme carrée, hérissé de tours et bastions en grand nombre ; elle était dominée par la citadelle ou donjon, dont il reste encore une partie, contre laquelle est adossée la maison édifiée par M. Degaston-Debrossard. Marin Prouverre nous dit aussi que pour le temps c'était la plus considérable forteresse du royaume. L'ensemble de cette fortification formait deux enclos, celui de la ville et celui du château. Le premier renfermait dans son enclave l'église Saint-Germain, les rues de l'Horloge, du Carrefour, de Saint-Germain, du Vicomte, du Griffon, de Creully, du Bailly, Avesgo, de la Geôle, partie des rues Saint-Martin et de la Chaussée. Elle était accédée par trois portes seulement : la Porte d'Or, placée au bout de la rue Saint-Germain : on a trouvé des vestiges de cette porte et du mur d'enceinte, lors de la construction de la maison Toussaint-Hue ; la Porte de Saint-Martin existait où est aujourd'hui la maison de la veuve Godard, enfin la Porte de la Chaussée était placée où est la maison Moulinet. Ces portes étaient défendues par de fortes tours, des ponts-levis, des corps-de-garde et avant-postes extérieurs. Une quatrième porte, nommée la Porte de l'Horloge, conduisait dans l'enclos du château ; elle était ainsi désignée parce que la tour qui en faisait le couronnement renfermait l'horloge de la ville.

Le second enclos, dans lequel était le grand logis ou maison du gouverneur, était séparé de la ville par un large fossé et un rempart garni de tours. Au haut de cette enceinte, qui formait un carré long, était bâtie la citadelle, qu'on accédait par un pont-levis qui répondait à une porte basse et étroite par laquelle on passait dans cette forteresse. On a découvert, en 1727, lors-

qu'on disposait l'intérieur du grand logis pour y transférer le
siége des juridictions et conciergerie de la ville, un chemin sou-
terrain qui paraissait tendre à la citadelle; il y avait aussi de ces
souterrains qui partaient de la forteresse et conduisaient hors
des fossés et boulevards qui l'environnaient à l'extérieur ; un ,
entre autres, passait sous la Grande-Rue et celle de la Planchette,
il n'a été découvert qu'au commencement du xixe siècle, lorsqu'on faisait une fouille pour construire un puits. Le donjon,
d'une forme octogone, contenait, dans l'épaisseur de ses murs
qui étaient fort élevés, plusieurs corps-de-garde et une chapelle
sous l'invocation de saint Feuillet, prêtre du diocèse de Bayeux.
On y venait en pèlerinage pour la maladie des tranchées des enfants. L'intérieur était occupé par des bâtiments à l'usage de la
garnison.

Orderic Vital, parlant de la construction de ces nouvelles
fortifications, dit : *oppidum illud summo opere munivit.* La tradition apprend que les fossés étaient remplis d'eau par un canal
qui conduisait à la rivière Dure.

Cette place, regardée comme sûre et capable de résistance,
fut, après la mort de Henri 1er, roi d'Angleterre et duc de Normandie, l'asile de Mathilde, sa fille, héritière du comte d'Anjou,
son mari, princesse à laquelle Etienne de Boulogne, neveu du
feu roi, disputait ses états. Il vint pour l'assiéger à la tête d'une
armée commandée par Guillaume Dyprès; un différend qui
s'éleva entre les Normands et les Flamands qui composaient
l'armée, suspendit la guerre, et fit conclure une trève de deux
ans, à dater du mois de juillet 1137. Argentan faisait partie de
la dot promise à Mathilde par Henri, son père. Cette princesse
céda la Normandie, qui s'était rangée sous son obéissance, à
Henri, son fils ; cette cession est de l'année 1150. Mathilde se
réserva plusieurs domaines, particulièrement celui d'Argentan
et le château de cette ville, où elle continua de résider. Ce fut

elle qui fixa le ressort de l'ancienne vicomté, qui créa des sergenteries nobles ; établit une foire franche, dite de la Pentecôte, permit aux habitants d'Argentan de prendre pour armoiries de leur ville l'aigle impériale, qu'elle conservait dans les siennes, au droit de son premier mari, l'empereur d'Allemagne Henri v, mort en 1125. Le fils de Mathilde, Henri, devenu roi d'Angleterre après la mort d'Etienne de Blois, arrivée en 1154, fit, en l'année 1157, une levée de toutes les forces de la Normandie ; la ville d'Argentan fut le lieu du rendez-vous général ; le motif de cet appel aux armes était d'aller combattre Conan, duc de Bretagne. Dans l'année 1172, ce même roi voulant faire la conquête de l'Irlande, assembla tous ses comtes et barons à Argentan, pour aviser aux moyens d'exécuter cette entreprise, qu lui réussit complétement. C'est dans Argentan que Henri reçut les légats du pape, dont la mission était de le réconcilier avec saint Thomas, évêque de Cantorbéry : la réconciliation fut de courte durée; nous dirons les conséquences de la nouvelle rupture dans l'état ecclésiastique d'Argentan, à l'occasion de la fondation de l'Hôtel-Dieu de cette ville. Après la mort de Henri, deuxième du nom, arrivée dans l'année 1189, le château et domaine d'Argentan firent partie de l'apanage d'Eléonore d'Aquitaine, sa veuve, qui y vint fixer sa résidence. Richard, fils et successeur de Henri II, venait souvent à Argentan. Après sa mort, en 1199, Jean-sans-Terre, son frère, qui monta sur le trône, vint dans cette ville, aux fêtes de Noël de la même année, tenir sa cour plenière. Jean-sans-Terre jouit peu de temps du duché de Normandie, qu'il négligea de défendre contre Philippe-Auguste. Ce roi de France se rendit maître d'Argentan en 1202, et de toute la Normandie en 1204; nous donnerons dans l'histoire générale les détails du siége d'Argentan.

CHAPITRE VII.

ÈRE CHRÉTIENNE.

1030. — 1200.

> Les temps d'naarchie sont ceux qui pro-
> duisent l'excès de l'héroïsme : son essor est
> plus retenu dans les gouvernements réglés.
>
> F^{tes} CIVILS, 1830.

SOMMAIRE. — Philippe-Auguste maître d'Argentan.— Argentan repris et ravagé par les Anglais. — Les Montmorency, seigneurs d'Argentan. — Le domaine d'Argentan cédé au prince de Valois, comte d'Alençon. — Argentan est la résidence de Pierre de Valois et de ses successeurs.— Mort de Pierre II , comte d'Alençon, à Argentan.— Capitulation de Cormeno ; il livre Argentan aux Anglais.— Ils élèvent des fortifications. — Charles VII assiège les Anglais dans Argentan. — Argentan est pris par le duc de Bretagne. — Repris par Louis XI, la paix se fait en cette ville. — René d'Alençon fait démanteler les fortifications d'Argentan. — Coligny et les Protestants à Argentan. — Incendie de Chamboy. — Combat d'Almenesches. — Montgommeri vient assiéger Argentan, il échoue. — Les Calvinistes prennent Argentan, ils en sont chassés par Matignon. — Argentan embrasse le parti de la Ligue.— Henri IV reçoit les clés d'Argentan et y réside quelque temps. — Le domaine d'Argentan est engagé à titre de rachat perpétuel , à Marguerite de Lorraine. — Il passe par suite d'alliance dans la maison de Vendôme. — Les bourgeois d'Argentan demandent la démolition des fortifications.— Le comte d'Auvergne vient à Argentan pour faire opérer les travaux.— Guillaume de Rouxel vient saccager Argentan.— Le domaine d'Argentan passe, par suite d'alliance, dans la maison de Condé et dans la maison du Maine, il appartient au comte d'Eu, fils du duc du Maine.— Il est vendu à M. de Cromot et enfin au comte de Provence, Louis XVIII.

Les Anglais, qui avaient été chassés de la Normandie par Philippe-Auguste et étaient restés plus d'un siècle sans faire de tentatives pour y revenir, se montrèrent dans ce pays en 1356, prirent Argentan, dont était seigneur Charles de Montmorency, petit-fils de Mathieu, auquel Philippe-le-Bel avait accordé le domaine et château de cette ville en 1295, à la charge d'une paire d'éperons d'or pour hommage. Venus en vainqueurs, les Anglais pillèrent Argentan et brûlèrent le château, dans lequel périrent beaucoup de titres publics, notamment ceux de l'Hôtel-Dieu, que l'on y avait déposés, comme étant l'endroit le plus sûr pour leur conservation. Ce fait constant est attesté par des lettres-patentes, du 24 avril 1361, de Charles, duc de Normandie. Les Anglais ayant été forcés d'abandonner la place, Marie de Montmorency succédant à Charles eut à son tour le domaine d'Argentan; elle s'en dessaisit en faveur du prince de Valois, comte d'Alençon, par contrat du 26 février 1372. Argentan fut ainsi réuni au comté et bailliage d'Alençon, avec toutes les paroisses de sa vicomté, par lettres-patentes d'union du mois de mai de ladite année 1372, et distrait du ressort de la baillie de Caen. Le château d'Argentan, où avaient résidé les rois d'Angleterre, devint le principal domicile de Pierre de Valois et de ses successeurs.

Pierre II, comte d'Alençon et du Perche, mourut à Argentan, en 1408.

Les Anglais, repassés en France en 1417, assiégèrent Argentan; le commandant du fort, nommé Cormeno, leur livra cette place par capitulation. Lorsqu'ils en furent maîtres, les Anglais firent bâtir de nouveaux forts en dehors de la porte Saint-Martin, ruinèrent pour cet effet l'église Notre-Dame de la Place, pavèrent les rues du faubourg et détruisirent beaucoup de maisons. En 1449, Charles VII assiégea les Anglais dans Argentan; ils firent bonne contenance, mais les bourgeois ouvrirent les portes au roi de France.

François, duc de Bretagne, revenant de Rouen, où il avait

assisté à la prise de possession du duché de Normandie, par
Charles, frère du roi, pilla, en 1465, la Basse-Normandie,
s'empara d'Argentan et de plusieurs autres places. Louis XI, à
la tête de ses troupes, reprit cette ville, et pour faire abandonner au Breton le parti de Charles, arrêta dans Argentan un
traité avec lui.

Jusqu'à ce temps les fortifications d'Argentan avaient été
entretenues en état de défense, mais Jean II, duc d'Alençon,
ayant donné lieu à la confiscation de ses domaines, ils ne furent
rendus à Réné, son fils, qu'à charge de détruire les enceintes
et combler les fossés des places fortes de ses apanages. Celle d'Argentan, qui en faisait partie, fut démantelée vers 1478; néanmoins la clôture subsista tout entière, et pouvait encore tenir
quelque temps.

Coligny, chef des Protestants, s'empara d'Argentan en 1562;
il leva de fortes contributions sur les habitants, se rendit à Séez
et pilla la cathédrale : il fit allumer un bûcher où fut jeté le
corps de saint Gérard qui avait été déposé dans une châsse
d'argent. Ses troupes firent à Séez des dégâts affreux.

La religion réformée avait fait d'immenses progrès dans
l'Hiémois et toute la contrée que la Dive arrose, surtout à Vimoutiers, Chamboy, petite bourgade protégée par un beau
château fort bâti par le comte du Vexin, auquel la terre de
Chamboy avait été donnée par Richard II, vers 1024 (vid.
pag. 103). Trun et Avenel, d'où sont sortis les célèbres barons
d'Ecosse : les habitants de ces endroits, très-dévoués à leurs
seigneurs, s'étaient empressés d'adopter les idées révolutionnaires qu'ils propageaient, espérant en obtenir certaines libertés.
Gabriel de Lorges, comte de Montgommeri, dont le château,
situé à deux kilomètres de Vimoutiers, sur la crête d'une petite
montagne, surplombait le val de cette bourgade fortifiée, était
un des principaux chefs du parti. En 1568, le château de

Chamboy se trouvait aux mains des religionnaires. Catherine de Médicis veut leur opposer Gaspard de Saulx-Tavanne ; elle lui enjoint de se rendre à Caen ; il y arrive tout d'une traite , et trouve son fils qui partait avec Michel de Montreuil pour la vicomté d'Argentan. Les deux Tavanne viennent en cette ville à la tête de quinze cents hommes et quelques pièces d'artillerie. De là ils se dirigèrent sur Chamboy , brûlèrent cette petite localité , pendirent une vingtaine d'habitants qui refusèrent d'abjurer ; puis, investissant rigoureusement la forteresse, ils la canonnèrent avec vigueur ; mais elle tint bon. Des courriers leur arrivant sur ces entrefaites, les Tavanne lèvent le siége et se dirigent à travers la forêt vers Argentan.

Ils étaient à peine partis, qu'une centaine de cavaliers arrivent au milieu des ruines fumantes de Chamboy; ils mirent pied à terre : dans le même temps , on apercevait dans la direction d'Exmes deux nombreuses troupes de fantassins et quelques centaines de cavaliers. Montgommeri, chef de cette division, se trouvait à la tête des premiers arrivés. Il parcourut la localité sans proférer une seule parole ; trouvant ouverte une maison dont le cadavre mutilé du propriétaire gisait sur le seuil, il y entre, lit rapidement des papiers qu'il avait sortis de sa poche ; les autres capitaines se rangent auprès de lui : tous font leurs dispositions pour passer la nuit en cet endroit; mais deux heures avant le jour, toute la division était en marche à la poursuite des royaux, pour les rencontrer avant que les nouvelles troupes qui leur étaient expédiées de Caen par M. de Matignon ne fussent arrivées. Montgommeri les trouve dans les environs d'Almenesches, se range en bataille devant eux , court au front de sa troupe, lui fait une courte harangue qu'il termine en s'écriant : Sus aux ennemis , *Montgommeri et Normandie.* De part et d'autre, on en vient aux mains. C'était un combat à mort : malheur à qui tombait ; pas de merci , il fallait vaincre ou mourir. Au milieu du jour, le combat était engagé sur toute la ligne, mais les catholiques paraissaient céder le terrain peu à peu. Il y eut une trève de quelques heures à cause de l'extrême fatigue des deux partis, et la lutte recommença plus acharnée qu'auparavant. Enfin le vieux Tavanne, dont les compagnies étaient décimées, songeait à la retraite; Montgommeri, profitant du moment d'hésitation, s'élance tout-à-coup à la tête de ses cavaliers sur les Royaux et les contraint de prendre la fuite. Après cette victoire d'Almenesches, Gabriel de Montgommeri vint assiéger Argentan, où s'était retiré Dumoulinet, évêque de Séez, avec tous les seigneurs ennemis des Protestants; ils défendirent la place, forcèrent Montgommeri à lever le siége. Il se retira après avoir mis le feu à l'église Saint-Martin, qui lui avait servi de retraite.

En 1574, les Calvinistes irrités du massacre de la Saint-Barthélemi, prirent les armes, s'emparèrent de plusieurs villes, au nombre desquelles était Argentan. M. de Matignon, à la tête de six mille hommes de troupes et de la noblesse du pays, vint les en chasser.

La ville d'Argentan étant entrée dans le parti de la Ligue, plusieurs conseillers des parlements de la province s'y retirèrent; ceux du parti royaliste furent à Caen. Mais en 1589, les bourgeois abandonnèrent la Ligue et forcèrent le gouverneur, qui n'avait alors que trois cents hommes de garnison, à remettre les clés de la ville; ils ouvrirent les portes à Henri iv. Ce prince résida à Argentan depuis son entrée jusqu'au siége de Falaise, et la plupart du temps que dura le siége.

Le domaine d'Argentan fut distrait du duché d'Alençon par Henri iv, et engagé, en 1586, à titre de rachat perpétuel, à Marguerite de Lorraine. Pendant les guerres civiles et religieuses, ce domaine resta dans la maison de Lorraine jusqu'à Françoise de Lorraine, duchesse de Mercœur, qui le porta, en 1609, dans celle de Vendôme, prince légitimé, fils naturel de Henri IV. Ce nouveau seigneur, engagiste d'Argentan, protégea cette ville ; cependant il ne put la garantir des malheurs que lui causèrent les guerres civiles et religieuses qui se succédèrent.

Sous Marie de Médicis, reine douairière, les guerres civiles firent craindre aux habitants d'Argentan que les rebelles ne s'emparassent du donjon et ne prissent avantage de cette forteresse pour les opprimer ; d'un autre côté, pour se décharger des frais que leur occasionait la garnison qu'au moindre mouvement les rois de France envoyaient dans leur ville, les bourgeois d'Argentan présentèrent une requête au roi Louis XIII, par laquelle ils sollicitaient la démolition de cette forteresse. Cette requête fut répondue favorablement. Charles de Valois, comte d'Auvergne, fut envoyé à Argentan, en 1617, pour faire opérer les travaux. La partie donnant dans l'enceinte du château fut entièrement démolie. Dans les ruines, on trouva quantité d'inscriptions gothiques, débris d'anciens édifices employés à la construction du fort. Charles de Valois fit également abattre le rempart et acheva de faire combler le fossé qui partageait le château de la ville, de sorte qu'il ne resta plus que les remparts extérieurs, les tours qui régnaient autour de la ville et le château, du côté de la campagne. Les bourgeois restèrent chargés de l'entretien du château ; les revenus de la ville pouvaient à peine y suffire, les tours et remparts ne furent plus réparés.

En 1649, les princes mécontents de la régence de la mère de Louis XIV, se soulevèrent contre elle. Guillaume Rouxel, comte de Marrey, chevalier de l'ordre de Saint-Jean-de-Jérusalem, capitaine des gens d'armes de monseigneur le comte de Valois et maréchal des camps et armées du roi, vint à Argentan, en mission pour la reine régente de s'assurer de la fidélité des habitants. Mais il dut se retirer sur l'ordre du duc de Longueville, gouverneur de la province de Normandie, qui lui fut

notifié par M. de Rosevignan, lieutenant-général du duc et seigneur de Chamboy, qui prit possession de la ville, le 11 février
de la même année 1649. MM. de Longueville et Chamboy
restèrent peu de jours à Argentan. Marrey, prévenu de leur
départ, revint bientôt dans cette ville, non plus comme chargé
de mission, mais pour venger des offenses personnelles qu'il
avait éprouvées de la part des sieurs Viel des Parquets et de
Boissey ; les habitants d'Argentan s'étaient préparés à lui refuser
l'entrée de la ville, mais des intelligences qu'il s'y était ménagées la lui ouvrirent. Il y exerça toutes sortes de malversations et
de mauvais traitements, il pilla et brûla plusieurs maisons ;
enfin il exigea, pour se retirer, une contribution de cinq cents
écus par jour ; elle forma bientôt la somme de quinze mille
francs. Cette somme fut prêtée par M. de Turgot Saint-Clair. La
perte de la ville fut estimée cent mille francs ; elle eût été bien
plus élevée sans la diligence de M. de Chamboy, qui fut promptement à Paris pour obtenir l'ordre du roi, au comte de Marrey,
de sortir d'Argentan à l'instant où il lui serait notifié. L'ordre fut
expédié sur-le-champ, et, au même moment, S. M. députa
MM. Detilly, Leroux et Duhoullay, conseillers au parlement,
pour informer sur cette affaire. Ces magistrats arrivèrent à Argentan le 6 mai 1649; mais à la sollicitation de M. le duc d'Orléans,
cette affaire fut évoquée au conseil; elle y resta dans l'oubli.

César de Vendôme, seigneur engagiste d'Argentan, étant décédé en 1665, le domaine d'Argentan passa dans les mains
de Louis de Mercœur, cardinal de Vendôme, son fils. Le cardinal de Vendôme décéda lui-même dans l'année 1669. Ce domaine devint la propriété de Louis-Joseph de Vendôme, qui
n'ayant pas de postérité, le laissait à sa veuve, Marie-Anne de
Bourbon-Condé. Cette dame le transmit, par donation de l'année
1712, à Louise-Bénédictine de Bourbon-Condé, sa sœur; cette
dernière princesse, qui mourut en l'année 1718, était alors

mariée à Louis-Auguste de Bourbon du Maine, fils naturel de Louis xiv. Par lui, le domaine d'Argentan passa dans la maison du Maine.

Louis-Charles de Bourbon, comte d'Eu, fils du duc du Maine, reçut ce domaine dans son partage; il en a joui jusqu'en 1767, époque dans laquelle il le vendit à M. de Cromot, seigneur du Bourg, alors premier commis des finances ; ce nouvel acquéreur étant devenu surintendant des finances de M. le comte de Provence, depuis Louis xviii, en fit cession à ce prince, en échange des grande et petite forêts d'Argentan dont il était apanagiste. Le comte de Provence conserva ce domaine jusqu'à son émigration, en 1789. Dans l'année 1778, les maire et échevins de la ville d'Argentan réclamèrent devant les commissaires du roi en la chambre des comptes, nommés pour fixer les évaluations des biens et droits composant l'apanage de son altesse royale Monsieur, les communes de la Bourgeoisie, situées tant en la ville qu'aux paroisses de Mauvaisville et Colendon, et le droit de secondes herbes dans les prés du domaine, de la Noë, de la Fosse-Corbette, Sainte-Croix, la Gravelle et commune de Beaulieu, lesquels droits de secondes herbes étaient réclamés pour la communauté, comme résultant d'un aveu au papier terrier reçu par le commissaire Dumoulin, en 1675; le droit de propriété de la sixième partie des marais de Baize résultait de la transaction avec M. de Fervaques. La faculté d'envoyer pâturer les bestiaux dans les prés du Domaine, en temps accoutumé, c'est-à-dire après la faux, n'était pas exclusive pour la bourgeoisie : grand nombre d'habitants des paroisses de Mauvaisville et Colendon, entre autres Jean Fromont, prêtre, Gilles Legoux, Robert Lesassier, Genu, Jacques Rossignol, Guillaume Olive, Jacques Deshayes, Gervais Turpin, Baptiste Gautier, Gilles Legot, Martin Bodet, Guillaume Loison, de Mauvaisville, Gougeon et Charles Bouglier Desfontaines, de Colendon,

représentaient aussi des aveux à la faveur desquels ils éta-
blissaient des droits pour chacun d'eux , soit aux secondes
herbes, soit à la sixième partie des marais de Baize. Les prés
du Domaine, de la Noë , de la Fosse-Corbette , Sainte-Croix, la
Gravelle et commune de Beaulieu ont été vendus à différentes
époques. Le droit de secondes herbes , pour la communauté
des habitants , sur environ neuf hectares soixante-quatorze ares
deux centiares des prés Saint-Martin , a été vendu , le 17 mars
1844 , en même temps que le petit marais de la Chaussée, sous
la réserve d'un chemin de la largeur d'un mètre, le long du
fossé de MM. Germain , Mousset et Sauvage, et le marais Saint-
Martin , sauf les droits des usagers qui auraient qualité pour
demander de leur chef, *ut singulus*, l'exécution de leur titre ,
pour être, le prix de ces ventes, employé à la construction d'un
abattoir sur la route de Falaise, près le calvaire planté en 1827,
duquel abattoir public, avec fonderie de suif et triperie, la
construction est autorisée par ordonnance royale, datée du château d'Eu, le 4 septembre 1843; de sorte qu'il ne reste plus à
vendre que la sixième partie du marais de Baize, et les droits de
secondes herbes sur les prés de la Noë , Sainte-Croix, la Gravelle et commune de Beaulieu, s'ils ont été conservés.

CHAPITRE VIII.

ÈRE CHRÉTIENNE.

0000· — 0000·

De la destruction tout m'offre les images ,
Mon œil épouvanté ne voit que des ravages.
THOMAS.

Revenons aux fortifications d'Argentan. Vers la fin du xvie siècle, les fortifications des villes de l'intérieur de la Normandie, devenues pour ainsi dire sans utilité, depuis la réunion de la province à la couronne de France, furent négligées ; les rois en abandonnèrent l'entretien aux villes, aux dépens de leurs octrois. En 1670 , Argentan dépensa près de 5,000 fr. pour réparer une partie de ce qui restait ; et, par arrêt du conseil, du 13 février 1691 , les habitants furent obligés à la continuation de ces réparations. Les dépenses augmentant successivement , ces mêmes habitants sollicitèrent, à plusieurs reprises, l'autorisation de les détruire. Il ne reste maintenant que deux tours : la première, désignée sous le nom de Marguerite, parce qu'une vieille femme portant ce nom l'aurait habitée pendant un grand nombre d'années, sert de prison militaire, de poudrière et de garde-meuble pour la ville; elle a remplacé pour cet usage la Tour-au-Feure, où tous les meubles à fournir aux troupes qui venaient en garnison à Argentan étaient déposés; la seconde, nommée Magloire, est employée au logement du sacriste de l'église. Enfin l'on voit encore un fragment du donjon, qui domine la place Mahé. A l'endroit où étaient les portes et tours des fortifications d'enceinte, on avait placé des statues de Vierge au commencement du xviiie siècle. Quelques parties des murs de clôture étaient également restées debout, mais chaque jour les voyait détruire.

Pendant la révolution de 1789, Moulinet, marchand drapier à Argentan, dont la maison occupe l'emplacement de la tour de la Chaussée, enleva la statue de Vierge qui existait à la façade de sa maison, pour la préserver de la destruction. Au moment où les autels furent relevés, il s'empressa de la faire replacer avec l'ancienne inscription ou distique, que l'on attribue à M. Legras, curé de Pomainville.

> Olim hic turris erat, ruit at vis tota remansit.
> Civis pelle metus, hæc tibi turris erit.

La deuxième statue de Vierge était placée à la porte Saint-Martin, entre les maisons Chauvin et Godard; elle ne s'y trouve plus : on croit que c'est cette même statue que l'on voit aujourd'hui rue Saint-Thomas, à la façade de la maison Gondouin. La châsse et le piédestal, ou plutôt la pierre qui en servait, existent

toujours , et sur la partie saillante on distingue l'inscription
suivante :

> Gallia votivo cultu tibi Virgo sacratur
> Urbs renovata tibi, seque, suosque vovet.

Il n'existe plus de traces de la troisième porte , nommée Porte
d'Or, qui était à l'endroit où est bâtie la maison Toussaint Hue ;
mais on pense que la Vierge qui était à l'emplacement de cette
porte avait été conservée ; qu'à l'ouverture des églises , au commencement du xixe siècle, elle fut placée dans l'église Saint-
Germain , attachée au pilier de la chapelle Saint-Mansuet , dans
lequel est pratiqué l'escalier du petit clocher. Aux pieds de la
Vierge on lit : NOTRE-DAME DU REPOS.

Jacques Rouxel, comte de Grancey ; maréchal de France,
gouverneur d'Argentan, a le plus contribué à la destruction des
tours et remparts de l'enceinte de la ville ; dans l'année 1653 ,
il voulut faire abattre la tour de l'Horloge ; Charles-Eudes Mézeray, chirurgien, bourgeois d'Argentan, s'y opposa vivement.
Dans une assemblée convoquée pour cet effet , il répondit à
ce gouverneur, qui demandait à connaître l'individu qui ne
craignait pas de s'opposer à sa volonté : Nous sommes trois frères,
adorateurs de la vérité ; le premier la prêche, le second l'écrit,
et moi je la soutiens jusqu'à mon dernier soupir. Ce trait est
rapporté dans la vie de Mézeray , historiographe de France, son
frère. Il empêcha la démolition de ce beau monument ; néanmoins on parvint à la détruire d'après un nouvel arrêt du conseil , de l'année 1727. Le conseil municipal d'alors fut généralement blâmé. Cette tour était nommée de l'Horloge , parce que
l'horloge de la ville y était montée ; son timbre, placé sur le
haut, à découvert de tous côtés, pesait 3,927 liv. C'était un
présent, à la ville, de Marie d'Espagne, comtesse de Valois,

épouse de Charles de Valois, deuxième du nom, comte d'Alençon et du Perche, etc., etc., etc. On lisait autour : *J'ai nom Marie, pour madame Marie d'Espagne, comtesse de Valois, d'Alençon, d'Etampes et du Perche, en mai* 1378. Nous avons dit, page 60, que parmi les présents offerts à Charlemagne, en 807, par le kalife Aaroun-Al-Raschild, était une horloge sonnant les heures avec de merveilleux automates. C'est dans la tour dont nous parlons que fut placée, quelques années après, une semblable mécanique.

Du timbre donné par Marie d'Espagne, refondu avec différentes armes de métal qui avaient servi pour la garde de la ville, on fit une cloche sur laquelle on inscrivit, en conséquence d'une délibération de la communauté, du 5 août 1751, l'ancienne inscription que portait le timbre, par reconnaissance pour la princesse qui l'avait donné.

Dans l'année 1720, M. Lemouleur, ingénieur du roi, dressa procès-verbal de l'état de la tour de la Chaussée, du donjon, de la tour d'Or, des tours Hauteville, de la Barrière Saint-Martin et Saint-Jacques, cette dernière bâtie sur le petit pont et formant un avant-fort, pour constater l'état, la nature et la qualité des matériaux, afin d'en bâtir des casernes dans la ville, en exécution d'une ordonnance royale du 25 septembre 1719 ; mais ce projet n'a pas été exécuté ; les tours n'ont été démolies que long-temps après.

La ville d'Argentan n'est plus partagée de ses faubourgs depuis la démolition des remparts ; cependant on en désigne toujours quatre ; celui de Saint-Jacques et du Croissant, où est l'embranchement de la route royale, n° 24 *bis*, de Verneuil à Granville, commencée en 1788, sur un nouvel alignement. Le premier projet était de la faire passer par Cuigny et Goulet ; mais, sur la représentation de la municipalité d'Argentan, énoncée dans la délibération générale du 30 juillet 1782, et le mé-

moire rédigé, conformément à cette délibération, par MM. Grand-
pré, de Préfeln et Roger, nommés à cet effet, lequel mémoire fut
présenté le lendemain à M. de La Millière, intendant-général des
ponts-et-chaussées du royaume, qui passait à Argentan, elle fut
ouverte après la traversée de la ville par l'ancienne route, pour
favoriser le commerce d'Argentan et d'Ecouché. La seconde
route, qui forme l'embranchement avec celle dont nous parlons,
est la route route royale n° 158 de Caen à Tours, faite sur un
alignement tracé en 1757, passant par Mortrée, Séez et Alençon.
Il est à remarquer que la municipalité d'Argentan et l'administration des ponts-et-chaussées, depuis l'ordonnance de 1842,
qui déclare route royale de Paris à Brest la route n° 24 *bis*, n'ont
pas encore pu s'entendre sur la direction à suivre dans la traversée de la ville. Trois projets sont présentés, il est présuma-
ble que c'est celui qui parcourt le faubourg des Trois-Croix, les
rues Saint-Thomas, de Paris, Saint-Germain, Henri-Quatre et
la Chaussée que l'on adoptera, parce qu'il est le plus direct, le
moins dispendieux et le plus utile pour le commerce de la ville.
Il serait à désirer que la fixation ait lieu promptement, car cet état
d'incertitude retarde les travaux et constructions que beaucoup de
bourgeois ont le projet de faire, qui serviraient non seulement à l'em-
bellissement de la ville, mais au bien-être des ouvriers et fournisseurs
en général.

Le second faubourg est celui des Trois-Croix, par lequel on
arrive en à la route 24 *bis*, et à la route de Vimoutiers à Con-
terne, passant par Trun, terminée en 1843 ; cette route est
une des plus avantageuses pour la ville, parce qu'elle facilite les
communications avec Rouen et la Mayenne.

Le troisième faubourg fait suite à la rue Saint-Martin, il en
conserve le nom, et conduit à la route de Falaise, commencée
en 1764, fréquentée depuis le commencement de notre siècle,
et rectifiée en 1843, par le nivellement des pentes de Maison-

Rouge et Saint-Clair. Ce faubourg conduit également à la route
d'Argentan à Condé, commencée sur un tracé fait en 1840. On
espère qu'en 1844 elle se prolongera jusqu'à Putanges, dont elle
est maintenant peu distante.

Le quatrième faubourg d'Argentan, le seul qui ne tend plus
à de grandes routes, est composé des rues du Pati et de la Noë.
Le corps de la ville et faubourgs se trouvent divisés en deux
parties à peu près égales, par les rues Saint-Jacques, de la Chaussée, Henri-Quatre, Saint-Germain, de Paris et des Trois-Croix.
La ville, en général, est en outre divisée par trente-huit rues
principales, douze ruelles, venelles, impasses ou culs-de-sac. Les
rues ont été pavées à neuf, en vertu d'un arrêté du conseil, du
25 août 1769. Depuis 1840, on a fait dresser et empierrer les
places du Marché, Mahé, les rues de la Noë et du Tripot. Le
grand pont Saint-Jacques présentait des dangers pour les voitures, à cause de l'élévation de son sommet et de la rapidité des
pentes, les habitants d'Argentan présentèrent une réclamation
à l'administration des ponts-et-chaussées, pour faire opérer le
redressement et un empierrement au lieu du pavage. Ces travaux ont été ordonnés et exécutés en 1843. L'administration a
aussi fait placer des trottoirs en granit et construire des acque-
ducs souterrains pour l'écoulement des eaux qui stagnaient en
face l'hôtel Saint-Louis et de l'autre côté du pont. C'est par une
délibération du 20 août 1842, que le conseil municipal a voté
l'ouverture de la trente-huitième rue, qui fait face à la nouvelle mairie, tend au marché aux Volailles et aux rues Saint-
Germain. La ville avait acheté des masures et terrains pour le
percement de cette rue ; le 17 mars 1844, on a vendu, pour y
construire, les terrains non employés qui bordent cette rue.

Par délibération du 6 août 1842, le conseil municipal, sur la
réclamation des habitants des faubourgs Saint-Jacques et du
Croissant, a décidé le rétablissement et l'ouverture de la venelle

Charpentier, mais à la condition que l'entretien de cette venelle et de l'abreuvoir qui est à l'une de ses extrémités, serait à la charge des habitants intéressés au maintien de cette venelle et de l'abreuvoir.

La population agglomérée et celle des hameaux dépendant de la ville excédant six mille habitants, le nombre des conseillers municipaux est, aux termes de la loi sur l'organisation municipale, du 21 mars 1831, compris les maire et adjoints, de vingt-trois membres. Les électeurs, conformément à l'art. 44 de cette loi, sont divisés en sections. Le nombre des sections est fixé à trois.

La première section comprend les rues Henri-Quatre, Traversière, du Griffon, [Saint-Martin, Saint-Germain, de Paris, côté nord, et toutes les rues qui se trouvent dans cet enclave.

La deuxième section comprend les rues Saint-Martin, Traversière, côté ouest, Beaulieu, la Chaussée, l'Orne, la Gravelle, Mauvaisville, Colendon et la rue du Beigle.

La troisième section comprend les rues de Paris, à partir de la maison Hue, la rue Saint-Germain, la place Henri-Quatre, puis toutes les rues qui se trouvent dans cet enclave, côté sud-est.

Les places du Grand-Carrefour, du Marché, Mahé ou du Calvaire, des Capucins, du Cours, de l'Herbier-Saint-Martin, de la Cohue (ou des Vieilles-Halles), de l'Ancien-Cimetière et de la Nouvelle-Mairie, contribuent à l'embellissement de la ville et à l'agrément des habitants.

La première de ces places est au centre de la ville, anciennement on y tenait le marché; c'était aussi la place d'armes. Au point le plus élevé on voyait les trois portes de la ville, qui tendaient dans ses faubourgs, et une quatrième porte, dite de l'Horloge, qui conduisait dans la clôture du château. Cette place, qui forme un carré long, est aussi nommée la Grande-Croix, depuis 1665, à cause d'une croix qu'un prêtre nommé Lacroix y fit élever. Ce monument était admiré par la délicatesse de l'architecture et la beauté de la colonne, faite d'un seul morceau. On y voyait sculpté l'écusson de M. le duc de Vendôme, qui était seigneur engagiste lors de son élévation. Enfin, dans l'année 1778, elle fut transférée sur la place du Marché. Dans l'année 1793, temps de la terreur, la place du Grand-Carrefour fut appelée rue de la Montagne; plus tard, elle fut la place de la Liberté : un peuplier avait été planté à son sommet, il était préservé des ciselures des enfants par des palissades; mais, en 1814, temps de la première restauration, l'arbre fut abattu, les palissades enlevées et la place reprit le nom de Grande ou Belle-Croix. Peu de temps après elle reçut le nom de place Henri-Quatre, qu'elle conserve de nos jours.

La place du Marché, c'est un carré presque régulier; elle fut dressée sur les ruines du fossé qui entourait la partie intérieure du donjon détruite en 1617, et sur l'emplacement du château ou maison du gouverneur et salle des comptes, où se tenait la cour souveraine de l'échiquier, sous les princes de la maison de Valois qui habitaient le château dit Grand-Logis, encore existant, et sert de conciergerie et tribunal civil. Cette place n'était pas encore complétement dressée, lorsqu'on y transféra le marché, vers la fin du xviiie siècle. Pour la régularité du terrain, les habitants avaient obtenu de M. le comte d'Eu, vers 1756, une portion du jardin du château, qui y avait été réunie par délibération des 5 juin et 17 juillet 1757. Depuis le transfert, le marché est constamment resté sur cette place; des baraques ont été construites sur le côté sud-est, pour placer la boucherie. C'est aussi dans cet endroit que se tient la poissonnerie, mais en plein air; il serait à désirer que la ville, dont les revenus sont assez élevés, fît construire des halles à la viande et au poisson; le besoin de ces établissements se fait sentir de jour en jour, et tout fait espérer que l'administration en reconnaîtra l'indispensable nécessité.

La place Mahé, d'une assez grande étendue, de forme irrégulière, fut aplanie vers 1660, par permission de M. de Grancey, gouverneur d'Argentan, sur les ruines du fossé, boulevard ou contrescarpe qui entourait la partie extérieure du donjon et citadelle de la ville, seule partie de la forteresse existant encore, dont une faible partie subsiste de nos jours. Cet ouvrage se fit par les soins du père Mahé, dominicain, religieux distingué, qui, pour dresser cette place, fit renverser la contrescarpe dans le fossé, ce qui procura pour sa communauté un accès commode et dégagé, plus une avant-cour en face de l'église, qu'il fit enclore sur le terrain aplani, comme dédommagement des frais du travail payé par sa communauté.

La place reçut le nom de ce prieur. En 1751, on y éleva un calvaire qui fut adossé contre le donjon. La place fut alors nommée place du Calvaire. Les foires au bétail se tenaient sur cette place jusqu'en 1820; mais à cette époque, l'ancien couvent des Dominicains, qui servait de caserne pour les troupes de passage ou station à Argentan, fut démoli; l'emplacement des jardins, cour, dortoirs et réfectoires est occupé par un édifice qui sert de mairie, de tribunaux de paix et de commerce, au premier étage; le rez-de-chaussée sert de halle pour les grains. Ce bâtiment est, pour l'usage qui lui est destiné, des plus incommode; les habitants d'Argentan qui en avaient à l'avance reconnu les inconvénients, les avaient signalés à l'administration. La centralisation des affaires et réunions publiques sur un seul point, hors la ville, était nuisible au commerce en général de tous les autres points de la ville; il était dangereux de placer dans le même local le dépôt des archives et actes de l'État civil et les halles aux grains, où dans les temps malheureux naissent les troubles qui peuvent en amener la destruction. Leurs observations ne furent pas écoutées : les anciennes halles sont démolies et les nouvelles sont le rez-de-chaussée de l'Hôtel-de-Ville. L'avant-cour et l'emplacement de l'église des Dominicains, qui est détruite, fait une vaste place parfaitement carrée , entourée de bornes en granit et chaînes en fer ou fonte, qui fait face à la mairie et est contiguë à la place Mahé. De l'autre côté de la nouvelle mairie, dans l'ancien enclos du couvent , est un vaste Champ-de-Foire pour les chevaux et bestiaux. Autour du Champ-de-Foire il existe des terrasses sur lesquelles on a ménagé des promenades ombragées de tilleuls et marronniers plantés en avenues. Dans les angles , ce sont d'autres plantations en quinconces. Ces promenades sont entourées de murs ; le Champ-de-Foire sert aussi de place d'armes et a reçu le nom de Champ-de-Mars.

La place du Cours, qui faisait un des ornements de la ville, doit son commencement à Pierre Rouxel , comte de Médavid et de Grancey, pourvu au gouvernement d'Argentan, en 1679. Sur le fossé qui longeait le rempart et les tours qui formaient la clôture, le long des cours, jardins et bâtiments du château ou Grand-Logis , devenu la résidence ordinaire des gouverneurs depuis la démolition de la maison qu'on nommait le Château, leur ancienne demeure. Cette maison occupait le milieu de la place que l'on appelle aujourd'hui Cour-du-Château. Les gouverneurs ayant cessé de résider à Argentan dès 1720 , la place du Cours fut abandonnée et les plantations négligées ; elle resta dans cet état jusqu'en 1752. La ville la fit rétablir et obtint , le 8 octobre de la même année, le brevet du roi qui permit la démolition de la tour carrée tenant au pignon du Grand-Logis, dit aujourd'hui le Château. Par ce moyen, la terrasse du Cours fut prolongée jusqu'au bas de cette place. Les travaux commencèrent en 1753 ; les frais en furent faits, partie par M. Levignan , intendant de de la généralité , partie par cotisation des habitants. Cette place fut soignée, gazonnée , plantée et entourée de lisses , et avait toujours été bien entretenue ; mais depuis la construction de la nouvelle mairie, l'établissement des promenades qui entourent le Champ-de-Foire, la place du Cours est quelque peu négligée. Cette négligence doit surtout être attribuée au projet que l'on avait conçu de niveler cette promenade, d'abattre les arbres qui la décorent, pour établir une rue droite depuis les Trois-Croix jusqu'au faubourg Saint-Jacques, à l'embranchement des routes 24 *bis* et 158. Ce projet est un de ceux proposés par l'administration des ponts-et-chaussées, pour la direction à suivre dans la ville par la route 24 *bis*. Cette direction pourrait être adoptée, si la traversée par les rues Saint-Germain, Henri-Quatre et de la Chaussée ne devait pas être préférée.

La place de l'Herbier, près l'église Saint-Martin, présente un carré long, irrégulier. Cette place, tout-à-fait vague, servait au dépôt des bois et matériaux des personnes qui faisaient construire dans ses environs. Vers 1820, le milieu de cette place fut entouré de lisses, planté de tilleuls disposés en triangle. Des allées sont ménagées sous les tilleuls pour les promeneurs, le milieu est une pelouse ; à ce moyen il ne s'y fait plus de dépôt de matériaux, et la place est toujours propre.

La place des Capucins, vis-à-vis l'ancien couvent de cet ordre, n'avait jamais été soignée ni décorée de plantations, souvent elle était encombrée de bois de construction et matériaux : c'était le lieu où se tenait la foire aux chevaux, avant son transfert dans l'Enclos des Jacobins ; mais en 1844, cette place a été déblayée, nivelée et plantée ; elle forme un carré presque régulier, et deviendra une promenade fort agréable.

La place de la Cohue se nommait ainsi, parce qu'elle faisait face à l'ancien manoir où se tenaient les plaids. Comme il n'existait pas à cette époque d'officiers institués pour postuler devant les juridictions, que tout individu, les femmes elles-mêmes pouvaient être procureurs *ad lites*, qu'il n'y avait rien de régulier,

il en résultait une confusion à laquelle on donna le nom de
cohue, de là le nom de la place dont nous parlons. Plus tard,
et dans le XVIIIᵉ siècle, on y avait construit des halles où se
vendaient les grains et grenailles ; ces halles furent démolies
vers 1820 : le marché aux grains fut transféré dans la Grande-
Rue ou rue de la Poste, où il se tenait en plein air, et maintenant ce marché est transféré et se tient autour de la place de
la Mairie, sauf les blés qui occupent le rez-de-chaussée de la
mairie. La place de la Cohue porte aujourd'hui le nom de rue
des Vieilles-Halles ; l'emplacement occupé par les bâtiments
détruits est converti en promenades publiques, parfaitement
plantées et soignées.

Avant la ruine et incendie de la ville d'Argentan, par le roi
de France Henri Iᵉʳ et le duc d'Anjou Geoffroy Martel, il existait une vaste place autour de l'église Notre-Dame, que l'on
nommait, à cause de cette position, Notre-Dame-de-la-Place. Tout
ce qui resta de cette place, lors de la reconstruction de la ville,
fut occupé par les bâtiments, cour et jardins de la communauté
des Bénédictines, qui s'y établit en 1653, et par le cimetière
commun. Nous aurons l'occasion de reparler de cette communauté, dans l'état ecclésastique d'Argentan.

Les rues de la Chaussée, Saint-Thomas et Saint-Martin con-
servent encore des vestiges de l'ancienne construction de la ville
on voit dans quelques-unes des arcades entières renfermées
aujourd'hui dans l'intérieur des bâtiments, et qui formaient le
long de ces rues principales des porches sous lesquels on pouvait
marcher à couvert, comme sous celui que l'on voit encore sur
la place Henri-Quatre.

Avant de parler des monuments et de l'état ecclésiastique de
la ville d'Argentan, nous reprendrons la suite de l'histoire
générale au point où nous nous sommes arrêtés, c'est-à-dire
au règne de Henri Iᵉʳ et de Guillaume-le-Conquérant.

CHAPITRE IX.

ÈRE CHRÉTIENNE.

XI° SIÈCLE.

In statesmen thou and patriots fertile.. ..
TnOMPSON.

Pays fertile en hommes d'Etat et en patriotes.

Après la destruction d'Argentan, Henri 1er et le comte d'Anjou
comptent sur Falaise, que Tursten Gotz, gouverneur de cette

place, a promis de leur livrer, mais Guillaume et son connétable en sont déjà maîtres. Là s'arrête Henri, qui, plus épouvanté qu'il n'avait été audacieux, s'empresse de signer la paix : il n'en resta pas moins dans le cœur de ces deux princes un ressentiment vif et profond, qui pendant une si longue suite d'années produisit des querelles sanglantes entre le roi de France et les premiers Normands, lorsque ceux-ci furent maîtres de l'Angleterre, haine autant aveugle que funeste aux deux royaumes. Guillaume profita du peu de repos que lui donna cette trève, car la paix ne devait pas durer ; pour organiser son duché, il assembla ses états et proposa de rendre libres trois jours la semaine les serfs ou vassaux des seigneurs, pour qu'ils pussent vaquer à leurs affaires particulières. Cette proposition fut adoptée.

1057. Un nouvel orage vient bientôt fondre sur la Normandie. Henri 1er veut, pour la seconde fois, exécuter son projet de réunir la Normandie à la couronne de France : sous ses ordres, quatre-vingt mille hommes divisés en deux corps d'armée pénètrent en Normandie. La première division, dont Henri garde le commandement, vient camper entre Evreux et Louviers ; il a Guillaume devant lui. Le second corps d'armée obéissait à Eudes, frère du roi, et à Renaud de Clermont. Il pénètre jusqu'à Mortemer, dans les environs de la forêt de Lions et de Neufchâtel. Guillaume ne s'était pas laissé ébranler par l'imminence du péril, il avait au contraire fait preuve, dans cette conjoncture critique, d'autant de sangfroid et de prudence, qu'il avait jusqu'alors montré de valeur et d'audace. A l'exemple de son adversaire, il forma deux corps d'armée. Raoul, comte d'Eu, Hugues de Gournay, Gautier, Giffart, Roger de Mortemer et d'autres vassaux du pays de Caux et du Vexin ont ordre de se porter au devant de Eudes, frère du roi ; Guillaume commande la seconde colonne en personne : il marche contre le

roi. Le pays par où devait passer l'armée française, par l'ordre
de Guillaume est dégarni de toutes les ressources qu'il aurait
pu présenter ; tous les vivres furent enlevés, tout le bétail em-
mené dans les bois ; par ce moyen il avait rendu très-difficiles
les approvisionnements du roi. Les habitants du pays de Caux
s'étaient retirés et cachés dans les forêts. Les Français n'avaient
pas été empêchés dans leur marche. Pleins de sécurité par le peu
de résistance qu'ils avaient rencontré dans leur invasion, ils prirent leurs logements à Mortemer, et ne s'y tinrent pas sur leurs
gardes. Attaqués subitement au milieu de la nuit par le comte
d'Eu, soit pendant leur sommeil, soit pendant les orgies qui
suivent ordinairement le pillage, les Français éprouvèrent une
perte considérable : plus de dix mille hommes mordirent la
poussière. Les Normands entourèrent d'abord la ville, y firent
ensuite mettre le feu et massacraient sans pitié quiconque cherchait son salut dans la fuite. Ce carnage dura depuis le point
du jour, jusqu'à trois heures du soir. Eudes parvint cependant à s'échapper, mais un grand nombre de vassaux du roi
demeurèrent prisonniers. Le butin des Normands fut immense.
Le soir même de cette victoire, Guillaume en reçut la nouvelle ;
il fit approcher ses troupes du camp ennemi. Par son ordre
un messager se rendit pendant la nuit aux avant-postes du
deuxième corps d'armée française, et se mit à crier de toutes ses
forces : « Or sus, réveillez-vous, vous dormez trop tard, allez
» enterrer les vôtres qui sont occis à Mortemer ! Eudes est en fuite ;
» le comte de Ponthieu est pris, les autres sont morts, prisonniers
» ou en déroute. Portez cette nouvelle au roi Henri de la part du
» duc Guillaume, et dépêchez-vous. »

Le roi de France atterré par ces lugubres paroles, plia bagage
et partit cette nuit même sans combattre. Peu de temps après
il demanda la paix, qui fut conclue sous condition que les prisonniers faits à Mortemer seraient rendus ; le roi rendait, de son

côté, le château de Tillières, qu'il avait retenu jusque-là ; enfin, à titre de don du roi, le duc de Normandie était autorisé à con-server, non seulement tout ce qu'il avait enlevé, mais tout ce qu'il pourrait enlever au comte d'Anjou.

Jusqu'à ce moment, Guillaume n'avait combattu que pour la défense et le maintien de son autorité; son but était complé-tement atteint, personne autour de lui n'était assez fort pour l'inquiéter dans l'exercice de sa souveraineté, mais il n'était pas homme à rester oisif , il fallait un aliment à son ambition et à son activité. La dernière clause du traité de paix lui sert de prétexte pour attaquer le comte d'Anjou et vider leur ancienne querelle ; Guillaume se précipite dans le Maine , qu'il préten-dait, à la faveur d'anciens traités , lui appartenir. Cependant ces traités n'avaient pas été suivis de prise de possession, et cette pro-vince relevait toujours de l'Anjou. Geoffroy Martel étant mort, Gautier, comte de Mantes , et Geoffroy de Mayenne , qui récla-maient son héritage, veulent en vain s'opposer à ses armes : ils sont défaits et le duc normand marche de succès en succès.

Oubliant le traité et les serments que lui avait arraché la ba-taille de Mortemer, Henri 1er veut encore tenter le sort des com-bats ; pour faire diversion , il entre dans le Perche , pénètre plus avant , et à la tête d'une armée plus nombreuse que lors-qu'il détruisit Argentan , il vient camper à la source de l'Orne, dans la commune d'Aunon , sous Séez. Pour la deuxième fois il assiège la ville d'Exmes. Cette seconde tentative ne fut pas plus heureuse que la première. Jamais il ne put réduire cette place; il se retira à Saint-Pierre-sur-Dive : ce fut dans l'abbaye qu'il établit son quartier-général , et pour venger son échec devant Exmes , il porta le fer et la flamme dans les campagnes de Caen, du Bessin , de la vallée d'Auge, du Lieuvain et du Roumois. Guillaume qui a soumis le Perche et la Bretagne , tourne ses ar-mes victorieuses contre le roi de France, le poursuit ; n'ayant encore que vingt mille hommes sous son commandement, il l'atteint au passage de la Dive, dans un lieu nommé Varaville, entre Caen et Lisieux, fait un horrible carnage de l'arrière-garde de cette grande armée d'invasion. Une forte partie reste prisonnière, avec les comtes de Roussi, de Meulan, de Soissons et le palatin de Brie; le roi de France fut contraint de recevoir la paix aux conditions imposées par le vainqueur. Depuis ce dernier revers, Henri ne remit pas le pied en Normandie.

Sans être vieux, le roi de France sentait sa fin prochaine, il avait épousé une princesse de Russie, nommée Anne, fille du duc Yarosslaf ou Jaroslaw; il est à croire qu'il n'avait recherché cette alliance que pour ne pas s'exposer à des querelles ecclésiastiques, en contractant un mariage dans un degré probibé par les lois canoniques, c'est-à-dire jusqu'au septième, presque tous les souverains de l'Europe étant ses parents; une princesse venue du pays des Scythes devait nécessairement, à cause de la distance des Etats, éloigner tout soupçon de parenté, et protéger son diadème contre les foudres de l'excommunication.

Il avait eu trois fils de ce mariage, Philippe, Robert et Hugues. Le premier lui succéda, le second mourut en bas âge, le troisième fut comte de Vermandois. Henri fit reconnaître son fils aîné aux Etats assemblés, pour son successeur, et, certain de leur assentiment, il le conduisit à Rheims, où il le fit couronner, le 23 de mai 1059, par l'archevêque Gervais, en présence de plusieurs autres archevêques, de trente-quatre évêques, d'un grand nombre de seigneurs de Neustrie, d'Aquitaine et de Bourgogne. Les chroniques de Normandie nous assurent que le duc Guillaume était au nombre des assistants au couronnement du jeune prince. Le fait n'est pas invraisemblable, puisque les deux souverains étaient en paix. — Henri 1er donna la tutelle de ses enfants à Beaudouin de l'Isle, comte de Flandres; son beau-frère; il lui confia de même la régence du royaume, sans doute qu'il ne reconnaissait pas à son épouse assez de force et de capacité pour gouverner l'État.

Le 4 août de l'année suivante (1060), se trouvant à Vitry, près Paris, Henri 1ᵉʳ fut attaqué d'une fièvre dans laquelle il prit une médecine qui l'altéra beaucoup; pour étancher sa soif brûlante, il but un verre d'eau fraîche en l'absence de son médecin, et avant que la médecine n'eût produit son effet, il en éprouva de suite un violent malaise dont il mourut le jour même. On a supposé qu'il y avait du poison dans ces breuvages. On porta son corps à Saint-Denis; il était âgé de 56 ans, et avait régné 29 ans.

Peu de jours après qu'elle fut veuve, la reine mère se retira à Senlis, où elle faisait bâtir l'église de Saint-Vincent, martyr; elle ne réclama pas la régence. En secondes noces elle épousa Raoul de Péronne, comte de Crespy. Devenue veuve pour la seconde fois, et se trouvant sans appui, elle retourna dans son pays, où elle mourut.

1061.—1108. Philippe 1ᵉʳ succède à son père. Tout obéissait paisiblement à la régence de Beaudouin, les Gascons seuls refusèrent de s'y soumettre; le régent appelle Guillaume, son gendre, à son aide, pour les contraindre à l'obéissance. Par la rapidité de ses victoires et la prise de Montauban, le duc de Normandie réduit les Gascons à rendre hommage au roi de France et à reconnaître le régent. Cette guerre fut promptement terminée; Guillaume revint dans ses Etats, et profita de l'intervalle de paix pour assurer davantage encore la tranquillité publique dans la province. Ce fut alors qu'il réunit à Caen, en assemblée générale, les trois ordres de l'Etat. Il présidait, et en sa présence chacun parlait avec la plus grande liberté. On arrêta des mesures pour réprimer les empiétements du clergé; on établit cet usage conservé jusqu'à nos jours, de sonner une cloche tous les soirs à certaine heure, pour avertir les habitants de rentrer chez eux et de fermer leurs maisons : le but de cette mesure était de mettre un terme aux vols et brigandages nocturnes, fort communs dans ce temps, à ce qu'il paraît. Enfin on fit plusieurs règlements sur les administrations civiles et religieuses.

Philippe ne fut que le témoin des événements de son règne, l'un des plus longs que l'on eût encore vus. Il ne parut pas comme acteur sur la scène, son nom ne peut servir que d'époque aux faits intéressants qui se passèrent dans l'intervalle que la nature mit entre sa naissance et sa mort. La conquête de l'Angleterre, les croisades lui furent étrangères. Pendant que ces événements importants se passaient, que faisait Philippe, roi de France? Rien ; il bataillait avec le clergé, puis s'humiliait et recommençait encore pour finir de même. Respectons son humble quiétude, et donnons à Guillaume la part qui lui appartient dans ces faits mémorables.

Robert de Gacé, fils de Raoul, surnommé Tête-d'Ane, étant décédé sans enfants, son apanage fut réuni au domaine de la couronne de Normandie. Le duc Guillaume donna le Menil-Rousselin, le Tronchet et le Doit-Erthou (Douet Arthus) à Geoffroy de Mancelle. Vers le même temps, Roger de Montgommeri et Mabile, sa femme, s'étant emparés de l'esprit du duc de Normandie, lui persuadèrent que Raoul de Tony, comte de Conches, porte-guidon de Normandie, Hugues de Grantmenil, et Ernault d'Echaufour conspiraient contre sa personne, ils furent exilés ; mais bientôt Ernault d'Echaufour, comte de Montreuil, pour se venger, à la tête des Augerons (habitants du Pays-d'Auge), vient piller, ravager, incendier le pays de Lisieux, les forêts lui servaient de retraite et à ses partisans ; ils faisaient une guerre d'extermination. La terreur qu'ils inspirèrent fut si grande, que Guillaume demanda une trève pour pourvoir au rappel des bannis et au rétablissement de l'ordre et de la paix. Les bannis purent effectivement rentrer dans leurs foyers, mais Ernault d'Echaufour, retournant dans les siens, fut empoisonné et mourut à Rémalard. Nous ne connaissons pas l'auteur du crime, mais il servait la vengeance de Guillaume. Les fils d'Ernault ne rentrèrent pas en possession de l'héritage parternel; l'aîné se réfugia à la cour du roi de France Philippe, dont il devint écuyer, et partit ensuite pour la Pouille, où il se fixa pour toujours ; son jeune frère et ses deux sœurs embrassèrent l'état monastique.

Si les barons normands se montraient vassaux indociles, Guillaume, de son côté, se montrait despote ombrageux ; du reste, ces querelles particulières n'avaient aucune influence sur la paix et la tranquillité publique, que rien ne troubla dans le duché jusqu'au moment où s'ouvrit la succession d'Edouard, roi d'Angleterre, décédé sans postérité.

1065. Nous avons dit, page 102, que les fils du feu roi d'Angleterre Ethelred et d'Emma, Edouard et Alfred, s'étaient réfugiés en Normandie, auprès de leur oncle, à l'avènement de Canut-le-Grand ; devenu second mari de leur mère, sous la condition de reporter la couronne d'Angleterre sur les enfants qui naîtraient de cette seconde union. Le roi Canut-le-Grand n'exécuta pas cette condition ; avant de mourir, il désigna pour lui succéder en Angleterre, le second fils qu'il avait eu de sa première femme, Alfgive ; l'aîné, Sweyn, du vivant même de son père, avait été couronné roi de Norwège. De son mariage avec Emma, Canut avait eu un fils, Hardi Canut, et une fille; Gunilhda, qui épousa Henri, fils de l'empereur d'Allemagne, Conrad II. Hardi Canut, malgré sa jeunesse, avait été mis aussi en possession du Danemarck. Harold étant seul resté auprès du roi, tout porte à croire que son père avait pour lui quelque prédilection. Cette désignation paternelle valut à Harold d'être proclamé roi par les thanes des provinces du Nord, tandis que

les provinces du Sud , excitées par Emma et par Godwin, l'un
des plus puissants ealdorman (ou comtes) anglais reconnurent
Hardi Canut (Hard Knut). Harold s'apprêtait à combattre vivement les partisans de son rival absent , lorsqu'un accommode-
ment fut ménagé entre les deux partis , par lequel la Tamise
devint la limite des deux Etats. Emma et Godwin prirent le
gouvernement de l'Etat méridional au nom de Hardi Canut, en
attendant son arrivée ; mais pendant que le roi de Danemarck,
on ne sait pour quelles raisons , tardait à venir se mettre en possession de la partie de l'Angleterre qu'on lui avait conservée , les
deux fils d'Ethelred et d'Emma , dont leur mère avait abandonné la fortune, quittant la Normandie avec des troupes d'a-
venturiers, essayèrent de ranimer l'intérêt des West-Saxons pour
le sang de leurs anciens rois. Edouard , le premier qui débarqua , n'ayant rencontré dans le pays que peu de sympathie ,
regagna , sans oser davantage , la Normandie. Alfred sembla un
moment pouvoir compter sur le dévouement de Godwin ; mais ,
soit trahi , soit abandonné par celui-ci , il tomba , avec tous ses
compagnons, au pouvoir de Harold. La plupart d'entre eux
furent horriblement massacrés , et Alfred eut les yeux arrachés
et fut conduit au monastère d'Ely , où il mourut. Débarrassé de
ces deux compétiteurs, Harold , souillé de sang , vint demander
à Egelnoth , archevêque de Cantorbéry , de le couronner roi
d'Angleterre. Le courageux prélat refusa et défendit à tout
évêque de lui conférer les ornements royaux. Harold les prit,
dit-on, de lui-même, mais ne vécut pas long-temps après ; il régna
quatre ans : de 1036 à 1040. Hardi Canut était à Bruges, où
il était venu trouver sa mère ; et se préparait à envahir l'Angleterre à l'aide d'une flotte qu'il attendait du Danemarck , lorsqu'il apprit la mort de Harold et le désir manifesté par les
hanes danois et anglais de l'avoir pour roi.

Aussitôt que les vaisseaux qu'il attendait furent arrivés , il partit. Son autorité fut immédiatement reconnue ; il débuta par un acte de justice, mais de justice barbare : il fit déterrer le cadavre de son prédécesseur, lui fit couper la tête et ordonna que le tronc fût jeté dans la Tamise, punissant ainsi son usurpation et sa conduite envers Alfred. D'un autre côté, il fit éclater sa générosité, en rappelant Edouard et en le traitant en frère et en prince. Les frais nécessaires à l'équipement et à l'entretien de la flotte danoise lui firent presque doubler l'impôt du *Danegelt* (premier impôt annuel sur les terres pour payer les tributs aux Danois), ce qui excita un grand mécontentement à Worcester ; les collecteurs même furent tués. Hardi Canut livra le comté au pillage et incendia la ville. Godwin qui, malgré le meurtre d'Alfred, en jurant qu'il y avait été étranger et distribuant habilement ses trésors au roi et à ses favoris, s'était maintenu à la cour, reprit tout le crédit dont il avait joui précédemment. La mort subite de Hardi Canut fit penser qu'il avait été empoisonné ; il ne laissa point d'enfants : son règne avait duré deux années, de 1040 à 1042. Sa mort sépara la couronne de Danemarck de celle d'Angleterre. La dynastie anglaise se trouva rétablie · Edouard, fils d'Ethelred et d'Emma, monta sur le trône.

1042. Le nouveau roi se fit aimer par sa douceur, son humanité, sa justice. Un seul être dans le royaume éprouva de sa part un acte de rigueur personnelle, ce fut sa mère. Par les conseils de Godwin, il lui enleva ses trésors et la relégua dans un monastère, où elle passa le reste de ses jours. Elevé en Normandie, pays dont la civilisation était plus avancée qu'en Angleterre, Edouard avait contracté des goûts, des habitudes, des mœurs inconnues chez les Anglo-Saxons. Il avait aussi adopté les hommes qui les lui avaient enseignées. Sa faveur allait donc chercher les Normands de préférence aux indigènes, pour leur confier les emplois de l'Etat. Une guerre civile sanglante fut sur le point d'éclater, mais Edouard la réprima promptement et le parti normand en sortit triomphant. Cités au *witenagemot*, les rebelles prirent la fuite. Le witenagemot les déclara *outlaw*, c'est-à-dire hors la loi. La famille Godwin se retira en Flandres, sauf deux des fils, Harold et Leopwin. La reine même, car Edouard avait épousé Egithe, fille du comte Godwin, fut enveloppée momentanément dans la disgrâce de sa famille et confinée dans un monastère, d'où elle ne sortit que deux ans après. Plus tard, les Godwin ressaisirent la faveur et le pouvoir, et les Normands rentrèrent dans leur pays. Le comte Godwin ne survécut pas long-temps à ce triomphe ; son fils Harold lui succéda. Au moment où la guerre civile venait d'être réprimée, Guillaume, duc de Normandie, parut tout-à-coup en Angleterre, à la tête d'un cortége nombreux. Parent d'Edouard, par Emma, il fut accueilli avec de grands honneurs ; cette visite ne lui fut pas inutile dans la suite, elle le mit en rapport avec la plupart des chefs de la nation anglo-saxonne, et le fit connaître lui-même aux populations que le droit de conquête devait un jour placer sous sa domination.

Malgré son goût prononcé pour la paix, Edouard, dans le cours de son règne, entreprit deux guerres ; la première, en 1054, pour rétablir Malcolm, fils de Duncan, roi d'Ecosse, sur le trône de son père, tué par un usurpateur, *Macbeth*, dont le génie de *Shakspeare* a immortalisé le crime. Le succès couronna la généreuse intervention d'Edouard. La seconde guerre fut entreprise pour punir les Gallois de leurs continuels brigandages ; elle fut conduite par Harold, fils aîné de Godwin, dont nous aurons occasion de parler incessamment, et qui dans cette circonstance se couvrit de gloire.

Le roi d'Angleterre voulait accomplir un vœu qu'il avait fait : c'était de visiter, comme tant d'autres de ses prédécesseurs, la métropole du monde chrétien. Les wittans, ou membres du witenagemot, furent d'avis que le roi, privé d'enfants, ne pou-

vait pas s'absenter sans danger pour la paix intérieure ; force fut
donc au souverain de renoncer à son pèlerinage. Il se fit relever
de son vœu par le pape, et ne tarda pas à terminer sa carrière,
à l'âge de 65 ans.

Nous avons dit que le roi d'Angleterre n'avait pas d'enfants ;
en effet, soit, comme on l'a prétendu, qu'il eût fait vœu de
chasteté, vœu téméraire dans un mari, et absurde dans un
roi qui avait besoin d'héritiers ; soit qu'il eût étendu à sa femme,
Edithe, fille de Godwin, l'aversion qu'il portait à son beau-
père, il outragea l'hymen et méconnut les charmes de la jeune
reine, qui cependant était belle, douée d'un caractère qui la
rendait agréable à la nation et n'avait rien de la rudesse de son
père. C'est pour faire allusion à la différence de caractère qui
existait entre le père et la fille que, d'après un auteur contemporain, il courait alors le vers latin suivant :

Sicut spina rosam, genuit Godwinus Egitbam.

Il n'y avait donc aucun héritier direct à la couronne d'Angleterre, et, dans tous les cas, le droit de succession ne paraissait
alors établi dans aucun état de l'Europe.

1065 — 1066. D'après l'opinion généralement répandue, qu'E-
douard à son lit de mort avait désigné Harold, fils du comte
Godwin et son beau-frère, pour son successeur, une assemblée
tenue à Londres le proclama roi ; il eut ainsi le plus incontestable de tous les droits, les suffrages de la nation. Stigand,
archevêque de Cantorbéry, le couronna solennellement ; mais
un compétiteur redoutable vint tout-à-coup contester la vali-
dité de l'élection de Harold. C'était Guillaume de Normandie, qui se posait en prétendant. Il n'avait pour lui ni le droit

d'élection, ni celui d'héritage, mais il invoquait en sa faveur :
1° ses liens de consanguinité avec le feu roi, dont Harold n'é-
tait que l'allié ; 2° la promesse qu'il avait reçue d'Edouard
lui-même d'être appelé à lui succéder, lors de la visite qu'il
fit à ce prince quelques années avant sa mort ; 3° il ajoutait
enfin que Harold naviguant dans la Manche, avait un jour
échoué sur la côte de Normandie ; arrêté par Gui de Ponthieu, qui avait maintenu, dans ses domaines, la coutume
barbare de s'approprier la dépouille et la personne même des
naufragés, il avait été jeté dans le donjon du château ; qu'après
avoir trouvé le moyen d'informer Guillaume de son malheur,
le duc s'était empressé de lui faire rendre la liberté, sous la
condition de s'en reconnaître vassal comme de son roi futur,
et de lui rendre hommage en cette qualité. Harold répondit
à ces trois motifs de droits articulés par Guillaume, que le
premier n'avait aucune valeur réelle ; que le second manquait
de preuves positives ; quant au troisième, « que l'hommage qu'il
» avait rendu, en cédant à la violence, ne pouvait être obligatoire ;
» que sa royauté obtenue par le libre suffrage des seigneurs an-
» glais était légitime, et qu'il saurait se montrer digne de leur
» choix. »

Après différents messages, Guillaume eut recours à la dernière raison des rois, il fit des préparatifs de guerre. Mais,
pour une aussi grande entreprise, il lui faut des subsides :
il assemble les états-généraux à Lillebonne, les entretient
de ses projets de réunir l'Angleterre à son duché, de l'utilité
et de la gloire qui en rejaillira pour la patrie normande. Son
éloquence est vaine, les états refusent les subsides, parce que
si le succès ne couronne pas l'entreprise, la Normandie en
reste appauvrie, et, dans le cas contraire, elle deviendra province de l'Angleterre. Guillaume ne se rebute pas, il sait si
bien circonvenir ses barons en leur montrant les dépouilles de

l'ennemi, qu'il obtient de chacun d'eux en particulier, ce que les états réunis lui ont d'abord refusé : ainsi donc l'intérêt privé de quelques-uns l'emporte sur l'intérêt général. Philippe, roi de France, tout occupé de lui-même et de ses plaisirs, est le témoin passif de l'expédition. Beaudouin de Flandres, régent de France, beau-père de Guillaume, la favorise secrètement. L'entraînement est si grand, qu'en outre les sacrifices pécuniers, la noblesse française vient se ranger d'elle-même sous les bannières normandes. Les comtes d'Anjou, du Maine, du Poitou, ceux de Léon, de Vitré, de Fougères, de Dinan, de Châteaugiron briguent l'honneur de servir sous le premier capitaine du siècle. Robert Wace, dans son roman de *Rou*, cite parmi les plus fidèles compagnons du duc :

« Li boen Citean de Rouen
» Et la Jovante de Caen
» E de Falaise e d'Argentan. »

On cite parmi les barons normands qui firent les plus grands sacrifices, Fitz Osbern, comte de Breteuil : il équipe à lui seul quarante navires; Odon, évêque de Bayeux, frère utérin de Guillaume (après la mort de Robert, dont elle avait eu Guillaume-le-Bâtard, la belle Arlette Vertpré, de Falaise, avait épousé un brave chevalier nommé Herluin de Conteville ; de ce mariage étaient sortis deux fils, Odon, évêque de Bayeux, et Robert, comte de Mortain), Odon, disons-nous, fournit à lui seul cent navires. Nicolas, abbé de Saint-Ouen, équipa quinze vaisseaux et cent chevaliers. La femme de Guillaume, que nous appelons aujourd'hui la reine Mathilde, fit construire en son nom le vaisseau qui devait porter son époux ; à la proue était représenté un enfant montrant de l'index droit l'Angleterre ; de l'autre main, il tenait un cor d'ivoire, qu'il embouchait; ce vaisseau reçut le nom de *Mora*.

Aussi politique que guerrier, Guillaume s'était ménagé des alliés redoutables : l'empereur Henri venait de s'engager à défendre la Normandie contre quiconque oserait l'attaquer en l'absence du duc, et le pape Alexandre II ; Guillaume avait député vers lui Gislebert, archidiacre de Lisieux. Le pape entra dans les intérêts de celui dont les projets devaient favoriser les prétentions de l'Eglise, et qui lui soumettait humblement sa cause. Alexandre proclama donc la légitimité des droits de Guillaume, lui ordonna d'armer contre un adversaire parjure, et, afin de prouver la part qu'il prenait au succès de l'entreprise, il remit aux envoyés du duc de Normandie un anneau d'or, une bannière bénite et une bulle d'investiture; il excommunia Harold et tous ceux qui prétendraient embrasser sa cause.

Les préparatifs de Guillaume avaient employé beaucoup de temps ; Harold était persuadé, par la longueur de cet armement, que ce n'était que de vaines menaces dont il ne devait plus craindre les effets, et se croyant à couvert du péril, il prenait moins de précautions. Sa sécurité fut troublée, lorsqu'il apprit que Guillaume ayant une flotte de neuf cents voiles, et à la tête de soixante mille hommes, parti de l'embouchure de la Dive, se trouvait dans les eaux de Saint-Valery-sur-Somme, et là, comme celle des Grecs dans les ports de l'Aulide, retenue par des vents contraires ; son adversaire profite de cette circonstance, pour hâter les préparatifs d'une défense énergique; mais avant de se mesurer avec les Normands, il fut obligé de porter la meilleure partie de ses troupes dans le Yorkshire, pour repousser une autre agression qu'il n'avait pas prévue, celle de Tostig, son frère, appuyé du roi de Norwège Harold, qui réclamait le Northumberland, dont il avait été comte sous Edouard, et dont Harold avait disposé en faveur de Morcar, frère d'Edwin, comte de Murcie.

Après un mois d'attente, le ciel devient serein, les vents sont favorables. Le 28 septembre 1066, la flotte lève l'ancre et fait voile pour l'Angleterre ; elle arriva librement, sans avoir rencontré un seul bâtiment ennemi, sur les côtes de Sussex, à la hauteur de Pevensey, près d'Hastings. La diversion occasionée par l'agression de Tostig, tenait dispersée la flotte anglaise. La flotte normande s'avança de manière à ce que tous les vaisseaux demeurassent à sec à la basse mer, *et quant la marée fut retraite*, disent nos chroniques, le débarquement s'opéra ; Guillaume sortit le dernier. Le pied lui manqua, dit-on, comme à César en Afrique. Pour écarter tout funeste présage, comme César encore, il s'écrie, avec une merveilleuse présence d'esprit :
« *Je prends possession de l'Angleterre, c'est Dieu qui m'investit de*
» *ce pays en me le faisant saisir à deux mains ; avec son aide, j'en*
» *ferai la conquête ; si on me la dispute, par la splendeur de Dieu, il*
» *y aura bataille.* »

Harold était encore à York et dînait quand il apprit le débarquement de Guillaume ; il fit toutes ses dispositions pour hâter l'arrivée de ses milices. Guillaume s'empara des ports de Pevensey et de Hastings. Peu de jours suffirent à Harold pour être en mesure de s'opposer aux progrès de l'ennemi. Des espions, envoyés par lui dans le camp normand, furent reconnus et saisis. Le duc, confiant dans ses forces, leur facilita l'examen qu'ils voulaient faire, et les renvoya sains et saufs. Ils firent un brillant tableau de l'armée normande, toutefois ils ajoutèrent qu'elle se composait presqu'entièrement de prêtres, attendu qu'ils n'avaient vu que des hommes sans moustaches ; c'est qu'alors, en effet, les Normands se rasaient la barbe sur toute la figure, et les Anglo-Saxons la laissaient croître à la lèvre supérieure. Harold sourit de cette méprise, et répondit que ces prétendus prêtres étaient de vaillants chevaliers, accoutumés à la victoire.

Les deux chefs échangèrent des messages et publièrent des ma-

nifestes où chacun d'eux s'appuyait sur son bon droit et la volonté dernière du roi Edouard. Guillaume proposa même à son
adversaire de vider leur différend par un combat singulier. Harold répondit que Dieu déciderait entre lui et son adversaire, et
il marcha rapidement sur Hastings. Il rencontra les Normands à
neuf milles en avant de cette ville. Le gonfanon de l'Eglise et les
léopards normands se trouvèrent déployés devant les troupes
anglaises. On préluda des deux côtés par des actes religieux à
l'action sanglante qui allait s'engager. Le 14 octobre 1066, dès
la pointe du jour, Harold et Guillaume rangèrent leurs armées
en bataille. L'Anglais divisa la sienne en deux parties : les Ken-
triens sont à l'avant-garde ; il se place lui-même avec son frère à
la tête de la seconde division. Le Normand divise la sienne en
trois corps : le premier, composé des troupes de Bretagne, commandées par leur duc ; de celles d'Anjou, du Perche et du
Maine, conduites par Roger de Montgommeri et Guillaume, fils
d'Osberne, comte de Breteuil. Le second, composé d'Allemands
et de Poitevins, sous les ordres de Geoffroy Martel et d'un
prince allemand. Le troisième, composé de Normands, était
commandé par Guillaume en personne ; il était environné de
toute la noblesse de ses états. Un de ces trois corps formait une
réserve placée hors de vue de l'ennemi.

Toutes ces dispositions prises, les deux chefs haranguèrent
leurs troupes, et dirent à peu près la même chose, les excitant
respectivement à bien faire, leur faisant espérer un ciel favorable, les assurant d'un bon succès ; après quoi, le signal étant
donné, les trompettes normandes sonnèrent la charge, la bataille
commença. Le trouvère Taillefer se jeta le premier parmi les
Anglais et fut tué ; les deux armées s'attaquèrent avec fureur.
L'acharnement fut à son comble ; les deux rivaux firent de leur
personne des prodiges de valeur. Guillaume eut plusieurs chevaux tués sous lui. La victoire fut long-temps indécise ; après

un combat de six heures entières, Harold et ses deux frères Gurth et Leopwin ayant perdu la vie, elle se déclara pour Guillaume. Le règne de Harold ne dura pas une année, et l'Angleterre passa tout entière sous la domination normande. La perte du côté des Anglais fut évaluée à vingt mille hommes, et celle des Normands à huit mille. Le vainqueur fit-enterrer les morts de son armée, et permit aux gens du pays de rendre le même devoir à leurs compatriotes. Harold fut excepté, ses restes furent accordés à sa famille, qui les fit transporter et inhumer au monastère de Waltham. Nous possédons une relation curieuse de cette fameuse bataille d'Hastings, elle n'est ni manuscrite ni imprimée, elle est brodée ; nous voulons parler de la célèbre tapisserie de Bayeux, attribuée par la plus ancienne tradition à la reine Mathilde, épouse de Guillaume ; depuis, à l'impératrice Mathilde, petite-fille du conquérant, et, depuis encore, à Odon, évêque de Bayeux. Cette tapisserie est sur une toile de lin, longue de 70 mètres 66 centimètres, large de 50 centimètres.

Ce qui restait des troupes de Harold après la bataille d'Hastings prit la fuite avec les comtes Edwin et Morcar, qui portèrent à Londres la nouvelle de cet événement. Le duc de Normandie, après avoir remercié Dieu de sa victoire, coucha sur le champ de bataille, et de ce lieu même il envoie au pape l'étendard du roi Harold, enlevé par la jeunesse normande, qui comptait dans ses rangs, les Montgommeri, les Roussel de Medavi, les Osberne de Breteuil, les Destouteville, les Tancarville, les Darcourt, les Bacqueville, les Devreux, les Talbot, les Mallet, les Baumont, les Varennes, les Courtenay, et surtout le terrible Eudes ou Odon, évêque de Bayeux, qui le lendemain, sur des monceaux de cadavres, chante une messe funèbre pour le salut de ceux que sa massue et sa hache d'armes ont assommés ou pourfendus.

Le vainqueur use en habile homme de son avantage, profitant de la consternation des vaincus, il divise ses troupes en plusieurs sections, et les dirige sur Londres par des routes différentes; il s'avance lui-même à la tête d'une division sur la ville de Douvres, dont il se rend maître, puis il se dirige sur Londres qui avait proclamé roi l'etheling Edgar. La terreur qui devançait Guillaume eut bientôt opéré une défection dans le parti d'Edgar; Guillaume en profita pour gagner le reste des opposants par des promesses. Et lorsqu'il s'approcha de la capitale de l'Angleterre, précédé de la bannière bénite qu'il avait reçue de Rome, les évêques se rallièrent à cet étendard en sa faveur, et vinrent aux portes avec le magistrat de Londres lui offrir la couronne qu'on ne pouvait refuser au vainqueur. Il trouva dans Alfred, archevêque d'York, un prélat facile qui le couronna à Westminster, quoique Stigand, archevêque de Cantorbéry, eût posé le diadème sur la tête d'Edgar. Quelques auteurs appellent ce couronnement une élection libre, un acte d'autorité du parlement d'Angleterre. La singulière liberté de cette élection établit que le peuple anglais n'était pas encore ce peuple si fier qui, par la suite, ferait pencher les destinées de la France, et plus d'une fois la placerait sur l'abîme; il lui fallait pour sa grandeur future, que le sang des vieux Bretons et des Saxons fût retrempé et retrouvât son énergie dans la race normande.

Le nouveau roi gouverna d'abord avec modération, il ne déposséda de prime-face que ceux qui l'avaient combattu et n'étaient pas complétement soumis; tout cruel que fût ce droit, c'était celui de la guerre, c'était le résultat inévitable de la conquête; les vaincus avaient dû s'y attendre, comme les vainqueurs avaient dû l'espérer. Il prit des mesures pour que bonne justice fût rendue, fit des règlements pour la sûreté publique, tel que celui du *couvre-feu*, par lequel il fallait, au son de la cloche, éteindre le feu dans chaque

maison à huit heures du soir ; ce règlement était une répéti-
tion de l'ancienne police établie dans la plupart des villes du
Nord : les maisons étant bâties de bois, la crainte du feu était
un des objets des plus importants de la police générale. Il
défendit le vol, le meurtre, toute espèce de brigandage, toute
insulte envers les femmes ; Guillaume voulut aussi que tous
les ports fussent ouverts aux marchands , que toutes les routes
leur présentassent la même sécurité ; que l'on observe la trève
de Dieu, comme en Normandie. La justice fut rendue sous
le patronage des earls ou gouverneurs de comtés auxquels
furent attachés des shériffs ou officiers fiscaux , chargés de
recueillir les revenus du roi, en cas de graves contestations ;
ou s'il s'agissait d'affaires générales , on avait recours à
l'assemblée des barons tenanciers de la couronne qui composait le tribunal le plus élevé du royaume : cette assemblée
remplaçait le *Mickle-Synoth* des Saxons, et devint ensuite le
parlement. Les lois normandes furent substituées aux lois du
pays, il ordonna que l'on plaidât en normand ; et depuis lui,
tous les actes furent expédiés en cette langue jusqu'à Edouard III ;
en un mot, il voulut que la langue des vainqueurs fût la
seule du pays. Enfin il s'occupa de la division et de l'organisation territoriale ; il distribua les terres dont il avait déposs-
sédé ses ennemis, aux Normands qui avaient eu part à sa victoire,
de là toutes ces familles normandes dont les descendants ,
ou du moins les noms subsistent encore en Angleterre. La
conquête normande rendit le régime féodal plus complet qu'auparavant en Angleterre. Le roi fut le seigneur suprême de
toute vassalité supérieure et inférieure, et le domaine immense
qui lui fut assigné (quatorze cent trente-deux manoirs) confirma
puissamment ce titre. Après le domaine royal, le pays fut divisé en
sept cents baronnies, la plupart tenues à titre de fiefs militaires ,
et soixante mille deux cent quinze chevaleries. Le roi exerçait une

certaine action administrative sur toutes ces divisions et subdi-
visions de territoire, par ses earls. Les terres même du clergé
furent assujéties à la loi féodale.

Se croyant désormais sûr du trône d'Angleterre, Guillaume voulut revoir, en roi, la Normandie, d'où il n'était sorti que duc et
vassal. Il confia la garde de sa conquête à son frère utérin, Odon,
évêque de Bayeux, et à Guillaume, fils d'Osbern, le premier
homme de l'armée après lui. Ce lieutenant prit position à Win-
cester, d'où il surveillait les provinces de l'ouest. Odon occupa
le château de Douvres ; il commandait à toute la contrée méridionale qui regarde la France. Le roi d'Angleterre se rembar-
quait à Pevensey au mois de mars 1067, apportant avec lui des
trésors immenses ; l'Angleterre, suivant un écrivain du xiᵉ siècle,
devant être appelée Grenier de Cérès, à cause de l'abondance de
ses grains, et Trésor de l'Arabie, à cause de l'abondance de son
or (1). Le récit, par les auteurs contemporains, de la réception qui
fut faite à Guillaume et à son armée par les populations normandes est évidemment fabuleux ; cependant nous croirons facilement encore que la pompe ordinaire de ces solennités fut alors
surpassée par tout ce que put y ajouter le délire du moment.

Guillaume récompensa largement cet empressement à célébrer
sa victoire et son retour. L'or, les riches manteaux, les dons
magnifiques de toute espèce furent prodigués aux monastères,
comme ils l'avaient été précédemment aux compagnons de la
conquête.

La Normandie avait passé dans une paix profonde tout le
temps de l'absence de Guillaume, cet état de choses se maintint pendant son séjour, malgré la présence de cette multitude
armée qui revenait avec lui ; c'est qu'il pourvut abondamment

(1) **Horreum Cereris frumenti copiâ, ærarium Arabiæ auri copia. Wil-
lelm, Pict., p. 210.**

à la dépense de ses hommes de guerre, défendant, sous des peines sévères, le dégât des moissons, l'enlèvement des troupeaux, toute espèce d'exactions et de rapines. Neuf mois s'écoulèrent ainsi, pendant lesquels le roi-duc s'occupait de règlements administratifs et de religieuses solennités. Mais en son absence, les lieutenants de Guillaume exaspérèrent à tel point les populations par leurs vexations et par leurs violences, qu'il lui fallut accourir en toute hâte, combattre à outrance une rebellion qui menaçait de lui enlever à jamais sa conquête. Les comtes Edwin et Morcar, à la tête de la Murcie et du Northumberland soulevés ; Edgard, avec une troupe d'Ecossais que lui avait donnés Malcolm, roi d'Ecosse, son beau-frère ; les fils d'Harold, sortis de l'Irlande, et Swenon, l'un des descendants de Canut, entrés dans l'Humber avec une flotte de deux cent quarante voiles, formaient une masse d'ennemis qui aurait effrayé tout autre que Guillaume. Sans se laisser décourager par quelques échecs, ce prince unit tellement l'activité à l'audace, remplissant en toute occasion les fonctions de soldat et de capitaine, qu'il finit par triompher de cette ligue formidable. Dans la chaleur de la lutte, il faut le dire, Guillaume perdit tout sentiment de religion et d'humanité, ses vengeances sont impitoyables et atroces, plutôt dignes d'un sauvage que d'un homme de quelque civilisation : cent villages et leurs populations disparaissent dans le Northumberland. *Si le silence de la mort est l'ordre!* de la ville d'York à celle de Durham, *l'ordre surtout est rétabli.* Sur cette terre conquise, anciens Bretons, Danois, Anglo-Saxons, confondus dans un même esclavage, deviennent soumis et courbent la tête sous son joug de fer. Malcolm traqué dans ses montagnes, se trouve trop heureux de garder sa couronne, en devenant à son tour le vassal du Conquérant. La duchesse Mathilde vint en Angleterre lorsque ces rebellions furent réprimées, elle fut proclamée reine d'Angleterre, et couronnée par Alfred, archevêque d'York, le jour Pentecôte 1068 ; dans la même année, elle accoucha d'un fils qui fut nommé Henri.

Le moine Hildebrand, devenu pape sous le nom de Grégoire VII, se rappelle que Guillaume a porté le gonfanon de l'Eglise ; il le somme de rendre hommage et de payer le denier de saint Pierre. Guillaume lui répond qu'il ne tient le trône que de Dieu et de son épée. Le pape le menace d'excommunication ; il défend à ses sujets d'obéir au pape et de recevoir aucun ordre de la cour de Rome. Grégoire VII comprend à quel homme il s'est adressé, et se contente du denier de saint Pierre. Dès cette époque donc, soit en Angleterre, soit au fond de l'Italie, aux portes mêmes du Vatican, les Normands seuls en Europe peuvent impunément braver les foudres romaines.

L'existence de Guillaume ne devait être qu'un long combat ; il trouve des ennemis dans sa propre famille. *Robert*, son fils aîné, simple duc nominal de Normandie, réclama le gouvernement de fait de cette province ; vainement le père lui signifie *qu'il n'est pas assez fou pour se déshabiller avant l'heure de se mettre au lit*, c'est les armes à la main que Robert réitère sa demande ; cette levée de boucliers est appuyée par quelques barons normands et favorisée par le roi de France, Philippe Ier. Ce souverain s'aperçoit, mais trop tard, combien son imprévoyante politique à l'égard de son puissant vassal, va désormais faire éprouver de dangers et coûter de larmes à la France. Guillaume quitte l'Angleterre ; Robert n'ose l'attendre et s'enfuit à son approche. Il se réfugie dans la petite ville de Gerberoy, en Beauvoisis; Guillaume le poursuit et assiège cette place. C'est là que dans une sortie, Robert, qui n'a pas reconnu son père sous son armure, lui porte un coup de lance terrible qui désarçonne le monarque et l'étend à ses pieds. Un cri de Guillaume prévient un parricide et fait connaître au rebelle l'horreur de sa victoire. Les larmes de Mathilde, sa mère, peuvent seules obtenir son pardon, et le père conserva la possession réelle du duché de Normandie. La tranquillité fut rétablie pour quelque temps. Afin de perdre le moins possible des revenus affectés à la couronne d'Angleterre, il ordonna un arpentage général des terres, dont le relevé, appelé *Domesday-Book*, est parvenu à la postérité. Cette mesure fut à la fois avantageuse pour le roi et le pays, en ce que l'impôt ne put plus être fixé suivant le caprice des comtes ou des shériffs. Ce fut le complément du cadastre ordonné par Alfred.

A l'époque où nous sommes arrivés, moururent Guillaume, évêque d'Evreux, et Yves, évêque de Séez; ils furent remplacés, le premier par Baudouin, chapelain du roi, et Robert, fils de Hubert de Ryes. C'est aussi à cette époque que ceux qui attribuent à l'épouse de Guillaume la broderie de la tapisserie de Bayeux, la font travailler à cet ouvrage. Mathilde mourut le 1er novembre 1083 ; elle fut inhumée dans le chœur de l'église Sainte-Trinité, ou l'Abbaye-aux-Dames, à Caen, qu'elle avait fait édifier. Guillaume ne lui survécut que de quelques années, et ce peu de temps, il doit encore le passer dans les combats. Philippe 1er se jette sur le Maine, dépendant alors de la Normandie; Guillaume repassa la mer, reprit le Maine, et contraignit le roi de France à demander la paix.

Un excessif embonpoint réduit Guillaume à garder le lit ; la colère l'en fait sortir. La jalousie de Philippe 1er ne peut plus se venger que par quelques sarcasmes, il demande : *Quand donc la bonne dame d'Angleterre accouchera-t-elle ?* Guillaume lui fait répondre, en accompagnant sa réponse de son serment habituel : Par la lumière et la splendeur de Dieu, dans ces termes : *Lorsque je ferai mes relevailles, ce sera dans l'église Sainte-Geneviève de Paris, entouré de dix mille lances en guise de cierges.* Il met ces menaces en exécution, et ouvre la campagne : le Vexin français est à feu et à sang : Mantes, où commandent Hugues de Septeuil et Raoul Mauvoisin, croit pouvoir, par ses murailles, arrêter la fureur des Normands. Inutilement cette ville résiste; elle est prise d'assaut, pillée, saccagée, incendiée; mais Guillaume s'y blesse mortellement, en voulant faire franchir un fossé à son cheval ; et Paris est sauvé; son triste roi reste debout.

Transporté à Rouen, ensuite au château d'Hermentrude, près Fécamp, Guillaume mourut le 9 septembre 1087. Son règne fut de cinquante-six ans, dont vingt-un avec la couronne d'Angleterre. En mourant il donna cette dernière à Guillaume-le-Roux, son second fils; l'aîné, Robert-Courte-Heuse, eut la Normandie avec ses dépendances. Quant à son troisième fils, Henri, il ne lui laissa que cinq mille marcs d'argent. Il répondit aux plaintes de ce prince : *Consolez-vous, un jour viendra que vous réunirez les deux parties de vos aînés, et que vous règnerez seul sur les deux états que je leur laisse.* La prédiction s'accomplit.

Le corps de Guillaume fut transporté à Caen, pour y être inhumé dans l'abbaye de Saint-Etienne, dont il était le fondateur. Tous les évêques de Normandie, au nombre desquels était Girard, évêque de Séez, et les abbés, parmi lesquels on cite Robert, de Saint-Martin-de-Séez, célébrèrent en grande cérémonie l'office de la sépulture. Le docte Gilbert, évêque d'Evreux, prononça l'oraison funèbre.

On rapporte pour exemple du respect attribué à la clameur de *haro*, qu'au moment où on allait déposer le corps de Guillaume dans la fosse, un bourgeois de Caen, nommé Asselin, cria *haro* sur la dépouille mortelle du conquérant de l'Angleterre : on l'arrêta.

« Le roi que vous allez inhumer, dit-il, ne s'est pas borné à
» opprimer les nations par ses armes, il m'a persécuté, il m'a
» placé sous le coup de la mort, maintenant que le voilà mort
» lui-même et que j'ai survécu à son injustice, je ne veux pas
» qu'il me doive l'asile de la paix : ce lieu où vous voulez le dé-
» poser, est ma propriété dont il m'a injustement privé. L'au-

» teur de l'iniquité n'est plus , mais l'iniquité dure toujours. J'en
» appelle à Rollon , fondateur de cet Etat , il a dit : plus un
» homme est puissant , plus il doit obéissance aux lois. »

Ce langage fut compris , Asselin reçut le droit de fosse et le
prix de son champ ; le peuple , qui déjà s'était emparé du cercueil , le laisse porter au lieu de la sépulture.

Quelque temps après sa mort , Guillaume-le-Roux , son fils ,
fit élever sur sa fosse une superbe tombe avec cette épitaphe ,
composée par Thomas , archevêque d'York.

Qui rexit rigidos Normannos atque Britannos
   Audacter vicit fortiter obtinuit ;
Et Cenomanenses virtute coercuit omnes ,
   Imperiique sui legibus applicuit.
Rex magnus parva jacet hic Guilelmus in urna ,
   Sufficit et magno parva domus domino.
Ter septem gradibus se volverat atque duobus ,
   Virginis in gremio Phœbus et hic obiit.

CHAPITRE X.

ÈRE CHRÉTIENNE.

1087. — 1137.

« Tantùm relligio potuit suadere malorum ! »
LUCR., *lib*. 1 , *v*. 102.

Philippe Ier, roi de France, avait épousé en premières noces,
Berthe, fille de Florent, comte de Hollande , dont il eut deux

enfants : Louis, qui régna, et Constance, qui épousa Boëmond, prince d'Antioche. Dégoûté de son épouse, il provoqua la dissolution de son mariage, sous prétexte qu'elle était sa parente ; comme personne ne voulut le croire, il fit fabriquer une fausse généalogie, et le divorce fut fait selon les formes juridiques, c'est-à-dire que le roi de France rendit ce respect aux lois, de se servir d'elles pour couvrir sa faute. Ensuite il demanda la fille de Roger, comte de Sicile, nommée Emma ; cette princesse fut amenée jusqu'aux côtes de Provence ; cependant il ne l'épousa pas, on ignore le motif, mais on suppose qu'une nouvelle inclination l'avait détourné de cette union. Il relégua sa répudiée à Montreuil-sur-Mer, où elle vécut long-temps assez pauvrement. Foulques de Rechin, comte d'Anjou, avait épousé en 1089 Bertrade, fille de Simon de Montfort. Cette femme, jeune, belle, coquette, passionnée, ne pouvait sympathiser avec un mari vieux, goutteux et chagrin. Elle le quitta trois ans après, pour se jeter entre les bras du roi Philippe, prince jeune, grand, bien fait, spirituel et amateur du beau sexe. Ce fut un gentilhomme qui, par ordre de Philippe, l'enleva de l'église Saint-Martin de Tour, et la conduisit à Orléans où le roi l'attendait. Cet acte scandaleux fut suivi d'un autre qui ne l'était pas moins, car Philippe épousa Bertrade en face l'Eglise. C'est Eudes ou Odon, évêque de Bayeux, ce frère utérin de Guillaume, qui osa célébrer le mariage, moyennant le revenu de quelques églises que le roi lui donna. Le légat du Saint-Siége, dans un concile qu'il réunit à Autun, lança l'excommunication contre Philippe : le pape en suspendit l'effet jusqu'à l'année suivante, qu'il la fulmina lui-même dans le concile de Clermont en Auvergne, où il vint chercher un asile. Les époux adultères, épouvantés par la sentence d'excommunication, se séparent, promettent de ne plus se voir et de faire pénitence. Leur repentir paraît sincère et leur mérite l'absolution : mais le roi croyant le danger passé rappelle promptement l'objet de

sa tendresse, et à prix d'or il fait couronner Bertrade. Les foudres ecclésiastiques se rallument malgré la mort de Berthe, l'é-
pouse légitime. Le roi donne les signes d'un nouveau repentir,
demande l'absolution qui lui est accordée ; mais on exige les plus
redoutables serments ; l'amour plus fort les lui fait rompre. La
constance de cette criminelle passion semble épuiser le courroux
et les anathèmes de l'Eglise : dès-lors, entièrement livré à cette
femme, Philippe n'est plus gouverné que par ses fantaisies : il
devient méprisable à ses sujets et se familiarise avec le mépris.
Une nouvelle excommunication est encore lancée contre lui, dans
le concile de Potiers, en 1103. Philippe 1er, toujours plus occupé
de se faire absoudre que des affaires de son royaume et des intérêts de ses sujets, se rend au concile, tenu à Beaugency par
ordre de Richard, légat du pape ; mais il n'y fut rien décidé. Philippe et Bertrade furent enfin relevés d'excommunication par
Pascal II, et continuèrent à vivre comme époux. Philippe mourut
à Melun, le 29 juillet 1108, âgé de cinquante-six ans.; il avait
régné quarante-neuf ans et deux mois : il fut inhumé à Saint-Be-
noît-sur-Loire, où il avait choisi sa sépulture. Le jeune roi, son
fils, suivait la pompe funèbre. De la reine Berthe, sa première
épouse, Philippe avait eu deux enfants : Louis, qui régna sur la
France ; Constance qui épousa Boëmond, prince d'Antioche, l'an
1106. De sa seconde épouse Bertrade, Philippe eut deux fils,
Philippe et Charles Fleuri et une fille nommée Cécile. Les deux
premiers furent mariés, mais ils n'eurent pas de postérité mas-
culine; la fille épousa en premières noces Tancrède, prince
d'Antioche et neveu de Boëmond ; en secondes noces, elle épousa
Ponce de Toulouse, comte de Tripoli.

Sous le règne de Philippe 1er, il y eut de grandes disputes théologiques ; on fit revivre l'opinion de l'irlandais Jean Scot, surnommé Erigène, de Ratram, moine de Corbie, enfin de Bérenger, archidiacre d'Angers, qui contestaient la *présence réelle* dans

l'eucharistie. Ces propositions furent combattues par Lanfranc, abbé de Saint-Etienne de Caen , et par le moine bénédictin nommé Paschal Ratbert. Bérenger fut condamné au concile de Paris , en 1050 ; condamné encore à Rome , en 1079 , et obligé de prononcer sa rétractation.

C'est après la dispute et la condamnation de Bérenger , que l'Église institua l'usage de l'élévation de l'hostie, afin que le peuple , en l'adorant , ne doutât pas de la réalité qu'on avait combattue.

Roscelin , chanoine de l'église de Compiègne , voulut se signaler par des opinions nouvelles et hardies ; il avança quantité de propositions condamnables. Anselme , moine de Soissons , le fit citer au concile de cette ville. Roscelin se rétracta , mais sa rétractation ne paraissant pas de bonne foi , on le contraignit d'émigrer en Angleterre. C'est à cette époque que le pape Agapet conçut l'idée d'établir des écoles où l'on enseignait à traiter les questions de théologie , par les subtilités de la dialectique.

L'Eglise d'Occident avait toujours tenu que le célibat était obligatoire pour les prêtres , néanmoins , sous les derniers Mérovingiens , plusieurs d'entre eux avaient enfreint ces prescriptions. Depuis, les peuples barbares qui embrassèrent le christianisme , ne pouvant comprendre ce vertueux renoncement , il arriva que les nouveaux convertis qui entraient dans les ordres , ne crurent pas y être astreints, et ne voulant pas s'abstenir, trouvèrent qu'il était plus convenable d'avoir de légitimes épouses que des chambrières (1). Cet usage s'étendit dans les Gaules , principalement dans les provinces voisines de la Germanie , dans la Bretagne et la Normandie. Les papes mirent tout en usage pour faire cesser ce scandale : ils privèrent les réfractaires de leurs bénéfices , les excommunièrent , ils défendirent aux séculiers

(1) *Focariæ , Mest.* Ext. de l'hist. de France.

d'entendre leurs messes, enfin ils déclarèrent leurs enfants bâtards, les mirent à la disposition des seigneurs, auxquels ils permirent de les réduire en esclavage et de les vendre.

Retournons en Normandie et reprenons l'histoire à la mort de Guillaume-le-Conquérant, Philippe Iᵉʳ étant encore sur le trône de France.

1087.—1100. Robert Courte-Heuse, fils aîné de Guillaume-le-Conquérant, simple duc nominal de Normandie pendant l'existence de son père, prend le gouvernement de fait de cette province aussitôt après le décès de Guillaume; il en est le huitième duc, et fut couronné par l'archevêque de Rouen. Robert n'est que l'ombre de son père, s'il en a la dévorante ambition, il n'en a ni le grand caractère, ni le génie, ni la prudence; il est le jouet de ses favoris, qu'il gorge de richesses aux dépens de la fortune publique; il leur donne châteaux et forteresses, leur livre les trésors de l'Etat et souffre leurs exactions: ce fut probablement parce qu'il connaissait l'infériorité de l'aîné de ses fils, que Guillaume-le-Conquérant le priva du trône d'Angleterre.

En peu de temps, la dissipation et le luxe mirent le désordre dans les finances, détendirent les rênes du gouvernement et affaiblirent les affections des sujets. Livrés aux caprices et aux vexations de l'arbitraire, comme à la surcharge des impôts, quelques-uns tentèrent de se révolter ; Robert fut contraint de guerroyer pour les faire rentrer dans l'obéissance; ce fut ainsi que dans le comté d'Exmes, Bailleul, Vignats et Courcy lui résistèrent, le forcèrent à la retraite et le poursuivirent jusque sous les murs d'Argentan.

Dans la détresse et les embarras où Robert se vit bientôt plongé, les mauvais conseillers dont il s'était entouré, Odon, Robert de Belesme et Eustache, comte de Boulogne, le déter-

minèrent à réclamer à main armée le trône d'Angleterre, que,
par une prédilection évidente pour son second fils, Guillaume-
le-Conquérant lui avait attribué, et dont, après le partage paternel, Guillaume II, dit le Roux, reçut la couronne des mains
du primat Lanfranc. L'entreprise parut facile, le résultat en eût
été profitable. Henri, le plus jeune des trois fils de Guillaume,
n'avait eu en partage que de l'or et des pensions; sa richesse
était un puissant moyen pour obtenir ce qu'il pouvait désirer.
Ce fut vers lui que Robert, pressé par le besoin d'argent, se dirigea pour obtenir les moyens de préparer son expédition d'Angleterre. Le duc lui vendit pour six mille marcs d'argent tout le
Cotentin, cette partie si importante de la Normandie, à cause
de son littoral, de ses ports et de sa fertilité : maître de cette
belle portion, Henri convoita la possession du reste du duché.

Ce fut avec ces ressources que Robert commença les préparatifs nécessaires pour enlever à son frère le sceptre de l'Angleterre.
D'abord il tenta d'ébranler la fidélité de plusieurs seigneurs qui
entouraient le roi d'Angleterre. Dès le commencement de 1089,
l'armée d'expédition débarqua sous le commandement de l'évêque Odon, comte de Kent, qui avait alors plus de cinquante
ans, que l'âge et l'expérience n'avaient pas rendu plus sage. Il
avait sous ses ordres les comtes de Boulogne et de Mortain ; ils
comptaient sur l'assistance de Roger de Montgommery, comte
de Saloop, de Hugues de Grantmenil, vicomte de Leycester, et
de quelques autres, mais les bonnes mesures du roi et de ses partisans, et la fermeté de leur contenance empêchèrent les mal-
veillants de seconder les entreprises du duc de Normandie ;
d'abord il obtint quelques avantages qui se bornèrent à la prise
de Rochester. Le roi d'Angleterre vint assiéger cette place et la
força bientôt à capituler. Dans un premier mouvement de courroux, il voulut faire périr les auteurs de la révolte ; plus calme,
il leur pardonna. Comme tous les actes d'une judicieuse clémence,

ce pardon généreux affermit l'autorité de Guillaume-le-Roux.
Forcés de quitter l'Angleterre, après cette honteuse expédition,
le comte de Mortain et l'évêque de Bayeux rentrent en Normandie. Le dernier reçut à son retour le gouvernement de cette
province, et compromit de plus en plus les intérêts de son neveu.

Mécontent de ce que le comte d'Alençon, fils de Roger de
Montgommery, comte de Saloop, restait en faveur auprès du
roi d'Angleterre et conservait dans ce pays les grands biens qu'il
tenait du Conquérant, Odon le fit arrêter dans son comté et
jeter en prison à Falaise.

Aussitôt qu'il fut informé de cet acte de persécution injuste,
le père du comte quitte l'Angleterre avec l'agrément du roi, vient
en Normandie, met en état de défense Alençon, Belesme, Essay,
Domfront, Saint-Céneri, Vignats et les autres places fortes du
comté ; il avait fait alliance avec les Manceaux, qui cherchaient
depuis quelque temps à secouer le joug du duc et à se séparer
de la Normandie.

Robert Courte-Heuse entre vite en campagne ; porte la guerre
dans le comté d'Exmes ; un jour, il fut camper à Almenesches,
Roger de Montgommeri vint l'attaquer dans ses retranchements,
et le duc fut obligé de se retirer avec perte dans son château
d'Exmes, où il fut reçu par Malher, qui en était gouverneur.

Robert Courte-Heuse n'osait plus tenir la campagne : il se
tenait renfermé dans le château d'Exmes, où Guillaume, comte
d'Evreux ; Rotrou, comte de Mortagne, et Gilbert, de L'Aigle,
lui amenèrent un renfort de troupes considérable ; alors il se
décide à sortir de ses retranchements et à tenter une action décisive. Les deux armées se rencontrèrent à Challoué, où se livra
un combat sanglant. Robert de Belesme mit en fuite l'armée du
duc de Normandie, s'avança vers la ville d'Exmes, qui fut obligée de lui ouvrir ses portes. Cependant Robert Courte-Heuse,
rallie ses troupes, reçoit de nouvelles recrues qui lui sont ame-

nées par Odon, Raoul de Thoeni, seigneur de Conches, Guillame
de Breteuil. Avec ces capitaines, ceux qui lui ont donné les premiers renforts, et plusieurs autres, il s'avance dans le comté
d'Alençon, passe dans le Maine, où il prit le château de Balon
et celui de Séneri, près Alençon. La guerre se ralentit, Robert
de Belesme rentra en grâce et obtint sa liberté ; nous parlerons
plus tard de la férocité de ce prince. La Normandie n'était pas
pacifiée; la guerre, quoique poussée avec moins de vigueur, existait toujours. Guillaume-le-Roux croyant l'occasion favorable,
descendit lui-même dans cette province, soit pour se venger de
l'attaque de Robert, soit pour céder aux vœux de seigneurs puissants qui, possédant de grands biens en Angleterre et en Normandie, craignaient d'être privés des terres qui leur appartenaient
dans l'un ou l'autre Etat.

Le roi d'Angleterre débarque au Tréport, s'empare du pays
de Caux, et marchait à grands pas vers de nouveaux succès ; la
trahison lui venait en aide : on cite parmi les seigneurs qui abandonnèrent Robert pour suivre le parti de Guillaume, Gérard
de Gournay, gouverneur d'Argentan pour Robert ; il livra la
place aux troupes de Guillaume. Les habitants prirent part à sa
trahison et le favorisèrent dans sa révolte. Robert, abandonné
de tous côtés, demande des secours au roi de France. Philippe
veut interposer sa médiation entre les deux frères, pour les
mettre d'accord ; Guillaume refuse ; Philippe prend le parti de
Robert et descend avec lui en Normandie pour reprendre les
places occupées par les troupes du roi d'Angleterre, et dont
Argentan faisait partie : David, seigneur de cette ville, en avait
donné le commandement à Roger-le-Poitevin, après Gérard de
Gournay. Les écuyers et les bourgeois fournissaient environ
quatorze cents combattants, et Roger avait sous ses ordres huit
cents anglais, qui composaient la garnison. Nous trouvons encore
dans le Journal judiciaire d'Argentan, de l'année 1835, le récit
des opérations de Robert et de Philippe devant Argentan.

« Philippe d'abord investit la place , et Robert , qui la re-
» connut , jugea quels étaient les points qu'il devait attaquer.
» Il fit élever , vers la rue des *Gaules* , des machines de guerre
» propres à renverser les murailles. Il espérait par ce moyen oc-
» cuper la garnison renfermée dans le château , et attirer toute
» son attention sur ce point. Il fit élever aussi sur un autre côté
» de la ville , des machines propres à former pour ses troupes
» un point dominant d'où elles pourraient accabler ceux qui
» voudraient passer de la ville dans le château. Par là , il inter-
» ceptait toute communication entre la ville et les bourgeois.
» Ainsi maître des positions , il espérait pénétrer facilement dans
» la ville , puis de là forcer la garnison à capituler , en attaquant
» le château sur tous les points. Le résultat prouve que ses plans
» étaient bien conçus. Avant l'attaque , Philippe somme Roger
» de rendre la place , mais celui-ci , renfermé dans sa forteresse,
» refusa d'entrer en composition , en disant : « Que le roi d'An-
» gleterre , son seigneur et son maître , lui en ayant confié la
» garde , il ne pouvait la rendre qu'à lui seul. » Philippe , mé-
» content , fit battre aussitôt les murs.

» Ce fut du côté de la rue des *Gaules* , entre la *tour du Boul-
» vard* et la tour Voûtée , que Philippe et Robert dirigèrent sur-
» tout leurs coups , et qu'ils firent ouvrir une brèche afin de
» tenter l'assaut. Robert lui-même voulut y monter alors des
» premiers, et se mettant à la tête des assaillants , il courut vers
» la brèche, l'épée à la main, en criant: *Qui m'aime me suive!*...
» Ces paroles enflammèrent le courage des soldats; tous suivi-
» rent le vaillant duc qui , renversant tout ce qui s'opposait à
» son passage , se jeta avec les siens dans la place , et , suivant
» de là le rempart , il gagna l'entrée de la ville où se trouvaient
» tous les bourgeois en armes. Là se livra un combat sanglant,
» le plus obstiné , sans doute, que l'on ait vu dans les remparts
» d'Argentan. Les bourgeois , à la fin vaincus par le nombre ,

» virent l'armée camper dans les rues, et leurs toits livrés au
» pillage.

» La garnison du château, contenue par les troupes que Ro-
» bert avait placées pour intercepter toute communication avec
» la ville, n'avait pu se mêler au combat, et avait vu succom-
» ber ainsi la valeur des écuyers et des soldats bourgeois. Pour
» la seconde fois, on la somma de se rendre, mais Roger per-
» sista dans son refus. Ce fut alors que les deux princes firent
» leur disposition pour donner l'assaut à cette forteresse, dans
» laquelle le gouverneur anglais se croyait en sûreté. Robert, à
» ce qu'il paraît, fit encore dans cette occasion des prodiges de
» valeur ; et, malgré la vigoureuse défense des assiégés, le châ-
» teau fut emporté d'assaut. La garnison fut passée au fil de
» l'épée. Robert II de Belesme, qui avait accompagné Philippe
» dans cette expédition, intercéda pour Roger-le-Poitevin, son
» frère ; il parvint à lui sauver la vie. Ce gouverneur, malgré
» son orgueil, fut forcé de poser les armes et de demander grâce
» à son vainqueur, pieds nus et une selle de cheval sur le dos ;
» car, telle était l'ordonnance, dit l'historien de ces détails,
» qu'un homme déconfit se rendait une selle au cou, afin que
» le vainqueur le chevauchât s'il lui plaisait :

» . . . .
» Une selle à son col pendue,
» Son dos offre à chevaucher :
» Ne se pot plus humilier.
» C'en était coutume en ce jour
» De querre mercy à son signour.

» Peu de jours après cette victoire, Robert partit d'Argentan,
» pour aller assiéger la ville d'Hiesmes ; Hwrline Pewrel, fils de
» Guillaume Pewrel, enfant naturel du Conquérant, qui lui
» avait donné le comté de Northingham, commandait cette place
» forte. Robert, accompagné de Belesme, le força bientôt à

» capituler. La garnison, composée de 900 hommes, obtint la
» liberté de se retirer en Angleterre. »

Là finit la guerre ; les deux frères reconnurent la nécessité de
s'entendre et de faire la paix. Philippe rentre dans ses états pour
s'occuper de ses différends avec l'Eglise. Par le traité entre Robert
et Guillaume, le premier se vit forcé de céder à son frère les
principales places de ses états et de ceux même du prince Henri, telles que Fécamp, Saint-Valery-en-Caux, Aumale, Gournai,
Eu, Cherbourg et le Mont-Saint-Michel. A ces onéreuses conditions, qui mettaient aux mains du roi d'Angleterre les clés de la
Haute et de la Basse-Normandie, Robert obtint des secours pour
soumettre et pacifier le Maine.

Henri, dépouillé sans son aveu, n'était pas d'avis de remettre,
sans coup férir, ses villes qu'il avait achetées et bien payées; il ne
voulait céder qu'à la force. Ses deux frères réconciliés eurent
le triste courage de marcher en armes contre lui, pour lui enlever de vive force Cherbourg et le Mont-Saint-Michel. La résistance de Henri, contre des troupes trois fois supérieures, fut héroïque mais inutile, car il fut contraint de capituler au Mont-
Saint-Michel à défaut de vivres ; il dut abandonner le Cotentin.
Il parut alors y avoir réconciliation entre les trois frères; si elle
était sincère du côté de Robert, il y avait certainement arrière-
pensée du côté des deux autres, nous verrons bientôt quelle devait en être la victime et comment s'accomplit à l'égard de ses
enfants la prédiction de Guillaume-le-Conquérant.

Nous sommes parvenus à une des époques les plus remarquables de l'histoire. Un pèlerin d'Amiens en Picardie, nommé
Coucoupêtre, plus généralement connu sous le nom de Pierre
l'Ermite, se plaignit à l'évêque secret, qui résidait en Palestine,
avec le titre de patriarche de Jérusalem, des vexations que souf-
fraient les pèlerins ; l'évêque l'engagea à se rendre auprès du
pape et lui en facilita les moyens. A son retour à Rome, il parla

d'une manière si vive et fit des tableaux si touchants, que le pape Urbain II crut cet homme propre à seconder le grand dessein que les papes avaient depuis long-temps, d'armer la chrétienté contre le mahométisme. Il l'engagea donc à parcourir les provinces chrétiennes pour y répandre, par son éloquence véhémente, l'ardeur de ses sentiments, et semer l'enthousiasme.

Urbain II tint vers Plaisance un concile en rase campagne, où se trouva un nombreux concours de séculiers et d'ecclésiastiques; on y proposa la manière de venger les chrétiens. Ce projet d'aller faire la guerre en Palestine fut vanté par tous les assistants au concile, mais ne fut embrassé par personne : les principaux seigneurs italiens avaient chez eux trop d'intérêts à ménager, et ne voulaient point quitter un pays délicieux pour aller se battre vers l'Arabie Pétrée.

La mission du pape augmentant le zèle de Pierre l'Ermite, on le vit aller par l'Europe, nu-tête, nu-jambes, nu-pieds, tenant à la main un grand crucifix, qu'il montrait avec un œil et un geste animés, lorsqu'il venait à représenter les indignités que les Mahométans faisaient souffrir aux chrétiens de la Palestine, en haine de leur foi ; il versait des torrents de larmes, et sa voix sonore, qui se perdait dans les sanglots, avait un si grand empire, que tous les cœurs attendris et soulevés pleuraient avec lui : on s'attachait à ses pas pour ne plus le quitter.

Princes, gentilshommes, artisans, paysans, femmes, enfants, atterrés par ses traits véhéments, reçoivent le même esprit. Tous demandent à passer en Orient pour aller exterminer les Infidèles, délivrer leurs frères et le tombeau du Sauveur du monde. Le pape averti de ces progrès vient en France; partout il rencontre des préparatifs pour la conquête de la Palestine. Il tient un concile à Clermont en Auvergne ; il avait préparé un discours très-éloquent et très-pathétique, pour amener les esprits au projet d'aller délivrer la Terre Sainte, il n'eut pas le loisir de l'achever.

Un cri unanime s'élève et retentit comme par inspiration : *Diex el volt* (Dieu le veut). Tous ont entendu la voix céleste, elle imprime à tous les cœurs un courage surnaturel. Il n'y a plus de crainte ni de faiblesse. Le chemin de Jérusalem est le chemin des cieux : la guerre est sainte, les soldats sont sacrés, le pardon des péchés est promis et annoncé à tous ceux qui partageront ou contribueront à cette sainte expédition. Le mouvement imprimé, la première Croisade est publiée ; les autres expéditions ont également reçu la dénomination de Croisades, parce que le pape avait ordonné que les fidèles porteraient une croix cousue sur l'épaule. Aymar, évêque du Puit en Auvergne, fut le premier qui reçut la croix de la main du Saint-Père ; Guillaume, évêque d'Orange, fut le second. Il n'y a plus de distinction, la croix est la seule qui soit honorable. — Des milliers d'hommes enrôlés sous des drapeaux différents, se donnèrent rendez-vous devant Constantinople. Plus de quatre-vingt mille de ces Croisés se rangèrent sous les drapeaux de l'Ermite Pierre : Urbain II est transporté en voyant cette foule obéissante. L'or et l'argent sortent de l'Europe, les terres demeurent incultes, les arts sont abandonnés et les villes dépeuplées. On forme trois divisions : Pierre l'Ermite, le froc en tête, la sandale aux pieds, une corde autour des reins, commande la première ; son lieutenant, Gautier-sans-Argent, commande la seconde : ces deux divisions marchaient sans ordre et sans discipline ; une autre division, aux ordres de Godefroy de Bouillon, composée de soixante-dix mille hommes de pied et dix mille cavaliers, couverts d'armure complète, sous plusieurs bannières de seigneurs, tous rangés sous la sienne, marchait avec beaucoup plus d'ordre et de discipline, moins d'enthousiasme et plus d'habitude pour obéir au commandement.

La première expédition du général Ermite fut d'assiéger une ville de Hongrie nommée Malavilla, parce qu'on avait refusé des vivres à ces soldats de Jésus-Christ, qui, malgré leur sainte entreprise, se conduisaient en Tartares. La ville fut prise d'assaut, livrée au pillage, les habitants égorgés et le général ne fut plus maître de ses Croisés. Gautier-sans-Argent agit de même en Bulgarie : on se réunit contre ces troupes indisciplinées, qui furent presque toutes exterminées. L'Ermite Pierre avait à peine vingt mille hommes, lorsqu'il parut devant Constantinople.

Les autres divisions, bien qu'elles suivent avec moins de tumulte, n'en furent pas moins dépeuplées par la maladie, la famine et les fatigues, et lorsqu'on fit la revue avant le siége de Nicée, on les trouva considérablement diminuées.

1096. Robert, duc de Normandie, fut, ainsi que tant d'autres grands seigneurs, attiré dans le torrent de ces émigrations prodigieuses, qui fondaient dans la Syrie et la Palestine. La princesse Anne Comnène, dont le père régnait à Constantinople, dit, en parlant de l'invasion de ces masses : « On eût cru que l'Europe, » arrachée de ses fondements, allait tomber sur l'Asie. » Pour subvenir aux frais de son armement, Robert, qui avait déjà vendu le Cotentin, ne vend pas la Normandie, mais il la donne à bail pour cinq ans à son frère Guillaume-le-Roux, roi d'Angleterre, et muni de dix mille marcs d'argent, il part avec le célèbre Odon, et va prendre part aux courses aventureuses et aux batailles des Croisés. Le duc Robert et ses Normands firent des prodiges de valeur, non seulement à la prise de Nicée, mais encore à la prise d'Antioche et de Jérusalem. Au nombre des principaux bannerets qui suivirent leur duc en Palestine, on voit figurer au premier rang Roussel de Médavy, qui déjà s'était distingué à la bataille d'Hastings (1). Enfin la confédération des Croisés arriva sous les murs de Jérusalem. L'un des premiers, le duc Robert monta avec ses intrépides Normands à l'assaut des doubles murailles de cette

(1) *Vid.* Malleville, Hist. de Norm., p. 251.

ville. Jérusalem soutint un premier assaut et fut emportée au second. Le cri de guerre était celui du concile : *Diex el volt*. Le massacre fut horrible ; tout nageait dans le sang. On égorgea les femmes et les enfants à la mamelle, et tout ce qui n'était pas chrétien fut passé au fil de l'épée. On vit ensuite les barbares Croisés laver leurs mains sanglantes, prendre l'habit de pèlerins, se frapper la poitrine, parcourir avec componction tous les lieux où le Christ avait souffert. Des sanglots et des gémissements sortaient de ces cœurs impitoyables, que l'enfance, la vieillesse et l'infortune n'avaient pu attendrir. On évalue à deux cent mille le nombre des Infidèles qui perdirent la vie lors de cette invasion, et celui des Juifs que, suivant Elmacim on brûla dans leur synagogue.

Ce fut pour reconnaître les exploits de Robert, que les Croisés, après le refus qu'en avait fait le vieux comte de Toulouse, lui offrirent la couronne et le trône de Jérusalem qu'il refusa, et qui fut ensuite décerné à Godefroy de Bouillon, fameux aussi par d'immortels exploits célébrés par les vers du Tasse. Godefroy fut donc le premier duc de Jérusalem. Il ne reçut pas le titre de roi, parce que les ecclésiastiques décidèrent qu'il fallait élire un patriarche avant de faire un souverain, mais seulement le titre de duc ; au reste, le duché n'était rien. En effet, la Palestine était, comme elle l'est encore, un des plus mauvais pays de l'Asie. Cette petite province, longue d'environ trente-trois myriamètres, large de douze, est couverte presque partout de rochers arides sur lesquels il n'y a pas une ligne de terre végétale. La rivière du Jourdain, large d'environ seize mètres dans le milieu de son cours, a son lit au pied de ces rochers, et la mer de Tibériade n'est pas comparable au lac de Genève ; enfin, tout ce qui est situé du côté de la Méditerranée et de l'Egypte, consiste en déserts de sable salé et en montagnes affreuses, jusqu'à Esiongabar. Vers la mer Rouge, le terrain de Jérusalem est le plus mauvais

Il y a peu de pâturages, on ne peut pas y nourrir de chevaux ; les ânes firent toujours la monture ordinaire des habitants ; les moutons y réussissent mieux que tous les autres animaux. Les oliviers, en quelques endroits, produisent un fruit de bonne qualité. C'est l'aridité de ce pays qui détermina les anciens Juifs à s'avancer au nord dans l'Arabie Pétrée. Le petit pays de Jéricho, qu'ils envahirent, était bien plus avantageux et plus fertile. Laissons, pour un moment, Robert et la Palestine ; voyons ce que faisaient Henri, dans le Cotentin, et Guillaume-le-Roux, dans la Normandie et l'Angleterre. Le premier gouvernait avec adresse et prudence ; le second, c'est-à-dire Guillaume-le-Roux, qui réunissait dans ses mains le duché de Normandie et la couronne d'Angleterre, fit bâtir Gisors, soumit la ville de Nantes, dont le comte refusait de rendre hommage à la Normandie, et retourne en Angleterre. Le roi d'Ecosse *Malcolm III* lui avait déclaré la guerre, pour s'affranchir de toute dépendance à l'égard des rois d'Angleterre. Malcolm III fut tué dans une mêlée, avec Edouard, son fils aîné. Donald Bone, frère du roi décédé, s'empara de la couronne, au préjudice des droits d'Edgar, l'aîné des fils que Malcolm avait laissés. Guillaume lui fit la guerre et le força de céder le trône à l'héritier légitime. Il châtia vigoureusement le comte de Northumberland, qui refusait l'obéissance, et qui ourdissait des trames contre son souverain. Par cette conduite ferme, il consolida l'autorité royale ; il fit construire la grande salle de Westminster de la tour de Londres, et le pont de Londres. Il est informé que les Manceaux ont levé l'étendard de la révolte ; pour les faire rentrer dans le devoir, il débarque au port de Touques, parcourt le Maine et le soumet. Le traité entre Guillaume, Foulques, comte d'Anjou, et les Manceaux rebelles fut fait dans un lieu nommé Blanchelande, près d'Alençon. L'ordre étant ainsi rétabli, Guillaume-le-Roux reprend la mer pour aller en Angleterre, où il se livra sans mesure à la tyrannie et à l'inconduite. Un jour il chassait avec **Henri**, son frère, dans New-Forest, il reçut un coup de flèche qui lui traversa le cœur. On ignore si cet accident fut l'effet du hasard ou d'un dessein prémédité; du reste, Gautier Tirel, domestique, ou selon d'autres, seigneur de la cour du roi d'Angleterre, qui avait lancé la flèche, ne fut pas inquiété.

Par priorité de naissance et clause de traité, la couronne appartenait à Robert; il était en Italie, revenant de la Palestine, lorsqu'arriva la mort de Guillaume II. Henri voyant le monarque tué, s'empara du trésor royal et séduisit à force de promesses les barons et le clergé, se fit proclamer roi, et couronner par Maurice, évêque de Londres. Avant de parler du retour de Robert, disons quelque chose des effets de son absence dans notre pays.

L'espace qui s'écoula entre le départ de Robert pour les Croisades, 1096, jusqu'en 1106, époque où le prince croisé perdit la liberté avec les couronnes d'Angleterre et de Normandie, fut dix années de désastres et de désolation pour Argentan et le pays d'alentour. La guerre civile avec toutes ses horreurs retentit continuellement dans nos contrées. Nous trouvons encore dans le Journal judiciaire et commercial de l'arrondissement d'Argentan, année 1835, quelques détails sur les malheureux événements de cet état d'anarchie.

« Plusieurs grands seigneurs, est-il dit dans ce journal, entre autres Robert de Belesme et le comte d'Hiesmes, n'avaient pas cru devoir abandonner leurs vastes domaines à l'avidité de leurs voisins, pour aller dans la Palestine courir après un fantôme de gloire. Les grands vassaux du duc, plus sages que leur maître, profitèrent de son absence pour s'emparer de plusieurs domaines qui étaient à leur convenance, et pour amasser des trésors en exerçant toutes sortes de brigandages; au vol succédèrent bientôt le meurtre et l'incendie, et le malheureux peuple eut beaucoup à souffrir de la domination de ces petits tyrans. »

Belesme et le comte d'Hiesmes ne s'étant pas accordés lorsqu'ils firent ensemble le partage du fruit de leurs rapines, ils se firent entre eux une guerre continuelle et désastreuse, à laquelle leurs vassaux furent obligés de prendre part. Argentan et Exmes furent plus d'une fois le théâtre où se vidèrent leurs différents.

Nous rapporterons les épisodes les plus saillants de ce triste drame ; si l'on se reporte à cette époque d'ignorance et de barbarie, l'on doit se figurer les malheurs que durent enfanter de pareils troubles civils dans une contrée partagée en deux camps. Argentan et Exmes étaient les places les plus importantes du théâtre de la guerre, la possession en était vivement disputée par les divers partis qui cherchaient tantôt à s'y maintenir, tantôt à s'en emparer. Combien alors ces villes eurent à souffrir de maux, combien de sang coula dans leurs murs pendant dix années : chaque changement amenait une réaction, et le pillage suivant presque toujours occasionait la famine. Celle qui se fit sentir à la fin du xie siècle fut horrible.

Parlant de tous ces désastres, Orderic Vital dit : que l'exaspération du peuple fut telle, que Belesme, qui était alors seigneur d'Argentan, fut obligé de faire construire deux forteresses, pour contenir plusieurs seigneurs du Houlme et de l'Hiémois, ses ennemis personnels et qui se révoltaient sans cesse, soit pour reprendre ce qu'il leur avait enlevé par la force des armes, soit pour s'opposer à ses exactions et repousser ses brigandages. Il plaça une de ces forteresses sur une éminence nommée Fourche, dans e voisinage de son château de V gnats, et l'autre à Chateaugontier, dans la paroisse de la Courbe, sur les bords du fleuve de l'Orne. Par le moyen des garnisons qu'il y entretenait, il se proposait de tenir sous son joug le Houlme et une partie de l'Hiémois ; plus tard, le château d'Argentan et ces deux forteresses devinrent le repaire des bandes de Belesme, qui portèrent le fer et la flamme dans tout le pays d'alentour. Pour donner une idée des satellites d'un pareil chef, nous en ferons connaître le personnel, d'après les chroniques du temps ; elles semblent avoir épuisé toute la nomenclature des épithètes les plus injurieuses.

Belléme, disent-elles, *se fit le chef d'une troupe d'hommes de toutes façons, comme larrons, meurtriers, gens pauvres et maudits, guetteurs de chemins, brigands de bois, gens bannis et excommuniés, canaille prête à mal faire, filous les plus terribles qui soient sous les cieux.* Ensuite elles ajoutent, que *dans les campagnes les terres restaient incultes, parce que ni hommes ni femmes ni filles n'osaient sortir ; qu'un grand nombre de gens craignant pour leur vie, avaient été forcés d'abandonner leurs foyers ; que ni marchands ni pellerins n'osaient plus approcher de la contrée, parce que le récit des crimes qui étaient commis chaque jour par Belléme et ses gens, tenaient chacun en épouvante.* Puis, faisant cette courte réflexion, *on s'étonnait comment Dieu souffrait tant de cruautés de la part de Belléme et de ses complices, ennemis du genre humain.* Elles terminent par ces lignes : *à toute heure ils buvaient et mangeaient, n'observant aucunement le carême, et mangeant de la viande les vendredis comme les autres jours ; ils se livraient au vol, à toutes sortes de débauches et de meurtres, massacrant ou mutilant les hommes, emmenant avec eux les femmes et les filles qu'ils pouvaient attraper.*

Détournons nos regards de ces atrocités, et revenons à Robert, duc de Normandie.

Pendant son séjour en Italie, Robert épousa Sybille, fille de Guillaume de Conversane, comte d'Averse, dont il eut un fils, qui fut nommé Guillaume Clyton. Robert perdit un temps précieux en Italie, car son frère en profita pour s'affermir sur le trône d'Angleterre, en octroyant par une *charte* toutes les immunités et franchises qu'il avait promises, et par une foule d'actes agréables aux Anglais. Pour achever de se rendre cher à la nation, Henri épousa Mathilde, fille de Malcolm III, roi d'Ecosse, princesse qui descendait des rois Anglo-Saxons.

Enfin Robert était arrivé en Normandie, il se trouvait au Mont-Saint-Michel; il venait réclamer les droits de la primogéniture et les stipulations du traité de substitution conclu en 1090 entre lui et Guillaume-le-Roux. Pour appuyer ses prétentions, le duc arme à la hâte, s'embarque au Tréport et s'élance sur la Manche ; Robert atteignit Portsmouth , tandis que Henri , prévenu de ses préparatifs, l'attendait à Pevensey. Les deux frères , marchant l'un contre l'autre, se rencontrèrent dans les environs de Winchester. Une lutte sanglante était imminente, l'issue pouvait être funeste pour le roi d'Angleterre; il sut adroitement conjurer le danger. Par l'entremise des comtes de Belesme et de Mortain, une conférence fut ménagée entre les deux princes. Henri parut affectueux envers son frère, et, au moyen de fallacieuses promesses, il amena le bon et insouciant Robert à renoncer à la couronne d'Angleterre, moyennant le tribut annuel de trois mille marcs d'argent, et la remise du Cotentin. Henri se réserve toutefois la ville et le territoire de Domfront, qu'il s'est engagé par serment envers les habitants de garder toujours : serments de rois ne sont pas paroles d'Evangile; mais Henri tiendra celui-ci, parce qu'il est dans son intérêt et favorise des projets ultérieurs. Douze barons des deux côtés jurèrent de veiller à l'observance de ces clauses ; mais Henri sut malgré eux les violer : il confisqua les biens de quiconque osa se montrer l'ami de son frère.

Robert ayant eu l'indiscrète confiance de passer en Angleterre, pour y solliciter la restitution de quelques domaines confisqués sur plusieurs seigneurs de ses amis , le roi le fit arrêter, et l'eût dès-lors retenu prisonnier si, pour conserver sa liberté, l'infortuné duc n'eût renoncé au tribut de trois mille marcs d'argent qui lui était dû par Henri.

Revenu en Normandie, le duc la trouva de nouveau plongée dans les horreurs de la guerre intestine ; plus que jamais, les seigneurs, qui avaient hérissé la surface de ce pays de châteaux

et de donjons, étaient aux prises les uns avec les autres : la
division la plus cruelle et la plus désastreuse déchirait et rava-
geait le pays. Henri ne manqua pas de profiter de cette circonstance, que peut-être il avait secrètement favorisée, et sous le
prétexte de punir Robert d'avoir accueilli l'un de ses ennemis
qu'il a chassé d'Angleterre, il résolut de s'emparer de la Normandie. Pour exécuter son projet, il arme et débarque avec ses
troupes entre la Seulles et l'Orne, sur les côtes qui séparent
Caen et Bayeux ; son manifeste le présente comme un ange de
paix qui vient rétablir l'ordre et calmer les longues infortunes
des peuples affligés.

1105. Henri commença par s'emparer de la ville et du château
de Caen, livra Bayeux aux horreurs de l'incendie, saccagea le
Bessin et repartit promptement pour l'Angleterre, aux fins d'y
préparer une nouvelle expédition. Robert a la faiblesse de
s'abaisser près de lui à de honteuses supplications ; à peine le
roi d'Angleterre daigna-t-il lui répondre : s'il lui adressa quelques paroles, ce fut des reproches. Robert exaspéré repasse la
mer, lève une armée pour lui faire tête et ouvre la campagne.
L'Anglais a désormais la fortune pour lui, bientôt il revient avec
des forces considérables ; ce fut à Barfleur que vers le 20 mars
1106, il mit pied à terre, s'empara de Carentan, où vinrent le
joindre les seigneurs et les prélats qu'il avait trouvé le moyen de
séduire et de soulever contre Robert.

Comme il était fort indisposé contre son oncle Guillaume,
comte de Mortain, Henri tourna d'abord ses armes contre lui,
et vint mettre le siége devant Tinchebray, près Domfront. Ce
fut le 27 septembre 1106, que les troupes du duc de Normandie
le rencontrèrent devant cette place. Robert lui envoya un hérault
d'armes pour le sommer de quitter la place, et, en cas de refus,
d'accepter la bataille. Pour toute réponse, le roi d'Angleterre
se dispose à combattre. Le roi, dont les troupes sont plus

nombreuses que celles du duc, sort le premier de ses retranchements ; son avant-garde donne sur les ennemis avec si peu
d'ordre et tant de précipitation, que les Normands l'ayant
ouverte, la mirent en déroute. Le duc et Robert, comte de
Mortain, qui combattaient au premier rang, faisaient à la fois
le service de capitaines et de soldats. La victoire était à eux,
si le roi voyant de loin le désordre des siens, n'eût accouru pour
les rallier ; il les ramène au combat, qui recommence avec plus
d'ardeur et de carnage que la première fois. Les Normands
soutinrent vigoureusement cette deuxième charge, sans que
leurs bataillons s'ouvrissent et que personne perdît son rang.
Mais le roi fit avancer un corps de cavalerie qu'il tenait en
réserve, et qui prit les ennemis en flanc, de manière que le duc
et ses partisans, le nombre des Anglais étant supérieur, furent
enveloppés et mis en désordre; la plus grande partie périt en
voulant se faire jour à travers les ennemis. Les vainqueurs,
fatigués de carnage, firent enfin quelques prisonniers; Robert
fut pris les armes à la main et conduit au roi d'Angleterre. Pour
profiter de l'avantage que lui donne la victoire, Henri se rend
maître d'Argentan et de Falaise. Lui aussi possède le don de la
parole, le narcotique des promesses, il s'intitule le défenseur et
l'appui des libertés du duché, il caresse les Normands en leur
parlant de gloire, il assemble les Etats à Lisieux, il y convoque
particulièrement les centeniers du peuple, les doyens, les échevins, les maires et autres notables : il y fut proclamé duc de
Normandie. Cette assemblée ne fut pas la seule qui tint ses
séances à Lisieux; en 1108, de nouveaux Etats furent convoqués dans cette ville, pour régler les affaires du duché, rétablir
l'ordre et le consolider. Les combats particuliers y furent défendus, la démolition des châteaux et forteresses appartenant aux
seigneurs fut ordonnée; tous sont appelés à prêter main-forte
pour réprimer les brigandages trop souvent impunis depuis la

guerre civile. Parmi les règlements de police et d'administration qui peignent le siècle, on remarque ceux qui portent, que quiconque violerait une fille aurait les yeux crevés et les parties naturelles arrachées ; que toute personne atteinte et convaincue du crime de fausse monnaie, aurait les mains coupées.

Henri rentra triomphant dans Londres, traînant à sa suite Robert, son frère, et le comte de Mortain, son cousin.

La disgrâce de Robert eût éteint toute autre haine que celle d'un frère ; mais celle de Henri ne s'en tint pas là. Il fit conduire le prince captif à Kardiff, forteresse du pays de Galles, où il fut soigneusement gardé. Il s'en échappa néanmoins, mais ayant été repris et accusé d'avoir voulu former un parti, le roi le fit reconduire dans sa prison, où il eut la barbarie de lui faire brûler les yeux en faisant passer devant un bassin de cuivre ardent, le retint jusqu'à sa mort, qui n'arriva que dix-huit ans après, c'est-à-dire le 7 février 1134. Sa captivité avait duré vingt-sept années. Il fut inhumé dans l'église Saint-Pierre, de Glocester.

La fin tragique de ce prince renouvela le souvenir de sa révolte contre Guillaume-le-Conquérant, son père, et fut considérée comme une expiation.

Il laissait Guillaume Clyton, ce fils qu'il avait eu de Sybille, princesse de la Pouille ; le vainqueur se fit livrer ce jeune homme, pour lequel il n'eut aucuns égards ; il le confia aux soins d'Hélie de Saint-Saëns, des mains duquel il passa dans plusieurs cours de l'Europe.

1107. La prédiction de Guillaume s'est accomplie, son dernier fils réunit sous son sceptre sanglant la Normandie et l'Angleterre ! La première n'est plus qu'une annexe de la seconde, une véritable province anglaise, ou plutôt une formidable place d'armes contre la France : juste objet de convoitise pour cette dernière, et pomme éternelle de discorde entre deux rivales puissantes.

Laissons pour un moment le nouveau duc de Normandie vider ses querelles avec Anselme, archevêque de Cantorbéry, et le pape Urbain II, au sujet du droit qu'il prétendait avoir, à l'exemple des empereurs et d'un grand nombre de princes chrétiens, de donner les investitures ecclésiastiques avec l'anneau et le bâton pastoral, et d'exiger des évêques investis le serment de fidélité, droit que le pape s'attribuait exclusivement, et revenons en France, pour y suivre l'histoire générale.

1080 — 1137. Louis VI, dit *le Gros*, trente-neuvième roi de France, pendant l'existence de Philippe, son père, que l'on a vu indolent, endormi dans la volupté et tout occupé de ses démêlés avec le pape, avait déjà tenté de réprimer l'indépendance altière de puissants vassaux qui l'entouraient, et qui, à l'exception d'un vain titre d'hommage, étaient de véritables souverains dans leurs états. Sur la fin du règne de Philippe et les premières années de son règne, il fut occupé à les combattre ; ces vassaux étaient soutenus dans leur rebellion par le roi d'Angleterre, auquel son duché de Normandie donnait la facilité de les appuyer.

Louis portait sur son visage une pâleur indélébile, indice du poison qui lui avait été donné par sa belle-mère. Dans la première chaleur de son ressentiment il avait voulu la tuer ; elle trouva le moyen de se soustraire à sa vengeance. Louis ne fut sauvé que par les remèdes extraordinaires d'un médecin étranger. Suivant l'usage, les médecins de la cour l'avaient traité de charlatan ; mais l'empirique fit ce qu'ils n'avaient pu faire. Le prince ainsi rendu à la vie, pardonna généreusement cet attentat de la reine ; ce fut surtout à la sollicitation de son père, qui aimait sa femme et ménageait son fils.

Louis-le-Gros fut sacré et couronné à Orléans, par l'archevêque de Sens. L'archevêque de Reims voulut s'y opposer, alléguant que cette cérémonie ne pouvait être valablement faite que par lui : il prenait un usage pour un droit incontestable.

Paris était alors comme bloqué par les seigneurs de sept ou huit petites villes voisines, qui avaient des troupes occupées à rançonner les voyageurs et les passants. Il fallut que le nouveau roi déployât autant d'adresse que de courage, pour régner sur les seigneurs de l'Ile de France ; il passa la plus grande partie de sa vie toujours à cheval et sous les armes, combattant des seigneur de Montmorency , des sire de Montlhéry , des châtelain de Rochefort; on peut se former une idée de la puissance d'un roi de la France féodale , lorsqu'on sait qu'il fallut à Louis-le-Gros trois ans pour prendre le seul château du Puiset. Cette foule de petits vassaux ligués contre lui , voulurent lui disputer son patrimoine. Ce titre pompeux de roi de France n'était bientôt plus qu'un titre subalterne, par la faute de son prédécesseur , qui l'avait avili, et avait perdu sa fortune et ses forces. Louis sentit, mais trop tard, la faute que l'on avait faite en ne s'opposant pas à ce que Henri 1er, déjà roi d'Angleterre , s'emparât de la Normandie au préjudice de Robert, son aîné , et qui seul avait droit à la couronne ducale. Cette imprévoyance nécessitera la guerre ; mais quel moyen de l'entreprendre, lorsqu'un simple châtelain aspirait à la royauté , et faisait entre les quatre ponts-levis de son castel des rêves superbes : on voyait un comte de Corbeil , prenant ses armes pour aller combattre le roi, dire gravement à son épouse : « *Comtesse, donnez-moi vous-même cette épée ;* » l'épouse obéit, et ajouter en la recevant : « *C'est un comte qui la reçoit de vos nobles mains ; c'est un roi qui vous la rapportera teinte du sang de son adversaire.* » Le futur souverain fut tué dans le combat par un coup lance.

En réduisant tous ces petits feudataires , Louis porta les coups les plus vifs à la féodalité, jeta de loin les fondements de l'autorité de ses successeurs. Il créa les communes, par les conseils des quatre frères Garlandes et de l'abbé Suger. Ce corps reçut le droit de bourgeoisie et la liberté de se choisir des chefs et des défenseurs. Telle est l'origine du gouvernement municipal, né alors pour être détruit ensuite et renaître en théorie, la pratique étant une déception. Ce corps devint par la suite le tiers-état, dont les députés parurent pour la première fois aux assemblées générales de la nation, en 1304. On lui accorda une juridiction, un sceau, une cloche et un beffroi.

Louis VI arma bientôt ces mêmes communes; c'était pour lui nécessité d'armer ces masses, pour réprimer les entreprises continuelles des seigneurs, qui, par rapport à leurs châteaux forts, étaient redoutables à son domaine. Enfin, il établit une justice royale supérieure aux justices seigneuriales, et parvint à fixer l'autorité dans une seule main.

La bonne harmonie entre Louis VI et Henri Ier d'Angleterre ne pouvait être de longue durée, la France avait créé sa rivale, et commençait à sentir son extrème imprudence; la rivalité des deux souverains avait fait naître l'antipathie des deux nations, elle occasiona des guerres terribles, des maux réciproques et irréparables; beaucoup de traités de paix furent signés et rompus presqu'aussitôt, et les trèves étaient encore des guerres.

Dans l'intention de profiter de l'embarras où les guerres intestines avaient jeté Louis-le-Gros, le roi d'Angleterre passe la mer, vient en Normandie, et marche sur Gisors, qui dans ce temps là était un poste d'une certaine importance. Cette place avait été mise en séquestre, du consentement des rois de France et d'Angleterre, entre les mains d'un nommé Payen, qui devait y garder la neutralité. Henri l'intimida et le corrompit, Payen livra la ville, Henri en prit possession. Louis arriva promptement sur les bords de l'Epte, qui séparait la France de la Normandie; il fit sommer le roi d'Angleterre d'observer les anciens traités, à défaut, pour épargner le sang, il lui offrait le combat de trois contre trois, ou un duel entre eux deux. Le vassal n'est pas moins brave que le

suzerain ; il a plus de puissance , et pour la conserver ce n'est pas
à son gantelet qu'il s'en rapporte ; il refuse ce qu'on appelait alors
le jugement de Dieu, se tenant à la tête de son armée, prêt à défendre ce qu'il avait acquis. On guerroie, on bataille deux années
entières, sans autre résultat que des ravages inutiles et toujours
renaissants. Un instant les deux souverains déposent les armes :
mais il était évident qu'en cessant de faire la guerre, leur intention n'était pas de faire la paix , seulement de reprendre haleine
pour recommencer à la première occasion. Elle se présenta bientôt. Henri était retourné en Angleterre pendant l'armistice.

Guillaume Clyton , fils du malheureux duc Robert, n'espérant
aucune justice de son oncle, qui avait donné la Normandie à
Guillaume Adélin , son fils , était venu chercher un asile à la cour
du roi de France. Louis, enchanté d'avoir entre les mains un si
bon moyen de soulever les Normands contre l'Anglais, proclame
ce jeune prince duc de Normandie; il appuie cette proclamation
d'une bonne armée et se ligue avec les comtes d'Anjou , de Belesme , de Montfort , de Breteuil , et une foule d'autres mécontents,
partisans du jeune duc. Henri quitte promptement l'Angleterre ;
il se trouvait à Bonneville-sur-Touques, lorsque le comte d'Alençon lui fut envoyé en ambassade par le roi de France ; c'était ce
même Robert de Montgommeri , seigneur de Belesme , qui avait
combattu pour Robert Courte-Heuse à Tinchebray. Henri, sans
égard pour le droit des gens, le fit arrêter le 4 novembre 1112,
le fit conduire à Cherbourg d'où , l'année suivante , il l'envoya
dans la prison de Verham où il finit misérablement ses jours. Le
roi d'Angleterre s'empara d'Alençon , qui capitula au bout de
quelques jours , vint à Argentan et à Exmes ; il fit rétablir
et augmenter le château d'Exmes, et il en confia le gouvernement à Gilbert de L'Aigle , son favori ; enfin il se rend à Rouen.
Louis-le-Gros est sous les murs de cette ville , mais il n'ose attaquer.

En rusé capitaine, Henri méprise ses bravades, le laisse assiéger Andely, court fortifier Saint-Clair au bord de l'Epte, lieu de retraite de son rival, puis feignant la crainte, il se hâte de décamper et se retranche dans le château de Noyon-sur-Andelle. Louis-le-Gros, suivi des Montmorency, des Clermont, arrive dans la plaine de Brenneville; là les deux armées en viennent aux mains; Louis y était vainqueur : le désordre était si grand dans l'armée Anglaise, que Guillaume Crespin parvint jusqu'au roi d'Angleterre et faillit l'abattre d'un coup d'épée, qu'il lui déchargea sur son casque. Tout fuyait devant eux, lorsque le roi d'Angleterre, qui sur l'heure avait eu sa revanche contre Crespin et l'avait fait prisonnier, conservant le sang-froid dans la déroute des siens, s'aperçut que les Français étaient plus en désordre en suivant les fuyards que les fuyards eux-mêmes; promptement il rallié ses gens, et les ramenant au combat il leur mit la victoire dans les mains. Les Français poussés à leur tour, n'étant plus en état de se rallier, furent obligés de céder à la fortune, et de se retirer à Andely. Le roi put à peine échapper. Un soldat tenait son cheval par la bride et criait aux autres : *le roi est pris !* mais avec une présence d'esprit admirable, ce prince lui porte un coup de sa hache d'armes et l'abat à ses pieds, en lui disant ironiquement : *ne sais-tu pas que même au jeu d'échecs on ne prend jamais le roi !* après quoi, se démêlant de la foule, il chercha le chemin d'Andely. Il eut de la peine à le trouver, car il était tard et la nuit le surprit au plus épais de la forêt où il s'était engagé en se sauvant. Le danger de s'égarer, de passer la nuit dans le bois, ou de s'aller jeter lui-même dans les mains de ses ennemis le tenait en suspens, lorsqu'il aperçut un paysan auquel il offrit une faible récompense pour ne pas éveiller de soupçons, s'il voulait le conduire à Andely, ce que le paysan accepta.

Au mois de mars 1113, la paix fut conclue à Gisors et le résultat en fut favorable à Henri, puisque le roi de France lui abandonna Belesme et le Belesmois , et tout ce qu'il pouvait réclamer dans la mouvance de la Bretagne et du Maine.

Henri ne perdit pas de temps, il réunit des forces imposantes à la tête desquelles il marcha sur la ville de Belesme, qui était alors une des fortes places de l'Europe.

L'investissement eut lieu le 1er mai 1113, la ville fut prise et réduite en cendres, le château fut forcé de se rendre. Henri le donna à son gendre Rotrou III, qui prit pour lui et ses successeurs le titre de comte du Perche. Le roi d'Angleterre prit ensuite tout ce qui appartenait au comte d'Alençon, tel que Séez, Argentan, Exmes, Almenesches et plusieurs autres places qui ont perdu leur réputation avec leur importance. La guerre se ralentit un peu , mais en 1116 elle recommença avec une nouvelle fureur ; le rétablissement de Guillaume Clyton dans le duché de son père était toujours le prétexte mis en avant.

Trois armées envahirent à la fois la Normandie, pour en faire la conquête. Dès que le roi d'Angleterre, qui était à Rouen, fut informé de la marche de ces troupes, il se rendit en toute hâte à Alençon, vint mettre le siége devant Saint-Cenneri-le-Giroie; depuis il quitta cette place pour aller secourir le Perche. Ce fut alors qu'il donna Alençon, Séez, le Mêle-sur-Sarthe, Almenesches, et plusieurs autres portions de la dépouille de Robert de Montgommeri, à Thibaut, comte de Blois, qui les céda à Etienne, comte de Mortain, son frère.

Plusieurs seigneurs normands, mécontents de se voir dépendants de l'Angleterre dont ils avaient fait la conquête, prirent parti pour le fils de Robert. On remarquait parmi ces seigneurs Henri, comte d'Eu, Eustache de Breteuil, le comte de Ponthieu, Richer de L'Aigle, Robert du Neubourg et Renaud de Bailleul.

Le roi de France s'empara de Garci, forteresse sur l'Epte, qui était une des clés de la Normandie; surprit Andely, puis il marcha sur L'Aigle, dont il avait dessein de s'emparer, parce qu'il n'était pas assuré des véritables dispositions de Richer à son égard, et en outre, parce que la possession de cette place était utile à ses projets ultérieurs.

Louis-le-Gros parut devant les portes de L'Aigle avec douze mille hommes ; Richer se disposait à se défendre. Pendant que de part et d'autre on se préparait au combat, le feu prit à un quartier de la ville, et il fut tellement augmenté par la violence du vent, que toute la ville fut réduite en cendres. Ce malheur rendit toute défense impossible, le baron et ses vassaux furent obligés de se rendre à la discrétion du vainqueur. La capitulation eut lieu le 3 septembre 1118. Louis-le-Gros et son armée restèrent trois jours dans L'Aigle. En se retirant, ce souverain laissa dans la ville le comte Amaury, Guillaume Crespin et Hugues de Châteauneuf, pour défendre cette place qu'il prévoyait devoir être bientôt attaquée.

En effet, Henri qui avait profité de l'espèce de suspension d'armes de 1113 à 1116 pour rétablir les places fortes de son duché, avait terminé ces travaux par la fortification des châteaux de Bons-Moulins et de Moulins-la-Marche en 1117, et était rentré dans Rouen ; c'est là qu'il fut informé des événements de L'Aigle. Le roi d'Angleterre prend avec ses troupes la route de L'Aigle, où il espérait surprendre et tailler en pièces les Français, qui, sans fortifications, n'étaient logés que sous des tentes au milieu des ruines de la ville. Déjà il était arrivé à Livet-en-Ouche, quand il reçut la nouvelle d'une insurrection à Rouen ; il lui fallut rétrograder, et il s'écoula trois mois avant qu'il pût reprendre son projet ; mais les Français avaient profité de ce temps pour se mieux fortifier, de sorte que les chances étaient moins favorables pour le roi d'Angleterre. Néanmoins il revint à L'Aigle la deuxième semaine de novembre 1118, à la tête d'une armée plus considérable que la première fois. Il employa, mais inutilement, toutes sortes de moyens pour attirer l'ennemi en rase campagne ; il assiégea même le château : dans une sortie que fit la garnison, il y eut un rude combat. De part et d'autre il se fit, pendant ce siége, des prodiges de bravoure. Le roi d'Angleterre, qui s'exposait comme le dernier soldat, reçut un coup de pierre sur la tête ; le coup fut amorti par son casque. Il y eut des deux côtés un grand nombre de prisonniers ; enfin le roi d'Angleterre demeura maître de la place. Successivement il reprit tout ce dont le roi de France s'était emparé.

Pendant que les rois de France étaient aux prises, quelques seigneurs voulant profiter du désordre, se faisaient la guerre entre eux pour s'arrondir et nullement dans un intérêt public. Guillaume de Ray, Guillaume du Fontenil, Isnard de Cubley, loin de secourir Richer de L'Aigle, leur suzerain, lorsqu'il était attaqué par le roi de France, ne s'étaient occupés que de s'enrichir de ses dépouilles et de celles de leurs voisins. Ils ne jouirent pas long-temps du fruit de leurs rapines, car lorsque Louis-le-Gros fut maître de L'Aigle, il pilla leurs châteaux et leurs terres, c'est ce qui les détermina à se réfugier sous les enseignes de Raoul-le-Roux, qui gardait le pont d'Echanfrey pour le roi d'Angleterre.

Richer, de son côté, dépossédé de ses domaines, brouillé avec les deux rois, n'avait d'autres ressources que son épée. Il se joignit à Eustache du Perche et à Guillaume de la Ferté-Fresnel, avec lesquels il fit dans les environs de L'Aigle d'épouvantables dégâts ; leurs entreprises cependant ne furent pas toujours heureuses, car ayant un jour pillé Ternant et brûlé les maisons de Verneusse, ils furent poursuivis par Raoul du *pont Echanfrey*, à la tête de ses guerriers et des garnisons, de chacune cinquante hommes, que le roi Henri entretenait au Sap et à Orbec. Raoul les atteignit au moment où ils passaient la rivière de Charentonne, les battit complétement, leur enleva le butin qu'ils avaient fait à Verneusse et à Ternant, leur fit quelques prisonniers et les poursuivit jusqu'au château de *la Ferté-Fresnel*, où ils faisaient leur retraite ordinaire : dans les souterrains de ce château ils cachaient le fruit de leurs rapines. Lors de la construction du manoir actuel sur les ruines de l'ancien, on a découvert l'entrée d'un de ces souterrains, parfaitement voûté et dont on ne connait pas l'issue ; ce passage est resté couvert et intact, parce que la solidité de la maçonnerie en a empêché la démolition.

Richer ne fut pas rebuté par cet échec, il n'en continua pas moins ses courses dans le voisinage. Le 17 septembre 1119, il fit vers Cisay et ses environs une forte *razzia*, ravageant tout le pays et emmenant le bétail qui lui tombait sous la main. Les habitants de Gacé se réunirent à ceux de Cisay pour poursuivre ces maraudeurs, mais Richer les força de battre en retraite. Henri cédant enfin aux sollicitations de Rotrou, comte de Mortagne, finit par pardonner à Richer et lui rendit tous les biens qui avaient appartenu à Gilbert, son père, tant en Normandie qu'en Angleterre.

Dans ces temps de guerre incessante, de confusion et de désordre, la misère des peuples devint effrayante, et la paix une nécessité : on eut recours à la médiation du pape Calixte II, qui se trouvait alors en France. Le pape vit à Reims Louis-le-Gros, et à Gisors le roi Henri. Au mois de septembre un traité fut conclu; on se promit amitié réciproque, les prisonniers de guerre furent rendus, et les intérêts de Clyton parfaitement abandonnés.

Après ce traité de paix, Henri résolut de passer en Angleterre. Un événement affreux vint troubler la joie qu'il pouvait ressentir de voir la Normandie pacifiée.

Le roi d'Angleterre s'était rendu à Barfleur, sur la côte orientale du Cotentin, pour s'y embarquer avec Guillaume Adelin, son fils légitime, âgé de dix-huit ans; Richard, son fils naturel, la comtesse de Mortagne, sa fille, et une troupe de jeunes seigneurs, entre lesquels brillait Gilbert d'Exmes.

La flotte attendait les illustres passagers; le patron d'un des vaisseaux vint trouver le roi, lui représenta qu'il était fils d'Etienne Airard, qui avait servi de pilote au Conquérant de l'Angleterre, et il sollicita la faveur de diriger le navire qui porterait son fils. Le roi n'accepta pas pour lui-même, car il avait choisi un autre bâtiment; mais il lui confia sa famille et beaucoup d'autres personnes de sa cour.

Guillaume Adelin fit distribuer du vin aux matelots et aux pilotes, ils en burent outre mesure; le vaisseau nommé la *Blanche Nef* contenait en tout près de trois cents personnes; on partit vers le soir; l'équipage ramant avec force et les voiles enflées par un fort vent du sud, on avançait rapidement. Mais l'ivresse avait troublé la raison du pilote : à peine le bâtiment sortait-il du port, qu'il fut porté violemment contre un rocher, s'entrouvrit et sombra, sans qu'il fût possible d'y porter aucun secours; tout périt corps et biens, sauf un boucher de Rouen, nommé Berold, qui s'étant saisi d'un débris du navire et s'y tenant fortement attaché, put résister jusqu'au matin, qu'il eut le bonheur d'être rencontré par trois pêcheurs qui le sauvèrent.

Toute la flotte était arrivée heureusement en Angleterre le matin. Quelques heures après le débarquement, un bruit vague d'abord, puis des informations positives annoncèrent l'horrible malheur. On n'apprend pas brusquement aux rois ce qui peut les affliger ! Comment en instruire le roi Henri? On se servit de la voix d'un enfant, qui lui dit que la tristesse qu'il voyait régner autour de lui était causée par le naufrage de la *Blanche Nef*. Aussitôt Henri tomba par terre, comme frappé d'un coup de foudre; ses amis le relevèrent et le conduisirent dans ses appartements, où il put donner un libre cours à sa douleur.

Guillaume Clyton et ses amis apprenant que Henri perdait par

14

cet événement ses enfants et l'élite de sa jeune noblesse, voulurent essayer de profiter de la circonstance ; d'ailleurs, encou-
ragés secrètement par le roi de France, ils prirent les armes et
recommencèrent la guerre.

Au bruit de cette nouvelle insurrection, Henri traverse la
Manche, donne des ordres pour tenir en état ses fortifications sur
l'*Avre*; ne les croyant pas suffisantes pour garantir ses frontières
de ce côté, il en fait construire de nouvelles : celles de Verneuil,
dont il fit jeter les fondements en 1120. Il court ravager les terres
de ses ennemis, s'empare de Gisors, Evreux, Pont-Audemer et
des autres places qui s'étaient soulevées. Une bataille livrée au
bourg Theroude, porta les derniers coups aux insurgés : les principaux chefs étant tombés au pouvoir du roi d'Angleterre, il leur
fit crever les yeux ; la guerre fut ainsi terminée. Guillaume Clyton, protégé par le roi de France, fut élu comte de Flandres,
mais il survécut peu de temps à son élection ; il fut tué en 1128,
dans une bataille gagnée par un parti de Flamands soulevés
contre lui par Thierry des Alpes.

Des deux enfants que Henri avait eus de Mathilde, son épouse,
fille de Malcolm, roi d'Ecosse, il ne lui restait plus qu'une fille
qui portait le nom de sa mère, et qui, devenue veuve sans enfants de l'empereur d'Allemagne Henri v (en 1125), fut remariée
deux ans après à Geoffroy Plantagenet, comte d'Anjou, et n'en
conserva pas moins le titre d'impératrice. Le but de ce mariage
était d'augmenter un jour le domaine des rois d'Angleterre en
France, et d'obtenir des héritiers à la couronne, puisque la seconde épouse du vieux roi ne lui en donnait pas.

Tout réussit au gré des désirs de Henri ; car, dans l'année
1132, Mathilde donna le jour à un fils dont la naissance combla
de joie son aïeul, et qui porta ses belles possessions de France
dans la maison d'Angleterre.

Henri fit reconnaître par les grands de son royaume, pour son héritière légitime, l'impératrice sa fille. Malgré tout ce que cette proposition avait d'inusité, les barons promirent par serment de lui obéir. C'est là l'origine du droit des femmes de succéder à la couronne d'Angleterre.

Le roi d'Angleterre avait promis au comte Geoffroy, en lui donnant sa fille, l'investiture du duché de Normandie; mais s'il n'a l'art d'éluder ses promesses, il en possède du moins l'habitude; fausser son serment était pour lui simple peccadille, et l'histoire nous dit à chaque pas, entre princes quels peuvent être les liens du sang. Henri, bourreau de son frère, est attaqué par son propre gendre; celui-ci veut exercer son droit d'investiture, prend les armes, porte la guerre sur les frontières du Maine et de la Normandie; il assiège et brûle Beaumont-sur-Sarthe et s'empare du duché d'Alençon. Henri ne tarda pas à le reconquérir, fit une revue des places fortes du duché, les fit réparer et mettre en état de défense. Alençon, Séez et Almenesches reçurent le monarque dans leurs murs; il vint également à Argentan, fit agrandir les fossés et entourer la ville de bonnes murailles. L'hiver suspendit les hostilités, et d'un autre côté l'état moribond du vieux roi ne permettait guère de les pousser avec activité, elles se trouvaient sans but réel d'utilité. Du reste, Geoffroy n'attendit pas long-temps, car son beau-père se délassant des soucis du trône par les occupations de la chasse, fut saisi dans la forêt de Lions d'une maladie tellement subite et violente, qu'il fut impossible de le transporter jusqu'à Rouen; il mourut à soixante-huit ans, dans un village nommé Saint-Denis-le-Thibout, le 1er décembre 1135. Ses entrailles furent déposées à Rouen dans la cathédrale, et son corps inhumé en Angleterre, dans l'abbaye de Reading qu'il avait fondée.

Henri 1er avait fait construire Pontorson, Verneuil et Nonancourt. Ce ne fut pas l'ignorance qui le rendit atroce dans sa vengeance, car il était un élève très-éclairé de l'université de Cam-

bridge : c'est à lui qu'on attribue d'avoir [dit qu'un roi sans
lettres était un âne couronné. S'il poussa la vengeance jusqu'à
l'atrocité, il poussa souvent la politique jusqu'à la perfidie.

Louis-le-Gros, roi de France, survécut peu à son rival redoutable; car ayant perdu Philippe, son fils aîné, qui mourut le
le 13 octobre 1131 d'une chute de cheval dans les rues de Paris,
il résolut de faire sacrer son autre fils du nom de Louis, et qui
se trouvait alors âgé de treize à quatorze ans. Il le conduisit à
Reims, où il fut sacré par les mains du pape Innocent, dans cette
même année 1131. Louis, aidé des conseils de l'abbé Suger et
des frères Garlandes, avait ressaisi un peu d'autorité sur ses
vassaux, lorsqu'il mourut à Paris le 1er août 1137, trentième
année de son règne et cinquante-huitième de son âge.

CHAPITRE XI.

ÈRE CHRÉTIENNE.

> Les avantages de la canalisation pour
> le département de l'Orne seraient incal-
> culables. .
>
> MERCIER, *Ann. Norm.* 1837.

SOMMAIRE. — De la rivière d'Orne. — Sa source. — Son nouveau lit. —
Son cours. — Barrage de la prieuré Sainte-Marthe. — Rochers de Mesnil-Glaise. — Chapelle Saint-Roch. — L'Orne passe à Thury et Vieux.
— Baie à son embouchure. — Caen bâti sur l'emplacement de cette baie.
—.Projet de canalisation de l'Orne. — Construction du port de Cherbourg.— Passages de Louis XVI et de Napoléon par Argentan.—Continuation des études pour la canalisation.

L'histoire et les chroniques nous donnent, à partir du XIᵉ siècle,
quelques renseignements sur la ville d'Argentan ; nous sommes
heureux de pouvoir dès à présent les mettre sous les yeux de
nos lecteurs.

L'antiquité de la ville d'Argentan, la beauté de sa situation au
milieu d'une plaine fertile, le voisinage des grande et petite
forêts de Gouffern, le cours de la rivière d'Orne qui la traverse,
la salubrité de l'air qu'on y respire, le séjour des souverains et
princes qui l'ont habitée, les assemblées d'hommes de guerre et
les assemblées nationales qui y ont été convoquées, les traités
qui y ont été signés, la vigoureuse résistance déployée par les
habitants d'Argentan dans les guerres désastreuses qui ont ensanglanté le sol de cette ville, lui ont mérité l'éloge que lui do

l'auteur de *Neustria Pia* : *Argentomo nobilissimo Neustriæ oppido*. La rivière d'Orne, mise au rang des fleuves parce qu'elle ne perd son nom que dans la mer, au hâvre de Ouistreham, était nommée *Argennes* par Ptolémée; c'était vers son embouchure, suivant cet auteur, qu'habitaient les peuples Viducasses, *Viducasses Argennis fluvii ostia*. Ce nom, suivant l'abbé La Pommerie, décédé curé de Colandon, lui était commun avec la ville d'Argentan, qu'elle arrose en la divisant en trois parties, et dont vraisemblablement elle avait pris le nom.

Avant d'entrer dans la ville, l'Orne s'y sépare en deux bras et y forme une île, anciennement nommée Gloriel, et depuis, Saint-Jean. Ce dernier nom lui venait d'une chapelle et hôpital édifiés sur l'île dans le xiiᵉ siècle.

La rivière d'Orne prend sa source dans la paroisse d'Aunou-sous-Séez, et après avoir reçu dans son lit les eaux des rivières de Jennevières, de Thouanne, du Don et Dure, traverse la ville d'Argentan. L'un des bras a son cours sous le pont aux Jetées ou de Saint-Jean; l'autre bras, sous le grand pont devenu le principal depuis sa reconstruction, et le nouveau lit que fit creuser, en 1595, Madame de Lorraine, douairière de Joyeuse et dame d'Argentan. A cet effet, la princesse de Lorraine acquit une partie du pré de l'île ronde de l'Hôtel-Dieu, par contrat, à Argentan, du 7 novembre 1595, pour le prix de trois cents francs; puis elle vendit à Gilles Biard la pointe de cette partie du pré qui restait, par autre contrat du 30 janvier 1596. Le lit de la rivière comprenait aussi le fond de la vieille rivière de Gloriel. L'acquéreur devait en outre souffrir au bas de son acquisition, un cours d'eau de sept à huit pieds, qui de nos jours est le fossé du Gloria.

Le nouveau cours de la rivière borde les prairies d'Argentan, reçoit dans son lit, à Sarceaux, hameau de la Gravelle, la rivière de Baize; plus bas, sur la rive opposée, sur l'ancienne commune

de Cuigny, aujourd'hui simple section réunie à Moulins-sur-
Orne, elle reçoit les eaux de la rivière de Houet, qui prend sa
source dans la commune de Rys, au village dont elle porte le
nom. Grossie de tous ses affluents, l'Orne passe par Goulet.
A cet endroit, au lieu dit la prieuré Sainte-Marthe, il existait
un barrage qui en obstruait le cours, et dans les crues d'eau
causait de grands préjudices aux propriétés en amont. Un arrêt
du conseil du roi, du 16 janvier 1788 ; deux arrêtés du 2ᵉ jour
complémentaire an v et 21 nivôse an ix, réimprimés le 23 juillet
1818 ; les rapports des ingénieurs Bétourné et Pouetre, des 3 octobre 1836 et 24 juin 1840, démontraient la nécessité de la destruction de ce barrage. Cependant il existait toujours, et c'est à
son existence que l'on attribue l'inondation, en 1840, de la partie
basse de la ville d'Argentan : les rues de la Chaussée de l'Orne, les
faubourgs Saint-Jacques et du Croissant étaient envahis par les
eaux ; les meubles flottaient dans les maisons, et les habitants,
chassés du rez-de-chaussée occupaient le premier étage. La mise
à exécution de l'arrêté du 21 nivôse an ix a été plus vivement
sollicitée ; l'administration s'en est émue, quelques faibles parties
du barrage ont été enlevées, mais la masse subsiste toujours.
Espérons qu'elle sera définitivement déblayée et que sa destruction complète préviendra le retour des inondations dans la ville
d'Argentan ; que le lit de la rivière recouvrera sa largeur primitive ; que les attérissements seront enlevés, les angles et les coudes dressés, afin que sans nouveaux obstacles l'Orne roule ses
eaux dans la mer. Suivons-les à Ecouché, puis au milieu des rochers
de Mesnil-Glaise, repaissons notre vue de leurs aspérités, gravis-
sons jusqu'à la chapelle que l'on découvre au milieu des têtes
grises et chauves de ces rocs, dressés les uns sur les autres depuis
la création du monde, et dont les annales y sont tracées ; l'eau
les a couverts, les volcans ont noirci leurs schistes ; une fois arrivés
à la chapelle, ce n'est pas sans frayeur que l'on mesure de l'œil

les précipices qui sont aux pieds des voyageurs. C'est à l'intercession du bienheureux saint Roch, patron de cette chapelle, que l'on attribue de ne pas avoir vu nos contrées désolées par la fièvre noire ou le choléra asiatique : de nombreuses processions se rencontraient en ce lieu ; de fâcheux événements déterminèrent monseigneur Alexis Saussol, évêque de Séez à les supprimer. On entre à la chapelle, son étendue est d'environ six mètres de long sur quatre de large, la voûte en est basse, elle est ornée d'un autel très-uni, sur lequel est la châsse, et au-dessus la statue coloriée du saint, auquel, par parenthèse, on a donné une mine rebarbative ; sur la droite est un confessionnal, sur la gauche un bénitier, quelques bancs de bois épars çà et là, invitent au repos. Descendons au bord du fleuve, continuons notre pérégrination sous l'ombre incertaine des bois qui garnissent ses rives, autour des belles prairies qu'il fertilise et qui sont si riches de leur verdure. C'est après avoir passé par Thury et Vieux que l'Orne se précipite dans la mer.

A l'embouchure du fleuve, il existait autrefois une baie qui s'étendait jusque sur l'emplacement actuel des prairies de Caen. Cette ville n'a été édifiée qu'après que la baie fut comblée par des arbres, qu'on y a trouvés couchés horizontalement et en tous sens, que la rivière d'Orne y charroyait, lorsque les Gaules n'étaient encore que de vastes forêts ; par les terres et sables qu'elle entraînait ; et tout ce que la mer y apportait, lorsque dans ses hautes marées, elle faisait de ces lieux un véritable lais et relais. La fouille du canal de l'Orne en a offert la preuve ; vers la fin du xviie siècle, on y a trouvé des débris de navires naufragés à quinze ou dix-huit pieds de profondeur. De l'un de ces navires on a retiré des médailles, des Antonins. Au ixe siècle, Charles-le-Chauve fit élever une chaussée dans cet endroit, pour barrer le passage aux Normands, et c'est à la suite de ce travail que Caen fut fondé.

PROJET DE CANALISATION DE L'ORNE.

Depuis plusieurs siècles, on a formé le projet de rendre l'Orne navigable, ce qui n'a pas eu lieu jusqu'à ce jour. En 1570, sous Charles ix, il fut question d'ouvrir un canal de Caen à la mer; les malheurs de ce règne empêchèrent sans doute les bourgeois de Caen, qui désiraient ces travaux, d'en solliciter l'exécution. En 1593, sous Henri iv, Josué Gondoin, architecte et ingénieur, fut chargé par le conseil de visiter le cours de l'Orne; il résulte du procès-verbal, qu'il en arrêta, le 15 octobre 1595, que toutes les difficultés que l'on pourrait rencontrer, pourraient être surmontées par l'art, sans beaucoup de frais. Ce projet, dont M. le marquis d'Ancre, gouverneur de Caen sous Louis xiii, s'était proposé l'exécution, évanouie par sa mort, fut renouvelé sous Louis xiv. M. le duc de Vendôme, seigneur engagiste d'Argentan, en écrivit le 29 janvier 1664 au corps municipal. Bellenger, lieutenant des eaux et forêts de cette ville, fut chargé par le prince de représenter à la communauté d'Argentan les avantages qui en résulteraient pour le commerce de cette ville; et nous avons tout lieu de croire que cette entreprise', secondée par le le crédit du prince, serait enfin exécutée si la mésintelligence n'eût éclaté entre les ingénieurs qui y furent préposés.

Vauban fut chargé par le grand Colbert, surintendant des finances, de dresser des mémoires pour commencer le creusement du canal ou nouveau lit de la rivière; des lettres-patentes du 6 mai 1679 ayant autorisé les travaux, on commença vers les carrières de Tanville. On aurait certainement continué jusque dans la ville d'Argentan, si Colbert n'eût été enlevé par une mort prématurée.

En 1684, Jubert Derouville, intendant d'Alençon, résolut non seulement de continuer l'œuvre de Colbert, mais de canaliser l'Orne jusqu'à Caen ; comme ses aînées, cette résolution resta toujours à l'état de projet.

Les habitants de Caen de plus en plus convaincus des avantages qu'ils tireraient de la canalisation de l'Orne, présentèrent de nouveaux plans en 1740, qui furent agréés du ministère ; mais la guerre déclarée dans cette année, fit ajourner la décision jusqu'en 1748 ; il s'établit alors une société pour faire l'avance des capitaux nécessaires. Bouroul, ingénieur du roi, fut chargé d'une nouvelle exploration ; la possibilité de la canalisation et les immenses avantages qu'elle devait produire, furent établis dans ses mémoires, qui lui méritèrent l'éloge de M. Guerdon de l'Eglisière, lieutenant-général des armées du roi, directeur en chef des fortifications. L'analyse de l'exploration du cours de l'Orne, d'Argentan à la mer, fut imprimée à Caen en 1750. Cette dernière proposition de canaliser l'Orne, d'Argentan à Caen, et même, suivant M. Desnos, jusqu'à Séez, est aussi à l'état de projet ; le rapport, du reste, faisait pressentir la possibilité de faire communiquer l'Orne avec la Sarthe ; il n'a pas eu plus de succès que les précédents.

En 1772, le commerce des départements de la Sarthe, de l'Orne et du Calvados a de nouveau mis sous les yeux du gouvernement le projet de canalisation de la Sarthe et de l'Orne jusqu'à la mer, représentant que ce serait ouvrir un débouché du plus haut intérêt pour la Basse-Normandie, le Perche, la Bretagne, l'Anjou et les pays voisins de la Loire, et que la réalisation de ces travaux serait utile, non seulement au commerce de localité, mais à l'état en général. « C'était ce dernier avantage que considéraient
» surtout Henri IV et Sully, lorsque, les premiers, ils con-
» çurent la pensée de la jonction de la Sarthe et de l'Orne ; que
» méditaient Vauban et Colbert, lorsqu'ils proposaient au grand
» roi d'établir une navigation intérieure qui aurait uni la Manche
» à la Méditérranée, au moyen de la canalisation de l'Orne, la
» Sarthe, la Vienne, la Dordogne, et du canal du Languedoc ;

» que rêvait Napoléon, quand, au milieu de ses victoires, il
» méditait l'isolement de la Bretagne du reste de la France,
» pour au cas de revers en faire à ses braves un asile inexpugnable.
» Ce fut sous ses auspices que, de 1804 à 1813, furent faites les
» étades pour la jonction de ces rivières ; ce fut pour répondre à ses
» vœux que M. Barthélemi présenta ses projets de canalisation. »

   Dès les années 1799 et 1800, dans différents mémoires offerts
au lycée qui existait alors à Alençon, par M. Barthélemi, cet
ingénieur avait donné la description des principales rivières du
département, le tableau de tous les cours d'eau, avec leurs déve-
loppements, leurs embranchements, l'énumération des usines
qu'ils portaient, et indiqué six communications qu'il croyait possibles. Bientôt M. Barthélemi reçut du gouvernement l'ordre de
s'occuper des études pour la réalisation du projet, et les fonds
nécessaires pour bien faire ces études ; elles furent terminées en
1813. Il en résulte qu'il y a beaucoup moins d'avantages à espérer
et beaucoup plus de dépenses à faire pour opérer la communication de l'Orne et de la Mayenne, que pour obtenir la jonction de
l'Orne et de la Sarthe ; la compagnie des canaux de Paris s'arrêta
donc en 1824 et 1825 au projet de jonction et canalisation de l'Orne
et de la Sarthe ; elle voyait en même temps la possibilité d'un embranchement dans la Seine par Liton et l'Eure.

   « Pour établir ce projet, la compagnie proposait une association, afin de réunir les capitaux indispensables à l'entreprise,
et de s'entourer de la sympathie des habitants des départements
que le canal devait parcourir ; elle demanda de même l'assentiment des conseils généraux. Le conseil général de la Sarthe, dans
la session de mai 1825, donna le vote le plus approbateur ; le
conseil général de l'Orne, par suite d'intérêts mal entendus, à la
simple majorité d'une voix, fut d'un avis contraire ; le conseil
municipal d'Alençon s'empressa de protester à l'unanimité contre
le vote du conseil général de l'Orne, et proposa de souscrire, au

nom de la ville d'Alençon, pour une somme de vingt mille francs ; des propriétaires du département souscrivirent chez M. Hommet, notaire, pour 710 actions de même somme, d'autres souscriptions furent reçues dans les études des chefs-lieux d'arrondissement.

» La compagnie satisfaite du nombre des souscriptions , sollicitait du ministre de l'intérieur une loi qui accordât la cession du canal à perpétuité , avec garantie de la part du gouvernement de l'intérêt à cinq pour cent aux actionnaires , jusqu'à ce que le produit d'une partie du canal vint à suffire pour rembourser le gouvernement de cette avance. Le projet de loi fut préparé au ministère de l'intérieur , mais le ministre ne voulut accorder la concession que pour quatre-vingt-dix-neuf ans ; cette difficulté jointe à des mécontentements réciproques , qui s'élevèrent entre le ministère et la compagnie, firent avorter l'entreprise.

Dans la session générale annuelle des membres de l'Association Normande, séance du 6 septembre 1836, M. Lecointre a présenté quelques considérations sur le projet de canalisation , donné un aperçu des études faites par M. Barthélemy , et émis quelques idées sur la réalisation du projet.

La section d'industrie a nommé des commissions pour faire des recherches sur tous les travaux antérieurs, relatifs à la jonction et à la canalisation de la Sarthe, l'Orne et l'Eure ; à présenter des rapports sur ces travaux , ainsi que leurs propres observations ; à signaler , pour chaque département, les avantages que cette navigation lui procurerait, les dépenses qu'elle nécessiterait, les dispositions des habitants et des autorités en faveur du projet , et le chiffre d'emprunts qu'on pourrait faire ou d'actions à émettre avec des garanties satisfaisantes.

Il fut encore décidé que la plus grande publicité serait donnée aux rapports des commissions, de manière à pouvoir frapper l'attention du gouvernement, des conseils généraux et des compagnies sur un objet aussi important.

Le 14 août 1840, M. De Corcelles, député de l'Orne, agissant au nom de la ville de Séez, a présenté à M. le ministre des travaux publics qui venait explorer, sur les lieux, l'ancien projet du canal de la Loire à la Manche, dont les immenses avantages aperçus au xvii⁰ siècle, ont été depuis ce temps l'objet des méditations des hommes d'Etat et des savantes recherches des ingénieurs, un mémoire dans lequel il résume tout ce qui peut militer en faveur de la réalisation du projet. Ce mémoire ne laisse rien à désirer et est digne de son auteur.

Tout porte à croire que la canalisation de l'Orne ne serait pas toujours restée à l'état de projet, si l'on avait construit un port à la Fosse-Colleville, point où l'Orne se jette dans la mer, et où l'on ne trouve qu'un port d'asile, toutefois bien précieux sur cette côte.

Mais M. Dumourier, commissaire du roi, le chevalier d'Oisy, capitaine de vaisseau, et le maréchal-de-camp Larosière, ingénieur militaire, visitèrent la côte de Normandie en 1776, et firent choix de Cherbourg, comme le point le plus favorable pour créer un port militaire dans la Manche. Leur opinion était conforme à celle de Vauban, qui l'avait émise à Cherbourg, en 1687. Des travaux qui avaient pour objet un établissement militaire et maritime, furent commencés sous sa direction. En 1689, ces travaux furent détruits; le motif n'en est pas connu. En 1739, on reprit la partie maritime du projet de Vauban. En 1742, deux jetées, des murs de quai, une écluse et un pont tournant étaient achevés.

Quatorze ans après, les Anglais avaient paru et tous ces ouvrages n'étaient plus qu'un amas de décombres.

En 1769 on commença à réparer ce désastre; en construisant de nouveaux quais et une écluse, on y ajouta un bassin et une retenue pour balayer l'avant-port.

Jusque-là Cherbourg n'avait qu'un port marchand, c'est donc

en 1776 qu'il fut désigné comme port militaire, que M. Dumourier et les deux autres commissaires fixèrent l'indécision de la cour, qui durait depuis cent ans, sur le choix du port à édifier à la Hougue ou Fosse-Colleville, à l'embouchure de l'Orne ou à Cherbourg.

En 1780, les ingénieurs firent commencer les travaux destinés à faire de cette position dans la Manche un grand établissement maritime et militaire.

Deux forts en granit furent élevés sur la pointe du Hommet et sur l'Ile Pelée, pour défendre l'entrée de la rade.

En 1786, le comte d'Artois, et Louis XVI un mois après, passèrent à Argentan se rendant à Cherbourg. On coula devant eux plusieurs des cônes destinés à servir de fondation à la construction d'une digue à cinq kilomètres du rivage.

Plus tard on commença le creusement du port militaire, à l'ouest de la ville, au milieu des rochers qui avoisinent le fort du Hommet. En 1811, Napoléon et Marie-Louise passèrent à Argentan, allant visiter les travaux du port de Cherbourg. Les habitants d'Argentan firent hommage à l'impératrice, du livre de prières de Marguerite de Lorraine, que l'on avait trouvé dans le monastère qu'elle avait fondé à Argentan, en 1517, sous la règle de Sainte-Claire.

On a dépensé des sommes immenses pour la création du port de Cherbourg. Cet établissement n'a pas entièrement répondu aux avantages qu'on s'en était promis, et plusieurs fois la mer a englouti partie des ouvrages. Les frais de reconstruction et d'entretien sont incalculables. Ces dépenses ne sont pas une des moindres causes qui avaient nécessité l'ajournement du projet de canalisation de l'Orne et de construction d'un port à la Fosse-Colleville, dont la nature semble, pour ainsi dire, avoir fait les frais, et qui d'après l'avis des hommes de l'art, eût été non seulement moins dispendieux que celui de Cherbourg, mais d'un usage plus assuré.

En 1783, les officiers de la maîtrise d'Argentan commencèrent un procès-verbal de la vérification de la rivière d'Orne dans l'étendue de leur juridiction, qu'ils terminèrent le 12 juillet 1785, sur lequel intervint arrêt du conseil, du 16 juillet 1788, qui ordonne le curage de la rivière, le redressement des angles et coudes les plus saillants, et un nouveau canal au-dessus et au-dessous du grand pont. Cet arrêt, comme nous l'avons dit, est resté inexécuté. Cependant les études à grands frais se continuent de nos jours, et Dieu seul en connaît le résultat.

CHAPITRE XII.

ERE CHRÉTIENNE.

1137. — 1192.

Tout offre de la tyrannie
Les outrages dévastateurs ;
Partout d'avides oppresseurs
Exercent, avec barbarie,
Le droit terrible des vainqueurs.

ARDANT.

SOMMAIRE. — Règne de Louis VII. — Massacre de Vitry. — Deuxième Croisade prêchée par saint Bernard. — Louis VII prend la Croix. — Amours de la reine de France et de Saladin. — Défaite de Louis VII en Palestine. — Sa fuite. — Mort de l'abbé Suger. — Louis VII répudie la reine Eléonore et lui remet ses possessions. — Mariage d'Eléonore avec Henri II, duc de Normandie. — Louis VII épouse Constance de Castille. — Mathilde, reine d'Angleterre. — Etienne de Blois. — Ses prétentions à la couronne d'Angleterre. — Guerre en Angleterre et en Normandie. — Mort d'Eustache de Boulogne. — Paix générale. — Henri II succède aux couronnes d'Angleterre et de Normandie. — Révolte des enfants de Henri II contre leur père. — Louis VII les soutient. — Mort de Louis. — Philippe Ier lui succède. — Règne de ce prince. — Richard, duc de Normandie. — Deuxième Croisade. — Retour de Richard de la Palestine.

Louis VII, dit le Jeune, quarantième roi de France, sacré du vivant de son père, prit les rênes du gouvernement aussitôt qu'il eut fermé les yeux ; mais il n'avait ni son activité ni son courage. Cependant il avait acquis, par son mariage avec Eléonore d'Aquitaine, une autorité qui lui permit de réduire plusieurs grands

vassaux, entre autres Thibaut, comte de Champagne. Prétex-
tant les droits de son épouse, Louis veut enlever à Thibaut le
comté de Toulouse. Le comte, qui voyait avec peine l'accrois-
sement de la puissance des rois, cherchait à traverser leurs desseins. Pour les tenir en haleine et fatiguer leur autorité, il
favorisait et fournissait des secours secrets à ceux qui avaient des
dispositions hostiles à leur égard. Il avait eu l'adresse de faire
mettre en interdit, par le pape, toutes les villes, bourgades,
villages et maisons qui appartenaient au roi. Ce grand coup pouvait reculer la consolidation de la monarchie. Louis vii, irrité
de cet affront, entre dans la Champagne, la rage dans le cœur, le
flambeau à la main, et pénètre par surprise dans la petite ville
de Vitry-en-Perthois. Maître des murailles, il ne trouve de résistance que dans l'église paroissiale; treize cents personnes s'y
étaient réfugiées pour se soustraire à la fureur des soldats. Louis vii
y fait mettre le feu; leurs cris et leurs prières ne purent les sauver. Il a l'inhumanité de faire entourer ce peuple désarmé pour
qu'il n'en puisse pas échapper un seul. Sa colère calmée, ce spectacle lui fit horreur; ses remords tardifs étaient si violents qu'ils
touchaient au désespoir. Il croyait toujours entendre gronder le
tonnerre, et voyait à toute heure la foudre prête à l'écraser pour
venger la nature outragée. Saint Bernard veut une expiation
selon l'esprit du siècle; il persuade à Louis vii qu'il n'y a point
d'erreur ou de crime qu'un repentir sincère ne répare. Comme
moyen d'expiation, il lui propose d'envoyer un corps de troupes
pour la défense du *glorieux sépulcre de la Passion du divin Sauveur*, et de se croiser en personne à leur tête. Rien ne devait
être plus agréable à Dieu et au pape. Saint Bernard prophétisait
des succès sans fin, promettait une réconciliation avec le pape et
la levée de l'interdit lancé sur le royaume par les menées du
comte de Champagne.

Imprudent après avoir été barbare, Louis demande la croix.

15

L'abbé Suger, s'élevant au-dessus de l'esprit de son siècle, ne goûta pas le projet qui fascinait tous les esprits : il conseilla au roi de rester dans ses états et de les gouverner sagement. Louis qui, malgré ses préjugés, avait ce sens droit qui ne se refuse pas à la lumière de la vérité, commençait à réfléchir sur les suites fatales d'une fausse démarche. Saint Bernard voyant le roi balancer, par son éloquence impétueuse, son ton prophétique, l'emporta sur les alarmes et la tranquille sagesse de Suger. La seconde croisade fut prêchée dans l'assemblée solennelle de Vezelay, en Bourgogne. Louis-le-Jeune se croisa lui-même avec la jeune, belle et spirituelle Eléonore, son épouse, qui avait mis tout en usage pour être du voyage, préférant suivre, au milieu des dangers et des fatigues, la jeunesse brillante de la cour, que de rester seule dans un palais désert. Mais au fond de la Palestine, comme aux bords de la Seine, elle ne craint pas d'outrager l'hymen. Eprise d'un jeune Turc, le scandale de leurs amours en instruit jusqu'à celui qui devait surtout les ignorer, et qui pour l'ordinaire est le dernier informé. Ce ne devait être là qu'un épisode de roman ; mais l'histoire nous apprend que le caprice d'une femme et une sottise royale ont imposé à la France une continuité de malheurs et de guerres qui ont duré trois siècles.

Dans un concile tenu à Chartres, Bernard fut choisi pour généralissime de l'expédition en Terre-Sainte ; mais il refusa et se contenta d'en être le trompette.

La fureur des croisades échauffait l'Allemagne comme la France ; déjà l'empereur Conrad III avait pris les devants avec une armée de cent mille hommes : il arriva devant Constantinople sur la fin de mars 1147.

L'incapacité de Louis VII se manifesta pleinement en Palestine : il s'y comporta sans gloire, fut déshonoré comme époux et comme roi, ses troupes furent battues ; contraint de fuir lui-même, il fut pris par les Sarrasins et ne recouvra la liberté que par la faveur du roi de Sicile. Il se sauve sur une trirème de ce souverain, commandée par Georges. Louis-le-Jeune rentre en France, où Robert de Dreux, son frère, qui l'avait précédé, cherchait à soulever les populations, rejetant sur l'incurie du roi le mauvais succès des croisades. Ce malheureux souverain n'entend autour de lui que des cris lugubres ; chacun demande un père, des amis, des frères. C'est alors qu'il regrette de ne pas avoir écouté les sages conseils de Suger. Ce grand homme, en l'absence de Louis VII, avait gouverné l'état avec adresse, sagesse et prudence ; il avait enchaîné les armes des voisins qui pouvaient envahir le royaume en les occupant chez eux et entretenant dans leur sein des discordes utiles.

1150. Louis VII, que ses mauvais succès n'avaient pas rebuté, voulait encore courir les chances d'une croisade, mais il trouva l'enthousiasme fort refroidi, et Suger qui, cette fois, avait conseillé cette nouvelle campagne en Palestine, comme moyen de réparer la honte des défaites précédentes, fut forcé de se contenter d'envoyer des secours d'argent.—1152. L'abbé Suger venait de mourir, Louis avait repris les rênes du gouvernement ; mais ses mains inhabiles les dirigeaient mal ; il mit le comble à ses imprudences en répudiant Eléonore, pour cause d'adultère. La reine, dont les projets étaient arrêtés, favorisait secrètement cette demande, que Suger avait toujours voulu empêcher. Louis tomba dans le piége ; les évêques, réunis à Beaugency, prononcèrent la séparation ; et sans traité, sans examen et sans condition, le roi rendit à sa répudiée la Guienne et le Poitou. La reine avait connu à Paris Henri II, duc de Normandie ; elle a remarqué que *ce prince est à la fleur de l'âge, bien fait, plein de feu, galant, brave, vigoureux, capable de défendre ses états et contenter ses désirs.* Voilà pour elle plus qu'une compensation. Six semaines après son divorce, Eléonore prévient son amant de son retour à Bordeaux ; il y court, l'épouse peu de temps après, et reçoit en dot les belles provinces qui lui avaient été rendues. C'est ce que prévoyait Suger et ce qu'il avait voulu empêcher. Par la faiblesse de Louis, l'héritier présomptif de la couronne d'Angleterre, le duc de Normandie, possédait, en outre, la sixième partie de la monarchie française, se trouvait en état d'humilier son suzerain et peut-être même de le renverser de son trône. C'est à ce manque de politique que l'on attribue les guerres désastreuses entre la France et l'Angleterre, qui ne se terminèrent que sous Charles VII. En 1154, Louis épousa Constance, fille d'Alphonse, roi de Castille. Nous avons dit, page 211, qu'avant de mourir, Henri Ier, roi d'Angleterre, avait assemblé ses barons et leur avait fait agréer, pour son héritière présomptive, sa fille Mathilde, veuve de l'empereur Henri v, et qu'il l'avait ensuite mariée à Geoffroy Plantagenet ; qu'ayant éludé la promesse qu'il avait faite à son gendre de l'investiture du duché de Normandie, celui-ci lui fit une guerre qui finit à la mort du vieux roi. Les précautions que ce souverain avait prises pour assurer le trône à Mathilde, sa fille, et Henri, son petit-fils, furent inutiles.

En effet, Henri Ier avait élevé à sa cour Etienne de Blois, fils d'Adèle, sa sœur. Ce prince devint comte de Boulogne parce qu'il avait épousé Mathilde, héritière de cette maison. Etienne était ambitieux et brave, possédait toutes les qualités et les connaissances nécessaires pour régner ; d'une taille majestueuse et d'une physionomie qui prévenait en sa faveur.

A la mort de son oncle, il déclara ses prétentions à la couronne d'Angleterre, *comme le plus proche héritier mâle*. Profitant de l'absence de Mathilde, il court à Londres, se fait proclamer roi et couronner par le primat lui-même. Dans une assemblée tenue au Neubourg, quelques prélats et barons le reconnurent comme héritier du duché de Normandie. L'impératrice Mathilde, qui se trouvait alors à Rouen, vient à Argentan où le vicomte la reconnut comme dame de cette ville, de celle d'Hiesmes et de celle de Domfront, mit en sa possession ces trois villes et quelques autres qu'il commandait. Geoffroy Plantagenet et Louis-le-Jeune, roi de France, qui le favorise, entrent en Normandie, ils n'y rencontrent que peu de résistance. Guillaume Talvas et beaucoup d'autres seigneurs avec leurs vassaux grossissent leurs troupes, pour lesquelles tout est de bonne prise et la cruauté si ordinaire, qu'on leur donne le nom de Guiribecs. Carrouges est un des premiers objets de leur convoitise, ils assiègent cette place où commandait Gauthier et se rendent maîtres du château ; Gauthier y rentra tout aussitôt après leur départ ; ils se dirigèrent sur Ecouché, les habitants y mirent eux-mêmes le feu et se retirèrent, de sorte que les troupes de Plantagenet ne trouvèrent que les débris de l'incendie. Ce prince projeta de détruire Asnebecq, il en fut détourné par Montfort Lamauri, prit une autre direction et vint assiéger Moutier-Hubert, où il prit Payen, seigneur du lieu, et plusieurs autres seigneurs qui ne recouvrèrent la liberté qu'à force de rançons. Enfin Geoffroy fut repoussé par Valerau, comte de Meulan, et même blessé, en se retirant vers le Sap, qu'il assiégea vainement. Au passage de l'Udon, son arrière-garde éprouva un échec de la part des seigneurs de Courtomer et de Médavi.

Quand il se crut affermi en Angleterre, Etienne passa en Normandie, se disposant à marcher contre Plantagenet ; pour commencer l'attaque, il alla mettre le siége devant Argentan. Son adversaire se rendit maître de Pontorson, St-Hilaire-du-Harcouet, Mortain et même du Cotentin. Des troubles sérieux le forcent à repasser la mer avec précipitation, David, roi d'Ecosse, le premier tire l'épée en faveur de Mathilde, sa nièce. Les Ecossais furent taillés en pièces à la bataille de *l'Etendard,* et David n'osa pas refuser la paix. Geoffroy profitant de l'éloignement d'Etienne de Blois enlève Bayeux, Caen et le reste de la Basse-Normandie. Il continua de tirer parti de ses avantages pendant que Mathilde allait au-delà des mers se mettre à la tête de ses partisans. L'Angleterre ne fut bientôt plus qu'un théâtre d'atrocités et de brigandages. Etienne, battu en Normandie, fut fait prisonnier en Angleterre à la bataille de *Lincoln* et conduit à l'impératrice, qui le fit charger de chaines et enfermer au château de Bristol.

Cette importante victoire et la capture du roi semblèrent un moment avoir fini cette désolante lutte. Mathilde entra triomphante dans Londres et ordonna les préparatifs de son couronnement; mais elle ne put réprimer son arrogante fierté, sa rancune contre ceux qui l'avaient combattue, et son esprit de persécution à l'égard de ceux qui lui étaient suspects, elle chargea de taxes onéreuses la capitale, qui venait de lui ouvrir ses portes. Londres s'insurgea contre son pouvoir, et elle n'eut que le temps d'échapper par une prompte fuite à la fureur du peuple. La manière dont elle traita la reine Mathilde de Boulogne, femme d'Etienne, qui lui offrait de rendre son époux à la liberté sous la condition qu'il renoncerait à la couronne, fut si aigre, si repoussante, la reine en fut tellement outragée que son dépit releva son courage et lui fit mettre tout en usage pour dompter l'orgueil de sa concurrente. Bientôt elle put avec l'aide de son fils Eustache de Boulogne réunir une armée formidable.

L'impératrice, de son côté, mit tout en usage pour ne pas se laisser surprendre. Le roi d'Ecosse et le comte de Glocester forment une armée imposante, marchent sur Winchester dont l'évêque est accusé de retour au parti du roi et de félonie; l'évêque, qui était absent, vient promptement défendre son manoir. Le premier choc fut si violent que l'armée impériale en fut effrayée et se retira en désordre presque sans combattre, le comte de Glocester fut pris et l'impératrice obligée de faire la morte pour se sauver, en se faisant emporter sur une bière, comme un corps que l'on irait mettre en terre. Cette victoire et la capture du comte de Glocester relevèrent le parti du roi et affaiblirent celui de l'impératrice ; néanmoins il se soutint assez pour faire une guerre civile qui désola l'Angleterre. On avait espéré que l'échange du comte avec le roi ferait la paix, il n'en fut rien ; l'échange se fit, aucun des deux ne voulut entendre parler de traité, les deux partis se retrouvèrent dans la même position qu'avant la bataille de *Lincoln*.

La délivrance des deux prisonniers rendit la guerre plus cruelle et plus opiniâtre, les succès en furent balancés. Aigri par ses premiers malheurs et sa captivité, Etienne agit tyranniquement envers plusieurs barons et prélats, ce qui lui créa de nouveaux ennemis. Le jeune Henri, fils de Mathilde, qui se trouvait en âge de porter les armes, en profita pour ranimer en Angleterre le parti de sa mère, et réclamer la succession de son aïeul. Eustache de Boulogne, fils d'Etienne, vient en Normandie, s'empare de Vaudreuil : il a pour lui Rouen et la noblesse du pays de Caux. Geoffroy Plantagenet, de son côté, s'empare de toute la Basse-Normandie ; il était à Argentan lorsqu'il apprend que le chapitre du Séez, agissant sans son consentement, a procédé à l'élection d'un évêque ; aussitôt Plantagenet assemble des troupes, se rend à Séez où il fait mutiler l'évêque et les vingt-quatre chanoines, et se fait présenter dans un bassin d'argent la preuve de l'exécution de ses ordres ; il prend ensuite la route de Rouen. Eustache de Boulogne ne croit pas devoir l'attendre, il s'éloigne, et malgré de Varennes, gouverneur de Rouen, Geoffroy s'en rend maître, et fait reconnaître son fils Henri II duc de Normandie. Le nouveau duc leva des troupes dans son duché, qu'il appelle en Angleterre pour appuyer sa mère, dont les partisans avaient éprouvé un échec sous les murs d'Oxford. Le comte de Glocester battit à son tour le roi à *Wilton* et mourut peu de temps après ; cette perte détermina l'impératrice à revenir en Normandie. Mais Henri n'en continua pas moins la guerre en Angleterr . Ce prince donna des preuves de valeur et de prudence, il sut temporiser pour être plus sûr de vaincre. Jamais Etienne ne put l'engager dans une bataille générale.

Les choses étaient en cet état lorsqu'Etienne perdit Eustache, comte de Boulogne, son fils unique. Ce malheureux événement rétablit la paix dans le royaume, car étant privé d'enfants, Etienne adopta Henri Plantagenet pour son héritier présomptif. On prétend que Mathilde facilita cette négociation en rappelant secrètement à Etienne qu'ils s'étaient aimés à la cour de son père, et que celui qu'il persécutait était son fils et non celui de Plantagenet. Quoi qu'il en soit, Henri consentit le traité et revint auprès de sa mère, en Normandie. Il y resta jusqu'à la mort d'Etienne qui arriva en 1154, c'est-à-dire fort peu de temps après la paix. Mathilde, son épouse, l'avait précédé de quelque temps : tous deux furent inhumés avec Eustache, leur fils, dans l'abbaye de Feversham, qui renferma toute sa maison.

1154. Henri II, le premier des Plantagenet, est le dixième duc de Normandie : la mort d'Etienne le met en possession du trône d'Angleterre. Il protège le peuple, maintient les grands dans l'obéissance, fait abattre douze cents châteaux à meurtrières qu'ils avaient élevés durant les derniers troubles et qui pouvaient servir de retraite aux rebelles ; il ne laissa que les places fortes nécessaires pour résister à l'étranger. Sa domination, plus étendue que celle d'aucun de ses prédécesseurs n'avait pas d'égale dans le monde. Il avait cinq enfants : Guillaume, l'aîné, qui mourut en bas-âge, Henri, Richard et Jean. Cette belle postérité lui présageait une source de prospérité ; ce fut la cause de ses chagrins et de la désolation de ses sujets. Henri II, justement offensé de ce que, dans le commencement des démêlés de sa maison avec le roi Étienne, Louis VII qui s'était d'abord déclaré pour l'impératrice Mathilde avait ensuite changé de parti, cherchait l'occasion de s'en venger. Nous avons vu que Louis, revenu de la Palestine, répudie la reine Eléonore pour la punir de ses scandaleuses amours avec le grec Saladin et de ses autres débauches devenues publiques, et que le prince Henri l'épouse ; par ce moyen, il réunit à ses possessions en France, toute cette vaste contrée comprise entre la Loire et la Garonne. Si Louis en fut contrarié, il ne le manifesta pas sur-le-champ, mais Geoffroi Plantagenet ayant eu trois enfants de l'impératrice Mathilde, fit leurs partages par un testament qu'il remit aux évêques et aux seigneurs qui l'entouraient, en leur faisant promettre de ne pas l'enterrer avant que le prince Henri n'eût fait serment d'y acquiescer. Une clause de ce testament blessait les intérêts du prince et favorisait Geoffroy, son frère puîné ; par déférence pour les évêques, il fit le serment exigé, se réservant *in petto* de le violer promptement, et aussitôt il s'en fit relever, parce que ce serment n'était que le résultat de la nécessité. Geoffroy prend les armes, Louis le favorise secrètement, ne voulant pas rompre ouvertement avec le roi d'Angleterre. Henri porte la guerre sur les terres du roi de France. Geoffroy vient à mourir, Henri s'enrichit encore de ses possessions ; il achète du comte de Dreux, Epernon, Montfort-Lamauri et Rochefort ; il place des garnisons dans ces villes entre Orléans et Paris.

Louis croit le moment arrivé d'assouvir toutes ses haines ; il excite des rebellions dans les possessions du roi d'Angleterre, et fait lui-même une irruption en Normandie. Pour le repousser, Henri vient à Argentan à la tête de ses troupes ; le duc de Saxe vient le visiter dans cette ville, et veut inutilement négocier la paix : Henri marche à l'ennemi, qui ne l'attend pas et prend la fuite ; il pénètre sans obstacle dans le Vexin français qu'il ravage à son tour, de là il court sur les bords de la Loire, où il fait déposer les armes à tous ceux que le roi de France avait soulevés contre lui. Les efforts du duc de Saxe sont enfin couronnés de succès ; les deux rois signent la paix au château de Saint-Germain-en-Laye, le 6 janvier 1169. La paix ainsi faite, Henri vient tenir son tinel ou cour plénière à Argentan ; il y passa les fêtes de Noel.

Le duc de Saxe n'était venu à Argentan que parce qu'il avait été exilé par l'empereur. Henri négocia sa rentrée en faveur, mais il ne put l'obtenir; dès-lors le duc quitta la ville d'Argentan pour aller en pèlerinage à Saint-Jacques en Galice. La duchesse Mathilde, son épouse, resta dans Argentan où elle accoucha d'un fils. Eléonore éprouve à son tour les tourments de la jalousie qu'elle avait fait éprouver à son premier époux : dans sa fureur, elle excite ses enfants à s'armer contre leur père ; ils se réunissent à Louis-le-Jeune et investissent la ville de Rouen. Henri qui se trouvait en Angleterre débarque à Barfleur et entre triomphant dans sa capitale ; désolé d'avoir à combattre ses enfants, il leur offre le pardon ; ils répondent par de nouveaux outrages, et ravagent la Normandie, la Bretagne et l'Aquitaine ; Henri les assiège dans Limoges ; ils se retirent en Quercy. Le père les poursuit toujours ; l'aîné de ces parricides meurt au château de Martel. Henri, après avoir fait enfermer Éléonore, pardonna à ses enfants rebelles !

Louis-le-Jeune, roi de France, mourut en 1180 ; Philippe son fils, qui n'était âgé que de quinze ans, monta sur le trône sous le nom de Philippe II ; il est le quarante unième roi de France. Philippe II avait épousé Isabelle de Hainaut. A son avénement au trône, il publia trois édits : le premier condamnait au feu les hérétiques du royaume, le second ordonnait de noyer les blasphémateurs, le troisième chassait les bateleurs et jongleurs.

Les Juifs étaient en grand nombre, tous fort riches et se livrant à l'usure, ils furent arrêtés dans leurs synagogues, leurs biens furent confisqués et vendus au profit du roi, leurs débiteurs furent déclarés libérés, et on les bannit. Ils ne purent emporter que leurs meubles et l'argent qu'ils avaient pu cacher. Ce dernier édit fut considéré comme impolitique et injuste, parce qu'il frappait sans exception et sans égard au degré de culpabilité de chacun ; il dépeuplait inutilement le territoire du royaume. Les prêteurs de cette espèce sont quelquefois utiles au bas commerce. On pouvait remédier aux abus, sans bannir cette race qui se chargeait des travaux les plus avilissants. Plus tard le roi reconnut sa faute ; mieux instruit et pressé par le besoin d'argent, il les rappela, et reconnut que si l'usure a ses dangers, en lui donnant un frein, on prévient des malheurs beaucoup plus funestes qu'elle.

Des débris de croisés vaincus ou déserteurs, il s'était formé des troupes de bandits vagabonds, sous les noms de Brabançons, de Routiers, de Taverdins, qui n'ayant plus ni feu ni lieu, pillaient indifféremment les églises et les synagogues, et traitaient les chrétiens comme ils s'étaient flattés de traiter les Turcs. Philippe se met à leur poursuite, et, aidé des communes, il les a bientôt détruits.

Philippe sut en imposer à sa mère et à son parrain, le comte de Flandres, qui prétendaient, chacun de leur côté, le gouverner à leur gré. Il déploya de bonne heure le caractère de fermeté qui lui fut utile dans la suite. Le nouveau souverain continua la politique de son père, favorisa de même la mésintelligence entre le roi d'Angleterre et ses enfants ; il excita l'ambition des derniers, et s'en fit une arme contre leur père. Ce dernier, dans un moment d'humeur, menaça le prince Henri, son fils, de lui préférer dans sa succession, Richard son puîné. Le jeune prince, fort irrité de cette menace, revient à Argentan ; son père le suit et couche à Alençon. En étant informé, il trompe ses gardes et se retire à la cour de son beau-père, le roi de France, avec lequel il ravage le Berri, et prend Issoudun ; le roi d'Angleterre qui est à leurs trousses, leur fait lever le siège de Châteauroux.

La Normandie redevient le théâtre de la guerre ; le roi de France prend Verneuil ; le roi d'Angleterre l'en fait sortir. Pour opérer une diversion, Philippe envoie des troupes pour ravager l'Angleterre ; elles sont battues, et les prisonniers envoyés à Henri II furent enfermés à Falaise.

La nouvelle de la prise de Jérusalem par les Turcs, après la bataille de Tibériade, le massacre des Templiers et Hospitaliers, enfin la destruction du royaume chrétien fondé par les croisés en Palestine, remplit de douleur toute la chrétienté. Le Pape prit l'événement si fort à cœur, qu'il en mourut de chagrin. Les rois de France et d'Angleterre suspendirent un instant leurs querelles. Le nouveau Pape, Clément iii, veut des croisades ; son légat Jean, cardinal d'Agnanie, réunit ces deux souverains au pays du Maine, près la Ferté-Bernard. La conférence finit avec aigreur et la guerre recommença ; le roi d'Angleterre fut obligé d'aller s'enfermer dans le Mans. Philippe, accompagné du prince Richard, prend la Ferté-Bernard, Montfort, Baumont, Malestable, Balon, et feint d'aller à Tours ; mais par une contre-marche, il paraît devant le Mans dont il se rend maître ; Henri n'a que le temps de fuir ; Philippe le suit toujours, prend Mondoublon, Montoir, Château-du-Loir, Amboise, Rochecorbon et autres places ; il termina cette course glorieuse par la conquête de Tours, qu'il prit d'assaut. Henri retiré à Chinon se résolut à la paix, mais il était trop tard, car il lui fallait subir la loi du vainqueur. Cette lutte finit pour ainsi dire en même temps que la vie de l'infortuné roi d'Angleterre ; car, ayant eu la curiosité de voir la liste de ceux qui s'étaient ligués contre lui, sa douleur fut excessive de trouver en tête le nom de ses deux fils ; il les maudit et fut pris d'une maladie noire (le spleen) qui l'emporta dans trois jours. L'an 1189, le soixante-unième de son âge et de son règne le trente-cinquième, son corps fut porté à Fontevrault, lieu qu'il avait choisi pour sa sépulture. Lorsqu'on l'y portait le visage découvert, Richard s'approcha, le cadavre jeta du sang, le jeune Prince versa d'abondantes larmes. Arrivé à l'abbaye, six pieds de terre couvrirent celui qui se trouvait à l'étroit dans l'univers. Peu de temps avant sa mort, Henri ii avait partagé ses états entre ses enfants, mais Henri et Geoffroi succombèrent aux fatigues des combats.

Richard, dit Cœur-de-Lion, troisième fils de Henri II, ayant survécu à ses aînés, succède à son père; il était occupé à rétablir l'ordre dans le Maine et l'Anjou. Lors de cet événement, il vient promptement en Normandie : il fut reçu à Séez par l'Archevêque de Rouen, qui vint au-devant de lui avec une députation de la capitale du duché ; vingt jours après la mort de son père, il fut couronné duc de Normandie. Il en est le onzième duc Ensuite il passa en Angleterre avec son frère Jean-sans-Terre et Eléonore leur mère, qui recouvra la liberté dont son mari l'avait privée depuis 1173 jusqu'en 1188 ; il fut sacré et couronné roi d'Angleterre, le 3 septembre 1189, par Beaudouin, archevêque de Cantorbéry. Cette cérémonie fut souillée par le massacre des Juifs, devenus fort riches, et pour ainsi dire les banquiers de l'Europe; leurs trésors tentèrent en Angleterre les croisés, qu'un zèle fanatique rendait particulièrement leurs ennemis.

La troisième croisade était résolue ; jusqu'alors il n'y en avait pas eu de mieux ordonnée et qui donnât de plus belles espérances; les chefs étaient Fréderic Ier, Barberousse, empereur d'Allemagne, Philippe-Auguste, roi de France, et Richard Cœur-de-Lion ; ce dernier laissa les rênes du gouvernement entre les mains de sa mère, et, dès que les préparatifs de l'expédition furent terminés, il s'embarqua à Douvres le 11 décembre 1190, et se rendit à Nonancourt pour y avoir une entrevue avec Philippe-Auguste. Il trouva dans le monarque Français, un prince brave et aventureux comme lui, qui consentit à partager les dangers et la gloire de la croisade : ils se jurèrent une amitié éternelle ; cependant elle fut de courte durée. Ils étaient convenus de prendre la mer en même temps; Philippe se distingue le premier, il écarte et bat les Sarrasins, s'empare de plusieurs villes, et va mettre le siége devant Acre : l'impatient Richard arrive

avec trente mille hommes d'infanterie et cinq mille de cavalerie ;
il avait été retardé en Sicile par Tancrède, roi de l'île, qu'il
avait été obligé de combattre. Ayant ensuite demandé satisfaction à Isaac Comnène, roi de Chypre, pour le pillage de deux
de ses vaisseaux échoués près de Limisso, il essuya un refus : il
débarqua ses chevaliers, le vainquit et le bannit de son royaume.

Richard rejoignit enfin Philippe à Saint-Jean-d'Acre ; cette ville
défendue par Salah-Eddin, se rendit aux croisés après avoir
soutenu un siége de deux ans.

Les deux Souverains se regardèrent bientôt d'un œil jaloux :
du mécontentement, ils en vinrent aux reproches. La prise
d'Acre fit un extrême plaisir à Philippe qui était las de la
guerre, et brûlait de retourner dans ses états. Sous le prétexte
spécieux que l'air de la Palestine lui était contraire, mais en
réalité parce que la gloire de Richard l'importunait, et qu'il
avait l'intention secrète d'attaquer les possessions de son rival,
malgré les serments réciproques de ne pas agir en l'absence l'un
de l'autre, il résolut de retourner en Europe ; de plus il accusait
Richard d'avoir excité le Vieux-de-la-Montagne à le faire assassiner.

Ce despote habitait la Phénicie où il s'était maintenu contre
tous les efforts du calife d'Egypte et des rois de Jérusalem ;
c'était le souverain d'un petit état ; mais il s'était donné l'autorité la plus étendue, en allant, par le poignard, droit au cœur des
souverains qui lui déplaisaient : il ne leur faisait pas autrement
la guerre. De jeunes fanatiques préparés dès l'enfance pour ses
desseins, ministres obéissants de ses vengeances, de ses caprices
ou de ses fureurs, volaient exécuter ses ordres avec un dévouement sans bornes ; ils étaient poussés par le plus grand des res-
sorts, par le fanatisme. Leur chef était un Dieu pour eux : on
vit plus d'une fois ces assassins aller chercher le cœur qu'ils voulaient percer, à travers les lances et les épées, contents d'expirer

après avoir frappé; s'ils étaient pris vivants, ils souriaient dans les tourments et défiaient les bourreaux.

Il paraît que Philippe redouta le Vieux-de-la-Montagne, car il lui fit de riches présents, et pour plus de sûreté, créa des gardes chargés de veiller continuellement sur sa personne, ce sont les premières gardes de cette espèce.

La bonne intelligence se rétablit, au moins en apparence, entre Philippe et Richard.

Les conditions de la capitulation d'Acre, n'ayant pas été acceptées par Salah-Eddin, Richard fit trancher la tête à cinq mille prisonniers; Salah-Eddin (Saladin) usa de représailles. Philippe fut plus humain pour les siens et partit pour la France, laissant dix mille hommes de ses troupes sous les ordres de Richard. Ce dernir mit Acre en état de résistance, puis il divisa ses troupes pour marcher en avant. L'armée avait marché deux jours dans l'ordre qui avait été établi; elle arrivait le troisième à Antipatride, lorsque Saladin, qui se tenait couvert derrière une chaîne de montagnes, vient fondre sur l'arrière-garde; les chrétiens firent bonne contenance et restèrent maîtres du champ de bataille. La mêlée et le carnage furent épouvantables; la perte des infidèles fut portée à quarante mille hommes; la perte des chrétiens ne fut évaluée qu'à cinq mille hommes. Le brave Jacques D'Avesnes, qui commandait les dix mille Français laissés par Philippe, roi de France, périt glorieusement dans cette affaire; c'est le seul officier de marque dont les chrétiens eurent à déplorer la perte.

Richard ne profita pas de sa victoire, il perdit du temps à relever des places fortes, que Saladin avait démantelées; ce qui donna le temps aux ennemis de se reconnaître. Un jour, il faillit être pris à la chasse, près de Jaffa; il fut sauvé par le brave Desbarres, qui se faisant passer pour le roi d'Angleterre, attira l'attention de son côté; il fut pris, et Richard put se soustraire

aux poursuites des infidèles. Desbarres, que l'on croyait toujours le roi d'Angleterre, fut conduit à Saladin, qui, loin d'être
irrité contre lui, le félicita sur sa conduite et sa présence d'esprit. Richard, pour témoigner sa reconnaissance à ce fidèle serviteur, le racheta dix des émirs les plus considérés parmi les
Sarrasins qu'il avait pris à la bataille d'Antipatride.

La paix fut proposée par Saladin, mais elle traîna en longueur et ne fut pas conclue. 1192. La belle saison étant revenue,
Richard fit ses préparatifs pour aller assiéger Jérusalem. Il se met
en marche et va camper à Betonopolis, entre Jaffa et la ville
Sainte, des émissaires l'informent que, dans le dessein de le surprendre, les troupes ennemies sont embusquées derrière un groupe
de montagnes; il tombe dessus à l'improviste, les taille en pièces.
La déroute fut complète. A peine rentré de cette glorieuse expédition, il apprend qu'une grosse caravane venant d'Egypte, se
rendait à Jérusalem, chargée de munitions et d'argent. Il court
à sa rencontre à la tête de cinq mille chevaux, se trouve si à
propos qu'il défit les dix mille hommes de bonnes troupes [qui
l'escortaient, et revint chargé de butin qu'il distribua à ses
soldats. On espérait beaucoup de ces deux actions d'éclat, et tout
faisait présumer le siége et la prise prochaine de Jérusalem, mais
tout-à-coup l'ardeur guerrière de Richard se ralentit, les motifs
en sont bientôt connus. Des nouvelles d'Europe l'instruisent que
des troubles sérieux ont éclaté en Angleterre et en Normandie,
que le prince Jean, dernier fils de Henri II et jeune frère de Richard, ayant eu la régence après la fuite du duc d'Yorck, avait
pris goût à la royauté et voulait s'emparer des états de son frère,
alors en Palestine; que pour réussir plus sûrement, il s'était fait
des créatures, avait acquis la bienveillance du peuple, la considération des grands, et s'était assuré l'appui de Philippe-Auguste,
qui devait entrer en Normandie. Richard qui se devait avant
tout à la défense de ses propres états, quitte, en gémissant, la

suite d'une conquête assurée pour aller combattre dans un frère,
l'ingratitude et la trahison; avant de partir il veut assurer le
sort des Croisés dans la Palestine, et conclut avec Saladin une
trève qui devait durer trois ans, trois mois, trois semaines, et
trois jours. Les ordres donnés pour l'administration de la chré-
tienneté, Richard fit partir sa flotte, sa famille et ses trésors, qui
arrivèrent heureusement à Marseille. Lui-même partit sur un
gros vaisseau; mais trouvant qu'il n'allait pas assez vite il monta
sur une galiote devant Corfou; jeté par une tempête dans le
golfe de Venise, il fit naufrage et fut jeté à là côte, entre Venise
et Aquilée.

Voulant éviter la France pour ne pas tomber aux mains de
Philippe, Richard crut qu'en se déguisant il traverserait plus
facilement l'Allemagne; il prit la route de ce pays, et pour ne
pas être reconnu, il se noircit le visage, mais on eut des soupçons et on le suivit; il fut pris dans un cabaret de village près de
Vienne, tournant la broche dans la cuisine. Conduit à Léopold,
marquis d'Autriche, dont il s'était fait un ennemi en Palestine,
ce seigneur le fit livrer à l'empereur Henri v pour en tirer rançon. Richard retenu captif dans un donjon, ne dut sa délivrance,
qu'à la tendresse active et vigilante de sa mère, à l'intervention
menaçante du pape Célestin qu'elle sollicita, enfin à la générosité
de ses sujets, qui lui fournirent cent mille marcs pour se racheter.
Tout le monde connaît la fable de la découverte de Richard par
un ménétrier nommé Blondel, ce fait est certainement controuvé;
l'arrestation de Richard fut immédiatement connue, plusieurs
ambassadeurs furent le visiter. L'évêque de Saresbury reçut de
de lui des ordres de pourvoir à sa rançon.

16

CHAPITRE XII.

ERE CHRÉTIENNE.

1192. — 1223.

> Du jour où l'honneur des rois a souffert
> certaines atteintes, on peut les regarder
> comme détrônés ou morts, et s'ils ajoutent la
> tyrannie à la honte, leur chute ne saurait
> tarder.   (F^{tes} CIVILS, 1831.)

SOMMAIRE.—Richard obtint Sa liberté. — Sa rentrée en Angleterre.—
Philippe prend des places fortes en Normandie. — Son mariage, son
divorce.—Richard débarque en Normandie, vient à Laigle et Verneuil.
— Massacres à Evreux. — Défaite de Philippe à Fréteval. — Paix entre
Jean et Richard. —Paix entre Richard et Philippe.—Mort de Richard.
— Jean-Sans-Terre lui succède. — Arthur élève des prétentions à la
succession de son oncle. — Arthur est assassiné. — Jean est cité et con-
damné à la cour des pairs. — Préparatifs de guerre contre l'Angleterre.
—Trève de deux ans.--Grande charte des libertés anglaises. — Guerre
civile. — Jean est déposé.— Louis VIII, roi d'Angleterre.—Mort de Jean.
— Louis est déposé — Quatrième croisade. — Massacre des Albigeois.
—Mort de Philippe-Auguste.

Jean, frère de Richard, de concert avec Philippe-Auguste,
roi de France, avait offert pareille somme de cent mille marcs
d'argent à l'empereur d'Autriche pour retenir ou leur livrer Richard, et l'empereur avait balancé; les princes allemands indignés
s'étaient prononcés en faveur de la mise en liberté de Richard,
et il fut relâché; mais aussitôt l'empereur se repentit et fit courir après lui. Richard prévoyant quelque perfidie s'était promptement éloigné. Philippe apprenant sa mise en liberté écrivit de sa
main au prince Jean-Sans-Terre : *prenez garde à vous, le diable*

est déchaîné. Par suite des conventions arrêtées entre Jean et Philippe, le premier était chargé de se faire reconnaître en Angleterre, le second était chargé de réduire la Normandie. Philippe prend Gisors et les places du Vexin en février 1193; il se rend aussi maître d'Evreux, et vient assiéger Rouen, dont il ne put parvenir à s'emparer.

La reine Elisabeth, femme de Philippe-Auguste, venait de mourir; il épouse la princesse Isenburge, sœur du roi de Dannemark, en août 1793; il en prit une telle aversion dès la première nuit de ses noces, sans doute à cause d'un vice caché dont cette belle princesse était affectée, qu'il ne voulut pas la toucher, et peu de temps après provoqua son divorce, pour cause de parenté. Ces affaires domestiques n'empêchèrent pas Philippe de continuer la guerre en Normandie, et il assiégeait Verneuil lorsqu'il apprend le retour de Richard en Angleterre, que ce prince ne respire que la vengeance contre le roi de France, qu'il a été bien accueilli des Anglais, qu'il a déjà défait les partisans de son frère Jean-Sans-Terre, qu'il s'est embarqué à Portsmouth, où il a trouvé une flotte formidable, qu'il est débarqué à Barfleur et marche pour délivrer Verneuil. Philippe est encore instruit dans le même moment, que son allié Jean-Sans-Terre, craignant le ressentiment de son frère, avait cru se disculper auprès de lui de ses menées avec Philippe, en reprenant la citadelle d'Evreux au moyen de la plus horrible perfidie. comme il vivait en bonne intelligence avec les Français qui étaient la garnison de cette citadelle, il invita les officiers à un banquet splendide, auquel ils se rendirent avec confiance, et à un signal donné, il les fit tous égorger.

Philippe, frémissant de rage, se rend précipitamment à Evreux avec sa garde, prend la ville, la pille, la brûle; rien ne fut épargné, pas même les églises; tous les Anglais furent massacrés, mais le perfide Jean s'était esquivé.

Le bruit de cette sanglante exécution informa les troupes du siége de Verneuil que le roi s'était secrètement éloigné et causa quelque désordre. Philippe revenant à Verneuil sut que Richard accourait pour lui livrer bataille, qu'il était dans Laigle ; les chefs de l'armée française hésitent à commettre leurs troupes harassées de fatigues, contre des troupes fraîches, sous les ordres d'un capitaine du mérite de Richard ; Philippe fut donc dans la nécessité de lever le siége. Richard profite de cet avantage pour aller secourir Montmirail, assiégé par les Manceaux et les Angevins ; il pousse plus avant, prend Loches et entre dans Tours ; de là il passe dans le Berri pour y châtier le comte d'Angoulême, son vassal, qui s'était joint à Philippe ; ce dernier tombe dans l'embuscade de Fréteval, en Beauce, y perd ses équipages, le sceau de France et ses archives. Sur ces entrefaites la reine mère avait négocié la paix entre Jean et Richard ; ce dernier consentit à voir son frère. Comme Jean le suppliait d'oublier le passé : *je souhaite*, lui répondit-il, *oublier aussi aisément votre faute, que vous en oublierez facilement le pardon.* Richard prit d'assaut la ville d'Angoulême. Après de nouvelles et inutiles conférences, à Bernay, la paix entre Richard et Philippe fut signée à Louviers en 1195.

Pendant la guerre, Philippe de Dreux, comte de Beauvais, cousin-germain du roi de France, avait été fait prisonnier et retenu par Richard ; le pape sollicita sa délivrance, le traitant *de son cher fils.* Richard lui fit présenter la cotte d'armes du comte, toute ensanglantée, avec cette demande : *voyez, Saint Père, si c'est là la tunique de votre fils ;* le pape n'insista plus, et Philippe de Dreux resta détenu jusqu'à la paix. Cette paix entre Richard et Philippe ne devait pas durer. Au bout de six mois, la guerre recommença, leur haine et leur ambition mutuelle la rendirent on ne peut plus meurtrière, les succès en furent variés ; enfin le pape Innocent III voulant profiter de la division des successeurs de Saladin, pour envoyer de nouvelles croisades en Palestine, envoya le cardinal Pierre de Capoue en qualité de légat en France négocier la paix entre les deux rois; elle se fit pour cinq ans, dans un pourparler qu'eurent les deux rois entre Andelys et Vernon, Philippe à cheval, sur le rivage, Richard en bateau sur la Seine. Le traité parut satisfaire tout le monde. Une année après la signature de ce traité, Richard recommença la guerre pour forcer Viridomar, vicomte de Limoges, son vassal, à lui céder tout entier un trésor que ce dernier avait trouvé dans ses domaines, et dont il ne voulait céder que la moitié. Cette guerre lui fut fatale, il fut blessé au bras d'un coup de flèche, par Bertrand de Gourdon; sa blessure n'était pas mortelle, mais ayant le sang vicié par la débauche, il en mourut le 6 avril 1199.

Selon Mezeray, Richard avait introduit l'usage des arbalètes en France, car avant lui les hommes de guerre ne se servaient que de la lance et de l'épée, ils avaient en horreur ces armes avec lesquelles un coquin à couvert peut tuer un vaillant, de loin et par un trou.

Quelques vieux chroniqueurs prétendent que la veille de sa mort, Richard fit approcher Mauger, archevêque de Rouen, et que ce prélat lui dit : « Mettez ordre à vos affaires et songez, » avant de mourir aux trois filles qui vous restent à pourvoir. » Je n'ai pas de filles, interrompit Richard. — Pardonnez-moi, » seigneur, reprit l'archevêque, elles sont depuis long-temps » l'objet de votre prédilection l'aînée est *l'ambition*, la seconde » *l'avarice*, et la troisième *la luxure*. — Vous avez raison, dit » le roi : eh bien ! Je laisse l'aînée aux templiers, la seconde aux » moines de Citeaux, et la troisième aux évêques. » Richard fut inhumé à Fontevrault; son cœur fut porté dans la cathédrale de Rouen, comme il l'avait désiré : il était âgé de quarante-deux ans.

1199. — 1204. RICHARD, surnommé Cœur-de-Lion, ne laissa

pas de postérité. Son successeur, dans l'ordre de primogéniture, était le jeune Arthur de Bretagne, son neveu, fils de son frère Geoffroy; mais Jean-Sans-Terre avait déjà pris possession de l'héritage de son frère. Ce prince né à Oxford en 1166, avait trente-trois ans, lorsqu'il reçut la double couronne; il est le quatorzième et dernier duc de Normandie. Une surprise lui livre le jeune Arthur; il le fit transporter dans le château de Falaise, où il se rendit lui-même, et lui proposa de renoncer à l'alliance de la France et à ses droits, lui promettant de lui laisser néanmoins une belle position. Arthur repoussa ses propositions, et le traita d'usurpateur. Cette réponse mit Jean-Sans-Terre dans une telle colère, qu'il le menaça de mort; il sollicita Guillaume Debray, capitaine de ses gardes, de le tuer secrètement; mais Debray répondit courageusement qu'il était gentilhomme et non pas bourreau, puis il se retira chez lui. Jean, craignant de contrarier sa mère, pour laquelle il conservait encore quelques égards, fit transférer le prince à Rouen, et l'enferma dans la tour. La reine mère étant morte peu de jours après, Jean ne voulut plus différer à se défaire d'un captif qui lui donnait tant d'ombrage. Sa mort fut résolue. Jean fut à Moulineau trois jours avant cette exécution; la troisième nuit il revient en bateau au pied de la tour, fait descendre Arthur et lui dit de se préparer à mourir. Arthur effrayé demande la vie et descend à la prière. Le barbare monarque tire son épée sans répondre et le perce de coups; le corps tomba dans la Seine. Jean fit répandre qu'il s'était noyé en voulant se sauver, mais personne ne fut sa dupe, tous demeurèrent convaincus qu'il avait lui-même commis ce honteux assassinat. Shakspeare en a conservé la mémoire dans ses immortels écrits.

Constance, mère du prince égorgé, demande justice à Philippe comme suzerain de l'assassin. Cité devant la cour des pairs, Jean refuse de comparaître; on le déclare coupable de parricide et de

félonie ; tous ses domaines sont saisis au profit de Philippe, qui
dès ce moment forme le projet de rendre à la France les provinces
qu'elle avait perdues par la faute des descendants de Charlemagne. Jean ne fait que des lâchetés pour réparer ses pertes : au
lieu de combattre son ennemi, il implore l'intervention du Saint-
Siége. La guerre continue, la Normandie, l'Anjou, la Touraine,
le Maine et la plus grande partie du Poitou, réunis pour toujours
à la couronne, reçoivent les lois françaises.

Jean-Sans-Terre, lâche témoin des succès de son rival, va
cacher son opprobre en Angleterre et tyranniser ses sujets ;
cependant il veut reprendre ses anciennes possessions les armes
à la main ; son audace disparaît tout-à-coup devant les périls ; la
médiation du pape lui procure une trève de deux ans. Le peuple Anglais en est humilié, les barons ajoutent le mépris à la
haine que le roi leur inspirait. 1206. La cour de Rome formait
alors les entreprises les plus violentes sur les droits de la nation
anglaise, Jean protesta, sa protestation fut suivie d'une levée de
boucliers contre Guillaume, roi d'Ecosse, qui montrait des
intentions hostiles et qui fut soumis. Il punit aussi les Irlandais
et les Gallois qui s'étaient rebellés. 1211. Pendant ce temps-là,
une bulle d'excommunication fut lancée contre Jean par Innocent III ; Jean use d'abord de représailles, il s'humilie ensuite ;
Innocent III sent ses avantages, et prononce enfin la déposition
du roi, en chargeant Philippe de soutenir cet arrêt. La couronne
d'Angleterre était le prix offert à l'instrument de la vengeance
de Rome. Philippe, ayant assemblé tous les grands vasseaux à
Soissons, en 1213, la guerre fut résolue dans cette assemblée.
Philippe, avec une armée considérable et une flotte de mille
voiles qui était à l'embouchure de la Seine, allait fondre sur la
Grande-Bretagne. Jean pour détourner l'orage se reconnut vassal
du Saint-Siége ; par ce moyen il désarma la colère du pape, qui
suspendit les apprêts formidables de Philippe. De dépit, le roi de

France se jeta sur les terres du comte de Flandres, qu'il savait attaché secrètement au monarque anglais. Jean à son tour suscita contre Philippe une ligue formidable de l'Angleterre, de la Flandre et de l'Allemagne, que brisèrent dans les champs de *Bouvines* le courage et le dévouement des Français à leur roi.

1214. Jean se hâta de conclure une trève et revint en Angleterre où allaient se passer d'importants événements.

L'archevêque de Cantorbéry produit aux barons assemblés une première charte de franchise, par laquelle Henri 1er avait consacré les limites posées au pouvoir royal ; mais ses héritiers n'avaient fait que travailler à étendre ces limites, au point de les faire disparaître. L'état d'abaissement de la royauté parut favorable à l'aristocratie, pour enchaîner à jamais la première par un pacte définitif et solennel. On posa donc les bases d'une charte dans laquelle on fixa d'une manière nette et positive les libertés et franchises auxquelles on prétendait, et on jura de refuser tous subsides, et même de faire la guerre au roi, s'il refusait de souscrire aux propositions convenues. Jean refusa d'abord. Les barons, à la tête de troupes qui prirent le titre d'*Armée de Dieu*, s'emparèrent de Londres ; Jean, effrayé, s'empressa de signer la constitution dite *Grande charte des libertés*. A peine l'assemblée des barons est-elle dispersée, que Jean retracte ses serments et rallume la guerre, surprend les barons livrés à une dangereuse sécurité, et met tout à feu et à sang. Sa fureur et sa cruauté naturelle lui firent commettre des actes atroces, qui eurent leurs réprésailles. Les barons ayant le dessous dans cette circonstance, se déterminèrent comme moyen extrême à offrir la couronne d'Angleterre à Louis, fils aîné du roi de France, allié à la famille Plantagenet par son mariage avec Blanche, nièce de Jean. Leur offre fut acceptée, et bientôt une flotte de chevaliers français entra dans la Tamise. Louis devait la rejoindre immédiatement, mais le pape ne sommeillait pas, et les foudres de l'excommunication vinrent frapper Louis et Philippe au milieu de leurs espérances. Les prélats de France crurent pouvoir s'opposer à l'anathème. Le pape persiste, et pour donner à l'Europe le signal de la vengeance du haut de la chaire, il crie : *Glaive*, *glaive du Seigneur, il est temps*, *sors, sors du fourreau, et aiguise-toi pour tuer*. Dans un paroxysme de colère, il est pris de la fièvre, et meurt peu de jours après. Sa mort atténua l'effet de ses décisions. Louis aborda en Angleterre, s'empara de Rochester, et fit une entrée solennelle à Londres. Là, il jura d'observer la grande charte, et gagna beaucoup de partisans par son affabilité. Le roi d'Ecosse, Alexandre, s'empressa de lui rendre hommage. Jean, avec le reste de ses troupes grossies de tous les vagabonds qu'il put rencontrer, soutint une guerre acharnée contre son rival étranger, et succomba aux fatigues qu'elle lui causa, dans la cinquante-unième année de son âge, la dix-huitième de son règne. Il laissa trois fils en bas âge, Henri, Richard et Edmond.

1216. La mort de cet indigne souverain, dont l'héritier était presque au berceau, semblait devoir affermir le trône où Louis venait de s'asseoir, elle fut, au contraire, le signal et le principe de sa déchéance. Le fils était innocent des crimes du père, le sceptre était aux mains d'un étranger dont la nation était rivale de l'Angleterre, on redouta ses tendances. Abandonné des barons, Louis se vit assiégé dans Londres ; il fut bientôt exclu de la couronne, et réduit à implorer la permission de repasser en France.

Depuis la capitulation de Rouen et la jonction de la Normandie à la France, Philippe-Auguste maintint les vieilles coutumes et libertés normandes, profitant 1° de la retraite en Angleterre de plusieurs familles de ce pays, riches des conquêtes de Guillaume ; 2° de la détresse des barons et châtelains que l'amour des croisades forçaient de vendre à tout prix. Philippe assura son influence en Normandie, en achetant ou échangeant d'immenses domaines, entre autres, en 1220, le duché d'Alençon, la châtellenie de Vernon, la seigneurie de Longueville et le comté d'Evreux.

Pendant tout ce temps il s'était fait une quatrième croisade ; la France avait encore consenti à se dépeupler, à la voix d'un curé de Neuilly. Boniface, marquis de Montferrat, fut le chef de l'entreprise qui se termina par la prise de Constantinople, après un séige de quarante jours et une résistances des plus opiniâtre. Les Croisés en prirent possession, au milieu du carnage et des flammes qui l'avaient en grande partie consumée.

Jusqu'ici la milice sacrée des Croisés n'avait eu pour but que de faire couler le sang des infidèles, venger le christianisme d'une religion ennemie, qui avait usurpé la terre humectée du sang d'un Dieu. Le pape crut devoir tourner ces armes terribles contre des sectaires ou hérétiques que recelaient les provinces méridionales du royaume de France. On les nommait Albigeois, parce que la plupart demeuraient à Albi et aux environs, ils vivaient sous la protection du comte de Toulouse, qui s'inquiétait peu de quelle religion on était, pouvu que l'on restât en paix, sans troubler ni offenser personne. On leur avait envoyé des missionnaires. N'ayant converti personne, on substitua l'épée à la prédication : saint Dominique et Rémond de Toulouse, sont des personnages marquants de cette terrible épisode. Simon de Montfort, dont le nom seul réveille l'effroi, commanda dans cette guerre des soldats ou plutôt des bourreaux. Sous les ordres du pontife, un tribunal s'élève, chargé de la répression du crime d'hérésie ; il agit par des procédés jusqu'alors inconnus sur la terre ; pour lui le soupçon est une preuve, l'apparence un crime, tous les délateurs sans distinction sont accueillis, le fils accuse son père, la femme son mari, des bûchers sont allumés pour punir des opinions dogmatiques. Telle fut l'origine de l'inquisition, née dans le sein de la France, elle abandonna son berceau pour aller en Espagne et en Italie porter ses fureurs. Philippe fut le spectateur tranquille de ces massacres ; on l'accusa même de les avoir provoqués pour affaiblir la puissance du comte de Toulouse, qui était son ennemi.

Le vainqueur de Bouvines mourut à Mantes, le 24 juillet 1223, d'une fièvre quarte, son corps fut porté à St-Denis, avec un appareil imposant. Il était âgé de cinquante-huit ans, il en avait régné quarante-quatre.

Nous terminerons ici la première partie de notre ouvrage, et nous commencerons la seconde par l'état ecclésiastique d'Argentan.

FIN DE LA PREMIÈRE PARTIE.

CAEN, IMPRIMERIE DE CH. WOINEZ,
Rue Notre-Dame, 98.— 1845.

Succursales.	*Desservants.*
Aunou-le-Faucon. . . .	MM. Dugrés.
Coulandon.	Ridel.
Idem.	Beaudoire, *vicaire*.
Fontenay-sur-Orne. . . .	Pi....
Moulins-sur-Orne.	Lelièvre.
Cecagnes.	Patois.
Sarceaux.	Royer.
Sepvigny.	Lebailly.
Uron.	Bazile.
Commeaux. *Chap. vic.* . .	Garnier.

De temps immémorial il existait aux quatre faces du clocher de l'église Saint-Germain, des cadrans horaires; la mécanique motrice des aiguilles était indépendante de celle de l'horloge. Par délibération du conseil municipal d'Argentan, du 30 novembre 1840, le maire fut autorisé à faire descendre ces cadrans, qui ne doivent pas être remplacés. On ignore les motifs de cette mesure préjudiciable, surtout pour la classe ouvrière; tout fait espérer que l'autorité municipale reviendra sur sa décision et votera des fonds pour le rétablissement de la mécanique et des cadrans.

Dans le courant de 1810, l'autorité municipale fit placer sur le sommet du grand clocher un aigle en cuivre doré, aux ailes déployées, dans ses serres il tenait la foudre et était posé sur la boule du monde; il avait deux mètres soixante-six centimètres de hauteur, trois mètres soixante-six centimètres d'envergure, de grosses lettres dorées indiquaient les quatre points cardinaux, et l'aigle se trouvait tellement ajusté, que la brise la plus légère le faisait osciller. On raconte que l'ouvrier qui plaça l'aigle sur le principal clocher de l'église Saint-Germain, monta sur les ailes

18

de l'oiseau, puis il tira deux coups de pistolet, pour indiquer
à la population qu'il avait parfaitement réussi dans sa périlleuse
entreprise; il a été descendu et brisé en 1815, des morceaux on
a composé un coq qui tient sa place et indique les aires de vent.

ÉGLISE SAINT-MARTIN.

Cette église se trouvait dans l'ancien enclos de la ville d'Argentan, lorsqu'elle fut détruite par les troupes de Henri Ier, en
1045. Elle resta hors l'enceinte des fortifications bâties en 1120;
selon Depertheville, Bordeaux et Dupaty-Herembert, l'église
Saint-Martin porta la première le titre de paroisse; cependant elle
est nommée la dernière dans le titre de 1279; en 1683, lors de la
refonte des cloches, deux portaient le millésime 1267; la troisième, plus petite, portait des caractères illisibles: on présume
qu'elle fut fondue sous le règne des rois d'Angleterre ducs de
Normandie. Il existait dans le chartrier, une transaction faite à
Rouen, le 19 août 1516, par laquelle les paroissiens s'obligent à
faire réédifier le chœur et l'entretenir, en outre ils permettent à
l'abbaye de Sainte-Wandrille de faire placer derrière le chœur une
vitre à ses armes. La reconstruction était achevée avant 1568.
En cette année, Gabriel de Montgommeri n'ayant pu se faire
autoriser à passer ses troupes dans l'enceinte de la ville pour rejoindre le prince de Condé, son collègue dans l'armée calviniste,
dont les opérations étaient concentrées dans le Poitou, s'empara
de l'église Saint-Martin d'Argentan, au mois de septembre de la
même année 1568, et s'y retrancha. Pour le chasser, le château
tira des coups de canon qui entamèrent la tour et y firent une
large brèche. Les calvinistes, effrayés de cette attaque, se retirèrent après avoir pillé et brûlé l'église, qui ne fut rétablie et
bénie de nouveau que le 2 avril 1577, par Mgr Louis Dumoulinet,
évêque de Séez, qui, pour se soustraire aux calvinistes, s'était

réfugié dans la ville d'Argentan, neuf années auparavant, et avait été témoin de l'incendie de l'église. Des travaux y ont été faits de 1607 à 1631; à cette dernière époque, les murs de la nef furent élevés à la hauteur qu'ils avaient avant l'incendie : le haut de la flèche fut abattu par une tempête en 1701, elle ne fut pas rétablie dans son état primitif. L'église Saint-Martin est longue de quarante-quatre mètres soixante-six centimètres, elle forme la croix; les deux chapelles Saint-Sébastien et la Madeleine sont les croisillons, la chapelle la Vierge est une augmentation du dernier siècle; dans l'année 1637, on y plaça un orgue : nous ne savons ce qu'il est devenu, mais il n'en existe pas aujourd'hui.

Une confrérie de la charité, en l'honneur *du Très-Saint Sacrement de l'autel*, fut établie en 1639, elle fut renouvelée en vertu de la bulle du pape Pie vi, datée du 27 juillet 1779, approuvée le 9 juillet suivant par M. Duplessis d'Argentré, évêque de Séez; elle existe toujours, les frères portent la robe rouge, le chaperon blanc, sur lequel est broché un Saint-Sacrement en fils d'or.

La société des âmes du purgatoire, unie à celle de Rome, fut établie en 1680. Les bouchers fondèrent en 1675 la confrérie de la Madeleine; ils donnèrent les vitres, balustres et clôtures de la chapelle.

Une quatrième confrérie dite de Saint Roch, y existait aussi, mais d'une création bien plus récente.

Jusqu'en l'année 1840, un des vicaires était spécialement chargé de desservir l'église Saint-Martin, les offices et prédications s'y faisaient comme à la métropole, on y faisait également les baptêmes et inhumations; aujourd'hui cette église est indifféremment desservie par l'un ou l'autre des vicaires, sans aucune attribution exceptionnelle. Le clocher construit en flèche surplombait considérablement du côté du nord, il a été redressé vers 1840 L'entrée principale de l'église Saint-Martin est dans l'ancien cimetière de la paroisse, elle fait face au chœur. Sur le fronton de la petite porte donnant sur la rue Saint-Martin, on a sculpté en relief l'inscription suivante : *Lové soit le Trés saint Sacrememt de l'autel.* Il existe au pied de l'église Saint-Martin, une fontaine de l'eau la plus limpide et la plus saine, qui alimentait un ancien étang. Cette fontaine était toujours restée découverte, l'autorit municipale l'a fait couvrir en 1843 et y a fait placer un pompe pour l'utilité publique.

Sur le bénitier en pierre dure du pays, qui se trouve vis-à-vis la petite porte d'entrée, est gravée l'inscription suivante : *aqua benedicta sit nobis salus et vita l'an 14.* au-des sus du bénitier on lit dans un triangle :

hi très

unum

sunt

Le vitrail échappé aux dévastations que l'église Saint-Martin a éprouvées en différents temps, placé au dessus de la petite porte donnant sur la rue Saint-Martin, représente un vaisseau, des rameurs, avec l'inscription suivante en gothique.

Comment le corps de saint Martin fut veu en un vaisseau sur la rivière.

Une bulle du pape Grégoire xvi, en date à Rome du 28 avril 1838, a autorisé l'archi-confrérie du très-saint et immaculé cœur de Marie, pour la conversion des pécheurs, canoniquement érigée à Paris dans l'église paroissiale de Notre-Dame-des-Victoires (dite des Petits-Pères), sous la direction de M. Dufriche-Desgenettes, curé de cette paroisse. M. Dammeron, curé d'Argentan, ayant demandé l'aggrégation sous sa direction et l'extension de cette confrérie à ceux de ses paroissiens qui désireraient en faire partie, sa demande, accueillie par M. Desgenettes dans sa lettre du 28 octobre 1840, du consentement de M. Joly-Mellon, évêque de Séez, l'aggrégation a été canoniquement érigée dans les églises d'Argentan, Saint-Germain et Saint-Martin, et l'on y voit les statuts de l'archi-confrérie.

ÉGLISE NOTRE-DAME-DE-LA-PLACE.

TRANSLATION DE L'ABBAYE D'ALMENESCHES DANS CETTE ÉGLISE.

Plusieurs écrivains pensent que c'était le premier monument chrétien élevé dans la ville d'Argentan, sur les ruines d'une pagode *Mezeray*; dit que vers 496, les églises, très-rares dans la Gaule, se multiplièrent, et les temples des idoles furent consacrés au vrai Dieu.

Le nom de Notre-Dame-de-la-Place, désigne son établissement dans le principal lieu de la ville.

Dans une transaction de 1293, entre l'abbé de Ste-Wandrille et Robert de Hottot, qui lui contestait le patronage d'Argentan, elle est nommée la première. Selon les antiquaires, elle était en grande vénération à cause des miracles qui s'y étaient opérés. C'était le lieu de sépulture des principaux habitants d'Argentan; on y célébrait les mariages, on y purifiait les femmes. Pendant le séjour des Anglais, c'est-à-dire de 1419 à 1449, elle tomba en ruines; les Anglais en démolirent eux-mêmes une grande partie pour faciliter les constructions des forts qu'ils élevèrent en avant de la porte Saint-Martin, ainsi que nous l'avons vu page 131. En l'année 1461, les paroissiens de St-Germain résolurent de relever ce monument (l'église Notre-Dame-de-la-Place). A cette fin, ils sollicitèrent et obtinrent la permission de Jean de Valois, duc d'Alençon, IIe du nom, seigneur d'Argentan. On voit une dépense de trois cents livres, passée dans le compte du receveur des deniers communs, aux années 1472 et 1476, concernant cette reconstruction.

Guillaume Delapallu, sieur de Mebeudin et du Mesnil-Hubert fonda deux messes, par acte, devant les notaires d'Argentan, du 31 décembre 1480 : il a retenu la plus belle chandelle don-

née en cette église le jour Chandeleur, plus un chausson (gâteau)
de chaque nouvelle mariée, laquelle offrande les nouvelles ma-
riées pouvaient racheter pour six deniers et une chandelle. Le
cimetière de cette église fut déclaré commun à toute la ville.
En 1523, Jean Viel de la Fauvière donna du terrain entre cette
église et la rue Chantereine, pour en faire un nouveau ; les
bourgeois d'Argentan eurent plus tard le désir d'y voir établir
une communauté ; mais ils durent ajourner leur projet, par le
motif que l'abbesse d'Almenesches étant en bas âge ne pouvait
administrer le couvent, elle était suppléée par Judith de Médavy,
comme nous allons l'établir.

Denis Rouxel, cinquième fils de messire Jacques Rouxel
de Médavid, et de noble dame Françoise de Pierrefitte, seigneur
du Croc, du Menil-Doccaignes, et autres lieux, prit d'abord l'état
ecclésiastique : ses lettres de tonsure sont du 13 avril 1554,
mais il quitta bientôt ce parti, pour suivre la profession des
armes où il s'acquit une haute réputation d'intelligence et de
courage. Dans l'année 1567, Charles ix le fit son ambassadeur
auprès de Marie, reine d'Ecosse. Le 5 juillet 1568, il lui donna
le brevet de gentilhomme de sa chambre. L'année suivante
Denis Rouxel reçut la commission de deux cents hommes
d'armes et se signala dans de nombreuses occasions. Il fit des
actions héroïques au siége de Domfront, mais ayant eu la jambe
cassée d'un coup de Mousquet et reçu de nombreuses blessures
qui le mirent hors de combat, il se retira du service et reprit
l'état ecclésiastique qu'il avait quitté: il fut nommé à l'évêché
de Lisieux par François de France, duc d'Alençon, suivant ses
lettres du 18 juin 1578, mais il n'en prit pas possession, il fut
nommé à l'abbaye de Cormeilles. Les bulles de ce bénéfice lui
furent expédiées en l'année 1580. Il n'en jouit pas long-temps,
car il décéda le 6 août 1581. Denis Rouxel laissa deux filles
naturelles, l'une nommée Marguerite de Medavid, qui fit pro-

fession de religieuse en l'abbaye royale d'Almenesches, le onzième
jour de juin 1582, et qui, dans la suite, fut prieure du couvent
de Vignats; l'autre, nommée Judith, qui fut abbesse par interim
du couvent d'Almenesches, attendu que Louise Rouxel, troisième enfant de messire Pierre de Rouxel, baron de Médavid,
et de Charlotte de Haute-Mer, obtint du roi Henri IV, dès le 17
septembre 1597, à l'âge de quatre ans, la nomination à l'abbaye
royale d'Almenesches, sur la résignation que lui en fit, le 23
juillet 1597, noble dame Marie d'Esgnez, abbesse de ce couvent,
pour en jouir après elle ; sa mort arriva dans l'année 1599.
Louise n'étant alors âgée que de six ans et hors d'état de pouvoir administrer, Judith, religieuse du couvent des Vignats,
fut choisie pour la suppléer en attendant qu'elle eût atteint
l'âge compétent. Les bulles de nomination de Judith sont en
date, à Rome, de l'année 1599 ; elle gouverna l'abbaye jusqu'en
l'année 1602, que le roi reçut sa démission en faveur de Louise
Rouxel. Judith fut appelée à gouverner le couvent de Gomer-
Fontaine pendant le bas âge de Madeleine de Rouxel, sœur de
Louise ; ses bulles sont de 1604. Pour la deuxième fois, en
1612, elle céda la place à Madeleine de Rouxel, et se retira dans
un prieuré dont elle fut supérieure. Lorsqu'elle mourut, elle fut
portée à Gomer-Fontaine et inhumée au rang des dames abesses.

Louise Rouxel gouverna bien jeune l'abbaye d'Almenesches
et le monastère de Vignats, sous le titre de prieuré. Dans l'année 1617 elle se démit du prieuré en faveur d'Anne Rouxel sa
sœur. En 1623, les habitants d'Argentan sollicitèrent plus
vivement l'établissement en leur ville d'une communauté dont
l'église serait Notre-Dame-de-la-Place; pour cet effet ils dépu-
tèrent vers Mme de Rouxel, abbesse d'Almenesches, pour leur
venir en aide, elle se rendit à leurs vœux, et par délibération du
22 février 1623, dont nous avons un extrait sous les yeux ainsi
conçu :

« Devant Guillaume Brossard de la Feraudière, conseiller du
» roi, lieutenant civil et criminel du bailli d'Alençon, vicomte
» d'Argentan et Exmes,

» Vu la requête de madame Louise de Rouxel de Medavid,
» abbesse d'Almenesches, ordre de Saint-Benoît, tendant à être
» autorisée à fonder une maison religieuse à Argentan et de-
» mandant la concession de l'église Notre-Dame-de-la-Place,
» etc...... en présence de Christophe Matrot, curé d'Argentan,
» avons accordé ladite demande, etc., etc..............., Jacques
» Camus, évêque de Séez, approuva cette délibération. »

L'église Notre-Dame et le cimetière étant cédés, Louise de
Rouxel bâtit et fonda le couvent de Notre-Dame-de-la-Place,
sous le titre de prieuré, dépendant du monastère d'Almenesches,
sous la disposition de l'abbesse qui, pouvait y aller demeurer si
elle le jugeait à propos, qui nommait une prieure qu'elle pouvait
révoquer à sa volonté. Louise de Rouxel dont on citait la sage
conduite, les réformes utiles dans son triple gouvernement, le
zèle, l'esprit et la piété, finit ses jours à Notre-Dame et fut
inhumée dans le cimetière de cette communauté, le 24 août
1652, âgée de cinquante-neuf ans.

Lorsque les religieuses vinrent habiter Notre-Dame, elles
s'opposèrent aux fondations et aux sépultures ; Guillaume
Delapallu voulut maintenir celles établies par ses parents en
1480, il obtint des lettres du roi en sa faveur, en l'année 1630.
Des incendies et un défaut d'économie réduisirent ce prieuré à
ne pouvoir se soutenir. De l'avis de l'évêque de Séez il fut
abandonné. Les Jésuites y établirent un collége.

Madame Hélène-Marthe de Chambray, abbesse d'Almenesches
voulut rétablir la succursale de Notre-Dame d'Argentan ; en
1728 elle réussit dans son projet, et le siége abbatial y fut
transféré par lettre de cachet du 16 septembre 1736. Peu de
temps après l'abbaye d'Almenesches fut démolie, et l'église cédée
à la paroisse.

Sainte Opportune, sœur de saint Godegrand, évêque de Séez, avait fondé le monastère d'Almenesches au vii° siècle; les vertus de cette sainte percèrent les murs de son cloître, la réputation de sa sainteté se répandit dans tout le pays. Ce fut saint Adelin, évêque de Séez, qui recueillit les actes de sainte Opportune : les philosophes de nos jours se refusent cependant à croire les miracles des Prés Salés, de la résurrection des oiseaux et des œufs changés en boutons de rose. Du reste, la ville d'Exmes tient toujours à honneur d'avoir donné le jour à sainte Opportune et à son vertueux frère.

Madame Hélène-Marthe de Chambray donna sa démission en faveur de Marthe-Gabrielle de Chambray, qui fut nommée pour lui succéder par bulle de provision expédiée à Rome, le 15 juin 1744, et prit possession le 19 septembre 1744; l'acte d'installation est rédigé par René Lepelletier, garde-notes à Boucey, notaire apostolique du district d'Argentan. Le dernier clocher de Notre-Dame, détruit il y a environ vingt ans, avait été rebâti en 1738, il représentait une tour romaine. L'abbaye se trouvait, depuis 1736, toute réunie dans cette maison d'Argentan, elle a subsisté jusqu'à la révolution de 1789. Les couvents ayant été supprimés par les lois de l'assemblée constituante, le directoire du département de l'Orne envoya des commissaires à toutes les communautés d'Argentan et du département pour prévenir les religieux et religieuses qu'ils étaient libres de sortir, recevoir leurs déclarations et faire des rapports sur la situation des établissements.

Peu de temps après, les couvents furent entièrement supprimés et leurs biens annexés au domaine de l'Etat. L'abbaye Notre-Dame-de-la-Place fut dégradée pendant la tourmente révolutionnaire, l'église et partie des bâtiments restèrent debout. Quelques-uns de ces bâtiments servent aujourd'hui de caserne à la gendarmerie; l'église servit long-temps pour les réunions et assemblées publiques ; on y faisait le tirage au sort pour le recrutement de l'armée ; c'est dans cette église qu'avaient lieu les exercices et distribution de prix de l'école secondaire communale, dans ce temps organisée en collége ; enfin elle servait de magasin pour les dépôts de matériaux et fourrages ; vers 1810, MM. Richard et Lenoir y établirent une fabrique de bazins. Cet établissement philanthropique n'étant pas appuyé par les autorités locales fut promptement supprimé ; vers 1820, l'église et les terrains environnants furent vendus comme propriété nationale ; l'acquéreur, M. Pichonnier, fit démolir l'église, des bâtiments neufs et des jardins occupent l'emplacement, quelques pans de murs conservés portent des vestiges de l'ancienne communauté.

ABBAYE DE SAINT-CLAIR.

Marguerite de Lorraine, fille de Pierre de Lorraine, comte de Vaudemont, Guise, etc., petite-fille de René de France, roi de Sicile et d'Aragon, nièce de Marguerite de France, reine d'Angleterre, épouse de René de France, duc d'Alençon, seigneur d'Argentan, et aïeule d'Antoine de Navarre, père de de Henri iv, roi de France, étant devenue veuve, et de plus privée de son fils, décédé en 1492, laissant lui-même un fils en bas-âge, prit la résolution de renoncer au monde ; pour cet effet elle fonda plusieurs monastères sous la règle de Sainte-Claire : le premier à Alençon, où elle établit en 1501 des religieuses de l'*Ave Maria* de Paris ; le second à Mortagne ; le troisième à Argentan, où elle prit l'habit en 1519, et mourut depuis en 1522. C'est de ce dernier monastère dont nous nous occupons : d'abord elle avait choisi pour l'emplacement du couvent l'Hôtel-Dieu ; mais sur la réclamation des habitants et la décision de la Sorbonne, elle changea d'avis, les habitants lui offrirent cinq cents francs pour aider à la construction du monastère dans un autre lieu, cette offre fut acceptée

par contrat du 15 mars 1517 ; il est dit dans l'acte , qu'après
avoir visité plusieurs endroits on a choisi une ancienne voie
nommée rue du Beigle , sur une longueur de dix à douze perches , à partir d'environ vingt pieds au-dessus de la fontaine
Marion, et aboutissant à l'héritage de l'Ancelot-Cautel ; joignant
d'un côté le Clos à Pepin , d'une largeur d'environ trente-huit
pieds , huit pieds devant être laissés libres pour l'issue des mai-
-sons de l'autre côté. En outre, il lui fut cédé le Clos à Pepin ,
entouré de murs, contenant environ trois acres. Cette cession est
datée du mois de mars 1517.

Les travaux commencèrent avant Pâques 1517, sous la conduite de Laubier, conseiller, maître d'hôtel de la princesse. Dès
le mois de juillet 1519 elle quitta l'Hôtel-Dieu , se rendit avec
ses religieuses au château d'Argentan ; elle prit l'habit dans la
chapelle Saint-Nicolas, des mains de Gabriel Morial, provincial
de l'ordre des Cordeliers, en présence de Jacques de Silly , évêque de Séez, du duc et de la duchesse d'Alençon. Le nouveau
cloître se trouvant achevé, Marguerite y fut introduite par
Jean-Clapion, provincial de l'ordre Saint-François , le 11 août,
veille Sainte-Claire 1520, avec douze filles. L'église fut consacrée
par l'évêque de Séez , qui reçut les vœux trois jours après, sous
la règle modifiée de Sainte-Claire. Catherine de Tirmois, fille de
Jean Tirmois, avocat, fut abbesse. Le duc d'Alençon fit donation à la communauté du Clos-Pepin , du grand herbage
du Breuil, situé à Aunou-le-Faucon, par lettres du mois
d'août 1518, vérifiées à la chambre des comptes à Alençon, le 24 février suivant. Marguerite, pour augmenter sa
dot, fit présent à la communauté de ses bijoux et de son argenterie ; de plus, elle employa neuf mille livres pour acheter de
Guillaume Saint-Gilles le domaine du Houlme , par contrat devant les tabellions d'Argentan, du 23 août 1520. Dès l'année
1518, elle avait obtenu la bulle de fondation de la règle modi

fiée de Sainte-Claire, par les papes Léon v, Urbain et Grégoire ıv.

L'acte de donation qu'elle fit à la communauté se termine ainsi : « donné à Argentan, au mois de septembre 1520, signé » Marguerite; Laubier, conseiller, et Vaulogier, président. » Signé, ferré et scellé à double queue. » La Princesse remit ensuite son testament à son petit-fils, fit sa profession, tomba dans une longue maladie dont elle mourut le 2 novembre 1521, âgée de 58 ans. Sa dépouille mortelle fut embaumée et déposée dans un cercueil de plomb, placé sur une grille en fer, dans un caveau à droite du chœur, en présence du duc d'Alençon et de M. Brignon, président du parlement de Normandie. Ses noms et qualités étaient gravés sur sa tombe, elle eut le titre de bienheureuse, le martyrologe en faisait mention ou commémoration. Dans l'année 1624, la peste désolait la province de Normandie, monseigneur Lecamus, évêque de Séez, instruit des miracles de la bienheureuse, vint processionnellement de Séez à Argentan, intercéder auprès d'elle : son tombeau fut ouvert. Il l'avait été en 1589, 1592 et 3 mai 1617. Le corps fut trouvé intact, il fut encore ouvert à la sollicitation du duc d'Harcourt, en 1648 et 1650 ; et enfin le 31 mai 1753, à la demande de Charles de Lorraine, comte de Brionze.

Le cœur était conservé séparément dans une boîte d'argent, il se trouva sain et entier. La duchesse de Guize et la grande duchesse de Toscane sa sœur, visitèrent le tombeau, qui leur fut ouvert le 7 juillet 1768.

Monseigneur Lecamus, évêque de Séez, présenta à Louis xiii et à la reine d'Autriche, un mémoire contenant la narration des miracles opérés par la bienheureuse, et sollicita sa canonisation du pape Urbain viii. Les guerres du règne de Louis xiv firent oublier ce projet. Cependant en 1626, les docteurs, rédacteurs de la vie des saints, y placèrent la sienne.

Monseigneur Néel, évêque de Séez, voulut établir un sémi-

naire dans le couvent de Sainte-Claire. Pour cet effet, il fit notifier
à l'abbesse une défense de recevoir des novices. Le comte de
Briouze vint visiter la maison le 15 juin 1756 ; la trouvant en
bon ordre, il obtint un arrêt le 30 octobre suivant, pour la rétablir dans ses droits. Par reconnaissance de ce service , on plaça
ses armoiries derrière l'autel , avec cette inscription :

« D, O. M. Gratitudin   monumentum erectum anno 1753. »

On remarque qu'en 1565 et 1568 , les protestants épargnèrent
ce couvent, en considération de M. le prince de Condé, leur
chef, parent de la fondatrice.

Les lois de l'assemblée constituante trouvèrent encore quelques religieuses cloitrées. En 1790 , les délégués du directoire
d'Alençon informèrent ces religieuses qu'elles étaient libres de
rentrer dans le monde. Peu de temps après, les biens de la communauté furent déclarés nationaux et vendus comme propriété
de l'Etat à divers particuliers. On voit encore dans les rues du
Beigle , des Moulins, de la Noë et du Bain-Sacré , les murs de
clôture de la communauté.

En 1793, le monastère fut en partie démoli ; le corps de la
bienheureuse fut retiré de son cercueil de plomb et apporté à
l'église Saint-Germain, il fut ensuite placé dans une fosse
commune , creusée dans le vieux cimetière , à quinze mètres du
pied de l'église, en face du cadran solaire peint sur le mur de
cette église; les ossements se reconnaissaient aisément, étant
brunis par les préparations employées pour embaumer les
chairs. Le cercueil de plomb servit à faire des projectiles de
guerre; le cœur resta déposé dans son urne d'argent , qui fut
apportée à l'Hôtel-de-Ville, avec le livre de prières de la sainte.
Après la tourmente révolutionnaire terminée, l'urne renfermant le cœur de Marguerite de Lorraine fut déposé dans la
chapelle des religieuses à l'église Saint-Germain, ainsi que le

constate l'inscription en lettres d'or, sur marbre noir, que l'on voit dans cette chapelle :

> « Ci gist le cœur de la bienheureuse
> » Marguerite de Lorraine fondatrice
> » Du monastère de Sainte-Clair d'Argentan,
> » Petite-fille de René de France, bisayeule
> » De Henri Quatre, morte en odeur de sainteté
> » En 1521, la translation de son corps fut
> » Faite ici en 1793 et le cœur placé par ses
> » Religieuses en 1808. Priez Dieu pour elle. »

Quant à son livre de prières, nous avons vu (page 222) que les habitants d'Argentan en avaient fait hommage à l'impératrice Marie-Louise passant, en 1811, par Argentan avec l'empereur Napoléon qui se rendait à Cherbourg, pour imprimer aux travaux de creusement du port de cette ville l'activité de son génie. Des religieuses de Sainte-Claire existaient encore à Argentan en 1830.

LES DOMINICAINS.

L'ordre de saint Dominique fut fondé en France vers 1216 ; ceux de cet ordre, appelés frères prêcheurs, sont plus communément connus sous le nom de *jacobins*, que leur avait donné le peuple de Paris, par la raison qu'ils s'y étaient établis d'abord dans la rue Saint-Jacques. Ils avaient été primitivement institués comme chanoines réguliers, et s'étaient fait peu après religieux mendiants. La communauté d'Argentan fut fondée vers 1290. Rodolphe Osbert y contribua par la donation d'une maison située entre le chemin royal et la clôture de la ville, d'une grange, d'un jardin : l'acte de donation est du vendredi vigile des apôtres saint Simon, saint Judes. Les biens donnés se trouvaient dans les enclaves de la paroisse Saint-Germain d'Argentan. Philippe-le-Bel confirma cet acte par lettres patentes du mois de novembre 1290. Ce prince céda de plus, pour l'augmentation du monastère, certaines parties des murailles et fossés de l'ancienne ville, situées derrière la maison. Par autres lettres patentes, confirmées l'an 1294, le surplus des fossés contigus fut donné par le roi aux religieux. Il est dit : « *Philippe*, etc. Nos amés frères prêcheurs d'Argentan ont acquis de Geoffroy-Monoville, chapelain du château d'Argentan, de l'abbé Cerisy, de Richard Viel, Pierre Bouvier, Guillaume Godde, Rodolphe de Coulandon, Michel Boebois et Robert Bausamis, environ un acre d'étendue ; nous leur concédons les fossés et place depuis le bout où sont les autres fossés jusqu'à la Cohue (1), contenant environ quinze perches en longueur; *item* le lieu appelé *Fro*, contenant environ quatre perches, jusqu'à la porte des Telliers, retenant trois perches vers cette porte pour le chemin commun, à charge d'une redevance par les frères, de trois sols six deniers de rente annuelle, *le roi se réservant tous droits contre méchants délinquants et malicieux qui se seraient réfugiés dans ce lieu saint.* Fait dans l'abbaye de Froidemont au mois d'août 1294 (2). Charles de Valois, frère du roi Philippe de Valois, fit bâtir l'église à ses frais ; elle fut bénie par Jean de Bernières, qui en avait posé la première pierre. Guillaume Langlois la consacra le 10 septembre 1298. Alix et Osbert, son mari, fondateurs, moururent en mars 1296 et juillet 1297.

Mathieu de Montmorency, chambellan de France, seigneur d'Argentan, confirma diverses acquisitions faites, par les frères, de plusieurs habitants d'Argentan, situées entre le rempart et leur jardin.

Jean de Montmorency, son fils, fit donation d'un parc planté

(1) Ancienne maison du seigneur haut justicier, où se tenaient les plaids.

(2) En 399, le concile de Carthage députa deux évêques aux empereurs, pour obtenir une loi qui défendît d'enlever dans les églises les criminels qui s'y seraient réfugiés.

en vignes, qui forme un des côtés de la rue du Pati, entre le
courtil de Saint Thomas et les fossés de devant les frères, donnant en outre toute justice haute et basse, avec lapins, lièvres
et perdrix, étant et demeurant au lieu devant donné, nul ne
pouvant en prendre ni retenir. L'acte se termine ainsi : « *Donné
l'an 1309, mercredi après la fête de saint Lucas, évangéliste.*

Par autres lettres du lundi après Pâques 1320, il leur cède ce
qu'il s'était réservé sur la pièce des vignes. Le domaine d'Argentan ayant été réuni à celui d'Alençon, Jean de Valois céda aux
frères un chemin depuis l'entrée de leur église devant le donjon
jusqu'à la porte des Telliers. La cession est du 12 août 1471.

Les Dominicains furent à Argentan les inquisiteurs de la foi;
mais ils ne paraissent pas avoir abusé de cette fonction, et
l'histoire locale ne leur attribue aucun des faits qui font ailleurs
justement détester l'inquisition.

Le couvent d'Argentan a produit et reçu quelques hommes
distingués, notamment 1° Charles de Valois, fils de Charles II,
duc d'Alençon, neveu de Philippe de Valois, roi de France, arrière petit-fils de saint Louis, qui se fit religieux de cette communauté. Lorsque son tour arrivait, il allait à la quête la besace
sur le dos, et s'acquittait humblement de son obédience. Le 13
juillet 1365, il fut élu archevêque de Lyon (Charles V régnant).

Jacques Yver rapporte que Philippe d'Alençon, frère de
Charles Ier nommé, prit aussi l'habit dans la communauté d'Argentan, âgé seulement de 17 ans; il fut évêque de Bauvais en
1356, puis archevêque de Rouen, cardinal et patriarche d'Aquilée. Il mourut à Rouen en 1397, et fut enterré dans la ro-
tonde;

3° Le frère Gouvo, qui fit en 1508 réformer le relâchement
introduit aux règles du couvent;

4° Le père Cajetan, provincial de l'ordre, auquel le pape

Léon X permit de former une compagnie sous le nom de Congrégation gallicane.

5° Les pères Girard, Dumesnil, Simon Lemperrière et Jacques Lehongre. Le premier fut estimé le plus docte théologien de son temps ; il fut huit ans prieur au couvent d'Argentan ; il le fut ensuite du grand couvent de Paris ; il y était en 1562, à l'époque où la communauté d'Argentan fut pillée par les calvinistes. Il y revint après leur départ, et mourut à Argentan : c'était un grand orateur. Le second fut grand vicaire du cardinal de Bourbon, archevêque de Rouen ; il était membre de la Sorbonne. Lors du pillage du couvent par l'amiral Coligny et Théodore de Bèze, vicaire de Calvin, Dumesnil eut conférence avec de Bèze, mais il ne put arrêter le pillage : tout fut saccagé et détruit, même le bras de saint Contest, évêque de Bayeux, conservé comme relique. Ce fut un bourgeois, appelé du nom d'*Itard-le-Sens*, qui parvint à arrêter les ravages avec de l'or.

6° Le docte Gervais Chatel, qui fut opposé à Lucas Caget, curé d'Alençon, par Monseigneur Domoulinet, évêque de Séez, pour lui faire abandonner le calvinisme qu'il avait embrassé, les habitants d'Alençon l'ayant réclamé pour pasteur, il prit possession le 12 février 1570.

7° Jean Duros, que son mérite fit élire commissaire-général de l'ordre. Dans une procession à Paris il porta la couronne de Jésus-Christ, conservée dans la sainte chapelle ; il fut vicaire de l'archevêque de Narbonne ; il fut nommé à l'évêché de Bayeux, mais il refusa, vint à Argentan, et mourut le 16 juin, âgé de quatre-vingts ans. Gautier, jésuite, prononça son éloge dans l'église Saint-Germain d'Agentan.

8° Marin Prouverre Bichetaux, prieur du couvent, aux années 1605 et suivantes, composa, dans l'année 1624, l'*Histoire Ecclésiastique du diocèse de Séez*, dont il fit hommage à

19

Monseigneur Lecamus, évêque de Séez En 1631, il fit l'*Histoire générale de Normandie*, qui commence à la descente des Goths.

9° Frère Mahey, dominicain, fut choisi pour examiner des propositions avancées par l'Université de Salamanque ; il fut élu provincial de l'ordre dans l'année 1628 ; il obtint la cession à sa communauté de l'herbage qui joute le parc planté en vignes, de l'Hôtel-Dieu. Pour échange, le frère Mahey donna les près de la vallée d'Orne et du pont de Fligny ; de plus il obtint l'autorisation de renverser dans les fossés du donjon le boulevard et contrescarpe qui masquaient l'entrée du monastère. C'est à cause des travaux que ce frère fit exécuter, que la place porte son nom : on l'appelle toujours place Mahey.

Il a été tenu quatre chapitres dans cette maison depuis 1409.

La communauté des Dominicains d'Argentan fut supprimée en 1790 ; sauf quelques dégradations, l'église et les bâtiments furent conservés, les biens furent vendus comme propriétés nationales. Les bâtiments servirent long-temps de magasins et casernes ; les religieux et prisonniers de guerre espagnols y furent casés de 1809 à 1812 ; des prisonniers allemands leur succédèrent. Lors de l'invasion de l'Europe coalisée contre la France, quelques troupes prussiennes se hasardèrent à Argentan ; à la faveur du traité de paix elles purent échapper aux Normands et regagner leurs foyers. Le couvent des Dominicains fut enfin rasé ; sur son emplacement on a construit, en 1827, un bâtiment qui sert au rez-de-chaussée de halle aux grains, de municipalité, tribunal de commerce et de paix. La première pierre de taille du cordon d'assise de ce bâtiment, à l'angle du côté nord-nord-est, a été creusée ; une petite caisse, renfermant des pièces au millésime de 1827, y est encastrée. Le parc, anciennement planté de vignes, est aujourd'hui planté de tilleuls, ormes et maronniers et disposé pour servir de promenades publi-

ques. Le milieu sert de champ de foire pour les chevaux et
bestiaux. La place, devant la nouvelle mairie, présente un carré
parfait, enfermé par des chaînes en fonte et des bornes en granit. Une nouvelle rue est percée vis-à-vis la nouvelle mairie,
dans l'ancien chemin de ronde de la forteresse. Cette rue, par
des considérations d'intérêt privé, décrit une courbe qui ne doit
être redressée qu'après un délai de vingt-cinq ans ; la largeur de
cette nouvelle voie est de huit mètres.

Par délibération du conseil municipal d'Argentan, du 8 novembre 1841, il a été décidé qu'il serait fait une rectification
à l'alignement de la place Mahey ou du Calvaire ; un particulier
est autorisé à bâtir. Une concession à la ville, de cent quarante
quatre mètres de terrain du côté du Paty, est acceptée ; ces terrains sont mis en vente, mais à la charge, par les acquéreurs, de
faire des constructions élevées de deux étages et conformes au
plan donné par l'architecte de la ville. Beaucoup d'habitants
protestent contre cette concession ; le résultat de la protestation
n'est pas encore connu.

Dans l'établissement de la nouvelle mairie, un local a été destiné pour y placer une bibliothèque publique vivement désirée
dans la ville ; le 12 août 1835 un membre du conseil municipal a rappelé ce désir des habitants d'Argentan ; il a ajouté que
dans un moment où le gouvernement faisait tant d'efforts pour
l'instruction publique, ce serait seconder ses vues que d'utiliser
le local existant, en votant l'ouverture de la bibliothèque et
ouvrant, pour ce, un crédit suffisant. Cette proposition étant
appuyée, le conseil a reconnu qu'il y avait opportunité à voter
la création d'une bibliothèque, sauf à n'y conserver que les sommes dont on pourrait disposer sur chaque exercice, sans nuire
aux autres besoins de la cité ; qu'en outre, les acquisitions an-
nuelles, des dons volontaires nombreux viendraient accroître
chaque jour ce trésor de science et de lumière, le conseil invit

conséquemment la commission des finances à proposer, tant sur l'exercice courant que sur celui de 1836, les crédits qu'elle pourrait ouvrir pour cet objet. Nonobstant cette sage délibération, Argentan ne peut encore s'énorgueillir de la possession d'une bibliothèque publique. Les opinions sont divisées sur les motifs qui en font ajourner l'ouverture.

L'appartement disposé pour la bibliothèque sert aujourd'hui pour les assemblées des élections municipales, départementales et générales.

LES CAPUCINS.

Les Capucins étaient de l'ordre réformé de Saint-François, le plus rigide de tous les ordres mendiants : ils portaient la barbe longue, marchaient jambes et pieds nus, chaussés seulement de sandales découvertes; n'étaient vêtus que d'étoffe brune et grossière, avec une courroie de cuir pour ceinture; ne pouvaient individuellement posséder, quoique ce soit en propre. La croix placée sur leur autel, et portée en tête des leurs processions, était de bois brun tout uni, sans aucun ornement. Leur humilité les rendait vénérables aux yeux des peuples.

Les Capucins ne furent admis en France qu'en l'an 1574. Leur couvent, à Argentan, ne date que du commencement du xviie siècle ; ils l'emportèrent, étant aidés par Christophe Mahot, curé d'Argentan, sur les Jésuites qui demandaient en même temps à fonder un collége dans cette ville. On leur céda deux acres de terre, derrière la rue de la Planchette, achetés par la ville de l'hôpital, moyennant 2,000 fr. qui furent payés avec le prix d'une commune située au-dessus de la chapelle St-Roch, vendue à Jean Ango, sieur de Loucé. Monseigneur Le Camus de Pontcarré, évêque de Séez, fonda et bénit la chapelle sous l'invocation de saint Godegrand et sainte Opportune. La première pierre fut posée par Jacques de Rouxel, gouverneur de la ville, seigneur de Medavid, comte de Grancey, Solangi, Maré, Villers, Colonniers, régnant Louis XIII, Grégoire XV, pape. Ce monastère fut commencé le 31 mai 1621, terminé en dix-huit mois. Le premier gardien fut élu en 1623. La fabrique de l'église Saint-Germain prêta aux Capucins la quatrième cloche du petit clocher : elle y est restée jusqu'à la révolution de 1793. Quatre chapitres provinciaux ont été tenus dans cette communauté, dans les années 1645, 1664, 1681 et 1693. Les plus notables sujets de cet établissement sont Jacques Desbordes et le père Louis François. Le premier, mort en 1669; il était auteur des *Paraphrases*, de l'*Explication de l'Apocalypse*, et la *Concordance du Bréviaire romain*; le second, à ses *Conférences théologiques sur la grandeur de Dieu*, Paris, 1678; les *Exercices du Chrétien*, inférieur; la *Philosophie du véritable Chrétien*, et autres ouvrages de piété. Il mourut en 1680.

Les pères Victor et Daneze, d'Argentan. Le premier secourut avec dévouement les fidèles affligés de la contagion qui désolait le pays d'Argentan. En l'année 1635, il périt victime de sa généreuse sollicitude. Le père Daneze, qui se trouvait à Rouen vers ce temps, en fut préservé. Le couvent des Capucins a été, comme les autres, supprimé par suite de la révolution de 1789, et les biens qui en dépendaient vendus par l'Etat. L'église et partie des bâtiments occupés par les frères furent réservés, et dans le commencement de notre siècle on y a placé l'école secondaire communale, depuis réorganisée en collége qui est présentement en voie de prospérité. La ville, pour les besoins de l'établissement, a fait construire, depuis 1840, de nouveaux bâtiments et une chapelle.

Devant les bâtimens du collége, il existait une grande place vague, présentant un carré presque régulier, qui servait anciennement de champ de foire aux chevaux ; mais depuis que la foire est transférée dans l'ancien enclos des Jacobins, elle n'avait aucune destination et servait au dépot des bois et matériaux du public. L'administration municipale à fait niveler, gasonner et planter cette place ; maintenant c'est une promenade publique fort agréable.

CHAPITRE XIV.

ÈRE CHRÉTIENNE.

> Ouvre-toi, triste enceinte où le soldat blessé,
> Le malade indigent et qui n'a point d'asile,
> Reçoivent un secours *trop* souvent inutile !
>
> (LECOUVÉ.)

SOMMAIRE. Hôtel-Dieu. — Eglise et hôpital St-Jacques. — Eglise et hôpital Saint-Louis. — Maladreries de Saint-Martin-des-Champs, de Saint-Roch-des-Tertres, de Moulins-sur-Orne ou de Sainte-Anne.

ÉGLISE ET HOPITAL SAINT-JACQUES.

Cette église fut fondée dans le xiie siècle, par frère Roger, chevalier des hospitaliers de Saint-Jacques, en Galice, et des templiers, pour y recevoir les pèlerins qui allaient à Saint-Jacques en Galice. L'archevêque de Compostel permit son association, qui fut autorisée par un bref de Grégoire vIII, en 1187, l'an premier de son pontificat. Frère Roger décéda le 22 septembre 1200. Son

portrait faisait le tableau d'un des petits autels ; dessus, deux
pelles , un balai , un casque. Cet hôpital devint un annexe de
Saint-Thomas, ainsi qu'il est justifié par le bref d'Innocent III, en
1211 , sa lettre de 1220 , une autre lettre de l'archevêque de
Compostel du 5 avril 1266. Cet hospice fut entièrement transféré à Saint-Thomas dans le xvie siècle. L'église, tombée en ruine,
fut rebâtie en 1636. En 1667, l'ancien hôpital fut démoli, l'emplacement vendu par parties; l'église seule restait debout. Au commencement du xixe siècle, c'était un magasin à fourrages,
pailles et grains. Vers 1825, l'église fut vendue au sieur Le-
jeune , dit Desnos, qui fit abattre le portail et une partie de
l'église, dont l'emplacement est aujourd'hui rendu à la voie publique. Dans la partie qui subsiste encore , et que l'on reconnaît aux ogives des croisées, l'acquéreur fit établir des appartements habitables. Le rez-de-chaussée est occupé par un maréchal , et les étages loués a des particuliers.

ÉGLISE ET HOPITAL SAINT-LOUIS.

Cette église était l'ancienne chapelle Saint-Jean ; par lettres
patentes données à Metz, en août 1740, l'hospice des valides fut
établi dans cet emplacement. Les lettres patentes furent enregistrées au parlement de Rouen, le 20 juillet 1745. Le terrain, occupé par l'hospice, lui fut concédé par des acquisitions, dons
et aumônes; une partie portait le nom de Cour Bichetaux , et
appartenait à la famille Prouverre; une autre servait à usage
d'auberge, où pendait pour enseigne les Trois-Rois.
Par autres lettres patentes données à Versailles au mois
d'août 1778 , l'administration de l'hôpital fut autorisée à accepter , du sieur Foloppe, à titre de retrocession , deux maisons et
deux prés attenant audit hospice. Ces prés sont celui des Cornes
et celui de Lisle. Ces lettres patentes furent enregistrées

au parlement de Rouen. Le 16 avril 1779, jusqu'en 1830, l'hospice fut parfaitement administré; les enfants trouvés y recevaient des secours, des principes religieux, et apprenaient des états pour pouvoir se subvenir dans un âge plus avancé. L'administration actuelle a provoqué des changements. Les deux hospices des valides et des invalides sont concentrés à Saint-Thomas. Le tour pour déposer les enfants trouvés est enlevé; la réclamation des enfants déposés à l'hospice, n'est pour ainsi dire plus possible : leur reconnaissance est hérissée de difficultés : souvent ils sont envoyés ou échangés dans d'autres hospices ; ces mutations sont évidemment inutiles et contraires aux intérêts de quelques-uns de ces malheureux enfants. Enfin, l'administration des hospices d'Argentan à provoqué la vente des églises et hospice Saint-Louis et de leurs dépendances. Cette aliénation a été autorisée par ordonnances royales des 12 juin 1833, et 18 mars 1836, et par acte du 27 mai suivant, devant les notaires d'Argentan. Lesdits biens ont été adjugés à M. Leménager ; il a fait démolir le clocher, disposé l'eglise pour servir d'habitation ; sur le bord de la rivière, il a fait un bel établissement de bains publics, et une buanderie. Les bâtiments de l'ancien hospice sont occupés aujourd'hui par des locataires.

HOTEL-DIEU

OU HOPITAL SAINT-THOMAS.

Cet hôpital, fondé par les bourgeois d'Argentan, est très-ancien ; on ignore la date de sa fondation. Les titres transportés au château, lors de la guerre contre les Anglais, y furent brûlés en 1356. Charles, duc de Normandie, depuis roi de France, donna, le 24 avril 1311, aux frères, par lesquels l'hôpital était desservi, des lettres patentes pour confirmer leurs priviléges. On conserve dans le Chartier, des arrêtés de François Ier de 1544 ; de Henri II, du 10 février 1547, des arrêts de confirmation de 1642 et 1667. L'église, primitivement était dédiée à la Sainte-Trinité ; depuis, c'est-à-dire en 1175, elle fut dédiée à Saint-Thomas, évêque de Cantorbéry. Le roi d'Angleterre, duc de Normandie, Henri II, fit célébrer cette dédicace. Cinq ans après le martyr, et deux ans après la canonisation du saint prélat, en expiation des plaintes indiscrètes qu'il fit contre saint Thomas au château d'Argentan, et qui déterminèrent Guillaume de Tracy, Hugues Demoreville, Richard Breton et Regnault Falsour, à assassiner l'évêque de Cantorbéry, le 27 décembre 1170, devant l'autel de sa métropole, au milieu de ses ecclésiastiques et au moment où ils étaient assemblés pour chanter vêpres. Dans l'année 1208, Henri Clément, maréchal de France, gouverneur d'Argentan, y mit deux chapelains. En 1460 les frères Condomnés cédèrent le droit de présenter ces chapelains à Pierre de Valois, deuxième du nom, seigneur d'Argentan.

Robert Demagny fonda, en 1147 l'autel Notre-Dame-de-Bon-Vouloir, approuvé par Mauger, évêque de Séez. Des lettres-patentes, portant date des années 1211 et 1247, autorisent des droits et des concessions à l'Hôtel-Dieu ; la première est d'Innocent III ; il prend sous sa protection l'enclos du Vivier, le pré de Lisle-Hersent, le droit de prendre chaque jour une charretée de bois dans la forêt de Gouffern, et en outre la donation des coutumes des foires Quasimodo et Saint-Pierre-aux-Liens. Jean Clément, fils du gouverneur, aumôna, en 1335, le droit de pacage de soixante porcs dans la forêt. Jean, duc de Normandie, fils de France, donna le droit d'y prendre tous les bois pour construire et entretenir les édifices. Pierre II de Valois confirma ces donations et remit les dixièmes pour les acquisitions par charte de 1375. Ce prince fonda un service et une distribution aux pauvres malades et aux enfants trouvés élevés dans l'hôpital Saint-Jean, sur le pont d'Orne ; celle charte est datée Dessay, le 16 avril 1388. Le même prince mourut au château d'Argentan le 20 septembre 1405. Marie Chamillard, sa veuve, quitta le château pour habiter l'Hôtel-Dieu avec Marguerite de Valois, sa fille; elle y mourut le 18 novembre 1425. Sa fille y mourut peu d'années après et fut enterrée dans le sanctuaire, au-dessus du pupitre. Leur mausolée en bois fut enlevé en 1671 ; on plaça dans l'église un tableau aux armes de France et des Chamillard, avec une inscription indiquant le lieu de leur sépulture. Dans l'année 1413, Guillaume Larçonneur, chevalier seigneur de Médavid, Roisville, Aubry le Panthon et Bretel, écuyer maître-d'hôtel de Jean, comte d'Alençon et du Perche, capitaine de la ville et château d'Argentan, qui depuis fut tué en la présence et en secourant le duc d'Alençon dans la bataille donnée devant Verneuil en l'année 1424, fonda une chapelle en l'Hôtel-Dieu de Saint-Thomas d'Argentan, dans laquelle fut enterrée Jeanne Dagnaux, son épouse, première dame d'honneur de madame la duchesse d'Alençon. Depuis, on s'est servi de cette chapelle pour faire une sacristie. Aux vitres, à la voûte et en plusieurs lieux, se voyaient les armes du duc d'Alençon, à la main droite et à la gauche celle des Larçonneur et des Dagnaux, en même écusson. Ces derniers portent pour armes, *d'argent à trois agnaux passant de gueule deux et un.* Le 28 septembre 1459, Marie Larçonneur, fille de Guillaume et de Jeanne Dagnaux ayant épousé Jean Derouxel, passa contrat avec Jean Hamon, prêtre, chapelain de la chapelle Saint-Thomas d'Argentan, par lequel, entre autres choses, elle le décharge des messes qu'il était obligé de dire dans la chapelle Saint-Thomas, fondée par le père de ladite dame. Elle mourut à son château de Médavid, en l'année 1460. Dans l'année 1452, André Noiset, bourgeois d'Argentan, sommelier de paneterie du duc d'Alençon, seigneur d'Argentan, devenu malade de la lèpre, aumôna l'Hôtel-Dieu de la terre de Laillerie,

située à Urou. Les dames de Chamillard , de Valois et Larçonneur
sont les dernières inhumées dans l'églis Saint-Thomas; cette
église a été démolie dans le xixe siècle ; la reconstruction est récente. L'hospice Saint-Thomas d'Argentan possédait beaucoup
de rentes ; les grosses dîmes de Tanques et de Cuigny lui furent
confirmées par arrêt du 11 janvier 1770, et par Jean Debernière,
évêque de Séez. L'hospice avait environ 2,500 fr. de revenu.
L'usage d'employer des domestiques des deux sexes pour soigner
les malades cessa vers 1662 ; des filles de bourgnois s'y rendirent et formèrent une communauté. Le règlement de leur état et
devoir fut rédigé en vingt-quatre articles. Ces statuts sont enre-
gistrés le 1er février 1679, confirmés par Louis XIV au mois d'a-
vril de la même année. Pendant l'usurpation anglaise, à partir
de 1419 l'hospice fut administré par Wingpinthon, Jean Pied-
por, Thomas Hautinkton. D'autres administrateurs se sont succédés jusqu'à la révolution de 1789. En 1750, M. Barbot, prêtre
d'Argentan, était chapelain de l'hospice Saint-Thomas; c'était
une célébrité du temps; nous avons de lui plusieurs ouvrages :
son analyse raisonnée des sciences publiée en 1751. Il en existe
aussi des œuvres inédites.

Dans tous les gouvernements qui se sont succédés depuis 1793
on s'est beaucoup occupé des hospices. La loi du 19 mars 1793,
place la régie des biens sous la surveillance des corps administratifs. Les lois du 1er mai 1793, 23 messidor 1794, 9 fructidor
an III, 2 brumaire an IV, 28 germinal suivant, 16 vendémiaire
an V, 11 frimaire an VII, ventose an VIII, décrets et ordonnances
du 7 floréal an XIII, 6 février 1818, 19 novembre 1826 et 22
janvier 1831, prouvent la sollicitude des hautes administrations
financières pour ces tristes enceintes. La stricte observation de
ces sages règlements préviendrait la malversation des agents
comptables, préjudiciable non seulement pour les hospices, mais
encore pour les cités où ils sont établis, puisque, en cas d'insuffi-

sance, il leur faut compléter les sommes nécessaires au fond d'entretien des hospices. Depuis 1820 jusqu'à 1836, deux des receveurs de l'hospice Saint-Thomas n'ayant pas rendu compte tous les trois mois, comme le prescrit l'article 3 de la loi de 1789, il en est resulté un déficit dans la caisse de plus de soixante mille francs. Le premier est mort insolvable, le second a pris la fuite. L'hospice a recouvert cependant, sur ses biens, une partie de la somme dont il est déclaré débiteur par arrêt de la Cour des comptes du 5 septembre 1842.

L'hospice Saint-Thomas a reçu beaucoup de donations. On cite particulièrement celle de M. Moignet Marquet vers 1830, s'élevant à près de quatre-vingt mille francs. Une partie est employée à l'édification de nouveaux bâtiments utiles à l'établissement.

LÉPROSERIES.

La lèpre était une gale d'une espèce horrible ; les juifs en furent attaqués plus qu'aucun peuples des pays chauds, parce qu'ils n'avaient ni linges ni bains domestiques. Ce peuple était si malpropre que ses législateurs furent obligés de lui faire une loi de se laver les mains.

Tout ce que nous gagnâmes à la fin des croisades, ce fut cette gale ; de tout ce que nous avions pris, elle fut la seule chose qui nous resta. Il fallait bâtir partout des hôpitaux spéciaux qu'on appela léproseries ou maladreries, pour y renfermer les malheureux croisés, attaqués d'une gale pestilentielle et incurable. La nature contagieuse de la lèpre isolait ces établissements dans les faubourgs des villes et dans les campagnes, afin de mettre la population à l'abri du contact des pestiférés. On dota parfois les hospices, mais souvent on ne le fit pas ; et les pauvres lépreux furent obligés de mendier. On leur jetait un morceau de pain, parce que l'on n'osait pas le leur mettre dans la main, de crainte

de gagner la maladie en les touchant, ou seulement leurs vêtements. Les règlements de police qu'on fit alors pour garantir la
santé publique, nous apprennent que les lépreux étaient tenus
d'avoir à la main une sonnette ou une crécelle, quand ils marchaient dans les rues et dans les chemins ; qu'ils devaient, avec
ces instruments, avertir de leur approche, et, s'ils voyaient
quelqu'un venir vers eux , ils devaient passer de l'autre côté du
chemin.

Au commencement du xiiie siècle , on comptait en France plus
de deux mille léproseries : la ville d'Argentan en comptait trois
dans ses environs.

LÉPROSERIE DE SAINT-MARTIN-DES-CHAMPS.

Cet hôpital, nommé Grande-Maladrie, fut établi vers la fin du
xiie siècle pour les malheureux affligés de la lèpre. Il était à
Argentan le principal établissement de ce genre; ce qui nous
fait penser que sa création est de la fin du xiie siècle , c'est qu'il
existe une charte passée en 1226 entre les paroissiens de Saint-
Christophe et les administrateurs de cette léproserie, par laquelle
les habitants de Saint-Christophe s'obligent de payer une gerbe
et un denier par chaque feu , pour y faire recevoir leurs lépreux.
il fut placé dans les champs , vers le nord , hors de la partie habitée du faubourg , au village de Mauvaisville. Les Lépreux y
furent installés et soignés jusque dans le xv siècle; dans le xvii
siècle , la Maladrerie fut , ainsi que toutes les léproseries du
royaume, incorporée à l'ordre du Mont-Carmel et de St-Lazare,
par lettres patentes du mois de décembre 1672.

Le roi ayant jugé convenable de désunir ces maladreries de
ces ordres, par arrêt du 15 avril 1693 , les administrateurs de
l'Hôtel-Dieu d'Argentan , présentèrent une requête au conseil,
et cette Maladrerie qui , sans doute, était déserte , puisque la

Lépre avait cessé, fut, par provision, réunie à l'Hôtel-Dieu; l'arrêt de réunion provisoire est du 5 février 1694. Sur le rapport de monseigneur l'évêque de Séez, et d'un commissaire départi, la léproserie de la Madeleine, située paroisse de St-Martin-Deschamps, par arrêt du conseil du 14 janvier 1693, et lettres patentes du mois de mars 1696, fut définitivement unie à l'hôpital des malades d'Argentan (l'hospice St-Thomas.) *Les biens et revenus de cette léproserie, jusqu'à ce qu'il en soit fait emploi, ainsi qu'il y serait pourvu par sa majesté, suivant l'édit et les déclarations de mars, avril et août 1693, devaient être régis par les administrateurs de l'hôpital d'Argentan.*

L'arrêt de réunion provisoire nous apprend qu'on trouvait dans le rôle des décimes, pour le diocèse de Séez : *Decanatus de Escoucheio folio sexto leprosaria de argenthomo.* La léproserie de la Madeleine, ou grande léproserie d'Argentan, était donc située dans le Doyenné d'Ecouché, c'est-à-dire que ce doyenné comprenait dans son enclave, la paroisse de Mauvaisville ou de St-Martin-Deschamps ; nous voyons différents actes d'adjudication des revenus de la Maladrerie, particulièrement celle du 26 avril 1569, dans lequel on lit : *Devant nous, Guillaume Delaunay, licencié es-lois, lieutenant en la vicomté d'Argentan, s'est présenté honorable homme, Thibaut Biard, maître et administrateur de la maison Dieu, lequel nous a fait apparoir, qu'aux fins de procéder à l'adjudication et bannie de deux pièces de pré appartenant à la léproserie d'Argentan, la première pièce nommée le pré de Launay,* etc.

L'adjudication du 27 juillet 1573 contient aussi les énonciations suivantes : *devant nous GuillaumeDelaunay,* etc., *s'est présenté...... qui voulussent mettre à prix des maisons, terres labourables, prés et moulin à blé, appartenant à la léproserie d'Argentan.* Cet établissement, de fondation bourgeoise, avait donc reçu beaucoup d'aumônes et possédait des biens pour une valeur assez élevée. De plus, il resulte d'un contrat passé devant les notaires d'Argentan, le 26 juin 1582, que le curé de la léproserie de la Madeleine, et les administrateurs de l'Hôtel-Dieu, donnèrent le pré Delaunay et le moulin à blé, à M. de Fervaques, en échange contre les vingt acres de pré à Baize : « *Furent présents vénérable et discrete personne, Me Gilles Pottier, curé de la Madeleine, et Leproserie d'Argentan, reincorporé audit Hôtel-Dieu, et Me Thomas Le Cœffrel, administrateur de la Maison-Dieu d'Argentan, lesquels ont donné en échange à…,……, C'est à savoir, le moulin à blé de ladite Leproserie, un lottereau de terre (le pré Delaunay) étant derrière ledit Moulin, et le pré adjacent, dudit Moulin, contenant cinq ou six acres environ.* »

L'établissement, resté vide par la disparition de la lèpre dans nos contrées, fut loué, comme il l'est encore de nos jours, avec les autres propriétés de l'hospice Saint-Thomas ou Hôtel-Dieu. Les bâtiments ont à peu près conservé leur forme primitive, sauf quelques changements, pour les employer à l'exploitation des terres.

LÉPROSERIE DE SAINT-ROCH-DES-TERTRES.

Cet hôpital fut une maladrerie spéciale, fondée par les bourgeois d'Argentan, dans le xiiie siècle. Par suite de l'insuffisance de la léproserie de la Madeleine, la chapelle dédiée à Saint-Roch était desservie par un prieur ou chapelain.

De même que les autres établissements de ce genre, il est éloigné de la ville d'Argentan d'un kilomètre, et tout-a-fait isolé dans les champs, entre la commune de Sepvigny, et le faubourg des Maisons Brun   aux

Lorsque la lèpre cessa de désoler notre pays, l'ancien hôpital de Saint-Roch fut réuni à l'Hôtel-Dieu d'Argentan. Les bâtiments

furent détruits successivement; il ne reste plus que l'église qui
tombe de vétusté. De nos jours on y allait en procession à l'époque des rogations; en outre les biens de la Léproserie, les habitants d'Argentan possédaient une grande étendue de communes,
au lieu des Tertres ou de Saint Roch. Nous avons sous les yeux
l'indication des contrats de vente de partie de ces communes ,
par les gouverneurs et échevins de la ville d'Argentan; le premier
du 18 novembre 1580, vente de onze acres de terres aux communes des Tertres, pour le prix de 1000 livres; le deuxième du 20 novembre de la même année, vente de seize acres de commune dans
le même endroit, à Laurent Bernier, pour la même somme : ces
ventes étaient faites pour aider au duc d'Anjou, seigneur apanagiste d'Argentan, à fournir aux frais de la guerre de Flandre.

Ce qui reste des biens aumônés à la léproserie de Saint-Roch-
des-Tertres, est administré comme les autres dépendances de
l'hospice Saint-Thomas d'Argentan.

LÉPROSERIE DE MOULINS-SUR-ORNE.

Cet hôpital , de fondation bourgeoise, date également du
XIIe siècle. La chappelle dédiée à Sainte-Anne était desservie par
un prieur ou par un chapelain. Il était spécialement consacré à
la séquestration des malheureux affligés de la lèpre.

La léproserie de Moulins est située dans la commune de ce
nom, au village de Belœuvre, au milieu des champs et loin des habitations. Elle fut incorporée à l'ordre de Montcarmel et de Saint-
Lazarre par les lettres patentes du mois de décembre 1672. Depuis
long-temps il n'y avait plus de malades, et il était abandonné.
D'abord il fut réuni, par provision, à l'Hôtel-Dieu, par l'arrêt du
5 février 1694. La réunion fut déclarée définitive par l'arrêt du
14 janvier 1695, suivi de lettres patentes du mois de mars 1696.
On lit dans ces lettres patentes.

« Unissons à l'hôpital des malades d'Argentan, les biens et re-
» venus de la léproserie de ladite ville, de celle de la paroisse
» de Saint-Martin-Deschamps, et de celle de Sainte-Anne, en la
» paroisse de Moulins, près Argentan, à la charge.............. et
» de recevoir les pauvres malades de Saint-Martin-des-Champs
» et de Moulins, près Argentan, à proportion des revenus des
» léproseries desdites paroisses. »

Les bâtiments, étant devenus sans utilité, ont été détruits
successivement; il ne restait plus que la chapelle auprès de laquelle, jusqu'à nos jours, il se tenait une assemblée le jour Sainte-
Anne; mais aujourd'hui la chapelle est détruite et l'assemblée se
tient à quelque distance plus rapprochée de la ville.

Les biens sont définitivement acquis à l'hospice ou Maison-
Dieu d'Argentan.

CHAPITRE XV.

ÈRE CHRETIENNE.

1223—1270.

La politique de Saint-Louis était de la religion : il ne voulait point de pouvoir absolu,
parce que Dieu seul pourrait l'exercer sans
tyrannie.

F¹ᵉ. civ. de la France.

SOMMAIRE. — Règne de Louis VIII. — Paix avec l'Angleterre. — Guerre
contre les albigeois. — Mort de Louis VIII. — Louis IX, dit Saint-

Louis. — Guerre entre la France et l'Angleterre. — Rencontre des armées à Taillebourg. — Les Anglais vaincus. — Traité de paix. -- Vœu de Louis IX d'aller en Palestine. — Louis IX captif en Palestine. — Terreurs de la reine. — Rançon du Roi. — Son retour en France. — Croisade et extermination des pastoureaux. — Mort de la reine Blanche. — Nouvelles réclamations de l'Angleterre. — Cession de quelques comtés. -- Charles d'Anjou, roi de Sicile. — Mort de Conradin. — 2ᵉ Croisade de Louis IX. — Sa mort devant Tunis. — De quelques règlements de Louis IX. — La robe et l'épée. — Mort de Henri III, roi d'Angleterre.

1223-1226.--Louis VIII, fils de Philippe-Auguste, monta sur le trône de France, en l'année 1223, dès que son père eut fermé les yeux, Il est le premier des rois de la troisième race qui ne fut pas sacré du vivant de son père. Sa politique fut de suivre les maximes de ses prédécesseurs, en affranchissant le plus de serfs possible pour affaiblir d'autant ses orgueilleux vassaux.

Le roi d'Angleterre, Henri III, fils et successeur de Jean-Sans-Terre, avait place au sacre du roi de France, comme duc de Normandie; mais, au lieu de s'y rendre, il fit sommer Louis VIII d'exécuter la promesse par lui faite, lors de sa capitulation à Londres, de rendre à l'Angleterre, s'il devenait jamais roi de France, la Normandie, le Maine et l'Anjou, que Philippe, son père, retenait à droit de conquête. Louis trouva des prétextes de refus : il s'ensuivit une guerre qui dura trois années sans amener d'événements remarquables. On se disposait, de part et d'autre, à faire de plus grands efforts. Les deux rois devaient venir prendre le commandement des armées en personne, lorsque le pape, qui voulait engager Louis VIII à détruire les albigeois, interposa sa médiation et fit acheter la paix par les Anglais. Elle leur coûta trente mille marcs d'argent.

Louis VIII suivit les conseils de Rome et tourna ses armes

contre les albigeois, ces hérétiques ou chrétiens sectaires, que Philippe-Auguste avait décimés.

Louis VIII vint faire le siége d'Avignon. Cette ville avait embrassé le parti du comte de Toulouse; elle refusa le passage aux troupes du roi, et fit une vigoureuse résistance. Cependant il s'en rendit maître après être resté trois mois devant cette place. Sa victoire lui coûta cher, car il perdit la moitié de ses troupes et ses plus braves officiers. Il pénétra plus avant dans la Provence. Il n'était plus qu'à quelques lieues de Toulouse, lorsque la mauvaise saison et le délabrement de sa santé le déterminèrent à rentrer en France. Il laissa la conduite des troupes et le gouvernement du pays à Imbert de Beaujeu, et reprit le chemin de ses états. Il mourût dans le voyage, au château de Montpensier, en Auvergne, au mois de novembre 1226. Il avait vécu trente-neuf ans; son règne avait duré trois ans et quatre mois. Il fut enterré à Saint-Denis, auprès de son père. Le bruit se répandit qu'il était mort empoisonné.

Voici le récit de Mathieu Paris, historien contemporain.

« Ennuyé de la longueur du siége et plus encore de se voir
» éloigné de la reine Blanche qu'il aimait éperduement, Thibaut,
» comte de Champagne, fut trouver le roi, lui demanda son
» congé, parce qu'il l'avait servi quarante jours, et qu'il
» n'était pas obligé à un plus long service. Le roi le refusa,
» menaçant de désoler ses terres s'il se retirait. Thibaut n'en
» persista par moins dans sa résolution de partir; et pour em-
» pêcher l'effet des menaces de son souverain, il l'empoisonna.
» Louis VIII mourut deux jours après son départ.

» *Hinc Comes ut fama refert, procuravit regi venenum pro-*
» *pinari ob amorem reginæ ejus, quam carnaliter illicite adama-*
» *vit unde libidinis impulsu stimulatus, moras nectere non va-*
» *lebat ulterius.* »

Louis viii avait eu onze enfants de Blanche de Castille, desquels ils lui restait cinq fils et une fille. Il demanda que son fils aîné soit couronné après lui. Il donna des apanages aux autres, mais avec condition de réversibilité à la couronne, dans le cas d'extinction de la race.

La lèpre, présent des croisés à l'Europe, était alors dans toute son intensité, puisque le roi de France fit des donations à deux mille léproseries. Cette maladie disparut, mais sans avantage pour l'humanité.

Louis viii, dans le peu de temps qu'il régna, rendit plusieurs ordonnances somptuaires, dont une entre autres défend aux *femmes amoureuses*, *filles de joie et paillardes*, de porter robes à collets renversés, queue ni ceinture dorée.

On l'avait surnommé Cœur-de-Lion.

1226-1270. Louis ix, dit St-Louis, fils de Louis viii, monta sur le trône à l'âge de douze ans. La tutelle et la régence du royaume avaient été déférées par Louis viii à la reine Blanche de Castille. Pendant la minorité du roi plusieurs grands vassaux se révoltèrent, mais ils furent réduits. La paix fut faite au mois de mars 1227. Peu de temps après, ils tentèrent d'enlever le roi et échouèrent dans cette entreprise. Ils furent châtiés. En 1230. la guerre recommença entre Louis ix et Henri iii d'Angleterre. L'Anglais avait compté sur l'extrême jeunesse du roi de France pour essayer de reprendre les provinces perdues par Jean-Sans-Terre. La valeur du jeune roi et de sa noblesse détruisirent ses espérances. Il retourna dans ses états épuisé d'argent et peu chargé de gloire. Méprisé des grands et du peuple, il fut persécuté, dégradé et fait prisonnier. Remonté sur le trône, il eut à soutenir plusieurs guerres intestines, jusqu'en 1236, qu'il épousa Eléonore de Provence. Il fut pressé d'entrer dans une ligne contre la France, formée des rois de Castille, d'Arragon, du comte de Toulouse, et de plusieurs autres prince. Le parlement lui refusa des subsides. Il lui falut differer. Il vendit son argenterie pour payer ses soldats et se mit en campagne. Il alla débarquer à l'embouchure de la Garonne, 1242. Une rencontre entre les deux rois eut lieu au pont de *Taillebourg*, sur la Charente. De part et d'autre on combattit vaillamment. Les français eurent l'avantage. Battus à Saintes pour la seconde fois, les confédérés furent obligés de demander la paix, qu'ils obtinrent moyennant la concession de la Saintonge que fit le comte de la Marche, et la renonciation, par Henri III, à la Normandie, au Maine à l'Anjou et au Poitou.

Peu de temps après ce traité, Louis IX tomba malade, et en danger de mourir, à Pontoise. Il fit vœu d'aller en Terre-Sainte s'il se rétablissait. Rien ne put, après sa guérison, le détourner de l'accomplissement de ce vœu. Il partit le 12 juin 1248, descendit le Rhône et vint s'embarquer à Aigues-Morte, en Languedoc, le 25 août. Il aborde heureusement en Chypre, où il prend ses cantonnements d'hiver pour attendre le restant de ses troupes et de ses munitions. L'année suivante il débarque en Egypte. Les Sarrasins, saisis d'une terreur panique à l'arrivée des Français, se sauvent en désordre, abandonnant Damiette, ville opulente et fortifiée. Dans plusieurs rencontres Louis combattit en héros ; ses premiers efforts, couronnés de succès, lui préparèrent de faciles conquêtes. Mais bientôt la famine et la peste détruisirent son armée, et Massoure le vit captif avec deux de ses frères, Charles et Alphonse ; le troisième, Robert, y avait été tué. La nuit, il n'avait, pour se couvrir, qu'une vieille casaque. Toute communication avec son armée était interceptée. Marguerite de Provence, qu'il avait épousée, en 1235, et qui l'avait suivi dans son expédition, était renfermée dans Damiette, livrée à tous les tourments de l'inquiétude, ne voyant dans ses songes que massacres et carnage et le fer qui venait d'égorger son mari dirigé contre son flanc. Un vieux chevalier était auprès d'elle lorsqu'elle tombait sous le coup de ces funestes impressions. Il lui criait : « N'ayez peur, je suis avec vous. » Elle avait exigé, de ce chevalier, la promesse de lui couper la tête pour qu'elle ne tombât pas vivante au pouvoir des Infidèles. Quatre cent mille livres et la restitution de Damiette furent le prix de sa rançon. En l'absence de Louis IX, un exalté s'avisa de prêcher une croisade aux paysans et aux bergers. Cent mille malheureux se croisèrent sous le nom de pastoureaux. Ils portèrent, en plusieurs endroits, le ravage et la mort. Ils furent tous exterminés.

La reine Blanche était morte depuis deux ans, lorsque Louis IX revint en France. Elle avait dirigé le vaisseau de l'état avec assez de bonheur ; elle avait su prévenir les menées de l'Anglegleterre contre la France. Elle étouffa plusieurs séditions. Cependant, sous sa régence, les bûchers se rallumèrent. Le tribunal de l'inquisition obtint, de la régente, une protection éclatante. Elle sévit contre les Juifs, toujours accusés du crime d'usure, toujours jugés nécessaires, et rappelés après avoir été chassés.

On pensait, en ce temps-là, que *le commerce d'un chrétien avec une fille juive était un crime non moins énorme que celui qui se commet avec les bêtes* (1). Le coupable était brûlé vif.

A son retour en France, Louis IX eut encore à punir quelques vassaux révoltés. Une ordonnance de 1254, de ce souverain, indique que les trois ordres de l'état étaient consultés dans les matières d'intérêt général. Le roi ne quitta pas la croix pour indiquer qu'il méditait une nouvelle croisade. Il fit bâtir la

(1) L'abbé Velli, tome 4, page 157.

Sainte-Chapelle pour y placer les reliques qu'il avait apportées de la Terre-Sainte.

Le roi d'Angleterre qui avait été retenu, pendant la croisade de Louis ix, par des divisions intestines adroitement ménagées dans ses états, renouvela ses prétentions sur la Normandie et les autres provinces confisquées sur son père. Louis crut céder au cri de sa conscience et prévenir un conflit qui lui aurait été nuisible dans le projet de la seconde croisade qu'il avait résolue ; il fit cesser ses clameurs en lui cédant le Limousin, le Périgord et le Quercy ; plus une somme de 300,000 écus, à condition que l'Anglais renoncerait à toute autre prétention pour lui et les siens.

Charles, comte d'Anjou, frère du roi, fut investi par Urbain iv qui occupait alors le saint Siége du royaume des deux Siciles, dont il privait Conradin, successeur légitime de ce royaume, et qu'il avait excommunié. La résistance de Conradin fut vigoureuse. Il fut fait prisonnier et conduit à Charles d'Anjou, qui le fit périr dans sa capitale par la main du bourreau. Nous dirons bientôt comment, après quatorze années, la mort de Conradin fut lavée dans le sang français aux vêpres siciliennes

1269-- Louis ix veut enfin exécuter son projet de conquête de la Palestine. Sur des indications insidieuses du bey de Tunis, le débarquement doit s'opérer en cette ville ; mais à son arrivée la flotte française trouve le port fermé et les Musulmans sous les armes. Pour tirer vengeance de ce manque de foi, Louis force le port et fait attaquer l'antique Carthage, cette superbe rivale de Rome qui n'était plus qu'une misérable bourgade. Le château fut emporté sans résistance, puis on se retrancha pour attendre le roi de Sicile qui venait avec ses provisions ; mais il se fit attendre ; les provisions manquèrent, des maladies contagieuses décimèrent l'armée, les fils du roi en furent atteints. L'infection des corps morts ajoutait à l'insalubrité. On soupirait après l'arrivée du prince Charles. On entend enfin des marches guerrières; mais il n'était plus temps; Charles, impatient, met pied à terre ; personne ne vient au-devant de lui ; surpris, il devance ses lieutenants , pénètre dans la tente royale ; son frère venait d'expirer de la peste. Il était encore étendu sur la cendre où il avait voulu mourir. Il ne lui fut pas permis d'embrasser ces tristes restes. On les fit bouillir dans du vin et de l'eau. Son frère et ses fils partagèrent ses dépouilles.

Ainsi mourut en Afrique saint Louis, le 25 août 1270, après un règne de quarante-quatre ans. Il avait eu, de Marguerite de Provence, Philippe-le-Hardi, Jean dit Tristan, Pierre et Robert. Il abolit le duel judiciaire, pour y substituer la preuve par témoins ; il rédigea des coutumes générales pour ses états ; il établit la pragmatique sanction pour se défendre des empiétements du pouvoir spirituel.

A l'imitation de son aïeul Philippe-Auguste, Louis ix augmenta ses domaines particuliers en Normandie. Il fixa la justice qui ne fut plus ambulatoire et déplacée au gré des barons. On eut alors des légistes ou gens de robe qui remplacèrent les barons dont la plupart ne savaient écrire que du pommeau de leur épée, et se faisaient gloire de leur ignorance. La robe, dédaignée par l'épée, fit cause commune avec l'autorité royale et diminua l'influence de la noblesse.

Henri iii d'Angleterre, dont le règne avait été une longue lutte avec ses sujets, trois fois descendu du trône où il fut toujours replacé, finit ses jours dans une profonde tranquillité l'an 1273. Edouard, son fils, lui succède.

CHAPITRE XVI.

ERE CHRETIENNE.

1270.

Ecoutez... L'airain sonne, il m'appelle, il vous crie
Que l'instant est venu de sauver la patrie

Vêpres Siciliennes. (Casimir Delavigne.)

SOMMAIRE. — Philippe III, dit le Hardi. — Il réduit les Tunisiens. — Son retour en France. — Son sacre. — Son second mariage. — La brosse. — Son exécution. — Charles D'Anjou, roi de Sicile. — Révolte des Siciliens. — Vêpres Siciliennes. — Mort de Charles d'Anjou. — Croisade contre Pierre d'Aragon. — Mort de Philippe-le-Hardi. — Ses enfants. — Philippe IV, dit Le Bel, sur le trône.

1270-1285.—Philippe III, dit le Hardi, fils de Louis IX, succède à son père. Il était en Afrique avec le roi au moment de sa mort. Les secours du roi de Sicile, son oncle, le mirent à même de réduire les Tunisiens. Il leur accorda la paix moyennant tribut et revint en France, rapportant les restes de son père, de son frère et de sa femme, tous morts en Afrique. Il réunit à la couronne l'apanage du comte de Potiers, son oncle, décédé sans postérité. Philippe fut sacré à Rheims, le 30 août 1271, par l'évêque de Soissons, le siége de l'archevêché étant vacant. Robert, comte d'Artois, y porta l'épée de Charlemagne que l'on nomma *la Joyeuse*. Philippe resta veuf pendant quatre ans. Au bout de ce temps, il épousa Marie de Brabant. Le mariage se fit au bois de Vincennes, au mois d'août 1275. L'année suivante la reine fut sacrée dans la Sainte-Chapelle de Paris le jour saint Jean-Baptiste. Marie avait toute la tendresse de son mari. Le roi avait pour confident Labrosse, qui de barbier de saint Louis était devenu grand chambellan, ministre et conseil de Philippe. Ce favori, redoutant l'influence de la reine, l'accusa d'avoir empoisonné Louis, fils aîné du roi, qui était mort subitement, et de méditer la mort des autres enfants du premier lit, pour assurer la couronne à ses propres enfants. Philippe, dans sa perplexité, consulta une devineresse; elle proclama l'innocence de la reine. Labrosse, reconnu calomniateur, fut pendu. L'évêque de Bayeux, son frère, craignant pour lui le meme sort, se réfugia à Rome.

Charles d'Anjou, roi de Sicile, frère de saint Louis, d'un caractère bouillant, résolut de conquérir Constantinople, l'Italie et de forcer les Allemands à le choisir pour souverain. Mais il n'avait pas su conquérir le cœur et l'affection de ses sujets; son gouvernement était en horreur; l'insolence et le libertinage des Français dont il était entouré, qui insultaient les femmes après avoir outragé les maris, avaient tellement aigri les esprits que les Siciliens eussent volontiers donné leur vie pour se venger de leurs tyrans.

Pierre III, roi d'Aragon, avait épousé la fille de Mainfroi. Il regardait la Sicile comme le patrimoine de sa femme. D'ailleurs la vengeance lui eût créé des droits dans tous les esprits s'il en eût manqué. C'est alors que s'ourdit cette horrible trame dont Casimir Delavigne a conservé la mémoire dans ses écrits. On se servit d'un gentilhomme italien nommé Procida, capitaine et négociateur habile, hardi et rusé. Déguisé en cordelier, Procida fit sous ce vêtement les voyages nécessaires pour diriger le feu de la révolte qui couvait depuis long-temps dans le cœur des Siciliens. Ils avaient fait le serment d'assassiner tous les Français domiciliés dans leur île. Le jour de pâques fut choisi pour cette sanglante exécution.

Ce jour, au premier coup de vêpres, en moins de deux heures, les Français de tout âge et de tout sexe furent égorgés dans la Sicile. Les meurtriers n'épargnèrent pas leurs propres filles qui se trouvaient grosses de leurs ennemis. Plus de huit mille hommes furent massacrés. Le sang de Conradin fut ainsi cruellement vengé. Pierre d'Aragon, qui se tenait, avec sa flotte, dans le voisinage, fut reçu à bras ouverts et couronné par les Siciliens.

Charles, outré de fureur, met le siége devant Messine. Le pape lance l'excommunication majeure contre le roi de Sicile. L'Aragonnais se moque de ces foudres impuissantes et de la colère de Charles d'Anjou, dont le fils tombe en sa puissance. Il voulait lui faire couper la tête, en représaille du supplice de Conradin. La reine, par ses prières, sauve la vie du prisonnier. Charles mourut de chagrin en apprenant cette nouvelle.

Le pape prêche une croisade contre Pierre d'Aragon. Philippe-le-Hardi se met à la tête, marche en Catalogne, où il prend quelques places; mais la disette, les maladies réduisent son armée; lui-même tombe malade et se fait rapporter à Perpignan. les places qu'il avait prises se révoltent; la nouvelle redouble son mal. Il mourut le 6 octobre 1285, âgé de quarante-cinq ans, dans la seizième année de son règne. Ses entrailles et ses chairs furent inhumées dans la cathédrale de Narbonne; ses os apportés à Saint-Denis.

D'Isabelle d'Aragon, Philippe laissa deux fils, Philippe et Charles. Le premier régna, le second fut comte de Vallois.

De Marie de Brabant, il eut un fils et deux filles; le fils fut comte de Dreux; les filles, Margueritte et Blanche, la première épousa, en 1298, Edouard, roi d'Angleterre; Blanche épousa Rodolphe, duc d'Autriche, fils aîné de l'empereur Albert, dont elle eut un fils. La mère et l'enfant furent empoisonnés à Vienne, l'an 1305.

Sous le règne de Philippe-le-Hardi, on vit cesser les destructions périodiques qui dépeuplaient l'Europe dans une effrayante progression ; la fureur des croisades tomba tout-à-coup comme l'épidémie qui disparaît, et ce règne fut paisible.

1285 à 1314. — Philippe IV, dit le Bel, à cause des grâces de son visage, fils de Philippe-le-Hardi, succède à son père. Il n'était alors âgé que de dix-sept ans ; il avait épousé, l'année précédente, Jeanne de Navarre. Il se fit sacrer à Rheims avec la reine son épouse, par les mains de l'archevêque Pierre Barbet, le 6 janvier 1286.

La France fut en paix les huit premières années de son règne. Edouard Ier, fils et successeur de Henri III, était en Afrique, où il espérait rencontrer Louis IX. Ayant appris la mort de ce roi, il ne voulut pas revenir sans avoir combattu les Infidèles. Il se rendit redoutable et ne revint en Europe qu'après avoir conclu une trève de dix ans avec le sultan d'Egypte. Il était en Sicile lorsqu'il apprit la mort de son père. Il s'arrêta à Rome, à Milan, en Savoie ; partout il fut comblé d'honneurs et de présents. Il s'arrêta à Paris pour y faire hommage à Philippe III de la Guyenne, et passa près d'une année en France, s'y distinguant à la cour et dans les tournois. Enfin il aborda en Angleterre, où il fut reçu avec enthousiasme. En 1274, son couronnement, avec Eléonore de Castille, sa femme, se fit à Westminster, avec les solennités d'usage. Il promit de respecter les institutions fixées par la *Charte*.

Il soumit les Gallois qui avaient tenté de ressaisir leur antique indépendance.

Il fut choisi pour arbitre entre Philippe-le-Bel et Alphonse, roi d'Aragon, dans leur querelle pour le trône de Sicile. Edouard vint en France où il passa trois années.

La rivalité des nations anglaise et française semblait s'éteindre lorsque Philippe-le-Bel donna le signal d'une guerre générale pour une querelle frivole et particulière.

Un matelot anglais, dans une rixe, à Bayonne, tue un matelot français. Sur un pareil prétexte, l'on courut sur les mers, sans plainte ni déclaration de guerre, insulter, attaquer et brûler les vaissaux anglais. Ceux-ci usèrent de représailles. Philippe fit ajourner le roi d'Angleterre à comparaître devant les pairs de France; Edouard répond qu'il a des juges en Angletere. Philippe s'empare de la Guyenne. Edouard n'était pas homme a subir paisiblement cette confiscation ; mais, dans le même temps, il était en guerre avec Baliol, roi d'Ecosse; il devait nécessairement se défendre de l'ennemi qui touchait sa frontière, et qui avait audacieusement commencé les hostilités. 1296. — La sanglante défaite des Ecossais a *Dunbar* livra l'Ecosse tout entière au roi d'Angleterre. Baliol fut déposé et vint mourir en France dans l'obscurité.

Edouard, encore dans l'ivresse de sa conquête de l'Ecosse, passe en France pour y ressaisir l'Aquitaine. Le roi des Romains, Adolphe, déclare aussi la guerre à Philippe. Celui-ci ne daigna seulement pas donner audience aux ambassadeurs; il les fit partir avec un grand papier cacheté, sur lequel il avait écrit ces mots : *nimis Germane.* C'est trop allemand ! Il dut rabattre de cette fierté, quand il vit l'Anglais se liguer avec Adolphe, le duc de Bar et le comte de Flandre. Il acheta la neutralité de l'Empereur et triompha d'Edouard et de ses alliés. La Flandre fut conquise. Le comte sollicita la médiation du pape.

C'était alors Boniface VIII qui occupait la chaire pontificale. La fierté, la hauteur, l'audace de ce pontife répondaient au rang qu'il occupait. Il faisait porter devant lui les deux épées nues dont parle l'Evangile ; il ne paraissait en public que la couronne impériale sur la tête, et disait au peuple : *ego sum Cæsar et Papa*.

Il prétendait s'ériger en juge souverain des différents entre les princes de la chrétienté

Voulant réparer le défaut d'une naissance obscure, il s'était adroitement insinué dans l'esprit de son prédécesseur qui le fit cardinal. Célestin, ce prédécesseur, était simple d'esprit ; il avait été quatre-vingt-deux ans hermite. On l'avait placé sur le Saint-Siége malgré lui, parce qu'on espérait le gouverner. Boniface profita de sa simplicité pour lui persuader de se démettre de la papauté en sa faveur. On raconte qu'ayant pratiqué un trou dans la muraille de son oratoire, il lui disait la nuit, par une sabarcane :

Célestin, retourne dans ta solitude, tu n'es point propre à porter la tiare.

Le vieillard, croyant obéir à Dieu, abdiqua le pontificat.

Dans un pressant besoin d'argent , Philippe avait mis une taxe sur le clergé. Boniface XIII lance une bulle où il défend aux ecclésiastiques de payer aux laïcs ; Philippe défend aux laïcs de payer aux ecclésiastiques , et à ceux-ci d'exporter le numéraire. De part et d'autre on se porte aux plus grands excès. Le pape nomme légat, en France, l'évêque Bernard Saisetti, qui avait été ordonné malgré Philippe ; ensuite il déclare que son intention est d'envoyer ce prince en Syrie et en Palestine , à la tête d'une nouvelle croisade. C'est ainsi que ses prédécesseurs en agissaient à l'égard des souverains dont ils voulaient se débarrasser ; mais ces sortes d'appels ne produisaient plus d'effet. Boniface, voulant précipiter le moment de lancer l'excommunication contre le roi de France et de mettre son royaume en interdit , envoie Bernard Saisetti pour l'exhorter à prendre la croix. Ce légat impudent s'exprime du ton d'un sujet qui, ne craignant plus son maître, s'en venge. Philippe déclare que des affaires intérieures nécessitent la présence de ses troupes et la sienne dans ses états. Le nonce l'insulte en face, en lui disant que : « *Son indigne conduite méritait des peines qu'on avait trop différées.* » Il le qualifie de fantôme d'homme, sans esprit et sans cœur. Dans son exaspération, Philippe le fait arrêter et conduire en prison. Il tombait ainsi dans le piége qui lui était tendu ; mais il bravait toutes les clameurs et ne s'occupait que d'obtenir des subsides extraordinaires et l'assentiment ou l'appui de la nation pour vider cette querelle.

Boniface répétait sans cesse, *que c'était une folie de croire et une hérésie d'assurer que les rois ne sont pas sujets du pape.*

Philippe répondait qu'il désobéissait à Boniface, non comme pape, mais comme à un hérétique et un démoniaque.

1302. — Le roi de France convoqua les trois ordres de l'état pour arriver à faire déposer le pape et déclarer l'indépendance de la couronne pour ce qui regarde le temporel.

Pendant l'assemblée, Boniface lance l'interdit et l'excommunication, dégage les Français du serment de fidélité et donne le royaume au premier occupant.

On appelle de cette sentence au futur concile et au saint Siége, pourvu d'un pape légitime, ce qui prouve que déjà les foudres du Vatican étaient usées.

Guillaume de Nogaret fut chargé de signifier cet appel. Il avait mission secrète d'arrêter le pape et de le conduire à Lyon pour y être jugé au prochain concile général. Nogaret gagna, par des présents, les personnages éminents de l'état ecclésiastique. La famille Colonne, ennemie du pape, lui fournit des troupes. Il s'introduisit, avec Sciarra Colonne, dans la ville d'Agnanie, où le pape s'était retiré, pour être plus en sûreté que dans Rome, sachant qu'il n'y était pas aimé. Le palais, étant peu gardé, il fut forcé. Le pape, revêtu de sa chappe et de sa tiare, prétend en imposer aux meurtriers par tout l'appareil du pontificat. Rien n'arrête les soldats français. Le pontif conserve le calme, attendant son triomphe ou la mort. Sciarra le frappe d'un coup de gantelet au visage, le met en sang. Pressé d'abdiquer la papauté, il répond avec intrépidité qu'il préfère mourir, et présentant sa tête aux soldats, il leur dit : *frappez.*

Sciarra, se laissant emporter, allait le tuer. Nogaret s'y oppose, le fait dépouiller de ses vêtemens pontificaux, enlever et monter à cheval demi-nu, sans selle ni étriers et le visage tourné vers la queue. Dans la nuit il fut délivré par les habitants d'Agnanie. Dès qu'il fut mis en liberté, Boniface se rendit à Rome. Là il apprit que le trésor de l'Eglise avait été pillé tant par ses défenseurs que par ses ennemis. Il en éprouva des transports frénétiques. On dit que, dans sa fureur, il se déchira avec les dents et se mangea les mains. On ajoute que son prédécesseur, animé d'un esprit prophétique, lui avait dit ces mots : *ascendisti ut vulpes, regnabis ut leo, morieris ut canis.*

A la fin du xiii⁰ siècle, Boniface avait institué le jubilé. La bulle accordait rémission des péchés et des indulgences à ceux qui visiteraient le tombeau des apôtres saint Pierre et saint Paul. On fit le dénombrement des pélerins, et on reconnut que la ville de Rome en renfermait régulièrement deux cent mille chaque jour. Ce torrent de fidèles procurait de grands trésors à l'Eglise.

Philippe était vengé, mais il craignait que le successeur de Boniface ne publiât une croisade contre lui pour laver l'affront inouï fait au saint Siège; mais il en fut autrement. Le nouveau pontif. lui envoie un bref d'absolution pour lui et ceux qui avaient assisté à l'enlèvement du pape, sauf toutefois Sciarra Colonne et Nogaret qui ne devaient jamais espérer de pardon. Ce pape mourut huit mois après son élection. Le nouveau pape Clément fut sacré en présence de Philippe, dont il prit les conseils. Le roi de France ne réussit pas dans le procès à la mémoire de

Boniface pour le faire déclarer hérétique et rayer du rang des papes ; mais Nogaret fut absous par Clément v et Philippe le fit chancelier de France.

Après avoir traité avec le roi de France, Edouard d'Angleterre était rentré dans ses états, étant pressé de retourner en Ecosse, où Wallace, homme sans nom, s'en était créé un immortel en appelant ses concitoyens aux armes pour la liberté. Warren, général d'Edouard chargé de réprimer l'insurrection, avait été battu au passage du *Forth*. L'arrivée du roi d'Angleterre rendit l'avantage à ses troupes. Wallace fut défait à la bataille de *Falkirk* et chercha son salut dans la fuite ; mais, trahi par les siens et conduit à Edouard, il subit avec un courage sublime le dernier supplice, en 1303.

Le petit-fils de Robert Bruce, le compétiteur de Balliol au trône d'Ecosse, admira Wallace ; il voulut marcher sur ses traces pour relever l'étendard de la patrie ; un parti considérable le couronna roi à Scone. Edouard, irrité de cette troisième tentative contre ce qu'il appelait ses droits, marche en personne contre l'Ecosse, réglant davance le supplice des malheureux qui tomberaient entre ses mains. Il n'en ordonna qu'un petit nombre, car les fatigues avancèrent sa fin. Il mourut à *Burg* en 1306, âgé de soixante-neuf ans.

Ce souverain rendit sa nation forte et puissante ; il l'affranchit du pouvoir papal, il améliora les institutions, ce qui lui valut le surnom de *Justinien anglais*.

Philippe-le-Bel avait rendu la Guienne à Edouard parce qu'il avait abandonné le parti des Flamands ; mais les mêmes Flamands, guidés par un tisserand (*Pierre Leroy*), se révoltent, égorgent les Français qu'ils peuvent atteindre, faisant ainsi le pendant du tableau des vêpres siciliennes. Le comte d'Artois marche contre les Flamands et leur livre la bataille de *Courtrai* où des paysans et des bourgeois, que le comte d'Artois traitait de canaille, détruisirent

21

son armée. Philippe marche de sa personne. Malgré plusieurs
avantages et le gain de la bataille de *Mont-en-Puelle*, il fut obligé
de faire la paix et de rétablir le comte de Flandre qu'il retenait
prisonnier.

1307. Le pape Clément v porte son siége dans la ville d'Avignon.

Philippe le-Bel, par un ordre secret, donné dans son conseil
privé, chassa tous les Juifs de son royaume, s'empara de leur
argent et leur défendit d'y revenir sous peine de la vie.

Un corps puissant par ses richesses et qui portait ombrage
à Philippe-le-Bel, l'ordre des Templiers, fut aboli, ses membres
arrêtés et juridiquement assassinés. On saisit tous leurs biens,
on s'empara de leur temple pour y déposer le trésor et les chartes
de France. On entendit contre eux deux cent et un témoins
qui les accusèrent de renier Jésus-Christ en entrant dans l'ordre, de cracher sur la croix, d'adorer une tête dorée, montée sur
quatre pieds. Le novice baisait le profès qui le recevait à la
bouche, au nombril, et à des parties qui paraissent peu destinées à cet usage. Voilà, disent les informations conservées jusqu'à nos jours, ce qu'avouèrent, dans les tortures, un grand
nombre de ces malheureux.

Il en fut brûlé vifs cinquante-neuf, en un jour, près de l'abbaye Saint-Antoine de Paris. Tous, au milieu de cet horrible supplice, protestèrent de l'innocence de l'ordre. Le pape s'était réservé le jugement du grand-maître Jacques Demolay, Guy, frère
du dauphin d'Auvergne, et Hugues Deparalde, deux des principaux seigneurs de l'Europe; tous trois furent aussi jetés dans
les flammes, non loin de l'endroit où est à présent la statue
équestre du roi Henri iv. N'ayant plus que la langue libre, le
grand-maître ajourna Clément v et Philippe-le-Bel à comparaître dans l'année devant le souverain juge.

Philippe-le-Bel se fit donner deux cents mille livres et Louis-le-Hutin, son fils, prit encore soixante mille livres sur les biens des Templiers. Le pape et le roi, bourreaux des Templiers, ne survécurent pas long-temps à leurs victimes ; ils moururent dans l'espace de dix-huit mois. Le peuple prit leur mort pour une manifestation de la justice divine.

Philippe-le-Bel accabla le peuple d'impôts, détruisit le crédit public en altérant les monnaies, ce qui lui valut le surnom de faux-monnoyeur, et rançonna les Juifs qu'il chassa de ses états. Sous son règne les duels judiciaires furent abolis au civil, et le parlement fut rendu sédentaire.

Ce prince mourut à Fontainebleau, le 24 novembre 1314. Il avait régné vingt-neuf ans. Son tombeau est à Saint-Denis. Des chroniques rapportent qu'un sanglier s'étant jeté entre les jambes de son cheval, il en fut renversé et tellement froissé de cette chute qu'il en périt. Gaguin dit qu'il y a quelques soupçons qu'il aurait été assassiné par les ordres de l'évêque de Châlons. Il laissait trois fils, qu'il avait eus de Jeanne de Navarre : Louis-le-Hutin, Philippe-le-Long, Charles-le-Bel.

Avant de mourir, Philippe-le-Bel avait vu le désordre dans sa famille. Les femmes de ses trois fils furent accusées d'adultère. La femme de l'aîné et celle du cadet en furent convaincues. Les auteurs du crime étaient Philippe et Gautier d'Aulnay, frères, gentilshommes normands. Par arrêt du parlement, le roi présidant, les princesses furent renfermées au Château-Gaillard d'Andely ; Philippe et Gautier d'Aulnay furent condamnés à être écorchés vifs, ensuite à être traînés dans un pré nouvellement fauché *mentulis exsectis pelle nudatis sunt*. On traita de même un huissier de la chambre qui avait favorisé leurs coupables amours. Ecorchés vifs, traînés dans la prairie de Maubuisson, nouvellement fauchée, mutilés des parties qui avaient péché, puis décolés, leurs corps furent pendus par sous les aisselles au gibet préparé pour cet effet.

Par ordre exprès de son époux, Marguerite fut étranglée dans sa prison, le jour même qu'elle y fut conduite ; Blanche fut répudiée après sept années de détention, sous prétexte de parenté; Jeanne fut reprise par son époux, une année après.

La mère des trois princes, Jeanne de Navarre, ne fut pas exempte d'accusation de pareille nature : on disait qu'elle s'abandonnait à des écoliers, et qu'après avoir satisfait sa passion elle les faisait jeter, des fenêtres de sa chambre, dans la Seine, pour cacher ses désordres en faisant périr ses complices.

Nous avons vu que le roi d'Angleterre, Edouard 1er, était mort en l'année 1306 ; Philippe lui avait survécu sept années : Edouard II, fils d'Edouard 1er et d'Eléonore de Castille, monta sur le trône après son père. Trois princes Valois passent sur le trône de France pendant les débats orageux d'Edouard II avec la nation anglaise. Ce souverain avait d'abord renoncé à la guerre d'Ecosse ; il avait rappelé auprès de lui son favori Gaveston, que son père avait banni et qui était odieux aux barons et prélats. Ils parvinrent à s'en emparer dans la forteresse de Scarboroug, où le roi le croyait en sûreté, et le mirent à mort. Le roi jura de le venger, mais il ajourna sa vengeance, et la paix parut se rétablir. Le roi d'Angleterre reprit le cours de ses opérations contre l'Ecosse. Cependant les Ecossais avaient profité des troubles de l'Angleterre pour fortifier leur parti ; ils étaient sous les armes et attendaient l'Anglais de pied-ferme (1314). *Bannockburn*, près Stirling, fut le lieu de rencontre des deux armées. Le choc fut terrible ; la victoire, long-temps indécise, se déclara pour les Eccossais, qui reconstituèrent, dans cette journée, leur royauté et leur indépendance. 1320. Le roi prit un nouveau favori, Hugues Spencer ; nouvelle ligue des barons, conduits par Lancastre, contre leur souverain, pour le forcer d'expulser Spencer. Lancastre est fait prisonnier à *Boroughbridge*, dans les environs d'Yorck, et son supplice est ordonné, dix-huit autres personnes furent exécutées en même temps comme ses complices. Le roi voulut ensuite punir les Ecossais de s'être ligués avec ses ennemis et prépara, dans ce but, une expédition formidable ; mais sa molesse naturelle lui fit, après quelques combats partiels, accepter une trève de treize ans.

Le supplice de Lancastre n'avait pas éteint son parti ; ses adhérents respiraient, en secret, l'ardeur de le venger. L'occasion s'en présenta.

Charles-le-Bel venait de s'emparer de la Guyenne, pour manque d'hommage d'Edouard. Isabelle, sœur de Charles, se rend à Paris avec son fils, le jeune Edouard, pour arranger le différend. Là, elle devient hostile a son époux, accueille les proscrits du parti de Lancastre, ne refuse pas même une intimi é coupable avec Mortimer, jeune et brillant chef de ce parti. Bientôt cette reine ambitieuse alla débarquer en *Suffolk*, à la tête de ses partisans, avec son fils et Mortimer. La haine du favoritisme grossit le nombre de ses partisans. Le roi fuit devant la multitude de ses ennemis, auxquels s'étaient joints ses frères. Enfermé dans le château de *Kenilworth*, le roi attend avec impatience l'issue de cet événement. Le parlement prononça sa déchéance, et il fut assez faible pour accepter cette décision. Ce n'était pas assez pour ses adversaires ; les gardiens du monarque détrôné, à l'instigation de Mortimer, le firent périr en lui introduisant un fer rouge dans les entrailles, de manière qu'il ne restât pas de traces ostensibles de leur assassinat, qui eut lieu en 1327. Avant de nous occuper de son successeur, nous parlerons des fils de Philippe-le-Bel

1314 - 1316. Louis x, dit le Hutin, fils aîné de Philippe-le-Bel, monta sur le trône aussitôt après la mort de son père (24 novembre 1314) ; mais il ne fut sacré que le 3 août 1315. Marguerite de Bourgogne, sa première épouse, ayant été étranglée dans sa prison, les uns disent avec ses cheveux, les autres avec le linceul destiné pour l'ensevelir, il épousa Clémence, fille de Charles Martel, roi de Hongrie. Les exactions dont se plaignait la nation et quelques dispositions personnelles du roi, secrètement entretenues par Charles de Valois, son oncle, déterminèrent Louis-le-Hutin à poursuivre Enguerrand de Marigny, surintendant des finances sous le dernier roi, comme coupable de concussion. Quoique la culpabilité ne fût pas prouvée, il fut condamné, conduit à Montfaucon, où, suivant l'expression des vieilles chroniques de Saint-Denis, *au plus haut du gibet avec les autres larrons fut pendu.* Ce châtiment fut regardé comme l'expiation de l'ardeur qu'il avait mise à poursuivre les Templiers. Plus tard, Enguerrand fut réhabilité ; on lui éleva un mausolée à Ecouis, dont il était seigneur.

Les Normands, épuisés par les extorsions de Philippe-le-Bel, qui se continuèrent sous son successeur, menacèrent de secouer le joug. Les états assemblés notifièrent leurs plaintes au souverain. C'est alors que ce prince donna la Charte normande mentionnée depuis et jusqu'en 1789 dans les ordonnances des rois de France, toutefois accompagnée du bagage monarchique et de cette phrase d'étiquette : *Car tel est notre bon plaisir et nonobstant clameur de haro et Charte normande, et toutes lettres à ce contraires.*

Philippe-le-Bel avait voulu forcer ses barons à s'abstenir de frapper monnaie. Les barons s'opposèrent à cette prétention, qui fut interrompue par la mort du roi. Louis X n'osa pas y donner suite ; il se contenta de régler le poids, la loi et la marque de leurs monnaies (ordonn. du 25 décemb. 1315).

Louis X, soit comme moyen fiscal, soit philantropie, offrit aux habitants des campagnes des lettres d'affranchissement à prix d'argent, avec cette observation, qu'étant nés libres, il ne leur était pas permis de ne pas l'être ; que, conséquemment, ils étaient obligés d'acheter ces lettres d'affranchissement.

Pour se procurer de l'argent il vendit aux Juifs leur rappel pour douze ans. Voulait-on quelque taxe extraordinaire? on les accusait de profaner des hosties, de crucifier des enfants, et ils se sauvaient du bûcher avec de l'argent. C'est ainsi qu'ils étaient poussés à l'usure et aux gains illégitimes.

Le besoin d'argent amena la vénalité des charges de judicature, et les impôts ruineux qui pesaient sur le peuple servaient à entretenir une guerre malheureuse contre la Flandre. Une armée entière périt dans la fange à la merci des ennemis. Louis x l'avait conduite sans vivres ni munitions au siège de Courtrai. Sans la famine qui ravagea le camp des vainqueurs et le rendit aussi à plaindre que les vaincus, l'état restait sans défenseurs contre les nations voisines.

Le malheureux usage du poison était devenu fort commun en France ; plusieurs ont écrit que Louis en ressentit les effets ; selon d'autres, ayant bu trop précipitamment à la glace, dans un moment où il avait fort chaud, il succomba au bois de Vincennes, le 5 juin 1316, alors âgé de vingt-huit ans, dans le dix-neuvième mois de son règne. Clémence, sa seconde femme, était enceinte de quatre mois. Il avait une fille nommée Jeanne, de Marguerite, sa première femme. Le royaume de Navarre, les comtés de Brie et Champagne lui appartena'ent ; mais ses oncles, Philippe-le-Long et Charles-le-Bel, trouvèrent toujours des prétextes pour les retenir.

1316. Philippe v, dit le Long, fut nommé régent du royaume, jusqu'aux couches de la reine ; si elle accouchait d'un garçon, la régence devait continuer ; si elle accouchait d'une fille, le régent était roi. Le 15 novembre 1316, la reine mit au monde un fils, qui reçu le nom de Jean, ne vécut que huit jours et fut enterré à Saint-Denis.

Jeanne, fille de Louis x, réclamait ses droits à la couronne.
Son oncle, le régent, invoquait la loi salique qui excluait les
femmes du droit de succéder à la couronne. Le parlement rendit
une décision en faveur de Philippe. Ce dernier, bien accompagné,
fut se faire sacrer à Rheims, le 9 janvier 1317. Les députés des
villes et les états assemblés jurèrent, entre les mains du chancelier, Pierre d'Arablay, de ne pas reconnaître d'autre roi que
Philippe, de maintenir la succession au trône, en faveur des
mâles exclusivement. Charles d'Artois voulut faire de l'opposition, mais il fut promptement gagné. Philippe-le-Long fut le
quarante-septième roi de France.

A l'exemple de son aïeul, Philippe v altéra les monnaies;
comme ses prédécesseurs, il fit un trafic de la liberté civile,
débarbouilla des vilains, ou plutôt annoblit des roturiers pour
de l'argent ; déclara le domaine de la couronne inaliénable, réunit à ce domaine le domaine particulier du roi, rendit réversi-
bles à la couronne, à défaut d'héritiers mâles, les apanages des
enfants de France qu'auparavant ils avaient en toute propriété.
La guerre avec la Flandre, suspendue par de courts intervalles,
fut terminée par la paix conclue le 20 mai 1320. On vit reparaître, sous le nom de pastoureaux, ces bandes de paysans armés qui, sous d'autres noms, avaient déjà désolé la France. Ces
bandes furent bientôt dispersées. D'affreuses cruautés furent
exercées contre les Juifs, les lépreux et les prétendus sorciers.
Ces iniquités furent commises pour s'emparer des biens des
Juifs et de ceux des léproseries. Philippe v, dans quelques
ordonnances, renouvela les Capitulaires de Charlemagne (Voy.
pag. 59) en ce qui concerne la magistrature. Il défendit aux juges
d'avoir égard aux lettres missives, de recevoir des présents,
leur ordonna de juger les affaires sans égard aux parties.

La réimpression de ces Capitulaires et sages ordonnances eût été d'un grand intérêt après les révolutions qui se sont succédées en France ; les juges n'eussent osé se servir de leur autorité pour assouvir des vengeances particulières et prendre pour bases de leurs décisions les opinions des justiciables. Ce souverain conçut l'idée précieuse d'établir l'égalité des poids et mesures et une seule monnaie pour la France. Les princes et les prélats s'y opposèrent, et il ne put jouir de la réalisation de ce projet. Enfin Philippe v fut attaqué d'une fièvre quarte dont il languit pendant cinq mois entiers, et mourut au bois de Vincennes, le 3 janvier 1322, âgé de vingt-huit ans, dans la cinquième année de son règne. Il avait repris Jeanne de Bourgogne, son épouse, qui avait été soupçonnée d'adultère, et condamnée à finir ses jours en prison, dans le château de Dourdan. Feignant d'être persuadé de son innocence, sa jalousie ne fut pas cruelle comme celle de ses prédécesseurs.

Pour donner une idée de la jurisprudence criminelle sous ce règne, on cite le fait suivant :

Le prévôt de Paris détenait, dans les prisons du Châtelet, un riche homicide ; le crime était avéré, la condamnation à mort avait été prononcée à l'unanimité. Pour se soustraire au supplice, le condamné fit offrir au prévôt de fortes sommes d'argent. Ce magistrat, avide et lâche, ne trouva d'autre moyen que de faire tirer de la prison et exécuter, sous le nom du coupable, un détenu qui avait avec lui quelque ressemblance. On s'épouvante de la facilité d'une pareille méprise et de l'audace du juge assassin. Le forfait du prévôt fut reconnu, lui-même périt sur le gibet où l'innocent avait expiré. Plus tard, il fut aussi reconnu que des magistrats abusaient de leurs fonctions ; ils furent sévèrement punis. Les abus se sont perpétués, mais les victimes n'ont pas été vengées ; les coupables sont restés impunis, sauf ceux sur lesquels s'est appesantie la vengeance divine.

Du reste, Philippe v avait laissé un bel exemple qui lui mérita l'oubli de l'altération des monnaies, des surcharges d'impôts, de la confiscation des biens des Juifs et des léproseries.

De Jeanne de Bourgogne il eut trois filles, Jeanne, Marguerite, Isabelle. Elles épousèrent Eudes IV, duc de Bourgogne ; Louis, comte de Flandres, Nevers et Rhetel, Jean, baron de Faulcongmey.

1322 - 1328. Charles IV, dit le Bel, s'était élevé fort énergiquement contre la loi salique ; mais il changea d'opinion lorsque, à défaut d'enfants mâles, elle le fit succéder à son frère. Il fut sacré à Rheims, le 11 février 1322, sans aucune opposition. Tous les pairs y assistaient, hormis le roi d'Angleterre et le comte de Flandre.

Nous avons vu qu'il avait répudié sa femme, pour cause d'adultère, et l'avait confinée au Château-Gaillard-d'Andely. Elle se sauva de sa prison et se fit religieuse à Maubuisson, moins pour y faire pénitence que pour mettre sa vie en sûreté.

Charles IV commença son règne par réprimer sévèrement les violences des gentilshommes. On cite particulièrement Jourdain Delisle, seigneur de Casaubon, allié du pape Jean XXII, parce qu'il avait épousé sa nièce qui, par le crédit de cette haute alliance, se croyait tout permis ; il violait les vierges, mutilait les hommes, rançonnait les passants et protégeait les brigands. Il bravait l'autorité royale, se croyant hors de toute atteinte derrière les murs de son châtel fortifié. Ce matamore fit assommer l'huissier de la cour chargé de lui notifier l'ordre de comparaître au parlement, et il jura de faire subir le même châtiment à ceux qui viendraient après lui. Charles le fit arrêter, et, malgré le pape qui déploya tous ses moyens pour le sauver, le coupable fut condamné, traîné à la queue d'un cheval et pendu au gibet de Montfaucon. Rien ne put fléchir la justice du monarque ; il fit mettre en jugement et punir les financiers de l'état, la plupart lombards et italiens. Le fruit de leurs rapines fut confisqué : ils furent expulsés du royaume. Le receveur des finances, sous le règne précédent, nommé Laguette, fut appliqué à la question, refusant toujours de faire connaître le lieu où il avait caché ses trésors. Il mourut dans les tourments. Charles v projeta une croisade, mais il ne donna pas de suite à ce projet. Il prit le parti de Louis ii, petit-fils de Robert de Béthune, contre Robert de Cassel, qui élevait des prétentions au comté de Flandre.

Nous avons vu comme il obtint satisfaction du roi d'Angleterre qui avait refusé d'assister à son sacre.

Après avoir long-temps refusé, Charles-le-Bel consentit à lever des décimes en faveur du pape sur les biens du clergé, qu'il considérait comme le fruit de legs souvent impies, et de donations arrachées à l'aveuglement du peuple et aux dernières terreurs des mourants. Il ne fit, toutefois, cette concession qu'à la condition de partager avec le pape.

Sous son règne, de nouvelles bandes, sous le nom de bâtards, sortirent de la Gascogne et causèrent quelques ravages. Ces bandes furent poursuivies et forcées de se séparer sans combattre.

La veille de Noël 1327, Charles tomba malade et mourut, au bois de Vincennes, le 1er février 1328, laissant l'état obéré. Il était âgé de trente-quatre ans. Il avait tenu le sceptre six ans et un mois. Il avait composé son conseil de gens probes, éclairés et d'une prudence reconnue.

De Jeanne d'Evreux, sa troisième femme, il n'eut que deux filles. Marie, l'aînée, ne survécut à son père que quelques années. L'autre, qui fut postume, s'appela Blanche. Elle épousa Philippe, duc d'Orléans, fils du roi Philippe, duc de Valois.

1328 - 1350. Edouard III, fils d'Edouard II, roi d'Angleterre, n'avait encore que quinze ans à la mort de son père, arrivée en 1327, l'usage fixant à dix-huit ans la majorité des rois. Un conseil de régence fut établi ; choisi parmi les partisans de la reine et de Mortimer, ils continuèrent à régner. Le roi d'Ecosse, pensant avoir bon marché d'un souverain adolescent et d'un gouvernement mal assuré, rompit la trève de treize ans. Edouard, qui montrait déjà des inclinations guerrières, passe en Ecosse avec une nombreuse armée. L'Ecossais, favorisé par les aspérités du pays, ne fit qu'une guerre de partisans. Il refusa toute bataille rangée. La campagne, tout à l'avantage de l'Ecosse, finit par un traité où l'indépendance de ce pays fut confirmée, et le mariage de David, fils de Bruce, avec Jeanne, sœur d'Edouard, arrêté. (1328) Ce traité, considéré comme honteux par les barons anglais, fut attribué à Mortimer, qui, par conséquent, fut en but à leur haine. D'abord il triompha et fit citer, devant un parlement qui lui était dévoué, le comte de Kent, oncle du roi, pour avoir embrassé la cause des rebelles. Le comte fut condamné et décapité. Mais Edouard fut, en secret, instruit des circonstances de l'assassinat de son père par ordre de Mortimer, et la complicité de sa mère ; il ne respira plus que vengeance, livra Mortimer au parlement qui l'envoya au supplice. Il fut exécuté en 1329. Isabelle fut reléguée, pour le reste de ses jours, dans le château de *Rising*.

1330. Devenu majeur, le roi prit possession du pouvoir royal. Nous arrivons à une époque où l'Angleterre et la France vont se trouver aux prises. Il nous faut reprendre l'histoire de ce pays.

Après la mort de Charles IV, dit le Bel, on vit un interrègne, pour la deuxième fois, et une grande question à débattre. La reine était enceinte ; Edouard d'Angleterre disputait la régence à Philippe de Valois, comme étant fils aîné de la sœur du prince décédé. Philippe était fils aîné de l'oncle paternel de ce prince; l'un invoquait la proximité de parenté, l'autre la loi salique qui excluait les femmes du droit de succéder à la couronne.

Les états conférèrent la régence à Philippe. L'aversion des Français pour la domination anglaise fut le principal motif de cette décision.

La reine accoucha d'une fille. Philippe fut proclamé roi. On le nomma *le Fortuné.*

Son premier acte d'autorité fut de livrer à la justice Pierre Rémi, administrateur du fisc sous Charles IV, convaincu de péculat. Il fut condamné et pendu le 25 avril 1328, au gibet de Montfaucon, qu'il avait lui même fait rétablir. Ses biens furent confisqués et évalués à douze cent mille livres : c'était plus de vingt-cinq millions de francs de nos jours.

Philippe-le-Fortuné fut sacré à Rheims, le dimanche de la trinité, 28 mai 1328. Immédiatement après son sacre, il fit la guerre aux Flamands révoltés contre leur comte. Son armée, composée de vingt-cinq mille hommes, divisés en six brigades, et une septième pour faire sa garde, commandée par Desnoyers, portait l'oriflamme. Seize mille Flamands, postés près de Cassel, voulurent leur barrer le passage ; ils furent mis en pièces et traités avec une telle cruauté que ces peuples ne respirèrent que vengeance. Plus tard, ils trouvèrent l'occasion de l'exercer, et leur fureur n'eut pas de bornes.

Pour humilier le roi d'Angleterre, son compétiteur, Philippe le somma de lui rendre hommage de la Guyenne. Edouard obéit, mais il conçut contre son suzerain une haine immortelle. Il cherchait un motif pour la manifester : il le trouva bientôt. Il demanda la restitution du duché pour lequel il venait de rendre hommage. Il reçut dans ses états Robert d'Artois, beau-frère de Philippe, condamné au bannissement ; il favorisa la révolte des Flamands, et se fit un allié puissant de Jacques

Artewel, qui , de brasseur de bière , était devenu leur chef.
Louis de Bavière soutenait les Flamands ; ils hésitaient à cause
du traité par lequel ils avaient promis de rester fidèles au roi de
France. Pour lever ce scrupule, Robert d'Artois et Artewel con-
seillent à Edouard de revendiquer ses droits à la couronne de
France, du chef de sa mère Isabelle, droits qui avaient été repoussés par les états généraux de France, d'après la *coutume salique*. Il prit donc le titre de roi et les armes de France , de plus
il publia son manifeste en vers du temps.

> *Rex sum regnorum bina ratione duorum.*
> *Anglorum in regno sum ego jure paterno*
> *Matris jure quidem, Francorum nuncupor idem*
> *Hinc est armorum variatio facta meorum.*

Philippe riposta dans le goût de la provocation.

> *Prædo regnorum qui diceris esse duorum ,*
> *Francorum regno privaberis atque paterno.*
> *Succedunt mares huic regno, non mulieres :*
> *Hinc est armorum variatio stulta tuorum.*

Après les vers on négocia , mais infructueusement , et on en
vint aux mains.

Edouard avait les qualités brillantes qui distinguent les héros;
Philippe, d'un caractère sec, inflexible, luttait avec désavantage
contre le génie et la fortune d'Edouard.

Philippe avait donné la Normandie en apanage au prince
Jean son aîné.

Le roi de France entre dans la Flandre, qu'il ravage pendant
que son fils porte la désolation dans le Hainaut , dont le comte
avait embrassé le parti des Anglais.

1339. Les Anglais, commandés par Edouard en personne et
réunis aux Flamands , détruisirent , à la hauteur de l'Ecluse ,

la flotte française de cent vingt voiles, montée par quarante
mille hommes. La discorde qui régnait entre les deux amiraux
fut la principale cause de leur défaite. Baucher, l'un d'eux, étant
tombé au pouvoir des ennemis, fut pendu. Le commerce de la
Normandie souffrit particulièrement de ce désastre. Après de
longs et infructueux efforts du roi d'Angleterre, pour réduire
Tournay, une trève fut conclue par l'entremise de Jeanne de
Hainaut, sœur de Philippe et mère de la reine d'Angleterre.

Cette suspension d'armes ne fut pas de longue durée; des
troubles, survenus en Bretagne, remirent en présence les deux
monarques rivaux.

1344. La guerre se rallume avec plus de fureur que jamais
à l'occasion du supplice d'Olivier de Clisson et douze autres
barons bretons, convaincus d'entretenir des intelligences avec
les Anglais.

1346. Le prince Jean, duc de Normandie, était en Guyenne
à la tête de cent mille hommes. Geoffroy d'Harcourt, baron de
Saint-Sauveur-le-Vicomte, traître à sa patrie, excite le roi d'Angleterre à prendre ce prétexte pour envahir la Normandie.
Edouard, dirigé par cet infâme, à la tête d'une flotte de mille
voiles, portant trente mille hommes, jette l'ancre à la Hougue-
Saint-Vaast en Cotentin, et, le 12 juillet 1346, il opère le débarquement.

Trois hommes de race normande, Edouard III, le comte
d'Arundel, autrefois d'Aubigny, et le transfuge d'Harcourt
commandent l'armée ennemie : le dernier est à l'avant-garde.

Valognes, Carentan sont pris d'assaut, et les habitants sont
passés au fil de l'épée. Saint-Lo est livré au pillage, Bayeux est
incendié. Raoul, comte d'Eu, et le comte de Tancarville, envoyés
à Caen, veulent défendre la ville; mais il faut sacrifier les faubourgs. Les habitants contraignent ces chefs à présenter bataille hors des murs et s'y rangent eux-mêmes. Ils sont vaincus,

les deux généraux sont faits prisonniers , et durant trois jeurs la ville est livrée au pillage de la soldatesque étrangère. Edouard s'empare de Falaise, de Lisieux , d'Honfleur, côtoie la Seine , brûle Louviers, saccage tout sur son passage, Gisors, Vernon , Mantes, Meulan, et vient camper à Poissy ; de cet endroit défie Philippe de Valois et lui propose le duel sous les murailles du Louvre. Après cinq jours d'attente, craignant de se trouver enveloppé, il échappe et bat en retraite vers la Flandre où il s'était ménagé des ressources. Philippe le poursuit avec ardeur et l'atteint à *Crécy*, en Ponthieu , et le lendemain, 26 août 1346, il livre bataille sans laisser reposer ses troupes venues à marches forcées. Les Anglais étaient retranchés dans une position militaire des plus favorables. Les Français, abîmés de fatigues, luttant contre des ennemis reposés dont le désespoir redoublait le courage , furent défaits. Trente mille Français restèrent sur le champ de bataille. Les comtes d'Alençon, d'Harcourt, de Sancerre et de Salme étaient au nombre des morts, et plus de douze cents chevaliers, l'élite de la noblesse française. Le jeune prince de Galles, dit le Prince Noir, à cause de la couleur de son armure, alors âgé de quinze ans , y gagna ses éperons. Il commandait l'artillerie, que, pour la première fois, on avait entendue en bataille rangée.

CHAPITRE XVII.

ÈRE CHRÉTIENNE.

1347 — 1461.

> Les héros et les capitaines ne manquent
> jamais dans un pays comme la France.

Edouard s'occupe à profiter des avantages de sa victoire ; Philippe s'occupe à prévenir les conséquences ; le premier assiège Calais ; ce siége dura onze mois. La famine contraignit les assiégés à se rendre, le 31 août 1347. Les Anglais en demeurèrent en possession jusqu'en 1358. Les armes anglaises étaien

22

victorieuses, non-seulement en France, mais en Bretagne et en
Ecosse. La reine d'Angleterre elle-même, Philippa, secondée de
lord Percy, gagna la sanglante bataille de *Nevil's Cross*, fit prisonnier David Bruce, qui fut enfermé à la tour de Londres. Un
armistice fut encore une fois conclu entre les rois de France et
d'Angleterre ; les deux monarques en avaient besoin pour réparer leurs pertes ; d'ailleurs un fléau terrible affligeait en même
temps la triste humanité : on l'appelait *la peste noire*. Tout fait présumer que c'était le choléra de nos jours. Comme cette dernière
maladie, la peste noire avait commencé au Cathay (nord de la
Chine), avait désolé l'Asie et l'Afrique, dépeuplé l'Europe, et
pénétré jusqu'aux extrémités du pôle. Les ravages étaient
d'autant plus multipliés qu'à cette époque il n'y avait pas
d'hygiène connue ou observée. Grossière débauche, nulle retenue ; l'art de tisser le chanvre et d'en faire du linge, inconnu.
Partout ignorance, superstition, barbarie. La multitude se ruait
sur les Juifs, les Lombards, les droguistes et épiciers ; puis,
faisant force neuvaines, donnant leurs biens aux églises et monastères, baisant les reliques, et retournant assommer les malheureux qui, selon elle, avaient empoisonné l'air, *ou lui avaient
jeté un sort*, suivant les écrivains du temps. Ce fléau avait été
précédé de tremblements de terre qui engloutirent des villes ; il
commença au Cathay par une vapeur noire et horriblement
fétide qui s'exhalait de la terre ; l'air était infecté, les animaux
et les oiseaux périssaient de la contagion. Arrivée en France,
la plupart des laboureurs ayant succombés, les terres demeurèrent incultes. La famine acheva ce que la guerre, la peste et les
fureurs populaires avaient commencé. Dans les deux seules années de 1347 et 1348, la France vit périr la moitié de ses habitants.

L'argent manquait ; on pressura les financiers. Pierre Desessarts, trésorier du roi, fut condamné à cinquante mille florins d'or. On multiplia les tailles, on créa la gabelle. C'est à cette occasion que le roi d'Angleterre disait, avec ironie, que Philippe de Valois était auteur de la loi salique, parce qu'il se rendait maître du sel de son royaume.

1349. Philippe, devenu veuf de la reine Jeanne, épousa Blanche de Navarre, qu'il avait fait venir pour la marier au prince Jean, son fils, et qu'il préféra garder pour lui-même. Le dauphin Humbert, dégoûté du monde pour avoir causé la mort de son fils, qu'il laissa tomber d'une croisée, se fit jacobin et lui donna le Dauphiné, moyennant quarante mille écus de rente, et sous la condition que l'aîné des enfants de France porterait, à l'avenir, les armes et le titre de dauphin.

Au milieu des fêtes qui célébrèrent son retour, Edouard créa l'ordre de chevalerie dit *de la Jarretière*, dont l'origine, si elle est vraie, peint cette époque de galanterie et de vaillance. Une jarretière, perdue par la belle comtesse de Salisbury, fut ramassée par le roi, qui s'en empara le premier, en prononçant ces paroles, restées la devise de l'ordre : *honni soit qui mal y pense.*

Au mois de juin 1350, les trèves furent prolongées pour trois ans entre les rois de France et d'Angleterre.

Deux mois après, Philippe tomba malade à Nogent-le-Roi. Selon *Mézeray*, sa maladie pouvait être attribuée aux fatigues d'un nouveau mariage, souvent mortelles aux vieillards qui prennent femme jeune et belle. Le roi de France décéda, le 22 août 1350. Son corps fut inhumé à Saint-Denis et son cœur fut porté dans l'église des Chartreux de Bourg-Fontaine, en Valois.

De son premier mariage il eut deux fils, Jean et Philippe, une fille nommé Marie ; du second, il eut une fille posthume.

Philippe emporta, dans la tombe, la haine du peuple et le mépris des grands.

1350-1354. Après avoir assisté aux funérailles de son père,
le prince Jean, fils aîné de Philippe de Valois et duc de Normandie, fut, avec son épouse Jeanne de Boulogne, recevoir,
à Rheims, l'onction sacrée. Cette cérémonie se fit le 26 septembre 1 50 ; il était alors âgé de quarante ans. Il fit son entrée
dans Paris, le 7 octobre suivant, tint son lit de justice en parlement. Il manifesta l'intention de gouverner avec ordre ; mais il
ne fut ni plus sage ni plus habile que son père ; de là des malheurs qui ne finirent qu'avec lui.

Le commencement de son règne fut taché de sang. Le connétable Raoul de Brienne, prisonnier de guerre chez les Anglais,
vint en France pour négocier sa délivrance et celle de ses compagnons d'infortune. On insinua au roi qu'il agissait en faveur
de l'Angleterre ; il le fit arrêter, le 16 novembre 1350, et décapiter le 19, sans aucune forme de procès. Il donna ses dépouilles
aux complices de sa cruauté. Charles, dit de Lacerda, eut l'épée
de connétable, et Jean d'Artois eut le comté d'Eu.

Cet horrible abus du pouvoir alarma les grands et ne fut pas
une des moindres causes qui occasionnèrent les soulèvements et
les malheurs qui fondirent sur le roi Jean.

Les seigneurs choisirent pour chef Charles de Navarre, fils
aîné de Philippe, comte d'Evreux. Il demanda au roi, justice du
favori qui, par un crime, avait hérité de la charge de connétable. Jean refusa, et, sur son refus, il fit assassiner Lacerda,
qui était oncle de la comtesse d'Alençon. Ce crime fut commis à
Laigle, dans la nuit du 5 au 6 janvier 1353. De Lacerda avait
épousé Marguerite de Blois, dame de Laigle, et il se rendait sans
escorte dans cette ville, pour y passer quelques jours. Charles
prétendit qu'il agissait pour forcer le roi à gouverner suivant la
loi et l'équité.

Charles, qui fut surnommé le Mauvais, avait attiré dans son

parti l'héritier du trône; Jean regagna son fils et se servit de la liaison des deux princes pour attirer son ennemi dans un piége où il donna.

1354. Jean, en ceignant le diadème, avait réuni son appanage de Normandie à la couronne. Trois ans après il le donna à Charles, son fils. A l'issue de la fête et du festin pour la réception du nouveau duc, Jean arrive, fait arrêter les seigneurs qui lui portaient ombrage, et décapiter, en sa présece, Jean d'Harcourt et trois autres gentilshommes normands, sans autre forme que sa volonté. Quant au prince Charles de Navarre, il resta prisonnier.

Philippe, frère du roi de Navarre, et d'autres seigneurs, prennent les armes et appellent Edouard d'Angleterre à leur secours. Ce souverain leur envoie le comte Derby et le duc de Lancastre avec une division de quatre mille hommes. Le roi Jean vint en personne leur donner la chasse jusqu'à Laigle. Les ayant dispersés dans les bois, il mit le siége devant Breteuil. Cette petite bicoque, dit Mézeray, l'arrêta sept semaines.

Dans ces malheureux temps, les villes se fortifiaient pour arrêter de grandes armées. Les villages mêmes s'entouraient de murailles contre les courses des pillards et des châtelains dont le luxe effréné les portait à rançonner leurs sujets et à ravir insolemment tout le bien du paysan que, par dérision, ils nommaient *Jacques Bonhomme*. Etant à Chartres, d'où il se préparait à descendre en Normandie, il apprend que le prince de Galles, avec douze mille hommes, ravage le Quercy, l'Auvergne, le Limousin et le Berry. Le roi Jean se met à sa poursuite, l'atteint à Maupertuis près de Poitiers. L'Anglais n'a plus que huit mille hommes; il propose de capituler; Jean refuse et l'attaque sans avoir tenu conseil pour régler son ordre de bataille, et avec tant d'imprudence et de précipitation qu'il se fit battre : lui-même fut fait prisonnier. La bannière de France était à terre dans les bras de Charny expirant. Plus de six mille Français restèrent sur le champ de bataille.

1357. Le jeune vainqueur usa modestement de la victoire, prit soin des blessés, eut les plus grands égards pour son prisonnier ; il le conduisit promptement à Bordeaux et ensuite à Londres. Le roi d'Angleterre ne profita pas de son avantage et consentit à une trève.

Charles de Navarre se sauve de la prison du Louvre, vient à Rouen où il fait célébrer un service funèbre aux quatre seigneurs décapités par ordre du roi Jean, harangue le peuple sur la place, rappelle la froide cruauté du roi captif, entraîne la multitude et la dispose à la vengeance. C'était la première fois que l'éloquence politique se déployait ainsi au milieu de la nation et plaidait à son tribunal. S'il n'eût pas été sanguinaire lui-même, il eût pu s'asseoir sur le trône que l'indifférence de la France pour son roi laissait au plus digne.

Le roi n'ayant prit aucune mesure avant son départ, tout se trouvait en confusion. Le dauphin, qui avait échappé à la bataille de Poitiers, prit la qualité de lieutenant-général du royaume. Il convoqua les états généraux pour pourvoir au gouvernement de l'état et à la délivrance du roi. Le prince ne domina pas dans cette assemblée, et, malgré lui, on fit le procès aux ministres de son père pour leurs vexations publiques, leurs violences particulières et le mauvais choix de leurs agents. C'était la deuxième fois que les états étaient assemblés depuis l'établissement de la monarchie française. A cette deuxième représentation, mieux informés de leurs droits et de leur puissance, ils osèrent tenir un langage digne de la France. Ils établirent, en principe, qu'aucun impôt ne pourrait être établi sans le concours de la nation dont ils étaient les représentants, et, confondant le pouvoir exécutif avec la puissance législative, ils nommèrent jusqu'aux agents chargés de répartir et percevoir l'impôt dont ils surveillaient l'emploi.

Le dauphin parvint à se faire nommer régent, à condition qu'il ne ferait rien d'important sans l'avis de son conseil, composé de trente-six personnes désignées. Il obtint difficilement l'argent dont il avait besoin et fut contraint de renvoyer le chancelier de La Forêt et le premier président de Bucé. Pour se procurer de l'argent il voulut altérer les monnaies ; mais les Parisiens, dirigés par Lecoq, évêque de Laon, et Marcel, prévôt de Paris, se révoltèrent. Furieux, ils coururent jusqu'au palais du dauphin, massacrèrent, au pied de son lit, Robert de Clermont, maréchal de Normandie, et Jean de Conflans, maréchal de Champagne. Leur sang rejaillit sur les vêtements du prince. Il témoigna quelque frayeur. Marcel lui dit que l'on n'en voulait pas à sa personne, et lui jeta un chaperon rouge et bleu, livrée de la ligue triomphante qui le mettait à même d'échapper à la vengeance du peuple.

Charles de Navarre vient à Paris, harangue le peuple et l'enchante. Le dauphin veut haranguer à son tour : il s'expose à des huées. Force lui fut de réhabiliter la mémoire des quatres seigneurs décolés par ordre de son père. Réduit à dissimuler, il promit et accorda tout ce qu'on voulut.

1358. Des bandes échappées au désastre de Poitiers faisaient la guerre pour leur compte. Ces bandes, connues sous le nom de *Grandes Compagnies, Malandrins, Tardvenus, Routiers*, etc., portent le ravage dans plusieurs provinces. Long-temps après Duguesclin en délivra la France en les conduisant en Espagne. La Normandie devient le théâtre des courses de Geoffroy d'Harcourt qui, réuni à quelques bandes anglaises, fut vaincu et trouva la mort près Saint-Sauveur-le-Vicomte, dont il était châtelain.

L'anarchie qui régnait dans la capitale s'étendit aux campagnes. Les paysans, à leur tour, méprisèrent cette noblesse qui les avait si long-temps opprimés et ne s'était pas distinguée à la bataille de Poitiers. Il lui retournèrent l'épithète de *Jacques Bonhomme* dont elle les avait décorés, et la guerre civile de la *Jacquerie* éclata avec fureur. Les paysans du Beauvoisis, dans une assemblée publique, délibérèrent le massacre général des seigneurs, et cette délibération adoptée reçut son exécution. La première victime fut le seigneur du lieu. Ils l'assiègent, violent à ses yeux sa femme et sa fille, pillent et brûlent son château. Le gentilhomme voisin fut mis à la broche et sa femme fut forcée de manger de sa chair. L'atrocité de ces vengeances prouve combien leur désespoir était extrême. Ils furent poursuivis et défaits ; mais le désir de la vengeance se cacha dans les replis de leur cœur.

Le dauphin avait quitté Paris. Charles-le-Mauvais en fut chassé après y avoir commis mille excès. Le régent tint les états généraux à Compiègne. On lui accorda des troupes et de l'argent. Il assemble trente mille hommes et trois mille lances et vient investir Paris, que le prévôt Marcel voulait livrer aux Anglais. Pour se soustraire à la vengeance du prince, ce dernier se rend maître de la ville, et Marcel fut tué par Simon Maillard, Pépin Desessarts et Jean de Charny, au moment où il allait vers la Bastille pour traiter avec les ennemis. Charles-le-Mauvais vint tout-à-coup offrir la paix au dauphin qui, pressé par les circonstances, l'accepta.

Le roi Jean, ennuyé de sa captivité, pour en sortir consentit la cession aux Anglais, en toute souveraineté, de la Normandie, la Saintonge, le Poitou, la Guyenne, le Maine, l'Anjou, la Tourraine, le Pays-d'Aunis, le Périgord, le Limousin, le Ponthieu, le Boulonnais, et quatre millions d'écus d'or.

1359. Les états et le dauphin lui-même refusèrent de ratifier de si lâches promesses. Edouard, irrité de ce refus, assemble une flotte de onze cents vaisseaux et cent mille combattants. Il débarque à Calais accompagné de ses quatre fils, et il ouvre la campagne bien que l'on soit au mois de novembre. Le dauphin temporise avec habileté, se renferme dans Paris et laisse l'Anglais à découvert pendant la saison d'hiver. Les villes étaient si bien fortifiées et si bien garnies qu'il lui fut impossible d'en prendre. Rheims, où il prétendait se faire sacrer, l'arrêta six semaines; il ravagea la Gascogne, la Brie, vint sur la fin du carême camper à Montlhéry, près Paris, espérant amener les Français à combattre. Il ne put y parvenir et dirigea ses fureurs sur la Beauce. Un orage épouvantable le saisit de terreur : il croit entendre la voix du ciel. Se tournant vers l'église Notre-Dame de Chartres, il promit à Dieu de faire la paix. Son armée était affaiblie ; toutes les forces de son pays l'avaient suivi, de sorte que l'Angleterre se trouvait sans défense contre les invasions étrangères. Il avait ainsi le plus grand besoin d'une suspension d'armes. Les plénipotentiaires, au nombre de quinze pour le roi de France, de dix-huit pour l'Anglais, se rendirent à Brétigny (5 kilomètres de Chartres), le 1er mai 1660. Dans huit jours ils arrêtèrent les conditions de la paix. Le roi Jean vint à Calais où il resta jusqu'au 25 octobre. Edouard y étant arrivé, tous deux jurèrent la paix solennellement. L'Anglais abjura pour lui et ses descendants ses prétentions à la couronne de France. La paix du roi d'Angleterre avec le comte de Flandre, et celle du roi de Navarre avec le roi Jean, furent également signées à Bretigny. Edouard III partit de Calais le 1er novembre 1360. Jean était en liberté depuis le 24 octobre. Il fit son entrée dans Paris le 13 décembre. Il avait recomposé sa maison. Paris lui témoigna sa joie par un présent de mille marcs de vaisselle d'argent.

Pour tenir le corps du royaume plus puissant, par lettres datées du Louvre au mois de novembre 1361, il unit inséparablement à la couronne les comtés de Toulouse et de Champagne, les duchés de Bourgogne et de Normandie. Cette dernière province cessa pour quelque temps d'être l'apanage d'un duc particulier, fils de France. Les Normands firent partie de la grande famille française.

1363. Le roi de Navarre, Charles-le-Mauvais, renouvela ses prétentions sur le duché du Bourgogne, la Brie et la Champagne. La guerre se rallume plus vivement que jamais; le maréchal Boucicaut et Duguesclin l'arrêtèrent. 1364. Ce dernier, auquel dix mille volontaires Rouennais étaient venus se joindre au siège de Rolleboise, livre la bataille de Cocherel aux rives de l'Eure, remporte la victoire et fait prisonnier le Captal de Buch, général en chef de l'armée ennemie.

Au lieu de chercher à réparer les malheurs que sa détention avait attirés sur la France, le roi Jean consentit une croisade pour aller porter la guerre en Egypte. Il fit le voyage de Londres pour engager Edouard à marcher avec lui ; d'autres attribuent ce voyage secret à la passion qu'il avait conçue pour la comtesse de Salisbury.

Jean ne fut pas long-temps à Londres. Vers le 15 mars 1364 il tomba malade et mourut, le 8 avril suivant, dans l'hôtel de Savoie, hors des murs de Londres. Il était âgé de cinquante-deux ans. Il avait régné treize ans huit mois. Son corps fut rapporté à St-Denis le 7 mai de la même année. De son premier mariage il avait quatre fils et quatre filles· Charles qui régna, Louis, Jean et Philippe qui furent ducs et comtes ; les filles, Marie, Jeanne, Isabeau, Marguerite ; toutes se marièrent; du seconde mariage il eut deux filles qui ne vinrent pas en âge nubile.

1364-1380. Charles v, fils de Jean ii, avait été établi

régent lors du départ de son père pour l'Angleterre. A sa mort,
il ne fit que changer de titre. Il se fit sacrer à Rheims, le 19
mai 1364. C'est au moment où il entre dans la cathédrale pour
la cérémonie du sacre, qu'il apprend le succès de Duguesclin à
Sainte-Croix-Lenfroi, près Cocherel. Pour prix de cette victoire,
après trente-quatre ans de revers, Duguesclin fut fait maréchal de
Normandie Charles v y ajouta le comté de Longueville et l'épée
de connétable. Les hostilités continuèrent néanmoins entre
Charles de Blois et le comte de Montfort. Charles de Blois fait
un traité qu'il n'exécute pas, et livre la bataille d'*Aurai* où il
est tué etDuguesclin fait prisonnier par Chandos. 1365. La paix
fut conclue avec le roi de Navarre. 1366. Duguesclin purge le
sol français des grandes compagnies en les conduisant en Espagne
contre Pierre-le-Cruel, roi de Castille, tiranneau qui avait
fait mourir par le poison Blanche, sa femme, sœur de la
reine de France, et vivait en concubinage avec Marie de
Padilla. Duguesclin le fait descendre du trône, ét fait couronner a sa place Henri, comte de Transtamare, frère bâtard du
détrôné.

1367. Le prince de Galles ayant embrassé la cause de
Pierre-le-Cruel, dans l'idée de soumettre l'Espagne, avait acheté
les grandes compagnies que l'imprudent Henri avait congé-
diées. Privé de cette ressource, il fut vaincu à la journée de
Navarette. Duguesclin fut fait prisonnier et Pierre remonta sur
le trône. Délivré à rançon, Duguesclin rappela la victoire sous
les drapeaux de Henri. Pierre fut défait à la bataille de *Montiel*.
Les deux frères tournèrent le fer l'un contre l'autre. Henri de
Transtamare, dans la lutte, prévient son ennemi et sa vengeance en lui plongeant un poignard dans le sein. *Vita que cum
genitu fugit indignata sub umbras.*

1368. Le traité de Bretigny manquait de ratification défi-

nitive des parties ; il ne pouvait long-temps contenir la haine
de deux nations rivales.On s'accusa réciproquement d'infractions
à ce traité. Charles reprit possession des provinces cédées ;
Edouard reprit le titre et les armes du roi de France. La guerre
se fit avec plus d'acharnement que jamais. Elle tourna cette fois
tout à l'avantage de la France. 1371. Les Anglais sont battus
dans un combat naval par la flotte espagnole, agissant pour les
Français. Le Captal de Buch est de nouveau fait prisonnier. L'Angleterre ne conservait alors, de ses possessions d'outre-mer, que
Calais, Bordeaux et Bayonne. Edouard se vit contraint d'accéder
à une trève qui se prolongea jusqu'à sa mort, arrivée en 1377.
Le prince de Galles était mort une année auparavant.

Le successeur au trône d'Angleterre était Richard II, fils du
prince de Galles, dit le Prince Noir ; il n'avait que onze ans. Le
parlement établit une régence composée de douze personnes prises
dans son sein.

1377. La France et l'Ecosse, en apprenant la mort d'E-
douard III et l'avénement d'un enfant au trône, s'unirent pour
recommencer leurs hostilités contre leur ennemie commune. Ils
furent appuyés par l'Espagne, et l'Angleterre perdit ce qui lui
restait encore en France.

Duguesclin mourut en 1380 devant Châteauneuf de Randon,
qu'il assiégeait ; Charles V ne lui survécut que de deux mois ; il
mourut au château de Beauté-sur-Marne, près le bois de Vincennes, le 16 septembre 1380. Il avait régné seize ans et demi ; il
était âgé de quarante-quatre ans. Peu de temps avant de mourir
il avait ordonné que son cœur fut déposé dans la cathédrale de
Rouen : ce vœu fut exécuté. Ses entrailles furent portées à Maubuisson, auprès de sa mère.

Charles V avait de grandes qualités : il fut regretté. On peut le
regarder comme le fondateur de la Bibliothèque royale. Il laissa

près de neuf cents volumes, ce qui était assurément difficile dans un siècle où la rareté et le prix excessif des livres faisaient que leur possession n'appartenait qu'aux princes qui, souvent, les enfermaient sans les lire.

De son épouse Jeanne de Bourgogne, il eut deux fils : Charles vi et Louis 1er, duc d'Orléans. Il eut six filles qui moururent en bas âge.

En donnant à son jeune fils la Bourgogne et lui faisant épouser l'héritière de Flandre, il le rendit si puissant que plus d'une fois sa postérité fut sur le point d'accabler la branche aînée.

1380 à 1422. Les trois frères du roi moribond étaient auprès de lui, écoutant les récommandations qu'il leur faisait de soulager le peuple du fardeau des impositions. Aussitôt qu'il eut fermé les yeux, ils coururent s'assurer de la personne du roi mineur. Le duc d'Anjou se saisit des pierreries, des meubles les plus précieux et de tout l'argent comptant. Il fut informé que le feu roi avait déposé un trésor dans le château de Melun ; il contraint Savoisy, confident de Charles v, de lui révéler le lieu du dépôt, qui consistait en lingots d'or et d'argent, et il se l'appropria.

Le conseil de régence fut très-tumultueux et rien ne se décida. La division entre les oncles du roi fit naître l'anarchie.

Le duc d'Anjou s'étant emparé de tout l'argent, il ne s'en trouva plus pour entretenir la maison du roi et payer les troupes. Il fallut retablir les anciens impôts et en créer de nouveaux.

Les Parisiens se soulèvent et refusent tout paiement de subsides. Ils brûlèrent plusieurs fois les bureaux des fermes et massacrèrent ses commis. Les villes de Normandie suivirent cet exemple ; mais n'étant pas unies et agissant isolément, elles durent céder. A Rouen, le peuple mécontent force l'un des siens, honnête épicier, à ceindre le diadème. Vainement il se défend de ce dangereux honneur; on le promène en triomphe; il reçoit les hommages de ses sujets improvisés. On lui fit jurer que durant son règne il ne serait pas établit de nouveaux impôts. Il promit tout ce qu'on voulut; mais plus sage que ses partisans il s'esquiva pour ne reparaître que beaucoup plus tard.

Le connétable Clisson eut mission de conduire le roi à Rheims, où il fut sacré le 4 novembre 1380.

Profitant de la circonstance, les Parisiens tendirent des chaînes et firent garder les portes. Le conseil fit marcher des troupes sur Paris. Trente mille citoyens, armés de pied en cap, vont à leur rencontre. Les forces royales leur en imposèrent. Un moment d'hésitation, joint au défaut de discipline, décida la victoire. Ils furent dispersés; on abattit les portes de la ville; on rasa cent toises de murailles; on ôta les chaînes; enfin, la cour fit noyer secrètement, la nuit même, trois cents des plus mutins.

On vit aussi tomber la tête de l'avocat général Desmarets, qui s'était opposé à la tyrannie des tuteurs et dont la mâle probité n'avait pas fléchi devant leurs exactions. Il refusa de demander pardon au roi et protesta jusqu'à sa mort qu'il l'avait bien servi. Les Parisiens furent désarmés et payèrent : c'est toujours le refrain. Rouen paya de même, *pour émouvoir la sensibilité du monarque légitime.* A ce moyen le gouverneur Jean de Vienne ne fit pendre que deux des plus mutins.

1381. Le duc de Bretagne se soumit à rendre hommage au roi de France

La première campagne de Charles fut contre les Flamands, sous les ordres d'Artewels, fils du brasseur de bière. L'armée, réunie à Arras, se composait de soixante mille hommes. Artewels assiégait Oudenarde. Il laissa quinze cents hommes devant cette place sous le commandement de Dubois et vint avec quarante mille hommes à la rencontre des Français. Les armées se trouvèrent en présence au passage de la rivière de Lys. Les Français prirent deux fois le pont de Comines. Le second engagement eut lieu auprès de la ville d'Yprès. Dubois y fut blessé et perdit trois mille hommes. La troisième affaire, qui fut décisive, eut lieu entre Rosbecq et Courtrai, le 17 novembre 1382. Les Flamands furent tellement serrés qu'ils ne pouvaient plus faire usage de leurs armes. Leur déroute fut complète. Artewels était au nombre des morts. Le duc de Bourgogne fit attacher son cadavre à une potence. La ville de Courtrai fut livrée au meurtre, au pillage et à l'incendie. Les autres villes qui avaient suivi le parti d'Artewels furent simplement rançonnées.

La guerre avec les Anglais continuait toujours. Les trèves se succédaient. La dernière expirait en 1385. Ils avaient appuyé les Flamands et avaient un parti chez eux. Ils n'étaient pas plus heureux en Ecosse qu'en Flandre, et les Ecossais leur rendirent, par représailles, les ravages effroyables qu'ils avaient exercés chez eux.

1585. Charles VI, commençant à prendre connaissance des affaires, voulut porter la guerre aux portes de Londres. Il fait un armement formidable. La flotte, appareillée en 1386, présentait un effectif de douze cent quatre-vingt-sept voiles, dont soixante gros vaisseaux. Au milieu de cette flotte était une ville de trois mille pas de diamètre, avec ses tours et bastions, posés sur des bateaux liés ensemble. On pouvait monter et démonter cette ville en un jour. Elle était destinée à loger les troupes quand elles auraient mis pied à terre. Vingt mille cavaliers, vingt mille arbalestriers et vingt mille fantassins armés de haches et de pertuisanes devaient former l'armée de débarquement. Cet immense armement semblait devoir engloutir l'Angleterre; mais les destins en avaient autrement ordonné. La lenteur des opérations fit perdre un temps précieux, et l'oc-

casion de vaincre. Quand la flotte sortit, les vents contraires et
les tempêtes la dispersèrent. Les débris de la superbe ville,
jouets de l'Océan, furent portés par les courants jusque dans la
Tamise. Ce couteux armement se réduisit à une vaine parade
de puissance et d'ostentation.

Charles vi, contrarié de cette perte, changea de conseil, et,
renonçant à la guerre et à la conquête, il se consola de ces revers couteux au milieu des chasses, des festins et des tournois,
où il excellait, étant fort agile dans les exercices gymnastiques.
Il était fort adonné aux plaisirs et à la débauche. D'une belle
taille, sa phisionomie prévenait en sa faveur. Rien ne faisait
présager alors que plus tard il serait frappé d'aliénation
mentale.

Les Normands, qui avaient le plus contribué à l'armement
contre l'Angleterre, voulurent en recouvrer quelque chose, et
se venger de la ruine de leur commerce. Ils font la guerre pour
leur propre compte. Ils s'embarquent, au nombre de trente
mille, attendent la flotte anglaise, s'en rendent maîtres en vue
d'Honfleur. La plus grande partie est prise ou coulée. L'amiral
anglais Hugues-le-Dépensier est conduit à la tour de Rouen.
Une nouvelle trève suspend les hostilités avec l'Angleterre.

1388. Charles vi, alors âgé de vingt ans, prend définitivement
en main les rênes de l'état, compose son conseil de gens éclairés.
Bureau de Larivière, Jean Lemercier de Novian et Jean de
Montaigu y furent admis. Il abolit les nouveaux impôts, des-
titua les pillards, rétablit la prévôté de Paris, y nomma Jean
Jouvenel et donna le titre de premier président à Oudard Des-
moulins ; enfin il contraignit les prélats à résider sur leurs bénéfices.

Il avait épousé, en 1385, Isabelle ou Isabeau de Bavière. Le mariage avait été célébré dans la ville d'Amiens. Le roi la fit couronner à Paris, dans la Sainte-Chapelle, en 1389. C'est dans l'année 1387 qu'eut lieu, à Paris, le duel de Carrouges et de Jacques Legris, officiers de la cour du duc d'Alençon. Legris, quoique innocent, succomba. Son innocence ayant été depuis reconnue, on abolit les duels juridiques.

Pierre de Craon, attribuant au connétable de Clisson la défaveur où il se trouvait auprès du duc d'Orléans, l'assasina dans la rue Sainte-Catherine.

Le 13 juin 1392, au soir, Mézeray dit qu'il était assisté de vingt coupe-jarrets. Aussitôt après le coup, il s'enfuit auprès de Jean V, duc de Bretagne, qui lui donne asile et refuse son extradition. On ne put atteindre que trois de ses complices qui furent décapités. Ses biens furent confisqués au profit du duc d'Orléans. Pierre de Craon survécut à ses blessures et il engagea le roi à poursuivre son assassin. Jean V, persistant dans son refus, Charles VI marche contre lui ; mais ses facultés affaiblies par la débauche se troublèrent instantanément. Quelques événements extraordinaires y contribuèrent.

Le 5 août 1392, il traversait la forêt du Mans ; un homme, qui ressemblait à un spectre horrible, saisit la bride de son cheval et lui dit : *Roi, ne chevauche plus avant. Retourne, car tu es trahi ;* puis il s'enfonce dans le bois. Deux pages le suivaient. L'un d'eux, accablé de lassitude, laisse tomber sa lance sur le casque de l'autre. A ce bruit et à la vue d'une lance baissée, Charles, qui avait déjà donné quelques signes d'aliénation, déjà troublé par l'apparition du fantôme de la forêt et croyant à la réalisation de ses menaces, entre en fureur ; il ne voit que des assassins autour de lui ; il fond sur eux l'épée à la main et frappe jusqu'à ce que son épée se brise. Il avait tué cinq hommes ; il tombe épuisé ; on le désarme et on le transporte au Mans, lié sur un chariot. A cet accès succède une léthargie qui dure deux jours ;

23

revenu de cet assoupissement, il est sans mémoire ni jugement ; il ne reconnaît pas sa femme, nie sa royauté, efface avec une sorte de fureur l'empreinte de son nom ou de ses armes.

On attribua cette aliénation mentale tant à la débauche qu'à l'usage de substances vénéneuses. On l'avait empoisonné en ne voulant que lui donner de l'amour. Sa frénésie commençait par un abattement profond et montait par degrés à la fureur. Hébété ou furieux, il pleurait ou criait ; on n'attendait sa guérison que de quelques causes surnaturelles. On eut recours aux empiriques ou aux sorciers : tout fut inutile.

Richard II, roi d'Angleterre, épouse la princesse Isabelle, fille du roi de France, et la trève entre l'Angleterre et la France est prolongée de vingt-huit ans. Le mariage se fit par procureur, en 1394. Louis, duc d'Orléans, frère du roi, prétendait à la régence ; il en fut exclus par le duc de Bourgogne. De là naquit une haine immortelle entre les maisons d'Orléans et de Bourgogne. Les femmes des deux adversaires se détestaient autant que leurs maris. Louis d'Orléans avait la reine pour lui ; il gagna le roi par les charmes de son épouse. Pendant une absence du duc de Bourgogne, son frère lui rendit la régence. On s'attendait à une lutte armée entre les deux compétiteurs, lorsque le duc de Bourgogne vint à mourir. Son fils, nouvel adversaire du duc d'Orléans, se réconcilia avec lui, en apparence ; mais, après avoir entendu la messe ensemble, le 20 novemvre 1407, il le fit assassiner. Il sortait de chez la reine, lorsqu'il fut enveloppé ; Raoul d'Octonville lui porte le premier coup. *Je suis le duc d'Orléans,* s'écria le prince : *tant mieux!* répondirent les meurtriers ; *c'est vous que nous cherchons;* et ils lui fendirent la tête. A la première nouvelle du meurtre, la reine se fit porter à l'hôtel Saint-Paul, où résidait le roi. Cette femme adultère fut se mettre sous la protection de celui qu'elle outrageait tous les jours. Forcés de fuir devant le duc de Bourgogne, les orléanistes, dits Armagnacs, parce que le comte d'Armagnac s'était joint au jeune duc d'Orléans, eurent, sur quelques points de la France, des engaments avec les Bourguignons.

1411. — Les cabochiens, du nom d'un boucher, leur chef, que le comte de Saint-Paul avait embauchés pour le duc de Bourgogne, répandent le sang et la terreur dans Paris, où le dauphin Louis est prisonnier. Le roi, dans un moment lucide, prend parti pour son neveu contre le Bourguignon. Maneville (addit. au tome IV, pag. 381) rapporte qu'André Roussel, seigneur d'Argentan, fut au nombre de ceux qui prirent parti pour le duc de Bourgogne.

Richard II, roi d'Angletere, fut déposé par les chambres des communes et des lords et condamné à une prison perpétuelle. Ses partisans voulurent le sauver; beaucoup périrent dans les tourments; Richard lui-même succomba sous les coups des assassins; mais il vendit chèrement sa vie. Sa jeune épouse fut renvoyée à Charles VI, son père, qui la refusa noblement à l'usurpateur du trône de son mari, ce qui ranima la haine des deux nations. Henri de Lancastre, petit-fils d'Edouard III, est appelé au trône d'Angleterre. Pour détourner l'attention publique des événements qui venaient de faire tomber la couronne en ses mains, il imagine une expédition en Ecosse, somme Robert III (Stuart) de le reconnaître pour suzerain. Refus et guerre. Les Ecossais sont défaits à la sanglante bataille de *Homeldon*. Leur redoutable chef *Douglas*, couvert de blessures, est fait prisonnier. Le duc de Northumberland forme un parti de mécontents. —Pour venger l'usurpation de Henri et le meurtre de Richard, il marche sur Londres. Le roi atteignit les rebelles en vue de *Shrewsbury*, et là il se livra une des plus sanglantes batailles dont fasse mention l'histoire d'Angleterre. Percy, surnommé *Hotspur* (Téméraire), fils du duc de Northumberland, qui commandait pendant la maladie de son père, tomba mort, percé d'une flèche. Le

duc, lui-même, fut réduit à errer, en fugitif, jusqu'à ce qu'il trou-
vât la mort dans un combat. Le hasard, à la même époque, fit
tomber, dans les mains de Henri, le jeune Jacques Stuart, héritier
de la couronne d'Ecosse. Il le garda comme ôtage. Le roi d'Angleterre, dans les factions qui divisaient la France, prit parti, tantôt
pour le duc d'Orléans, tantôt pour le duc de Bourgogne. Cette
politique le montrait désireux d'affaiblir un pays dont l'Angleterre rêvait toujours la conquête. Ce souverain succomba aux
accès d'épilepsie auxquels il était sujet et qui devenaient plus
violents avec l'âge. Il laissait un fils qui fut Henri. Le dérégle-
ment de sa jeunesse donnait de l'inquiétude pour son avenir.
Aussitôt qu'il fut monté sur le trône, le sentiment de la dignité
royale changea ses mœurs, et son règne rendit l'Angleterre
glorieuse et puissante.

Une secte de Wicleffistes (*les Lollards*) reparurent dans les
premières années de son règne : le fer et les bûchers en anéan-
tirent, comme de coutume, un grand nombre.

L'anarchie que perpétuait, en France, la démence de Charles vi,
parut, au roi d'Angleterre, une occasion favorable de faire revivre les prétentions d'Edouard iii à la couronne de ce royaume.
Il préparait, dans ce but, une expédition formidable à Southamp-
ton. Il dut la suspendre pour réprimer une conspiration dans
son propre palais. Richard, comte de Cambridge, chef des
conjurés, et la plupart des conjurés payèrent de leurs têtes
l'audace d'un pareil projet, et Henri v fit voile vers la France,
à la tête d'une flotte nombreuse, montée par trente mille
hommes. Il débarque, le 14 auguste 1415, à l'embouchure de
la Seine, sur la plage où, depuis, fut bâti le Havre-de-Grâce.
Après un siége d'un mois, il prend Harfleur, que le roi et le
dauphin, qui étaient à Vernon, ne purent secourir. Les fatigues
du siége et une épidémie qui se répandit dans l'armée anglaise,
en diminua le nombre, et la réduisit à ne pouvoir tenter de

nouvelles entreprises. Manquant de transports suffisants pour se rembarquer, il ne leur resta plus qu'à gagner Calais à masses serrées. Pendant qu'il exécutait cette marche pénible, à travers des provinces hostiles, le roi d'Angleterre rencontra l'armée française dans les champs d'Azincourt. La fortune se déclara pour les Anglais. Les mêmes causes qui firent perdre les batailles de Crécy et de Poitiers occasionnèrent la défaite d'Azincourt. Vainement le duc d'Alençon a tué le duc d'Yorck, renversé le duc de Glocester, atteint de sa hache d'armes le casque du roi; il périt de la main du monarque anglais. Les ducs d'Orléans, de Bourbon, le maréchal de Boucicault, et quatorze mille hommes sont prisonniers; deux frères du duc de Bourgogne, le connétable d'Albret, l'amiral de France et Jean de Montaigu, archevêque de Sens, dont une massue avait remplacé la crosse pastorale, sont au nombre des morts (1). Du reste, les vainqueurs étaient à peu près aussi délabrés que les vaincus. Le roi d'Angleterre eut de la peine à les traîner jusqu'à Calais, d'où il repassa dans son pays.

La guerre continua contre le duc de Bourgogne; on lui opposa le connétable d'Armagnac qui eut en main l'autorité souveraine. La reine seule mettait quelque contre-poids à sa grande puissance. Il résolut de s'en défaire; pour y parvenir, il inspire de la jalousie au roi, fait prendre un nommé Boisbourdon, attaché au service de la princesse, et l'un des chefs d'orgie à la tour de Nesle. Il le fait jeter à la Seine avec cet écriteau : *laissez passer la justice du roi*; puis il envoie la reine prisonnière à Tours. Depuis ce jour, elle ne rêve que vengeance contre son fils et son mari. La France en paiera les frais.

Elle fait sa paix avec le duc de Bourgogne. Ce prince, à la

---

(1) On voit encore aujourd'hui, au château de Carrouges, près Argentan, l'armure de Jean Leveneur, tué à cette bataille d'Azincourt. Elle est en fer poli, et fort endommagée.

tète de soixante mille hommes, ravage la Champagne et la
Picardie. La Normandie se déclare pour le bourguignon. La
force est désormais pour lui. Il entre dans Paris, accompagné
de la reine Isabeau. Le dauphin et les chefs peuvent se sauver :
le chancelier Henri de Marle et le connétable d'Armagnac furent
emprisonnés, massacrés et traînés sur la claie. Le massacre dura
trois jours et trois nuits ; vingt mille victimes furent immolées
dans la capitale ; il ne resta pas un prisonnier. Beaucoup d'évêques périrent dans cette boucherie ; plusieurs furent contraints
de sauter du haut des tours et reçus sur les pointes des lances et
des épées. La fureur des Bourguignons n'eut pas de bornes. Le
bourreau toucha publiquement dans la main du duc de Bourgogne qui, croyant se populariser, lui rendit soudain cette
marque d'affection. Mais bientôt une troupe de scélérats, aux
ordres de ce même bourreau, se porta à l'hôtel du duc, massacra
deux cents personnes et lui eussent fait un mauvais parti s'il
n'avait pris de bonnes mesures pour son salut. Pour se venger,
le duc de Bourgogne imagine d'envoyer six milles de ces for-
cenés assiéger Montlhéry. Ils eurent à peine quitté Paris, qu'il
fit décapiter le bourreau, et la plupart de ces hommes furent
pendus et noyés. Une épidémie, causée par la multitude des
cadavres qui emcombraient Paris, vint augmenter les ravages
de la guerre civile.

Le roi d'Angleterre, toujours poursuivi par le désir de reconquérir la Normandie et toutes les possessions de ses prédécesseurs sur le continent, prépare un nouvel armement, et quinze
cents voiles anglaises abordent aux côtes de la Normandie.
Henri v opère son débarquement le 1er août 1417 devant le
château de Touques, qui se défendit quatre jours, s'avançant
à Lisieux qu'il trouve désert; il le livre au pillage, met le siége
devant Caen, qu'il emporte d'assaut, le 9 septembre, et le livre
au pillage. Le château, défendu par les seigneurs de Lafayette

et de Mortain, résiste six semaines et est forcé de se rendre. Cette prise est suivie de celle du Pont-de-Larche et de Rouen. La prise de cette dernière ville entraîna la reddition de Caudebec, Montivilliers, Dieppe, Fécamp, Arques, Neufchâtel, Eu, Pont-Audemer, Vernon, Gournai, Honfleur et de plusieurs autres places importantes.

1419. — Bayeux, Coutances, Carentan, Saint-Lo, Saint-Sauveur-le-Vicomte, Falaise, Argentan, Alençon, Harcourt, Thibouville, Beaumont-le-Roger, Evreux et le Château-Gaillard dévinrent également la proie du vainqueur. Cherbourg, après un siége de trois mois, est livré, par trahison, à Henri qui achève la conquête de la Basse-Normandie par la prise de Condé-sur-Noireau, de Vire et de Domfront.

Le siège de Rouen durait depuis six mois ; quarante mille habitants ont péri par la famine et par les armes. Aucuns ne songent à se rendre ; ils n'espèrent aucuns secours ; les animaux les plus immondes, les cadavres mêmes sont devenus leur pâture. Ils prennent l'héroïque résolution de mettre le feu à la ville et de se faire jour au travers des ennemis ou de mourir. Guy Lebouteiller en informe Henri v, qui cons nt une capitulation. Il accorde la vie sauve aux assiégés, à l'exception de trois. il exige la somme de trois cent quarante-cinq mille écus d'or, pour le rachat des biens, en les sauvant du pillage. *Robert Livet*, vicaire-général, *Jean Jourdain*, commandant l'artillerie, et *Alain Blanchard*, capitaine des bourgeois, sont désignés pour victimes : les deux premiers se rachètent avec de l'or : Alain Blanchard s'écrie : *Je n'ai pas de bien, mais quand j'en aurais, je ne l'emploierais pas pour empêcher un Anglais de se deshonorer*, et il va présenter sa tête aux bourreaux.

La Normandie rentre sous la puissance des descendants de Guillaume-le-Conquérant, deux cent q̶ ̶ ̶e ̶ ̶s après en avoir été distraite par Philippe-Auguste. Le Mont-Saint-Michel fut la seule forteresse qui put résister à l'ennemi.

1423. — Inutilement les Anglais l'assiègent avec des forces et une artillerie formidables ; leurs attaques furent repoussées par l'héroïque garnison de la forteresse, composée simplement de cent vingt gentilshommes normands, aux ordres du capitaine Destouteville. Quinze mille Anglais périrent sous leurs coups.— Dans la liste de ces cent vingt braves, ont voit figurer le seigneur d'Argentan, R. Roussel de Grancei.

Après la prise de Rouen, on négocia une trève entre les couronnes de France et d'Angleterre, les Armagnacs et les Bourguignons. La conférence eut lieu à Meulan. Le roi étant resté malade à Pontoise, la reine tint sa place. La première fois seulement elle y présenta la princesse Catherine que l'Anglais recherchait en mariage qui, peu de temps après le traité, fut conclu à Troyes. Le dauphin fut exhérédé. Henri v épousa la princesse Catherine ; il fut déclaré régent pendant l'imbécilité de Charle iv, et la couronne lui fut assurée à la mort de ce prince, qui n'appelait plus son fils que Charles *soi disant dauphin*.

Quant au dauphin et au duc de Bourgogne, ils s'abouchèrent en plaine campagne, à Pouilly-le-Fort près Melun, firent un traité de paix et fixèrent une nouvelle entrevue pour la ratification sur le pont de Montereau. Les amis du duc d'Orléans, assassiné, ménageaient ces entrevues pour trouver l'occasion de venger sa mort sur son assassin.

Au jour fixé, le dauphin se rendit à Montereau. Le duc se fit attendre quinze jours. L'un et l'autre, accompagnés de chacun dix hommes, se rendirent au lieu fixé pour la conférence. Comme le duc de Bourgogne fléchissait le genoux devant le dauphin, Tanneguy Duchâtel et plusieurs autres sautent la barrière et le massacrent au milieu de ses gens qui firent peu de résistances, sauf Nouailles qui périt avec lui.

Henri d'Angleterre vint à Rouen où il fit reconnaître son frère le duc de Clarence, pour son lieutenant-général en Normandie.

Le dauphin proscrit n'a plus que quelques places au-delà de la Loire. Le parlement, la Sorbonne, sont contre lui ; quelques membres seulement protestent en sa faveur. Le maréchal de Lafayette fait mieux, il bat l'ennemi à Beaugé. Le duc de Clarence, le comte de Kent et mylord Grey y furent tués. Henri v repasse la mer pour venger cette défaite. La maladie l'arrête à Melun d'où il se fit porter à Vincennes. Il y mourut le 28 août 1422. Il laissait un fils nommé Henri qui lui succéda.

Le 21 octobre suivant, le roi Charles vi finit sa vie et son malheureux règne dans son hôtel St-Paul, à Paris. Il fut inhumé à Saint-Denis. Il était âgé de 52 ans ; il en avait régné quarante-deux et trente-cinq jours. Il avait eu plusieurs enfants ; il ne lui restait que le dauphin Charles vii et Catherine veuve du roi d'Angleterre.

1322 à 1461. — Le dauphin Charles vii était au château Despailly près du Puy en Auvergne, lorsqu'il apprit la mort de son père. Dès le lendemain il se fit reconnaître roi de France par les seigneurs qui l'entouraient, et au commencement de novembre 1422 il se fit couronner à Poitiers, où il avait transféré le parlement. A Paris on agit autrement : le duc de Bedfort fit venir Henri de Windsor, fils du feu roi d'Angleterre, qui n'était âgé que de dix mois, et le fit proclamer roi de France et d'Angleterre. Le parti de Charles était le plus faible ; son heureuse fortune lui tint lieu de mérite : le zèle, la valeur et l'habileté de ses capitaines, lui rendit la couronne sans qu'il s'en mêlât. La France se trouvait divisée entre deux rois : Charles vii le premier se met en mouvement, prend Meulan, Crotoy et Compiègne. Bazas défait l'armée de Charles devant Crevent, près d'Auxerre.

Le 4 juillet 1423, la naissance d'un fils, en la ville de Bourges, vient apporter quelques consolations au roi Charles VII. Cet enfant reçut le nom de Louis.

En l'année 1424, Charles reçut un renfort du comte de Douglas, Ecossais, de quatre mille hommes. Le duc de Milan lui envoie, dans le même temps, six cents lances et douze cents fantassins arbalétriers; mais ils furent aussitôt défaits qu'arrivés. Le duc de Bedford, après avoir pris quelques places, vint assiéger Ivri; le duc d'Alençon et dix-huit autres seigneurs, ne purent arriver à temps pour délivrer cette place, qui se rendit aux Anglais. Ils vinrent à Verneuil : Bedford leur présente la bataille sous les murs de cette ville; elle dura deux jours. La victoire se fixa sous les drapeaux de l'Anglais. Le duc d'Alençon, Guillaume Larçonneur, son maître d'hôtel, capitaine de la ville et château d'Argentan, furent faits prisonniers. Le comte de Douglas et le vicomte de Narbonne étaient parmi les morts. C'en était fait de la dynastie de Charles VII, si Bedford eût su profiter de sa victoire; mais il manqua de sagacité. La guerre languit; les hauteurs du régent, l'insolence britannique vinrent grossir le parti de Charles, et la mésintelligence qui s'établit entre les généraux anglais, lui fit espérer des jours plus heureux. Il n'y eut, jusqu'au siége d'Orléans, que des escarmouches. Bedford était retourné en Angleterre pour y apaiser des troubles sérieux. Dans ces combats partiels, Dunois, Richemont, Xaintraille, La Trémouille et La Hire, s'exercent à vaincre et soutiennent l'honneur français. Charles VII passait sa vie au sein de l'amour et des plaisirs : Agnès Sorel force son amant à devenir moins indigne de la France.

1429. — Les Anglais assiégeaient Orléans, seul ressource de Charles VII, et étaient près de s'en rendre maîtres; il fallut recourir à un expédient étrange, à un miracle. Un gentilhomme lorrain, nommé Baudricourt, crut trouver, dans une jeune servante d'auberge, à Vaucouleurs, native de Domrémi, un personnage

propre à jouer le rôle de guerrière et d'inspirée. Elle était
» robuste, montant chevaux à poil et faisant autres apertises
» que jeunes filles n'ont point accoutumé de faire (Mostre-
let). Elle se charge de l'entreprise. On la mena devant le roi à
Bourges. Elle fut examinée par des femmes qui ne manquèrent
pas de la trouver vierge. Des docteurs de l'Université et quelques
conseillers pu parlement la déclarèrent inspirée. Le vulgaire le
crut, et ce fut assez. Cette fille guerrière, vêtue en homme,
conduite par d'habiles capitaines, entreprend de jeter du secours
dans Orléans. Elle parle aux soldats de la part de Dieu, leur
communique son enthousiasme, marche à leur tête, bat les
Anglais, délivre Orléans et prédit à Charles qu'elle le fera sacrer
dans Rheims. Suivie du duc d'Alençon, elle escalade la forteresse
de Jargeau, en s'écriant : *avant, gentil duc, à l'assaut.* Toujours
à l'avant-garde, elle donne l'exemple. La victoire de Patay, en
Beauce, est le prix de son courage : elle y reçoit sa première
blessure. Elle accomplit sa promesse et accompagne le roi à
Rheims. L'épée à la main, elle assista au sacre, tenant l'étendard
avec lequel elle avait combattu.

Dans une sortie, au siège de Compiègne, son cheval fut tué
sous elle et elle resta prisonnière du comte Deligny. Le duc Jean
de Luxembourg la livra aux Anglais pour dix mille francs.
Conduite à Rouen elle fut traduite, non devant des juges, mais
devant des bourreaux. L'instruction dura seize jours; au bout de
ce temps, elle fut déclarée *schismatique, sorcière, invocatrice des dé-
mons, ayant eu commerce avec la diable pour battre l'ennemi.* Dévoré
lentement par les flammes, elle pria Dieu jusqu'au dernier soupir.

Le duc de Bedford répond au sacre de Rheims par celui de
Notre-Dame; mais depuis le supplice de Jeanne d'Arc, il n'a
plus de partisans en Normandie. Rouen se soulève contre son gouverneur ; le comte d'Arundel et toute la province imite l'exemple
de la capitale. Partout les Anglais succombent.

M. Bar (Hist. M. S. du Perche) rapporte qu'en 1432, les seigneurs d'*Amilly*, de *Menard*, de *Froulay*, *Dumotet*, d'*Aubri* et autres, au nombre de trente, tenant tous pour le roi de France, partirent de leur garnison et arrivèrent à Rasnes, village éloigné d'Argentan d'un myriamètre, cinq kilomètres; qu'ils y rencontrèrent les Anglais en pareil nombre, commandés par le maréchal gouverneur d'Argentan. Le combat s'engagea si vivement de part et d'autre, qu'après avoir brisé leurs lances et s'être battus à l'épée, ils mirent pied à terre, se battirent corps à corps, main à main. La victoire, longtemps indécise, se déclara pour les Français; les Anglais, abîmés, prirent la fuite.

La Hire, Xintrailles, battent le duc de Bedford près Gerberoy; Charles se repose sur ses généraux du soin de vaincre pour lui. La fortune paraît être à ses ordres. 1435. Le duc de Bedford meurt à Rouen; il a pour successeur à la régence le duc, d'Yorck. Isabeau de Bavière le suivit de près au tombeau. 1436. Paris ouvre ses portes au maréchal de Lisle-Adam. 1437. Le parlement revient à Paris. Le dauphin épouse Marguerite d'Ecosse. La peste et la famine déciment la population de Paris. Cette épidémie fit, pendant deux ans, des ravages affreux dans toute la France. La guerre continuait toujours sans résultats décisifs. 1440. Le dauphin, depuis Louis XI, se révolte contre le roi et forme un parti nommé Praguerie; son père le poursuit, le désarme et lui pardonne. 1444. Après différents engagements où les succès furent partagés, une trève fut conclue entre la France et l'Angleterre. 1449. Les Anglais rompent la trève conclue avec la France, en 1444. Sommerset, gouverneur de Normandie, pour le roi d'Angleterre, fortifie Pontorson et Saint-James de Beuvron. Cette dernière place, Vernon, Verneuil, Pont-Audemer, sont occupés par les Français qui entrent à Lisieux, le 16 août. Charles VII se rend de Verneuil à Louviers dans le même mois, et tout devient favorable à ses armes.

Dunois prend Chambrais et le château d'Harcourt : le duc
d'Alençon surprend le château d'Essai et ne tarde pas à prendre
Alençon et Bellême. Les châteaux d'Exmes et d'Argentan se
rendirent au comte de Dunois ; Charles vii prit possession de ce
pays et des environs. On a les lettres patentes par lesquelles ce
souverain confirma l'érection de l'université de Caen, et qui
sont datées d'Ecouché. Le 24 décembre 1449, deux mille Anglais capitulent dans Harfleur. Rouen se rendit peu de jours
après. Raoul Roussel obtint sûreté pour les habitants Anglais
ou Français. Sommerset, qui commandait la garnison, fut contraint de capituler, de laisser son artillerie et payer cinquante
mille écus d'or ; en outre, tout ce qui pouvait être dû aux
bourgeois. Courson, qui commandait à Honfleur, refusa d'exécuter la capitulation de Rouen. Charles vii se rendit maître de
cette place et passa quelques jours à l'abbaye de Jumiége, avec
Agnès Sorel, qui mourut au Ménil-Jouxte-Jumiége, le 9 février
1450, âgée de quarante-neuf ans. On croit qu'elle fut empoisonnée.
Jacques-Cœur, maître des monnaies, fut accusé de ce crime ;
de plus, on lui imputa plusieurs concussions et transport d'argent hors du royaume ; il fut condamné et ensuite réhabilité.
Au mois de mars 1450, le roi se trouvait à Bernay, maître de
la presque totalité de la Normandie. Tyrel débarque à Cherbourg avec un renfort assez considérable pour permettre aux
Anglais de reprendre l'offensive : ils s'emparent de Valognes
après un siége de trois semaines, et marchent vers Bayeux.
Après avoir forcé le passage du Grand-Vé, ils vont se retrancher
au village de Formigny, entre Caen et Bayeux, où ils furent
attaqués, le 15 avril 1450, par le comte de Clermont, le connétable de Richemont et le sénéchal de Brézé. Les Anglais, malgré
leur supériorité numérique, furent défaits. Trois mille sept cent
soixante-quatorze morts et quatorze cents prisonniers, au nombre desquels se trouvait leur chef Thomas Tyrel, furent le

fruits de cette victoire décisive. Ce dernier coup conduisit à l'entière délivrance de la Normandie. Les Anglais abandonnèrent cette terre que, depuis trente ans, ils avaient dans leur possession. La Guyenne fut également enlevée aux Anglais, après être restée trois cents ans en leur possession. Ils furent réduits à ne plus occuper en France que la ville de Calais, après la perte de la bataille de Castillon et de leur immortel Talbot. La nouvelle de tant de pertes, l'augmentation des subsides, exaspérèrent le peuple Anglais; il lui fallut une victime, et Suffolk, ministre favori de la reine Marguerite, périt assassiné ; mais le soulèvement ne fut pas appaisé. Un aventurier audacieux, nommé *Jean Cade*, à la tête de vingt mille hommes, bat les troupes du roi, marche sur Londres ; la cour se retire; il fait juger et décapiter plusieurs personnages éminents ; mais lord *Scales*, gouverneur de la Tour de Londres, fond sur les rebelles : Cade est tué et tout rentre dans l'ordre.

1453. — La reine d'Angleterre donna le jour à un fils qui reçut le nom d'*Edouard*. Le roi, déclaré incapable de régner par la chambre des pairs, le duc d'Yorck fut chargé du gouvernement, en qualité de *protecteur*. Son premier acte d'autorité fut de faire renfermer Sommerset à la Tour. Le roi, pourvu de quelques moments lucides, reprend les rênes du gouvernement et rappelle Sommerset au pouvoir. 1455. Yorck lève une armée dans les marches de Galles. Le roi et son ministre marchèrent contre le rebelle et furent défaits à *Saint-Albans*. Henri fut fait prisonnier, et Sommerset fut tué. Ce fut là que coula le premier sang dans la guerre cruelle de la *rose rouge* et de la *rose blanche*. Les deux maisons de Lancastre et d'Yorck reçurent ces dénominations des couleurs opposées de cette fleur, qu'ils portaient dans leurs armes. La suite du règne de Henri fut un état d'idiotisme, et la guerre civile désola l'Angleterre. Il mourut en 1464. Edouard d'Yorck fut appelé à lui succéder.

1456. — Le dauphin qui, pendant quinze ans, s'était tenu en révolte ouverte contre Charles VII, son père, était retiré dans le duché de Bourgogne pour éviter son ressentiment, fut cause de la condamnation à mort du duc d'Alençon, comme fauteur de sa révolte. Cette condamnation fut commuée en prison perpétuelle. Par le même jugement, le duché d'Alençon, Verneuil et Domfront furent confisqués.

1461. — Le roi de France, Charles VII, se laissa mourir de faim, dans la crainte d'être empoisonné par son fils. Il était alors à Mehun en Berry.

On a dit de Charles VII *qu'il n'avait été que le témoin des merveilles de son siècle.*

CHAPITRE XVIII.

ERE CHRETIENNE.

1461 — 1515.

> Le monde a des temps de calamités pendant lesquels il semble appartenir au génie du mal.
> (F^tes civils de la France.)

de Naples. — Bataille de Seminaré et de Cérignoles. — Prospérité de la
Normandie.—Angot de Dieppe.—Fondation du Havre.—Guerre contre
les Vénitiens. — Bayard. — Georges Rouxel de Méduvid. — 2ᵉ mariage
de Louis XII, — Sa mort.

1461 à 1463. — Il y avait treize ans que le Dauphin était
éloigné de la cour. Charles VII disait, au sujet de la retraite que
donnait à son fils le duc de Bourgogne, *le duc nourrit un renard
qui dans la suite mangera ses poules.* Aussitôt que Louis XI fut informé de la mort de son père, il vint à Rheims où il fut sacré, le
15 août 1461, par Jean Juvenal des Ursins. Quinze jours après,
il fit son entrée dans Paris.

Son premier soin fut de faire une réforme générale dans l'armée et les administrations. Il donna le Berry en apanage à son
frère, mit en liberté le duc d'Alençon et le comte de Dammartin
à la Bastille; chargea le peuple d'exactions ; dépouilla les grands
et offensa le clergé; il attaqua la féodalité qui fit tous ses efforts
pour résister en levant l'étendart de la révolte. Charles de Berri,
son frère, et plusieurs seigneurs qu'il avait fait dépouiller, lui
livrèrent la bataille de Montlhery. La victoire fut indécise.
Ce combat fut suivi de la paix de Conflans. Louis XI promit
beaucoup, se réservant *in petto* de ne rien tenir. 1466. Une épidémie désole Paris; le roi y ouvre un asile aux malfaiteurs pour
repeupler la ville.

Ayant manqué d'argent, Louis XI fit un emprunt sur les
offices de la vénalité des charges. Il pourvut à la sûreté de
Paris; vint en Normandie faire des troupes et de l'argent,

1467. — Louis XI marche contre les Liégeois révoltés; il est
retenu par le duc de Bourgogne auquel il s'était imprudemment
livré jusqu'à la paix. Peu de temps après, les princes reprirent
la guerre du bien public. Ils tenaient presque toute la Basse-
Normandie. Le roi fit descendre son armée dans le Perche, mit
dans ses intérêts René, comte du Perche, fils du duc d'Alençon.

qui, trahissant son propre père, lui livra le château d'Alençon.
Louis xi reprit quelques places qui s'étaient soulevées contre son
autorité, telles que Argentan, Exmes, Falaise, Caen, Evreux, Vernon, Louviers et Dieppe ; puis il députa vers son frère le légat du
pape, pour lui proposer de remettre leur différend aux états généraux qui furent convoqués à Tours, à cet effet, le 1er avril
1468. La Normandie fut déclarée inséparable de la couronne ;
mais on accorda au frère du roi 72,000 livres, pour lui tenir lieu
d'apanage. Cette décision adoptée causa la dissolution de la ligue.
1469. Louis xi institua l'ordre de St-Michel. Le cardinal Dela-
balue, convaincu d'avoir eu des intelligences avec les ennemis
de l'Etat, fut enfermé dans une cage en fer; son affidé, Guillaume
de Harancourt, fut enfermé à la Bastille où il demeura pendant
onze ans. 1470. Les ducs de Warwick et de Clarence ayant
éprouvé un échec contre Edouard d'Angleterre, demandent des
secours à Louis xi, qui leur en promet et leur assigne pour résidence St-Lo et Valognes, et il vient visiter la Basse-Normandie. 1472. Le roi devait donner à son frère, par le traité de Péronne, les comtés de Champagne et de Brie ; mais pour l'éloigner du duc de Bourgogne, il lui propose la Guyenne et la Rochelle ; cet échange donne lieu à de violents débats qui déterminent le duc de Bourgogne à venir en Normandie, d'où il fut
chassé. Le frère du roi fut empoisonné dans l'intervalle. Les soupçons se portèrent sur Louis xi, *coutumier de pareille gentille industrie* (Brantome), et sur un moine bénédictin, nommé Jean Fa-
vre Versois, qui aurait été gagné par le roi. Ce moine fut em-
prisonné, mais on le trouva mort dans son cachot, le visage
meurtri, la langue hors la bouche et le corps tout noir. On publia, pour apaiser le peuple, que le diable avait prévenu la justice en l'étranglant.

1473.—Le duc de Bourgogne voulut venger cette mort préci-
pitée. Il entre en Picardie la torche et le fer à la main. Il vient

échouer devant Beauvais où les femmes,ayant à leur tête Jeanne
Hachette, aident à le repousser. Il passe en Normandie où il
commet quelques dévastations; il est repoussé et revient en Flandre. Enfin il accepte une trève. Le duc d'Alençon, soupçonné
d'avoir eu des intelligences avec le duc de Bourgogne durant son
invasion, est conduit au Louvre. Louis XI vint en personne
prendre possession du duché d'Alençon; il passa par Argentan
et Carrouges. On voit encore la chambre qu'il occupa dans
le château de Carrouges. Le parlement lui fit son procès et il
fut condamné à mort. Le roi, qui était son parrain, commua
sa peine en une prison perpétuelle. Dix-sept mois après, il le fit
sortir. Il jouit peu de cette faveur, car sa mort suivit de près
son élargissement. 1475. La guerre recommence entre la France
et la Bourgogne. 1476. Le duc de Bourgogne porta le théâtre
de la guerre chez les Suisses, alliés de Louis XI. Son armée fut
mise en déroute aux batailles de Grandsen et Morat. Le duc périt à la dernière affaire. Louis XI refusa la main de l'héritière
de Bourgogne pour le Dauphin. Elle épousa Maximilien d'Autriche. Le roi d'Angleterre se préparait à la guerre contre la France:
il mourut subitement. L'Angleterre fut replongée dans les guerres civiles. La duchesse de Bourgogne mourut aussi d'une chute
de cheval. La mort avait délivré Louis XI de tous ses ennemis ;
mais il ne jouit pas du repos que lui procuraient ces événements;
les attaques d'épilepsie auxquelles il était sujet, devenaient
plus fréquentes avec l'âge. Un soir il lui prit une convulsion
si violente, qu'il fut une semaine entière sans voir, entendre
ni parler.

La terreur de la mort s'empara de l'âme de ce despote; il ne
voyait autour de lui que des mains vengeresses ; les mânes de
ses victimes erraient à ses côtés ; enfin il se dérobe à tous les
regards, comme s'il ne devait plus rencontrer que des assassins,
et se retire dans le château de Plessis-les-Tours, où l'on entrait

par un guichet. Les murailles sont hérissées de pieux de fer ;
sans cesse il regarde par les lucarnes ceux qui passent dans les
environs. Le moindre bruit est un signal de révolte ; toujours
armé d'une hallebarde ou d'une épée, il est prêt à percer le premier inconnu qui se place sur son passage. Quatre cents archers,
dans des guérites de fer, veillent autour de cette prison. Trois fois par
heure, leurs voix avertissent l'infortuné monarque de leur fidélité
et redoublent sa terreur. A la moindre négligence qu'ils commet-
tent, des gibets sont dressés. Son satellite, le prévôt Tristan, exécuteur infatigable, erre de tous côtés pour rencontrer des victimes.

Tandis que des ordres sanguinaires répandent l'effroi de tous
côtés, le pauvre Louis XI est soumis comme un esclave à son médecin; il l'invoque à genoux, il le supplie de le faire vivre. Disons
à quel point cet affreux Esculape outrageait à la fois la saine
physique et l'humanité.

*Humano sanguine quem ex aliquot infantibus sumptum hausit
salutem comparare vehementer optabat* (Gaguin, cap. 33).

Vainement il crut régéner son sang aduste par cet exécrable
moyen ; les remèdes étant inefficaces, il s'environna de reliques,
ordonna des prières, processions, vœux et pélerinages. Pour dissiper ses ennuis, on rassemble les bergers et bergères du Poitou
qui chantent et dansent au son des instruments.

Jamais criminel ne se troubla autant aux approches de la
mort, ne fit plus de vœux pour l'écarter. Il expira dans les an-
goisses de la terreur et de la superstition, le 30 août 1483, fut
enterré à Notre-Dame de Cléry. Il était âgé de soixante-deux
ans, en avait régné vingt-deux et un mois.

Louis XI épousa deux femmes, savoir: Marguerite, fille de
Jacques, premier roi d'Ecosse, et Charlotte, fille de Louis, duc
de Savoie. Il n'aima pas la première, que l'histoire disait être
disgraciée de la nature. Il n'eut pas d'enfants. Il n'aima pas
beaucoup plus la seconde ; cependant il en eut six enfants,

trois garçons et trois filles. Les deux premiers garçons moururent en bas âge; le troisième, que les historiens soupçonnent avoir été supposé, se nommait Charles, et il monta sur le trône de France.

1483-1498. — Charles VIII, fils de Louis XI., était entré dans sa quatorzième année à la mort de son père; suivant les lois, il était majeur. Cependant, Louis d'Orléans et le duc de Bourbon prétendaient que l'Etat avait besoin d'un régent, et ils avaient tous deux la prétention de l'être. N'ayant pu parvenir à s'entendre, le différent fut remis aux états généraux et le sacre du roi à l'année suivante. Les états assemblés à Tours, au mois de janvier 1484, déclarèrent le roi majeur. Les travaux des états furent remarquables et utiles. Le roi fut ensuite sacré à Rheims par l'archevêque. 1845. Quelques différents étant survenus entre Anne de France, dame de Beaujeu, et le duc d'Orléans, ce dernier et le comte de Dunois se retirèrent en Bretagne. 1486. Le roi porta la guerre dans cette contrée et prit plusieurs villes. Cette guerre languit. Enfin Charles VIII livra la bataille de St-Aubin, où commandait La Trimouille. Le duc d'Orléans y fut fait prisonnier. Le duc de Bretagne mourut ne laissant que des filles, dont l'une épousa le roi de France. Quelques mouvements populaires se firent sentir en Normandie, particulièrement à Argentan et Séez, où se trouvait Alain Rouxel, fils aîné de Jean et de Marie Larçonneur, seigneur d'Argentan et de Roisville. Allain Rouxel s'étant jeté dans le parti du duc de Bretagne, Charles VIII, par ses lettres du 24 novembre 1487, confisqua tous ses biens en faveur d'Antoine Martel. Il paraît que ces lettres ne reçurent pas d'exécution. Dans le mouvement qui fut excité à Séez, le page d'un sieur Lebouteiller, favorisé par Alain Rouxel, tua dans la mêlée l'official de Séez. Alain Rouxel fut poursuivi, mais il obtint des lettres de rémission datées de 1491.

Le roi d'Angleterre, Henri VII, à l'occasion du mariage de

Charles viii, qui augmentait sa puissance, vint assiéger Boulogne. Rappelé dans ses états a cause des troubles qui y étaient survenus, il conclut la paix.

1493. — Charles viii s'empare de l'Italie et de la Sicile. Six mois suffirent aux Français pour faire ces conquêtes : mais une coalition entre le pape, l'empereur Maximilien, l'archiduc Philippe, le roi d'Arragon, le roi d'Angleterre, Ludovic Sforce et les Vénitiens, fut conclue pour chasser les Français d'Italie. Les confédérés avaient quarante mille combattants ; l'armée française était réduite à neuf mille hommes. Le duc de Mantoue, qui commandait les alliés, attendit les Français à la descente de l'Apennin, près du village de Fornoue. On en vint aux mains le 6 juillet 1495. En moins d'un quart d'heure, les ennemis furent enfoncés avec perte de trois mille hommes. Charles viii resta maître du champ de bataille et ne perdit que quatre-vingts hommes. On fit une trêve. On voulut engager le roi de France à recommencer la guerre ; mais sa santé chancelante s'y opposa, de sorte qu'il ne s'occupa plus que de lois organiques. Il écouta les plaintes de ses sujets, déposa les agents incapables et les mauvais juges qui déshonoraient la magistrature. Il médita les moyens de diminuer les taxes. Ces réflexions étaient tardives, car il n'était plus en état de les exécuter. Il résidait dans son château d'Amboise, où il faisait bâtir. Le 6 avril 1498, sur les deux heures après midi, étant à la fenêtre donnant sur un jeu de paume, il fut frappé d'apoplexie et mourut à onze heures du soir. A l'instant, ses officiers le quittèrent pour aller à Blois informer le duc d'Orléans, son successeur. Plusieurs ont pensé qu'il avait été empoisonné dans une orange ; d'autres, qu'ayant beaucoup aimé les dames, la main du plaisir avait creusé son tombeau.

Charles viii était âgé de vingt-huit ans, il en avait régné quinze. De la reine Anne de Bretagne, il avait eu quatre enfants, tous morts en bas âge. En lui finit la ligne directe de Valois.

Charles VIII, *petit homme de corps et peu entendu*, dit Commine,
était si bon qu'il n'est pas possible de voir meilleure créature.

1498-1515.— Louis XII était petit-fils de ce Louis, duc d'Orléans, que le duc de Bourgogne fit assassiner sur le pont de Montereau, arrière petit-fils du roi de France, Charles V.

Il parvint à la couronne à l'âge de trente-six ans; d'un naturel doux, humain et équitable, il mit en pratique la maxime de
l'oubli généreux des injures. *Le roi de France*, dit-il, *ne venge pas
les injures du duc d'Orléans.*

Il fut sacré et couronné à Rheims le 27 mai 1498. A son titre
de roi de France, il joignit celui de roi des Deux-Siciles et de duc
de Milan. Il commença par diminuer les tailles, supprima beaucoup d'impôts, voulut des magistrats qui puissent apprécier
l'importance et la sainteté de leurs fonctions. Il ne revêtit de la
magistrature que des hommes dignes par leurs vertus et leurs
talents. Il est à regretter que ses idées sublimes ne se soient pas
perpétuées chez ses successeurs ; la magistrature en eût reçu un
lustre plus éclatant, et de grandes injustices eussent été préve-
nues ; l'on n'aurait pas eu l'occasion de déplorer la présence sur
les sièges d'individus étonnés eux-mêmes de leur élévation qu'ils
savaient être une injure pour la nation. Louis XII avait été gouverneur de la Normandie; il lui conserva sur le trône son attachement. Il érigea l'échiquier normand en cour souveraine et
le rendit sédentaire; il améliora les lois, les formes de la procédure; il enjoignit aux magistrats de ne suivre que la loi, malgré
les ordres contraires à la loi que l'importunité pourrait arracher
du monarque; il fit de belles ordonnances pour l'abréviation des
procès et protégea le faible contre le fort.

En l'année 1499, Louis XII épousa Anne de Bretagne, veuve
de Charles VIII. Voulant user de ses droits sur le Milannais, il
en fit la conquête en vingt jours. 1501. Louis XII et Ferdinand
le Catholique font, en moins de quatre mois, la conquête du

royaume de Naples. Des difficultés pour le partage brouillent les conquérants entre eux. Les Français, sous les ordres du capitaine d'Aubigné, sont défaits à la bataille de Seminare en Calabre. Le 28 avril 1503, ils furent encore battus à Cerignolles, dans la Pouille, par Gonsalve de Cordoue. Le duc de Nemours fut tué dans ce combat, après lequel il nous fallut évacuer le royaume de Naples.

Sous le règne de Louis xii, l'industrie et le commerce de la Normandie s'élevèrent à un dégré de prospérité que cette terre de production et de grandes entreprises n'avait pas encore connu.

L'armateur Angot, de Dieppe, équippe, à ses frais, des escadres; couvre les mers de ses bâtiments et châtie les rois qui osent insulter son pavillon.

Le capitaine Chichot Paumier de Gonneville, part en 1502 du port de Honfleur, et le premier des Français pénètre dans les mers de l'Inde, découvre Madagascar et les terres australes.

Les mariniers de Dieppe, de Honfleur, Cherbourg et Grandville, font la pêche de la morue au banc de Terre-Neuve, découvert en 1504 par des capitaines dieppois et malouins.

1508. — Louis xii jette les fondements de la ville du Havre. Par un traité fait à Blois, il accorde sa fille en mariage à Philippe avec un tiers de la France pour dot. Les états, convoqués à Tours, s'opposent à ce traité. Le roi fut néanmoins choisi pour tuteur de l'archiduc Charles d'Autriche. Il se coalise avec le pape, Ferdinand et Maximilien, pour marcher contre les Vénitiens. A la tête de quarante mille hommes, il atteignit l'ennemi à la Gierra d'Adde, près du village Daignadel, défit son infanterie et fit prisonnier *Aviane*, son général. 1510. Louis xii inspire des craintes à ses aliés, qui tournent leur armes contre lui. Bayard, à la journée de la Bastide, défit les

les troupes confédérées. Malgré ces succès, les Français sont
forcés d'évacuer l'Italie. 1513. Louis XII reprend le Milannais
pour la troisième fois. Les armées alliées mettent le siége
devant Thérouenne. L'armée française parvient à jeter des
vivres et des munitions dans la place; mais, au retour, elle
fut attaquée près de Guinegaste et mise en déroute. Ce combat
fut appelé *la Journée des éperons*, parce que, selon Mézeray, les
Français en usèrent mieux que de leurs épées. Néanmoins les
plus braves, au nombre desquels on cite Georges Rouxel de
Médavid, lieutenant-général, capitaine des francs-archers du
duché d'Alençon, comte du Perche, Vire et Mortain, périrent
dans cette action. Longueville et Bayard, faits prisonniers,
furent conduits en Angleterre.

La reine Anne décéda le 9 janvier 1514. Elle n'avait pas eu
d'enfants. Louis XII, désirant avoir un héritier, résolut de
convoler en deuxième noces. Il demanda la main de la princesse
Marie, sœur du roi d'Angleterre. Ce prince victorieux rompt
avec ses alliés, fait la paix avec Louis XII, et cimente cette
alliance par l'hymen de Marie. Trop de complaisances pour sa
jeune épouse (dit Mercier), altérèrent la santé de Louis XII,
et le conduisirent au tombeau. Il mourut deux mois après
son mariage, le 1er janvier 1515, dans son hôtel des Tournelles,
âgé de cinquante trois ans : il en avait régné dix-sept. Jamais
roi ne fut plus regretté; il avait aboli les asiles ou droits de
franchises des églises. La découverte des Indes avait répandu
beaucoup d'or en France. Les fermages des terres furent
plus que doublés. La noblesse se crut plus riche et se livra
à des dépenses excessives qui l'exilèrent de ses propriétés. Elle
apprit le chemin de la cour, l'art d'implorer des grâces et
d'obtenir des faveurs. La dépense en chevaux et en équipages
de chasse devint une épidémie, ce qui faisait dire à Louis XII :
La pluspart des gentilshommes de mon royaume sont comme

Acteon et Diomède mangés par leurs chevaux et par leurs chiens.
La justice, sous ce règne, était presque gratuite : *Que les temps sont changés !* Chaque expédition coûtait trois sols; les arrêts se délivraient gratis ; les greffiers de ce temps ne venaient pas du Bocage et recevaient des appointements fixes du trésor. Une circonstance nécessita de faire payer aux parties les frais de leurs procès ; de là les épices. C'était, dans l'origine, une rétribution volontaire qui fut convertie en un droit onéreux, toujours croissant et capable d'épouvanter aujourd'hui les plus téméraires plaideurs. C'est sous le règne de Louis XII que Rouillé fit son commentaire des Coutumes de Normandie.

CHAPITRE XIX.

ÈRE CHRETIENNE.

1515—1547.

SOMMAIRE.— François Ier. — Son sacre. — Son entrée dans le Milannais. — Son séjour à Argentan. — Vers à la louange de cette ville. — Divisions du catholicisme. — Luther. — Son excommunication. — Guerre entre François Ier et Charles-Quint. — Bataille de Pavie. — Apparition de Calvin. — François Ier reprend les armes contre François Sforce. — Institution de la compagnie de Jésus par Inigo de Loyola d'Ognez. — Suite du règne de François Ier. — La belle Féronnière. — Maladie du roi. — Essai infructueux de l'inquisition à Evreux. — Massacre de Merindol et Cabrières. — Bataille de Cérizolles. — Paix de Crespy. — Mort de Luther, de Henry VIII, roi d'Angleterre, et de François Ier.

1515-1547. — A Louis XII succéda François Ier , son cousin, premier prince du sang. Dès qu'il fut certain que la veuve de

Louis xii n'était pas enceinte, il fut se faire sacrer à Rheims, le 25 janvier 1815. Il avait la mine, la taille et l'adresse d'un héros; brave, spirituel et d'un caractère aventureux; tout en lui prévenait en sa faveur. Son penchant a la profusion avait fait dire à Louis xii : *Oh ! nous travaillons en vain, ce gros garçon gâtera tout.* Avec le titre de roi France, François i**er** avait pris celui de duc de Milan. Il commença son règne par diriger une armée en Italie pour faire la conquête du Milannais. Il livra la bataille de *Marignan*, le 13 octobre 1515, sur les quatre heures du soir, a une lieue de Milan. La mêlée fut horrible, le combat dura deux jours. L'artillerie française qui, par des travaux immenses, avait franchi les montagnes, écrasait les ennemis et leur enlevait des files entières. Ils laissèrent quinze mille morts sur le champ de bataille ; les Français perdirent quatre cents hommes. François i**er** avait combattu en soldat. C'est sur le champ de bataille qu'il se fit armer chevalier par Bayard.

Le maréchal de Trivulce, qui s'était trouvé à beaucoup de batailles, dit que celle-ci était un combat de géants et les autres des jeux d'enfants.

Maître du Milannais, François i**er** fit son entrée dans la capitale et régla le gouvernement. Le pape, effrayé des succès du roi de France, fit un concordat pour substituer à la pragmatique sanction et donner plus de latitude aux franchises de l'église gallicane.

Pour subvenir aux frais de la guerre d'Italie, François i**er** augmenta les impôts. Le chancelier Duprat imagina la vénalité des charges de judicature, d'où la malheureuse inamovibilité.

1516.—Ferdinand étant mort, Charles v (dit Charles-Quint), monta sur le trône d'Espagne. Après la mort de Maximilien, François i**er** et Charles-Quint prétendaient à l'empire d'Allemagne : les électeurs ou princes allemands nommèrent l'Espagno et il en résulta une guerre qui fit couler des flots de sang et dura trente-huit ans.

Au mois de mai 1517, François 1er, visitant la Normandie, fit à Argentan un séjour de trois semaines. Le poète *Desmiroirs*, qui l'avait accompagné, fit à la louange d'Argentan les vers suivants :

> *Vous qui voulez d'Argentan faire conte,*
> *A sa grandeur arrêter ne vous faut ;*
> *Petite elle est, mais en beauté surmonte*
> *Maintes cités, car rien ne lui défaut ;*
> *Elle est assise en lieu plaisant et haut.*
> *De tous côté à prairie, et à campaigne,*
> *Un fleuve aussi, où maint poisson se baigne,*
> *Des bois épais, suffisants pour nourrir*
> *Biches et cerfs qui sont prompts à courir.*
> *Puis y trouvez, tant elle est bien garnie,*
> *Pour au besoin nature secourir,*
> *Bon air, bon vin et bonne compagnie.*

Léon x faisait construire la basilique de Rome. Pour que le monde chrétien contribuât à cet ouvrage, il ouvrit le trésor des indulgences. C'est à la construction de ce monument que l'on doit le scandale, les divisions et idées réformatrices du catholicisme.

Un moine augustin, nommé *Luther*, déclamateur fougueux, fut chargé, dit-on, de prêcher contre les indulgences, et il le fit avec succès d'abord. Enorgueilli de ce premier avantage, il attaque les sacrements, la hiérarchie, la puissance, la richesse des ecclésiastiques, leur juridiction et surtout l'autorité des pontifs. Il fallait, selon lui, ouvrir les asiles de la religion, rompre le célibat des vierges, le vœu de chasteté des moines, et leur donner la liberté de s'unir. Il joignit l'exemple au précepte , fit sortir de son monastère une religieuse nommée Catherine Bore, et l'épousa.

La nouvelle doctrine se répand depuis la Haute-Saxe jusqu'au-delà de la mer Baltique.

Le pape, justement irrité , lance les foudres de l'Eglise sur la tête du novateur. La bulle *Exsurge Deus* semblait devoir le terrasser : il brave tout, se qualifie d'apôtre extraordinaire , nie la présence de Jesus-Christ dans l'Echaristie, et déclame forte-ment contre la messe. Ces discussions théologiques firent répan-dre des flots de sang. Cependant le christianisme triompha.

1521. — Le duc de Bouillon déclare la guerre à l'empereur. Charles-Quint le croit mis en avant par François 1er, et lui fait la guerre. François 1er perd le Milannaís. Le combat de la Bi-coquc , ferme située à trois lieues de Milan , termina cette désastreuse campagne. 1522. Une ligue formidable des souve-rains d'Italie et d'Autriche, déclare la guerre à François 1er.

1523. — Les Anglais entrent en Picardie ; les Allemands pénètrent dans la Champagne. Les uns et les autres sont expulsés. L'amiral Bonivet, qui continuait la guerre en Italie, est forcé de faire la retraite de Rebeck. Bayard et Vendenesse, frère de la Palice, soutiennent la retraite ; mais tous deux y furent tués par le plomb de l'ennemi.

François 1er, que ses revers n'avaient pas abattu , commit la faute de disperser son armée, puis il livre la bataille de Pavie, le 24 février 1525, contre l'avis de ses vieux capitaine. Le roi combattit en vrai paladin; mais toute sa bravoure ne put ra-cheter son inhabileté stratégique. Les Français furent taillés en pièces; l'artillerie, les bagages tombèrent au pouvoir de l'en-nemi ; huit mille Français couvrirent le champ de bataille. Le roi, fait prisonnier, fut conduit en Espagne. Il écrivit à la reine mère une lettre qui ne contenait que ces mots : « *Madame, tout est perdu , fors l'honneur.* » L'empereur refusa de le voir, sous prétexte que l'entrevue serait embarrassante pour tous les deux. Désespérant d'amener Charles à un accomodement raisonnable, François 1er remit à la duchesse d'Alençon, sa sœur, qui était allée le voir à Madrid, une abdication de la couronne en faveur du dauphin. La puissance du vainqueur alarme l'Europe; une ligue rapidement conçue, pour délivrer le prisonnier, est appuyée par l'Angleterre. Charles-Quint rend la liberté à son prisonnier, mais à des conditions plus onéreuses que la captivité contre lesquelles François 1er prétend avoir fait une protestation mentale. Les états de Bougogne refusent de ratifier le traité. Charles-Quint, furieux d'avoir été joué, s'en prit au pape qui s'était mis à la tête de la ligue nommée Sainte. Rome fut saccagée par les impériaux. Forcé dans le chât au Saint-Ange, le pape fut fait prisonnier. La férocité des vainqueurs n'avait pas encore eu d'exemples. Les troupes de Charles-Quint innondent l'Italie et la Provence. 1529. La paix est conclue à Cambrai, moyennant deux cents mille écus d'or, l'abandon des droits du roi de France sur le Milannais, les comtés d'Ast, de Flandre et d'Artois. 1530. François 1er épouse la sœur de Charles v, Eléonore, veuve du roi de Portugal, d'après une des conditions du traité de Cambrai. 1531. Mort de Louise de Savoie, mère de François 1er. Août 1532, lettres d'union de la Bretagne à la France. 1533. Création, par François 1er, d'un corps d'infanterie de six mille hommes, sous le nom de légion et division en sections de cinq cents ou six cents hommes. Dans ce temps, Calvin parut sur la scène du monde. Esprit subtil et pénétrant, il imprimait à la réforme de Luther un caractère hardi, fondé sur une logique plus exacte, plus téméraire que Luther. Il était aussi fanatique.

François 1er, entraîné par les conseils de Marguerite de Navarre, allait embrasser le calvinisme, quand le cardinal de Tournon parvint à le faire changer de résolution; et bientôt ce monarque poursuivit par le fer et la flamme ceux qu'il aurait appelés ses frères.

1534. — François Sforce, rétablit dans Milan par le traité de Cambrai, fit décapiter Merveille, agent français. François Iᵉʳ reprend les armes après avoir fait un traité d'alliance avec Soliman. C'est cette année que *Innigo de Loyola d'Ognez, natif du pays de Guipuscoa, jeune gentilhomme qui, en 1521, âgé de vingt ans, avait été blessé à la cuisse d'un coup de canon, sur la muraille du château de Pampelune dont il resta boiteux, était venu à Paris pour étudier les lettres. Il institua cette grande et célèbre compagnie de Jésus, qui s'est étendue dans toutes les parties du monde, et subsiste toujours.*

Un grand nombre de ses membres, sous le titre de pères de la foi, ont parcouru la France en 1827, prêchant le jubilé. Les frères Thomas, Lowembourg, Davout, Farolet et Ronval, étaient à Argentan et dans les environs. Ils ont élevé des calvaires sur lesquels ils ont imprimé le cachet de la société (I H S) *Jesus humilis societas.* M. Ronval est encore venu prêcher à Argentan le carême de 1845.

1535. — La Savoie et le Piémont avaient refusé le passage aux troupes françaises. Chabot en fait la conquête. La mort de Sforce fait revivre les prétentions du roi sur le Milannais; Charles-Quint repousse ces prétentions, reprend plusieurs places en Piémont et pénètre en Provence. Le connétable de Montmorency défait son armée et lui fait lever le siége de Marseille. Le fils du roi de France mourut empoisonné. Sa mort fut attribuée à des affidés de Charles-Quint, ou bien à Catherine de Médicis, femme du duc d'Orléans qui, par cette mort, devenait successeur du roi. La guerre continue de tous côtés, plus active que jamais. 1538. Trève entre François Iᵉʳ et Charles-Quint, à la médiation du pape et par suite de l'entrevue des souverains dans la vile de Nice.

1539. Les Gantois s'étant révoltés, Charles-Quint fait demander à François 1er le passage par la France, à la condition de l'investiture du Milanais, pour un de ses enfants. Le fou de la cour, Triboulet, écrivit sur ses tablettes que Charles-Quint était plus fou que lui de s'exposer à passer par la France; *mais*, dit François, *si je le laisse passer sans lui rien faire, que diras-tu ? rien de plus aisé*, reprit Triboulet; *j'efface son nom et j'y mets le vôtre.* Il semblait que François 1er fût tenté parfois de déférer à l'avis du fou. Dans une conversation où se trouvait la comtesse d'Etampes, il dit à l'empereur : *Voyez-vous, mon frère, cette belle dame, elle est d'avis que je ne vous laisse pas sortir de Paris que vous n'ayez révoqué le traité de Madrid?....... Si l'avis est bon, il faut le suivre*, répondit froidement Charles-Quint. Il eut des inquiétudes et désira vivement se tirer au plus tôt des mains du roi.

Cette même année, François 1er fit des ordonnances utiles ; elles prescrivaient la réforme et l'abréviation des procès, la rédaction en français des actes publics. Par une de ces ordonnances datée de Villers-Coterets, il prescrivait aux curés d'inscrire sur des registres les naissances et les décès.

Peu de temps après, le roi fut atteint d'une maladie secrète, importée récemment d'Amérique, qui n'avait pas encore été combattue par des remèdes efficaces. On dit qu'un marchand de fer, dont il avait abusé la femme, que l'on appelait la Belle Féronnière, pour se venger d'un outrage que les gens de cour nommaient galanterie, s'infecta lui-même pour empoisonner son épouse et son complice. La malheureuse en mourut. Le mari guérit par de prompts remèdes; mais le roi en conserva de fâcheuses affections jusqu'au moment de sa mort. 1540. François 1er, excité par le pape Paul III, voulut faire, à Evreux, un essai de l'inquisition; mais les Ebroiciens se contentèrent de leurs fêtes des foux, des kirielle de l'âne, des reliques de saint Thaurin et de saint Vital et de leurs pénitents de toutes couleurs. Ils repoussèrent les auto-da-fé, et on ne brûla pas encore en Normandie.

1541-1542-1543. — La guerre se rallume entre François Ier et Charles-Quint. Quelques albigeois et vaudois s'étaient réfugiés dans les bourgs de Merindol et de Cabrières, Jean Menier Dappède, président du parlement de Provence, en fit un massacre général.

Les troupes de Charles-Quint et les Français en vinrent aux mains le lundi de pâques 1544, près du bourg de Cerisolles. Les ennemis eurent dix mille morts; artillerie, bagages, munitions, et quatre mille prisonniers restèrent au pouvoir des français. La paix fut signée à Crespy, en Laonnais, le 18 septembre 1544, avec l'empereur : elle continua avec l'Angleterre jusqu'en 1546. Luther mourut en 1547. Le roi d'Angleterre, Henri VIII, ne lui survécut que peu de jours. Il mourut le 28 février 1547, âgé de cinquante-sept ans. Il avait eu six femmes. Il répudia la première et la quatrième, vit mourir en couches la troisième, fit décapiter la deuxième et la cinquième pour crime d'adultère; la sixième lui survécut. De la première, il eut une fille nommée Marie; de la seconde, il eut une fille nommée Elisabeth, et de la troisième il eut un fils appelé Edouard, qui fut roi d'Angleterre. François Ier ne survécut que deux mois au roi Henri. Il mourut au château de Rambouillet, le 31 mars 1547, des suites de la maladie que lui avait communiquée la Belle Feronnière. Avant de mourir, il fit de belles recommandations à son fils, qui les ensevelit avec lui. François Ier protégea les lettres et les arts; il fit construire ou terminer le Louvre, St-Germain-en-Laye, Fontainebleau, le château de Madrid au village de Mesnes, aujourd'hui Boulogne, Villers-Coterets, Folembrey en Picardie, Chambord près Blois, et quelques autres. A cette époque commença le règne des favorites.

CHAPITRE XX.

ERE CHRETIENNE.

1547-1589.

J'ai vu les citoyens, troublés par la furie,
Se déchirer l'un l'autre au nom de la patrie ;
Sur les débris épars, le prêtre chancelant,
Une croix à la main maudire en immolant.
(*Legouvé.*)

1547-1559.—Henri ii, fils de François ier, est le cinquante-huitième roi de France. Il était âgé de vingt-neuf ans à la mort de son père ; il fut sacré à Rheims le 25 juillet 1547. Il était grand, bien fait, d'un physique fort agréable; il avait beaucoup de force et d'adresse pour les exercices gymnastiques; mais, sans énergie ni force de caractère, il fut dominé par ses ministres. Il aimait à entendre des vers lascifs, des chansons libres et dissolues.

Ses favoris, le connétable de Montmorency, le comte d'Aumale qui fut duc de Guise, et Jacques d'Albon-St-André, qu'il fit maréchal de France, ployaient sous sa maitresse, Diane de Poitiers, veuve de Louis Brezé, duchesse de Valentinois. Cette femme, qui avait quarante ans, avait été maitresse de son père. Elle exerçait sur son esprit un empire absolu. 1548. Troubles en Angleterre et en Ecosse. On voulait y mettre fin par l'union de Marie Stuart avec Edouard iii; mais Henri ii la fit venir en France et épouser au Dauphin.

1549 (16 juin).— Entrée solennelle du roi dans Paris , fêtes à cette occasion. Il ordonna de punir de mort des calvinistes qui avaient été arrêtés. Ils furent brûlés sur les places de Paris. Le roi manqua de dignité en assistant à l'un de ces spectacles. Il fut ému des cris de l'un de ces malheureux qui avait été son valet de chambre; mais il fut néanmoins trop faible pour empêcher le renouvellement de pareilles horreurs.

1550.—Paix avec l'Angleterre ; nouveaux édits contre les luthériens. Henri ii fait alliance avec les protestants d'Allemagne : il se trouve en guerre avec l'empereur. Cette guerre continue jusqu'en 1556. Les deux souverains font une trève de cinq ans; et, peu de jours après, Charles-Quint fit son abdication en faveur de son fils Philippe ii et de son frère, roi des Romains. Il se retira dans un couvent de l'Andalousie. Vivant, il fit faire ses obsèques auxquelles il assista. On affirme qu'il mourut d'un rhume qu'il avait contracté dans son cercueil pendant les longues heures de la cérémonie. Henri II rompit la trève faite avec l'empereur et dirigea deux corps d'armée, l'un, sous les ordres du duc de Guise, sur l'Italie; l'autre, sous les ordres du connétable, sur la Flandre. Les deux généraux firent d'inutiles efforts. Le connétable perdit la bataille de Saint-Quentin et fut fait prisonnier avec d'Albon-Saint-André et l'amiral de Coligny. René Rouxel, seigneur de Saint-Bazile, Demédavid et d'Aubry en Exmes, y fut grièvement blessé et mourut au mois de janvier suivant des suites de sa blessure, à Montreuil, en Picardie. Il ordonna que son corps fût apporté à Camembert. Vers 1552, René Rouxel avait épousé Françoise Leviel, veuve de Maurice Goubier, écuyer, sieur de Fontenay et des Champeaux, qui était morte avant lui et avait été inhumée dans l'église de Camembert. Il en avait eu un fils, qui mourut avant sa mère et fut inhumé à Camembert. L'épouse du sieur de Calménil ayant détruit les armoiries placées sur la tombe de cet enfant, il y eut procès, duquel il résulta que le seigneur de Rouxel préférait le seigneur de Calménil dans les honneurs de ladite église.

Georges de Rouxel, frère de René, seigneur de Pierre-Fite et du Mesnil-d'Occaignes, fut tué à la défaite du commandant de Thermes, en 1558. Le désastre de Saint-Quentin avait jeté la terreur en France. Le duc de Guise est rappelé avec son armée d'Italie; il marche sur Calais, s'en empare, et chasse les Anglais de la France.

1559. — La paix est signée à Cateau-Cambresis. Elisabeth, fille de Henri II, épouse Philippe II. Marguerite, sœur du roi, épouse le duc de Savoie. Dans un tournoi, donné à l'occasion de ces mariages, le roi veut rompre une lance contre le comte de Montgommeri; ils coururent l'un contre l'autre; leurs lances se brisèrent; emporté par son cheval, Montgommeri donna du tronçon, qui lui restait à la main, dans l'œil droit du roi, qui avait la visière levée. Le coup pénétra si avant que le crâne en fut offensé. Le blessé perdit connaissance sur-le-champ, et ne la recouvra plus. C'est donc par erreur qu'on a dit que le roi défendit de poursuivre le comte. Catherine de Médicis le poursuivit quinze ans avec rage. Le 9 mars 1574, il fut assiégé dans Domfront par Matignon. Il se défendit en homme de cœur et déterminé. Les assiégés se trouvant enfin réduits à quinze ou seize hommes, manquant de tout, Montgommeri se rendit, le 26 mars, et eut la tête tranchée, à Paris, un mois après. Ses enfants furent dégradés de noblesse.

Sous le règne de Henri II, on perfectionna le jeu de l'artillerie et des bombes, et on se servit de boulets rouges.

C'est Henri II qui donna l'édit par lequel il est enjoint aux filles enceintes d'aller se présenter devant le juge pour y déclarer leur grossesse. La honte l'emporta sur la loi; l'infanticide, qui était un crime rare, devint commun.

Henri II mourut le 10 juillet 1559. Il était âgé de quarante et un ans, et en avait régné treize. Il avait eu, de Catherine de Médicis, six enfants, trois garçons et trois filles.

1559-1560. — François II est le cinquante-neuvième roi de France; il n'avait que seize ans lorsqu'il monta sur le trône. La courte durée de son règne ne permet pas de le considérer comme ayant eu part aux événements qui se sont accomplis. Ses ministres de la guerre et des finances, François, duc de Guise, et le cardinal de Lorraine étaient chefs du parti catholique. Le prince de Condé et le roi de Navarre, Antoine de Bourbon, étaient chefs du parti protestant et aspiraient au pouvoir. Catherine de Médicis, mère du roi, femme cruelle et ambitieuse, tenait la balance entre les partis afin que leurs collisions sanglantes, les affaiblissant tour-à-tour, maintiennent le pouvoir en ses mains. On éloigna la duchesse de Valentinois, en la confinant au château de Chaumont, sur la Loire, après le sacre du roi, qui eut lieu le 21 septembre 1559, et, sous de vains prétextes, on fit partir, pour l'Espagne, le prince de Condé et le roi de Navarre. On rendit un édit qui révoquait toutes les aliénations du domaine. L'ordre de Saint-Michel fut tellement prodigué et avili que, semblable à des ordres de chevalerie de création plus moderne, également prodigués, on l'appela *le collier à toute bête*. On proscrivit le cumul, proscription sollicitée, mais inutilement, de nos jours.

Le jeune roi continua les persécutions contre les protestants, et créa, dans les parlements, des chambres ardentes, ainsi nommées parce qu'elles brûlaient sans preuves et sans miséricorde les accusés de calvinisme. Lassé de ces sanglantes exécutions, les calvinistes résolurent une prise d'armes. La conjuration, qui devait éclater à Amboise, fut découverte par l'indiscrétion du chef, nommé Dubarri de la Renaudie, qui s'ouvrit, dans Paris, à un avocat protestant, Pierre Desavenelles, qui dévoila ce complot. Les insurgés furent impitoyablement massacrés, et l'édit de Romorantin attribue aux évêques la connaissance des crimes d'hérésie.

La conspiration découverte et punie ne servit qu'à augmenter le pouvoir de ceux qu'on avait voulu détruire. François de Guise eut la puissance des maires du palais, sous le titre de lieutenant-général du royaume.

1560. — Le roi convoque les états à Orléans. Le prince de Condé fut arrêté aussitôt qu'il fut arrivé. La dame de Roye, sa belle-mère, fut également arrêtée par Tannegui-Leveneur, de Carrouges, et conduite dans le château de Saint-Germain-en Laye. L'amiral de Coligny, au nom des protestants de Normandie, se jeta aux pieds du roi pour demander la liberté de conscience. Le parlement de Rouen répondit par des arrêts de mort et d'horribles exécutions. Le prince de Condé, comme chef d'une nouvelle conpiration, fut condamné à mort par un

tribunal exceptionnel, malgré le privilége des princes du sang
de n'être jugés que dans la cour des pairs. Mais qu'est un
privilége contre la force? Le prince de Condé allait finir par la
main d'un bourreau, lorsque le jeune François II meurt d'un
abcès à l'oreille gauche. On soupçonna son chirurgien Ambroise
Paré, zélé calviniste, d'avoir empoisonné la plaie pour sauver
Condé ; d'autres accusent Catherine de Médicis. Enfin le roi
rendit le dernier soupir le 5 décembre 1560. Il était âgé de dix-
sept ans. Il n'eut pas d'enfants de la jeune et belle Marie
Stuart, qui ne passait pas pour être insensible aux galanteries
françaises. Ce n'est pas sans de vifs regrets qu'elle abandonna
la cour de France pour retourner en Ecosse, pays semi-barbare.
Le corps de François II fut porté à Saint-Denis, et son cœur
demeura dans l'église Sainte-Croix d'Orléans.

La mort de François II fut le salut du prince de Condé ; il fut
renvoyé absous; il n'en conserva pas moins, dans son cœur, le
souvenir de l'affront qu'il avait reçu et le désir de la vengeance.

1560-1574. — Les états assemblés voulurent se dissoudre,
considérant leurs pouvoirs expirés à la mort du roi; mais il
fut décidé que la royauté ne mourait pas. Les partis étaient
en présence et se disputaient le pouvoir. Le roi n'étant âgé que
de dix ans et demi, Catherine de Médicis est chargée de la
tutelle et de l'administration du royaume. On tint, à Orléans et
à Pontoise, des états-généraux; ils firent connaître combien
l'administration du royaume était vicieuse. Le roi était endetté
de quarante millions de livres ; on manquait d'argent ; c'est là
le véritable principe du bouleversement de la France. La reine
tutrice admet la liberté de conscience. Le duc de Guise et ses
partisans s'y opposent. Après le colloque de Poissy, les protestants obtiennent un édit qui leur permet d'avoir des prêches
hors des villes. Le duc de Guise, en passant auprès de Vassy,
en Champagne, trouva des calvinistes qui, à la faveur de l'édit,

chantaient leurs pseaumes dans une grange ; ses valets les insul-
tèrent et en tuèrent une soixantaine, blessèrent et dissipèrent
le reste ; alors les protestants se soulevèrent dans presque tout
le royaume. Chaque ville était une place de guerre, et les rues
des champs de bataille. Les princes d'Allemagne, sectateurs de
la nouvelle religion, s'unissent au prince de Condé. Bientôt il
se rend maître du Dauphiné, de la Guyenne et du Languedoc.
En Normandie, il s'empare de Rouen. La reine d'Angleterre,
sa co-religionnaire, lui envoie des troupes. Ils pénètrent plus
avant dans la Normandie, prennent Caen, St-Lo, Vire, Falaise
et Argentan. Ils marquent leur passage par la dévastation et la
mort. L'acharnement et la fureur n'ont pas de bornes. Le baron
des Adrets, du côté des protestants dans la Saintonge ; Montluc,
du côté des catholiques, rivalisent à qui offrirait, à l'univers
étonné, les tableaux d'une cruauté plus horrible et plus raffinée.
Août 1562. Les armées royales mettent le siège devant Rouen.
Le jeune Charles ix et sa mère, la cruelle Catherine de Médicis,
assistent à ce siège. La ville est prise d'assaut le 26 octobre ; le
pillage dura huit jours. Le parlement poursuit le cours de ses
vengeances et de ses atrocités. Les calvinistes, maîtres de Dieppe,
usent de représailles.

La première bataille rangée qui se donna fut celle de Dreux.
Cette journée fut unique par la prise des deux généraux. Le duc
de Guise resta maître du champ de bataille ; Coligny, lieutenant
de Condé, sauva l'armée. Il laissa dans Orléans son frère
Dandelau avec deux mille hommes bien armés, autant de
bourgeois en état de prendre les armes et beaucoup de noblesse,
repasse la Loire à Gergeau, vient assiéger Caen où étaient
Delbœuf, frère du duc de Guise, et N. Bailleul-Renouard. Ils
étaient prêts à se rendre à discrétion, lorsque l'amiral apprit
que le duc de Guise assiégeait Orléans, que déjà les faubourgs
étaient emportés et que les assiégés avaient perdu huit cents

hommes. Il lève le siége de Caen et marche promptement au secours d'Orléans. En route il apprend que les Orléannais étaient sans espoir de salut, lorsqu'un gentilhomme, nommé Poltrot de Méré, voyant le duc de Guise peu accompagé, lui tira un coup de pistolet dans l'épaule dont il mourut six jours après. Un moment de paix succède à ces troubles. Condé s'entend avec la cour; les catholiques et les protestants, réunis sous les ordres de Montmorency, chassent les Anglais.

Charles ix étant entré dans sa quatorzième année, le parlement déclare sa majorité, le 16 août 1563. La guerre recommence entre les catholiques et les protestants en 1564.

Pendant la trève, le chancelier faisait des règlements sur la police, la justice, les étapes ou stations militaires. Un édit ordonnait aux demandeurs en justice de consigner certaines sommes pour être reçus à plaider. Cet édit n'a pas été révoqué, mais il s'abolit par le non usage ; cependant, aujourd'hui, les appelants de jugements de juridictions inférieures sont tenus de faire une consignation désignée sous le titre d'amende et d'en justifier avant l'appel des causes. Code de procéd, 374, 590, 479, 500 et 1029.

Un autre édit établissait un siége judiciaire pour les marchands, composé d'un juge et quatre consuls, choisis par le prévôt des marchands et les échevins entre cent bourgeois désignés. Ils jugeaient sur-le-champ et sans procédure les affaires commerciales ; leur décision était souveraine jusqu'à cinq cents livres. Cet édit produisit les meilleurs effets ; 1° parce qu'il rognait les ongles à la justice qui, selon Mézeray, mourait d'envie de mettre la griffe sur un morceau aussi gras que le commerce ; 2° parce qu'alors les juges étaient choisis dans l'élite descommerçants et qu'ils étaient pénétrés de leur mission. Il est arrivé, plus tard, qu'on allait en tirer des derniers dégrés de l'échelle, sans égard à leur capacité ni à leurs droits à un pareil emploi, ce qui a nécessité le refus de commerçants honorables de siéger avec des hommes qui ne marchaient pas sur leur ligne. Cette institution utile a donc été corrompue ou méconnue. Les commerçants étaient en droit d'attendre mieux dans les siècles de progrès.

Dans le mois de décembre 1564 fut clos le concile de Trente. Un édit du même temps ordonne que l'année qui, jusques-là, dans les affaires civiles, avait pris commencement à Pâques, le prendrait de là en avant au premier de janvier, suivant l'usage de l'église.

Un dernier édit porte que le palais des Tournelles serait abattu, la place vendue, sauf une partie donnée par la reine pour faire un marché aux chevaux. Des particuliers achetèrent le surplus pour bâtir ; et la reine commença l'édification du palais des Tuileries.

Nonobstant les articles du traité de paix, on maltraitait les protestants, feignant d'avoir à les redouter. La reine redevint catholique ; et, pour suggérer au jeune roi de l'aversion contre eux, sous prétexte d'embrasser sa chère fille, *Isabelle de la Paix*, épouse de Philippe II, roi d'Espagne, elle lui fait traverser des provinces où les protestants avaient laissé des marques de leur fureur. Son but réel était de méditer, avec le cruel duc d'Albe, ministre de Philippe II, l'extinction de l'hérésie par des moyens violents et sanguinaires. Le duc d'Albe vint cotoyer les frontières de Champagne et de Picardie, lorsque six mille Suisses entraient d'un autre côté. Le prince de Condé et l'amiral de Coligny en conclurent qu'ils n'avaient rien à ménager. Ils projetèrent d'enlever le roi. La reine, à son retour de Bayonne, assembla les grands du royaume à Moulins pour aviser aux moyens de remédier aux désordres qui affligeaient le royaume. Dans son discours d'ouverture, le chancelier trouvait particulièrement utile de donner aux juges des gages assez honorables pour qu'ils ne prissent plus ni épices, ni vacations, ni présents, à peine de destitution; qu'ils ne soient nommés que pour trois ans, en chaque parlement, et avant que d'en sortir, qu'ils rendissent compte de leur conduite devant des censeurs nommés à cet effet. Il serait avantageux pour la société, que ces belles propositions soient exécutées de nos jours. Enfin, le 10 juillet 1366, parut le célèbre édit de Moulins en quatre-vingt six articles rélatifs : 1º à l'exerc ce de la contrainte par corps et à l'admission au bénéfice de cession (art. 41); 2º à la preuve par témoins qui, dans le civil, ne doit plus être reçue au-dessus de cent livres (art. 54); aux substitutions qui allaient à l'infini et sont prohibées au-delà du deuxième dégré (art. 37).

Le prince de Condé n'ayant pu réussir à enlever le roi, vint bloquer Paris. Les cris impérieux du peuple forcèrent le connétable de Montmorency à livrer bataille dans la plaine de St-Denis, en 1567. Le connétable fut tué d'un coup de pistolet dans les reins, que lui tira Robert Stuart. La victoire reste incertaine, mais Dandeleau rallie ses troupes et reparaît sous les murs de Paris. Cinq jours après, il y eut une suspension d'armes qui ne dura que six mois, parce quelle ne reposait sur aucune autre garantie que la parole de la *Médicis*. La guerre recommence avec plus de fureur que jamais. Les protestants s'étaient retirés à la Rochelle; Jeanne d'Albret y conduisit son fils, depuis Henri IV. La reine d'Angleterre leur envoya de l'argent, de l'artillerie et des munitions. L'armée royale, commandée par le duc d'Anjou, et les protestants par le prince de Condé, se rencontrèrent dans les plaines de Jarnac. Le prince de Condé tomba sous son cheval; comme il avait la jambe fracassée, il présenta le gantelet à deux gentilshommes, Argence et St-Jean, qui le placèrent auprès d'un buisson. Arrive Montesquieu, capitaine des gardes du duc d'Anjou, qui, l'approchant par derrière, lui cassa la tête d'un coup de pistolet. Ce lâche assassinat fut blâmé de toute l'armée. Les huguenots furent dispersés. Le roi fit chanter un *Te Deum* et envoya le collier de son ordre à Jacques Rouxel, seigneur de Médavid, les Essards, Blanchelande, Lebalu, les Grandes-Occaignes et le Menil-d'Occaignes, etc., etc., capitaine de cent arquebusiers, qui s'était distingué dans cette affaire. L'amiral fit succéder, au prince de Condé, Henry de Béarn. Les secours des protestants étrangers arrivèrent, et une nouvelle rencontre eut lieu dans les plaines de Montcontour, où les protestants succombèrent. Aucunes de ces batailles n'étaient décisives ; les secours des princes protestants se succédant toujours, la cour sentit la nécessité de faire la paix : elle fut signée à St-Germain, le 15 août 1570.

> « *Quelle paix, juste Dieu, Dieu vengeur que j'atteste :*
> » *Que de sang arrosa son olive funeste !*

(HENRIADE.)

Les concessions faites aux protestants leur firent soupçonner les intentions de leurs ennemis. Pour dissiper ces soupçons, on proposa le mariage de Marguerite, sœur de Charles IX, avec Henri, prince de Béarn. Sous ce prétexte, on attire à Paris Coligny et les principaux chefs protestants. Jeanne d'Albret mourut empoisonnée; ce fut le prélude de la St-Barthélemy. Ce complot sanguinaire des conférences de Bayonne avec le féroce duc d'Albe fut médité pendant sept années.

Enfin, le 23 août 1572, à une heure après minuit, la cloche de St-Germain-l'Auxerois, par son tintement lugubre, donne le signal et fait entendre le glas des funérailles. Henri, duc de Guise, fils de celui tué par Poltrot de Meré, conduit les sicaires. L'amiral fut la première victime; il fut assassiné rue de Béthisy, dans une maison qui, vers le commencement du XIXe siècle, était appelé l'hôtel St-Pierre. On porta sa tête au roi, qui la fit embaumer et porter à Rome. Tous les partisans de l'amiral étaient massacrés ; les rues étaient jonchées de cadavres. Le roi contemplait le carnage par une fenêtre de son palais. Bientôt, imitant les bourreaux, il tire avec son frère sur un peuple désarmé et fugitif.

A mesure qu'on massacrait, on entassait les cadavres sous les yeux du roi, de la reine et de la cour.

Catherine de Médicis, joignant le plus honteux cynisme à la plus atroce barbarie, regardait avec tranquillité cette horrible boucherie. Ses filles d'honneur, oubliant la pitié naturelle à leur sexe, vinrent effrontément dans la rue visiter le cadavre nu d'un gentilhomme nommé Soubise, que sa femme avait accusé d'impuissance.

Le carnage dura sept jours dans Paris, et deux mois dans les provinces. On avait envoyé des courriers aux commandants et gouverneurs des villes et duchés peur ordonner le massacre. Dans plusieurs endroits , ces ordres sanguinaires furent exécutés ; mais beaucoup de gouverneurs refusèrent de les mettre à exécution.

François de France , duc d'Alençon , prévint et arrêta les massacres dans son duché. Jacques de Rouxel de Médavid, qui venait d'obtenir de ce duc le gouvernement de la ville et château d'Argentan, avec la capitainerie de cette ville et de celle d'Exmes , refusa de même de faire exécuter les ordres de la cour.

Les massacres exaspérèrent les protestants , et une quatrième guerre civile naquit de ces violences. Les religionnaires, échappés au couteau, s'emparèrent des plus fortes places du royaume Trois armées formidables marchèrent contre ce peuple révolté sans pouvoir le soumettre.

Pendant ces mouvements, le roi fut attaqué d'une étrange maladie ; d'abord il tombait dans des accès de frénésie ; son sang coulait toujours et perçait à travers les pores de sa peau. Tout l'art de la médecine fut impuissant. Il vint chercher la santé et le repos sous les ombrages de Charleval. Il ne peut les y trouver; il retourne à Paris où il mourut, à l'âge de vingt-quatre ans, le 30 mai 1574. Il avait régné treize ans et demi.

Durant la maladie du roi, le duc d'Anjou fut élu roi de Pologne, Sigismond étant décédé sans postérité.

Ce règne, taché de sang et de débauche, fut fécond en améliorations législatives dues aux travaux successifs de Cujas, de de Thou, de Harlay et de l'Hôpital, qui avait préparé et soumis, aux délibérations des baillages, la rédaction du code connu sous le nom de *sage coutume* de Normandie, qui a servi de base aux décisions judiciaires jusqu'en 1789, et dont l'esprit est conservé dans la plupart des articles du Code civil.

1574.—Sitôt que Charles IX eut fermé les yeux, la reine mère déclara qu'il lui avait confié la régence. Elle dépêcha des couriers au roi de Pologne pour l'engager à revenir. Il eut de la peine à s'évader de la Pologne. Enfin, le 5 septembre 1574, il arriva au pont de Beauvoisin, où la reine mère fut le recevoir; puis il vint s'assseoir sur le trône sanglant de Charles IX, sous le nom de Henri III. Il se déclare contre les huguenots. Son frère, le duc d'Alençon, et Henri de Navarre, coururent aux armes. La reine d'Angleterre leur fournit des secours. Une cinquième paix est signée en 1576; mais bientôt l'édit de pacification est révoqué, et la sainte ligue fut reprise par Henri, duc de Guise, dit le Balafré. Le duc d'Alençon, étant mort sans postérité, le roi de Navare devient présomptif héritier de la couronne; mais il est déclaré, comme hérétique, incapable de succéder à la couronne. Henri III était dominé par Guise; il s'unit avec lui. A cette époque, Pierre de Rouxel, seigneur des Grandes-Occaignes et du Mesnil-d'Occaignes, favori de Henri III, eut une affaire d'honneur avec un seigneur italien.

Par ordre du roi, le champ leur fut ouvert par le seigneur de Falandres. Pierre de Rouxel remporta la victoire. Une seconde affaire, qu'il eut avec le redoutable seigneur Francho, dont la mort termina le combat, acheva de le mettre en une haute réputation à la cour.

Le roi conçut le projet de se débarrasser à la fois du roi de Navare et du duc de Guise. Il envoie, contre le premier, des troupes aux ordres de Joyeuse. Elles atteignirent les protestants dans les plaines de Coutras, où elles furent mises en déroute. Le duc de Joyeuse tomba aux mains de deux capitaines qui le tuèrent de sang froid. Les royalistes perdirent artillerie, bagages, enseignes, presque tous leurs chefs, et cinq mille hommes restèrent sur le champ de bataille.

Le duc de Guise, envoyé contre les Allemands, les défait et revient victorieux à Paris. Le roi veut s'opposer à son entrée; Guise méprise ses ordres. Le peuple prend les armes, tend des chaînes, dépave les rues, sonne le tocsin, établit des barricades. Guise, à la tête des Parisiens, enferme les troupes royales dans le Louvre, et emprisonne le roi dans son palais. Il ne profita pas de cette position et laissa fuir son royale prisonnier, qui se rendit à Blois. Guise le suit; ils se reconcilièrent solennellement, mais intérieurement ils projetaient, le roi de faire mourir Guise, et celui-ci de détrôner le roi.

Tous deux étaient suffisamment averti de se méfier. Guise méprisait trop le roi pour le croire capable d'un assassinat. Il fut dupe de sa sécurité, car Henri III le fit assassiner en sa présence et dans son cabinet. Le cardinal, son frère, fut également poignardé dans une galerie en se rendant chez le roi. Richelieu fit brûler les cadavres des deux frères et jeter leurs cendres au vent.

1589. — Catherine meurt à Blois, détestée de tous les partis qu'elle avait trahis tour à tour. Sous prétexte de la mort de Henri II tué dans un tournoi, elle avait banni ces fêtes guerrières,

et donnait à la place des bals où les femmes de sa cour dan-
saient demi-nues.

A cause du meurtre du cardinal de Lorraine , la Sorbonne
déclare Henri iii de Valois déchu de son droit à la couronne;
les prêtres déclarent en chair que celui qui tuera le tyran
sera sauvé. Dans cette extrémité, le roi fut forcé d'implorer le
secours du Navarrois qu'il avait autrefois refusé, et de concert,
à la tête d'une puissante armée , ils marchent sur Paris où se
trouvaient les principaux acteurs de la ligue.

Dans les provinces, les deux partis avaient eu différentes
rencontres. Le duc de Montpensier, gouverneur de la Normandie, remporta de grands avantages sur les ligueurs. Il occupait
le comté d'Exmes, sauf Falaise qu'il tenait assiégé. Brissac
conduit quatre mille Gautiers au secours de cette place. Montpensier vient à leur rencontre au village de Pierre-Fite, entre
Argentan et Falaise, les met en déroute et les poursuit par Vimoutiers, Bernay et Lachapelle-Gautier, pour détruire le foyer de
ces soldats improvisés. Ils n'étaient autres que des paysans
armés pour se défendre contre les exactions des gens de guerre
et les sergents des tailles, bien plus difficiles que les premiers.
Ils tenaient leur nom de Lachapelle-Gautier, où avait eu lieu
leur premier rassemblement. Montpensier les défait et les
assomme en partie ; ce qui reste est contraint de retourner à la
charrue. La guerre civile durait toujours. Cependant les Parisiens se déclaraient pour la paix et la ligue touchait au moment
de sa ruine, lorsqu'un jeune religieux de l'ordre de saint Dominique changea toute la face des affaires.

Son nom était Jacques Clément. Né dans un village de
Bourgogne, il était âgé de vingt-quatre ans. Ce fanatique se
charge d'être le libérateur de la sainte ligue. Muni des sacrements, de passeports et de lettres de créance, il se rend à
Saint-Cloud et demande à parler au roi. Le lendemain, introduit

dans la chambre du roi, sur les sept heures du matin, le 1er août 1589, il lui présente une lettre de créance. Lorsqu'il le vit occupé à la lire, il tira de sa manche un long et large couteau et le lui plongea dans le bas ventre. Henri, blessé, retire lui-même le couteau et en frappe le monstre au visage. Les gardes accourent au bruit et le percent de mille coups. Cette précipitation empêcha de connaître ses complices. Le roi fit appeler Henri de Navare, le déclara son successeur et expira le 2 août, à quatre heures du matin. Il était âgé de trente-huit ans; il avait régné quinze années. On porta son corps à Sainte-Corneille de Compiègne où il reposa jusqu'en 1610, qu'il fut apporté à Saint-Denis. Peu s'en fallut que Jacques Clément ne fut porté sur la légende des saints martyrs. Le pape Sixte-Quint le combla de louanges, compara son crime aux actions héroïques de Judith et d'Eléasar; il l'appela second sauveur.

CHAPITRE XXI.

ÈRE CHRETIENNE.

1589 — 1645.

> Mais cette impénétrable et juste Providence
> Ne laisse pas toujours prospérer l'insolence;
> Quelquefois sa bonté, favorable aux humains,
> Met le sceptre des rois dans d'innocentes mains.
>
> (Henriade)

SOMMAIRE. — Henri IV. — Guerre de la Ligue. — Henri IV maître d'Argentan. — Bataille d'Ivry. — Pierre de Rouxel prend Verneuil. — Son duel avec Detrépigny. — Excommunication de Henri IV. — Siége et

famine de Paris. — Henri IV converti et sacré. — Son règne. — Il est
frappé par Jean Châtel. — Suite et événements du règne de Henri IV. —
Assassinat de Ravaillac. — Supplice de ce régicide. — Marie de Médicis
régente. — Louis XIII. — Concini. — Mort de Pierre de Rouxel. —
Règne de Louis XIII. — Richelieu. — Cinq-Mars. — Mort de Richelieu. —
Mort de Louis XIII. — Anne d'Autriche régente. — Mazarin.

1589-1610. — Henri III mort, l'armée se divise; partie des
catholiques reste attachée à Henri IV, l'autre l'abandonne.
Pour recevoir plus facilement des secours d'Angleterre, Henri
porte ses forces en Normandie. Mayenne, fils aîné du duc de
Guise, mort à Blois, le poursuit. La rencontre eut lieu dans les
plaines d'Arques, le 21 septembre 1589. Mayenne est complètement battu. L'Anjou, le Maine et la Touraine, sont pour le vainqueur. En Normandie, il réduit les plus fortes places, Alençon,
Argentan, Falaise, Lisieux et Honfleur. Le duc de Mayenne, qui
se tenait aux environs de Paris, veut arrêter les progrès de
l'ennemi; il s'approche des bords de l'Eure, vers Yvry, où il le
rencontra. Le combat eut lieu en cet endroit, le mercredi
14 mars 1590. En moins d'une demi-heure, l'armée de la ligue
fut détruite. Mayenne se retire à Saint-Denis; Nantes et Vernon
se rangèrent du parti du roi, qui revient bloquer Paris, après
s'être rendu maître des forts de Charenton, de Vincennes et de
Saint-Denis. Mayenne reçut des secours du duc de Parme et
put ravitailler la ville. Pierre Rouxel, baron de Médavid, capitaine du château d'Argentan, gendre de Guillaume de Haute-
Mer, seigneur de Fervaques, lieutenant-général, gouverneur
de la Normandie, surprit le château de Verneuil pour la ligue
et se rendit maître de la ville après un sanglant combat. Le
duc de Savoie envahit le Dauphiné. On guerroyait aussi en
Languedoc; la Provence était déchirée par des factions intestines. Henri mit le siége devant Rouen le 24 novembre 1591;
il dura cinq mois. La ville fut secourue à propos pour l'em-

26

pêcher de se rendre. Mayenne parcourt de nouveau la Normandie.
Le baron de Médavid qui, après la prise de Verneuil, avait
obtenu du duc de Mayenne le commandement de cette place,
se faisait remarquer par des actions intrépides ; avec une poignée
d'hommes, il fut reconnaître le camp du roi devant Chartres ;
plus tard, à la tête de cinquante cavaliers, il soutint l'effort de
huit cents hommes commandés par MM. d'Amboise et de la
Ferté, depuis Séez jusqu'à Laigle. Il était doué d'une force
musculaire prodigieuse, car on rapporte que, dans un combat
près de Breteuil, il perça de son épée le sieur Detrepigny qui
était à la tête d'une compagnie de gendarmes et l'enleva tout
enferré de dessus son cheval. Ce trait est le sujet d'un tableau
qui se voit encore au château de Grancei.

Revenons au roi de Navarre. Il fut excommunié par le pape
Grégoire XIV : la bulle fut brûlée par la main du bourreau·
Malgré cette nouvelle difficulté, Henri n'en pressa pas moins le
siége de Paris, et pendant six mois la famine dévora les Parisiens ;
ils furent réduits à broyer les os des morts pour en faire du
pain ou une sorte de bouillie. Le roi de Navarre reconnut enfin
que Paris et la France valaient bien une messe. Il abjura le calvinisme en 1594, au village de Suresne, puis il se fit sacrer dans
l'église Notre-Dame de Chartres, le 27 février de la même année 1594. Mayenne se retira à Soissons, et Paris ouvrit ses portes
le 22 mars suivant. Le maître de Paris acheta la soumission des
provinces : au mois de mai, Rouxel de Medavid se mit dans l'o-
béissance avec la ville de Verneuil, qu'il gouvernait.

Les commencements de ce règne furent heureux. Henri IV ne
voulut pas même choquer le fanatisme. Quelques corps religieux
ayant refusé de faire les prières usitées pour la conservation
du roi, Henri IV dit : *Il faut les laisser faire, ils sont encore
fâchés.* Le 27 décembre 1594, étant dans la chambre de Gabrielle
d'Estrées, il reçut un coup de couteau dans la lèvre inférieure.

On se saisit d'un jeune homme qui se mêlait dans la foule, que l'on crut avoir fait le coup ; il se nommait Jean Châtel, était fils d'un marchand drapier et était âgé de dix-neuf ans. Dans son interrogatoire, il déclara qu'il avait été poussé à ce crime par les leçons des jésuites. Jean Châtel fut condamné à être écartelé : il souffrit les tortures sans faiblesses ni repentir. Henri iv fit sa paix avec Rome. Le pape Clément viii retira ses excommunications ; il traita de même avec Mayenne, qui devint un sujet fidèle.

L'Espagne entretenait toujours en France le levain de la révolte ; Henri déclare la guerre à Philippe ii. Les armées françaises et espagnoles se rencontrèrent à Fontaine-Française, le 30 juin 1595 ; les premières remportent une victoire complète. Le roi courut de grands dangers, car il écrivit à sa sœur : *Peu s'en est fallu que vous n'ayez été mon héritière.* 1596. Cette année fut employée à la pacification générale de l'état. — 1597. — Les Espagnols, au mépris des traités, s'emparent d'Amiens; ils en furent promptement expulsés, et la paix fut conclue à Vervins, le 3 mai 1598. Au mois d'avril précédent, étant à Nantes, Henri donna le fameux édit qui porte le nom de cette ville, en faveur des protestants. 1599. Mort de Gabrielle d'Estrée, duchesse de Beaufort ; elle était enceinte de quatre mois : on croit qu'elle fut empoisonnée.

Henri fait prononcer à Rome la dissolution de son mariage avec Marguerite. En 1600 il épousa Marie de Médicis, déclara la guerre au duc de Savoie, et, en trois mois de temps, il s'empara de son duché. Un édit de cette époque déclare que la profession ne peut annoblir celui qui l'exercera, et une déclaration défend les duels. 1601. Traité de Lyon avec le duc de Savoie; naissance de Louis xiii, au château de Fontainebleau, le jeudi 27 septembre 1601. 1602. Conspiration des maréchaux de Biron, de Bouillon et du comte d'Auvergne, par suite de laquelle Biron eut la tête tranchée à la Bastille, le 31 juillet. 1603. Renouvellement des traités avec Jacques Ier, roi d'Angleterre, d'Ecosse et d'Irlande. 1604. Création par Paulet de la rétribution financière, dite Paulette, qui assurait dans les familles le bénéfice des charges de judicature et de finance, en payant, par ceux qui les achèteraient, le soixante-septième denier de la finance, faute de quoi elles rentreraient dans le domaine du roi.

Cet édit, comme l'ordonnance de 1816, qui permet aux titulaires la présentation d'un successeur, fut vivement critiqué, comme perpétuant la vénalité des charges, si contraire aux intérêts de l'état et des particuliers, substituant l'ignorant qui aurait de l'argent à l'honnête homme fort instruit qui en serait privé; qu'il exciterait le désir d'acquérir de la fortune à tout prix et le mépris des vertus, qui demeureraient sans récompense; vénalité enfin si sagement abolie par la Constituante.

Nous ne suivrons pas Henri IV dans ses amours et ses travestissements où, plus d'une fois, il compromit la majesté royale et sa personne, Arrivons au moment où il déclare la guerre à l'Espagne, pour contraindre Philippe II à lui renvoyer le prince de Condé, premier prince du sang, qui était venu lui demander asile pour lui et son épouse, afin de la soustraire aux poursuites du roi de France, qui donnait alors cet étrange spectacle à ses courtisans d'un souverain à barbe grise courant après un enfant de seize ans. Des milliers d'hommes vont aller aux combats pour forcer la retraite où Condé celait son épouse pour la dérober à une flamme adultère. Les Espagnols voient ces préparatifs sans s'émouvoir.

1610. — La reine, conseillée par Concini, voulut être sacrée et couronnée avant le départ du roi, parce que, durant son absence, elle devait être régente. La cérémonie eut lieu dans l'église St-Denis, le 12 mai 1610. Son entrée dans Paris était fixée au 15 du même mois. Le 14, sur les quatre heures après midi, le roi monte en carrosse pour aller conférer avec Sully à l'arsenal. Il était accompagné des ducs d'Epernon et de Montbazon; des écuyers et des valets de pied se tenaient près des portières. Un embarras de voitures, dans la rue de la Ferronnerie, fut cause que les valets de pied abandonnèrent la voiture et défilèrent par les charniers des Innocents. Un homme profite de cette circonstance, monte sur la petite roue du carrosse, du côté du duc d'Epernon, sur lequel le roi s'appuyait; il le frappa de deux coups de couteau; le roi périt à l'instant, sans pouvoir proférer une seule parole, et l'on reporta au Louvre le corps sanglant et sans vie.

Le coupable fut saisi, le couteau à la main, et fit l'aveu de son crime. On a généralement pensé que Henri iv périt d'une conspiration dont Ravaillac ne fut que l'instrument, et dont les auteurs étaient Marie de Médecis, le duc d'Epernon et l'ambassadeur d'Espagne. Du reste, ce qui n'a pas été détruit du procès offre Ravaillac toujours isolé; mais on n'a pu connaître ses paroles positives, puisque après son supplice le primata du procès fut supprimé, que son dernier interrogatoire se passa *sous le secret de la cour.*

Sur l'échafaud, Ravaillac parut étonné de l'horreur qu'il inspirait, et voyant un homme proposer un cheval pour remplacer un de ceux approchés pour son supplice, il dit: *on m'a bien abusé en me disant que mon action serait agréable au peuple puisqu'il fournit lui-même des chevaux pour me déchirer.* Le supplice fut horrible et long : les membres du supplicié furent portés à la voirie.

Henri iv était âgé de cinquante-sept ans ; il en avait régné vingt-deux. Il laissa, de Marie de Médicis, trois fils : Louis, qui régna le second, mourut en bas âge; le troisième, Jean-Baptiste-Gaston, porta le titre de duc d'Orléans. Il laissait aussi trois filles, Marie, Elisabeth et Henriette, qui épousèrent : l'aînée Philippe IV, roi d'Espagne ; la deuxième, Victor-Amédée, prince du Piémont ; la troisième, Charles Ier, roi d'Angleterre.

La reine fut régente ; la guerre contre l'Espagne cessa ; Condé revint en France.

Henri IV eut du bon parfois ; mais son tableau n'est pas sans ombre. C'est le premier roi qui, pour un lièvre, avait exposé un homme à aller aux galères. On a conservé son vœu en faveur de l'habitant des campagnes : *Je prétends que chaque paysan mette le dimanche la poule au pot.*

1610-1643.—Louis XIII, fils de Henri IV, n'avait que neuf ans lorsqu'il monta sur le trône. La régente était dominée par Concini, qui devint le maréchal d'Ancre. Il épuisa le trésor de l'état et souleva contre lui l'indignation générale. Le prince de Condé lève l'étendard de la révolte. La moitié de la cour se range sous ses drapeaux. La guerre civile fut imminente. La paix de Sainte-Menehould, ou la Malotrue, donne quelque repos. Les états furent assemblés. Ce fut une comédie dont le peuple paya les frais. 1615. Le parlement demande des réformes dans l'administration publique ; le prince de Condé demande l'exécution du traité de Sainte-Menehould. Sur le refus, il prend les armes. Le traité de Loudun paraît devoir amener une paix stable ; mais Marie de Médicis fait arrêter le prince de Condé ; les autres princes se préparent à la guerre. Le roi épouse Anne d'Autriche ; Elisabeth, sa sœur, épouse le fils de Philippe III ; Duplessis-Richelieu, évêque de Montluçon, créature de Concini, devient secrétaire d'état.

L'orgueil du maréchal d'Ancre n'avait plus de bornes : le roi était son premier esclave ; mais il souffrait avec impatience que cet insolent favori le tint en captivité. Il s'en plaignit à un jeune homme que l'on souffrait auprès de lui, le regardant sans conséquence, parce qu'il paraissait ne s'occuper que de chasse et d'élever des oiseaux. Lorsqu'il recevait les plaintes du roi, loin de les calmer, il présentait le maréchal sous des couleurs odieuses et en horreur à la population. Il ajouta qu'il serait difficile de lui faire son procès à cause de la protection qu'il recevrait de la reine; qu'il fallait prendre un parti violent. Le lundi 24 avril 1617, il fut assassiné sur le pont du Louvre. La haine publique s'exerça sur son cadavre. Galigai, femme de Concini, fut condamnée et exécutée comme sorcière. La reine fut exilée à Blois.

La mort de Concini mit fin à la guerre contre les protestants et les mécontents, qui avait été poùssée avec vigueur en 1616 et 1617.

1617. — Mort de Pierre Rouxel de Médavid, seignenr d'Argentan, gouverneur de Verneuil. Charlotte de Hautemer, de Fervaques, sa veuve, lui fit élever un mausolée en marbre blanc, qui avait quinze pieds d'élévation.

De Luynes concentra dans ses mains toute l'autorité. La reine se sauva de Blois et vint à Angoulême. Richelieu cimenta la paix entre le roi et sa mère; mais cette paix ne reçut pas son exécution. La guerre continua dans les années 1621, 1622, 1623 avec des chances variées, et ne se termina que par la confirmation de l'édit de Nantes.

1624.— Richelieu, devenu cardinal, prit place au conseil : tout plia sous sa volonté. 1625-1626-1627. Des cabales contre le cardinal sont sévèrement punies. Les troubles continuent, surtout à cause de la mésintelligence entre le roi et son frère. Richelieu, poursuivant toujours les huguenots, fit raser la Rochelle qui leur servait de boulevart.

1628-1629-1630.— Le cardinal, menacé par les intrigues des grands, fait tomber leur tête. Il soutient la guerre contre l'Espagne et la Savoie. Le traité de Ratisbonne mit fin à tous les débats qui tenaient l'Europe attentive. Il fut apporté par l'internonce Mazarin qui, jeune et rempli d'adresse, avait su ménager une trêve entre les partis. La reine mère voulut renverser Richelieu ; mais, plus habile, il déjoua leurs projets. Ce fut la journée des dupes. 1631-1632. Alliance du roi de France avec la Suède et la Bavière. Gaston, frère du roi, veut allumer la guerre civile en France ; mais elle fut bientôt éteinte. Gaston fit sa paix avec la cour et abandonna ses partisans, entre autres le duc de Montmorency, aux vengeances du cardinal. 1633-1634. Sept jours après la mort de Montmorency, Gaston s'enfuit de la cour et la guerre civile recommence. Elle est encore étouffée. 1635-1640. La guerre s'engage avec l'Espagne et l'Empire ; elle devint générale en Europe. Le Roussillon fut annexé à la France ; ce fut le prix de ses efforts. 1641-1642. Richelieu avait placé près du roi un jeune homme nommé Cinq-Mars, fils du marquis d'Effiat, pour lui rendre compte des plus secrètes pensées du prince; mais ce jeune homme crut pouvoir remplacer son protecteur; il entra dans un complot avec Gaston et autres ennemis du cardinal, pour le renverser. Richelieu les avait devinés; ils furent arrêtés et sacrifiés. Cinq-Mars eut la tête tranchée à Lyon ; Gaston demanda grâce, *à son ordinaire en chargeant et abandonnant ses complices.*

Richelieu était mourant ; il suivit de près ses dernières victimes. Marie de Médicis l'avait précédé dans la tombe.

Lors de le mort de Richelieu, les prisons s'ouvrirent : la Bastille, Vincennes, les forts et les citadelles vomirent les victimes qu'enchaînait sa vengeance ou sa politique. Louis XIII ne survécut à Richelieu que de cinq mois dix jours. Il mourut le 14 mai 1643, âgé de quarante-trois ans. Il en avait régné trente-trois.

Il laissa deux enfants, Louis XIV et Philippe, qui fut duc d'Orléans. Le premier fut appelé Dieu-Donné.

CHAPITRE XXII.

ERE CHRETIENNE.

1643 — 1793.

Bientôt des Dieux vengeurs les sinistres augures
Annoncent aux mortels nos discordes futures.
L'astre du jour, dans l'ombre éclipsant sa clarté
Voile son front brillant d'un crêpe ensanglanté.
DEGUERLÆ.

Siècle de Louis XIV. —¦Les maréchaux de Grancei. — Leurs belles actions.
— Succès, revers et mort de Louis XIV. — Louis XV. — Evénements de
son règne. — Système de Law. — Mort de Louis XV. — Louis XVI. —
Evénements de son règne. — Révolution française. — Députés d'Argentan aux états généraux et à l'assemblée nationale constituante. —
Rapport des officiers de la troupe bourgeoise d'Argentan sur les moyens
employés pour l'approvisionnement des balles.— Constitution et organisation de la milice nationale d'Argentan. — Nomination d'un comité
permanent. — Règlement et attributions de ce comité. — Invitation
aux fabriques d'envoyer l'argenterie à la Monnaie. — Revenus et dépenses de la municipalité d'Argentan en 1790. — Rapport sur l'organisation de la ville. — Soumission de la ville pour acquérir la maison du
château. — Projet de route d'Argentan à Mayenne. — Formation du
bureau de paix à Argentan. — Formule de serment proposé par MM. Lapommerie et Lesage. — Rejet de cette proposition. — Ordre à la garde
d'Argentan d'arrêter les émigrants. — L'autel de la patrie à Argentan.
— Proposition sur l'ouverture de la route de Mortagne à Gacé.— Emission
de billets de confiance à Argentan. — La patrie est en danger. — Mesures ordonnées à Argentan. — Appel aux armes. — Déportation de
prêtres. — Assassinat à Gacé.— La République. — Procès de Louis XVI.
— Votes des députés de l'Orne. — Jugement et mort de Louis XVI.

Le parlement conféra la régence à la reine Anne d'Autriche. Gaston, duc d'Orléans, reçut le vain titre de lieutenant-général du royaume, sous la régente absolue.

La régente donna, pour successeur à Richelieu, Mazarin. La guerre continua avec l'Espagne; le théâtre était en Flandre. Les troupes espagnoles, commandées par Mello, général expérimenté, ravagent la Champagne et attaquent Rocroi, espérant venir à Paris, n'ayant devant eux qu'une armée inférieure en nombre commandée par un jeune homme de vingt ans. Malgré son conseil, ce jeune homme, qui devint le grand Condé, livra bataille, le 19 mai 1643, et remporta une victoire complète. Cette journée de Rocroi devint l'époque de la gloire française et de celle de Condé. Le 8 août suivant il prit Thionville, dont le commandement fut confié à Jacques Rouxel, comte de Médavid et de Grancei, gouverneur d'Argentan, qui, à la tête d'un régiment de dix compagnies, composé de la plus belle noblesse et de l'élite du pays d'Argentan, qui passait pour le plus beau et le plus leste de toute l'armée, s'était distingué dans les opérations du siége. Condé fit repasser le Rhin aux Allemands, et les suivit sous les murs de Fribourg, où il les attaqua, le 31 août 1644. Merci prit la fuite avec ses troupes. Condé revient à Paris, où il reçut les acclamations du peuple. Il laissa son armée à Turenne, qui, malgré son habileté, fut battu à Mariendal. Condé revient, atteint et attaque Merci dans les plaines de Nordlingen. La déroute de l'ennemi fut complète: Merci est au nombre des morts. Il fut enterré sur le champ de bataille. On grava sur sa tombe : *sta viator heroem calcas..*

7 octobre 1646. — Le prince prend Dunkerque. On l'envoie en Espagne. Il échoue devant Lérida. Il revient en Flandre, trouve l'archiduc Léopold qui assiégeait Lens, en Artois. L'engagement eut lieu le 10 août 1648 ; il dit à ses soldats : *Amis, souvenez-vous de Rocroi, Fridbourg et Norlingen.* L'ennemi fut taillé

en pièces : cent drapeaux , trente-huit pièces de canon , cinq mille prisonniers et trois mille morts composèrent la perte de l'ennemi : le surplus déserta. Dans le même temps, le duc d'Orléans bat les ennemis d'un autre côté. Le vicomte de Turenne gagne les batailles de Lavingen et Sommerhausen. La Bavière, la Lorraine sont au pouvoir des armées françaises.

Dans toutes les circonstances de cette guerre, qui avait duré quatre ans, depuis la mort de Louis XIII, la famille de Grancei se distingua par des prodiges de valeur. Pierre de Rouxel, commandant la grande garde du camp d'Arten , ayant été attaqué par la garnison de Douai, il la repoussa jusque dans ses murs et fut blessé d'un coup de mousquet sur la contrescarpe. — Jacques Rouxel, gouverneur d'Argentan et de Thionville , reçut le pouvoir de commander en chef l'armée de Flandre. Les camps retentissaient des belles actions des seigneurs de Rouxel.

Enfin la guerre étrangère se termina ; la paix fut signée à Munster, en 1648. L'état se trouvant obéré par les guerres qui s'étaient succédées, Mazarin, dont la fortune était scandaleuse, proposa de créer de nouveaux impôts. Le parlement refusa d'enregistrer les édits. Mazarin fit arrêter plusieurs de ses membres ; le peuple s'irrite ; on ferme les boutiques , on tend les grosses chaînes qui étaient alors à l'entrée des rues principales, et on fait des barricades. La reine mère et Mazarin , son favori, se retirent à Saint-Germain-en-Laye. Toute la cour coucha sur la paille. Cette guerre civile avait cela de commun avec la guerre d'Angleterre, qu'elle avait commencé pour un peu d'or. Aucune conviction politique n'animait les chefs de l'entreprise ; c'était une représentation tragi-comique dont le peuple payait les frais.

1650. — L'Espagne s'apprêtait à envahir la France. Le parlement, épuisé d'argent, traite avec la cour. Pierre Rouxel, comte de Grancei, gouverneur d'Argentan, qui servait sous les

ordres du maréchal du Plessis-Praslin, défit un bataillon ennemi à la bataille de Rhétel. Le maréchal lui donna les drapeaux de ce régiment ; il les fit porter dans son château d'Argentan. Jacques Rouxel de Grancei, son père, venait d'être
honoré, par Sa Majesté, du bâton de maréchal ; Pierre reçut
l'ordre de suivre le maréchal en Normandie pour observer
cette province.

On cite du maréchal de Grancei des réponses qui font
connaître son caractère ; celle-ci à M. de Turenne : *Oui, corbleu !
ce que je dis est aussi vrai comme il est vrai que je n'ai jamais
tourné casaque.*

Quelques seigneurs lui reprochaient de ne pas être frisé ni
poudré comme les autres courtisans : *Messieurs,* dit-il, montrant
sa poire à poudre à canon, *voilà la poudre dont je me sers, je n'en
connais pas d'autre.*

François-Benedic Rouxel, qui succéda à Jacques son père,
et Pierre son frère, dans le gouvernement d'Argentan, fut un
des plus grands guerriers de son temps. Il devint chef d'escadre;
il était moins que recherché dans sa toilette. Cette négligence
donna l'occasion à deux maréchaux qui se trouvaient dans la
chambre du roi, auquel il venait rendre compte d'une expédition maritime, de lui dire : *Quoi ! marquis, venir chez le
roi en cet état, vous voilà fait comme un palefrenier !*

Oui, Messieurs, répondit-il, *comme un palefrenier prêt à vous
bien étriller,* et il passa outre.

Guillaume Rouxel, douzième enfant de Jacques, auquel
Louis XIII avait accordé l'abbaye de Silly-en-Gouffern, résigna
cette abbaye à François, son frère, qui devint archevêque de
Rouen. Pour lui, il prit le parti des armes, fut fait conseiller
du roi, capitaine des gens d'armes du duc de Valois. Ce fut lui
qui, pour quelques griefs qu'il avait éprouvés de la part des
sieurs Viel Desparquets et de Boissey, habitants d'Argentan,

vint dans cette ville , le 23 avril 1649, accompagné de plusieurs régiments d'infanterie et cavalerie de sa maison , pilla et
brûla une partie des faubourgs, exigea une contribution de
quinze mille francs pour ses officiers , laquelle somme fut à cet
effet prêtée par M. de Turgot-Saint-Clair. Le pillage fut évalué
à cent mille francs , et il eût été plus considérable sans la diligence de M. de Chamboy, qui obtint un ordre du roi au seigneur comte de Médavid de sortir d'Argentan. Le roi députa
MM. de Tilly, Leroux et Duhoullay pour informer sur cette affaire;
mais , par la faveur du duc d'Orléans , elle fut évoquée au conseil et demeura sans poursuites.

La suite du règne de Louis XIV fut une série de combats inté-
térieurs et à l'étranger. Ce siècle est trop connu pour que nous
ayons à en parler ; nous ne citerons que les événements auxquels
auront pris part les gouverneurs d'Argentan.

1651. — Le prince de Condé avait soulevé le Poitou et
l'Anjou. Pierre de Rouxel , gouverneur des ville et château
d'Argentan , conduisit deux cents gentilshommes normands au
maréchal d'Hocquincourt , son oncle. Il défit la compagnie des
gardes du duc de Rohan , dont il envoya les casaques au roi,
à Saumur, et se rendit maître des faubourgs de la ville. Dans
cette expédition , le gouverneur d'Argentan fut blessé d'un
coup de mousquet à l'épaule. 23 septembre 1653. Nous
voyons encore Pierre Rouxel près de la Roquette , sur le Ta-
naro , et au passage de la Bormida , où il fut blessé de deux
coups de pique au ventre. 1669. Les Turcs , voulant profiter de nos divisions, viennent assiéger Candie. Joseph Rouxel
de Médavid , cinquième fils de Guillaume Rouxel et de Marie
Dascher , est envoyé au secours de cette place , sous les ordres
du duc de Beaufort. Il périt avec le duc dans une sortie que fit
la garnison , et le visir Kiuperli entra dans la ville , qui n'était
plus qu'un monceau de ruines. Les Turcs montrèrent, dans cette

occasion, des connaissances stratégiques que l'on était loin de leur supposer. On croit qu'ils avaient avec eux des ingénieurs italiens.

1670. — Henriette Stuard , sœur de Charles ii, roi d'Angleterre, et épouse de Philippe d'Orléans, frère du roi de France, obtient de son frère un traité d'alliance, qui facilitait à Louis xiv la ruine de la Hollande. Madame repassa la mer , le 12 juin, et mourut à St-Cloud en moins de huit heures , le 50 du même mois. Quelques soupçons planèrent sur Monsieur ; mais cependant les relations des deux frères ne furent pas interrompues. Deux cent mille hommes et les escadres combinées anglaises et françaises attendaient le signal du départ.

Monsieur se remaria , le 21 novembre 1671 , à Châlons, à la princesse Charlotte-Isabelle, fille de Charles-Louis , électeur palatin. Cette princesse mourut en 1722, laissant deux enfants, Louis-Philippe d'Orléans, qui fut régent sous Louis xv , et la duchesse de Lorraine.

1672. — Les armées s'ébranlent et marchent vers le Rhin. On commence par assiéger Rhuiberg, Wesel et Burik. A peine investies, ces villes ouvrent leurs portes aux Français. Orsoi fit quelque résistance. Pierre de Rouxel, marquis de Grancei, gouverneur d'Argentan, eut le genou cassé d'un coup de mousquet, en travaillant à la tranchée, sous les yeux du roi. La ville se rendit le 3 juin. L'armée s'avance sur Amsterdam ; les Hollandais lèvent les écluses ; le pays est inondé ; les Français sont repoussés par les flots ; Louis xiv quitte brusquement l'armée, dont il confie la direction à ses généraux.

1673. — Une puissante coalition se forme contre la France, qui est forcée d'évacuer la Hollande, que l'inondation protège. Néanmoins les Français prennent encore des villes ; Maestrict tombe en leur pouvoir. Jacques-Léonor Rouxel de Médavid, fils aîné de Pierre de Rouxel de Médavid , comte de Grancei .

gouverneur d'Argentan, alors âgé de dix-huit ans, servait en qualité de cadet dans les gardes du corps de Sa Majesté. Au siége
de Maestrict, il fit preuve de bravoure et de connaissances
militaires qui firent augurer en sa faveur.

1674. — Le 19 février, le roi fit la paix avec la Hollande.

En Flandre, le prince de Condé, à la tête de quarante-
cinq mille hommes, se battit à Senef, village entre Marmiout
et Nivelle, contre le prince d'Orange, qui en commandait
soixante mille. Le prince de Condé resta maître du champ de bataille. Jacques-Eléonor de Rouxel fit, dans ce combat, des prodiges de valeur qui retentirent dans toute l'armée. Delabre-
tesche, colonel de dragons, surprit et se rendit maître de Leuves,
près de Louvain, et facilita le succès de nos armes.

1689. — Les hostilités avaient été suspendues et reprises.
Les armées françaises étaient sur le Rhin; Kiéservent, Bonn
et Mayence tombent au pouvoir des alliés. Bonn fit une défense glorieuse. Le brigadier Rouxel de Médavid soutint long-
temps, avec des forces inégales, le choc des ennemis. Sa belle
résistance fut jugée digne d'un meilleur sort.

1690. — M. de Catinat attaqua le duc de Savoie à Stafarde,
le 18 août, et le battit complètement. Le brigadier Rouxel de
Médavid contribua puissamment au succès de cette journée,
ainsi qu'à la prise de Saluces et de Suze.

1692. — Pour récompenser le comte de Grancei, seigneur
d'Argentan et brigadier des armées royales, de tous les services qu'il avait rendus à l'état, le roi lui donna le gouvernement du pays et citadelle de Dunkerque.

1693. — Le duc de Savoie avait entrepris le siége de Pigne-
rolles. Il fut attaqué et défait à Marsaille, le 4 octobre, par le
maréchal de Catinat, sous les ordres duquel servait Jacques-
Eléonor Rouxel de Médavid Grancei, gouverneur de Dun-

kerque, récemment promu au grade de maréchal-de-camp. Grancei fit, dans cette occasion, des prodiges. Il fut dangereusement blessé d'un coup de fusil au travers du corps.

1697. — Les Hollandais proposèrent des conférences, au château de Riswick, pour une paix générale. Les opérations militaires n'en furent pas retardées. Le maréchal de Catinat prit Ath en Flandres. La conduite du maréchal-de-camp de Grancei, à la prise de cette place, lui valut le grade de lieutenant-général qui lui fut décerné peu de temps après. Enfin, le 20 septembre, à minuit, quatre traités de paix furent signés à Riswick avec la Hollande, l'Espagne, l'Angleterre et l'empereur. Ces traités donnèrent, pour quelque temps, du repos à l'Europe. Ce repos fut bientôt troublé par la guerre pour la succession à la couronne d'Espagne, déférée par le testament du feu roi à Philippe, petit-fils de Louis XIV. Cette guerre fut allumée sur tous les points à la fois. Monsieur de Vendôme, qui remplaçait Catinat et de Villeroi, parce que le premier était mort, et l'autre prisonnier, livra, le 15 août 1702, la bataille de Lusara. Jacques-Eléonor de Grancei, lieutenant-général des armées du roi, se conduisit suivant son habitude, en héros, et contribua puissamment à la prise de Lusara et de Guastalla.

1703. — Jacques-Eléonor de Grancei eut le commandement en chef des troupes destinées à pénétrer dans le Trentain pour ouvrir une communication du Milanais avec la Bavière, et couper les passages à l'armée impériale. Il la força dans les retranchements qu'elle avait établis dans les valées de l'Oder et de Nota, puis il se rendit maître de Riva, Arco, Nago et Torbalé.

1704. — Le lieutenant-général Rouxel de Médavid Grancei, sous les ordres du maréchal de Vendôme, prit Verceil, Yvrée et Verrue; contribua au gain de la bataille de Cassano, près de l'Adda. Le roi lui donna le gouvernement de la ville et château d'Argentan, devenu vacant par la mort de Jacques de Rouxel son père.

1705. — Vendôme et Médavid soutenaient dignement, en Italie, l'honneur de nos armes. Après la bataille de Cassano, ils gagnèrent celle de Calcinato, qui fut livrée le 19 avril 1706. Monsieur de Vendôme fut rappelé d'Italie pour aller réparer les pertes de la Flandre ; il fut remplacé par monsieur le duc d'Orléans, qui fut blessé au siége de Turin, où le maréchal Marsin perdit la vie, le 7 septembre 1706. Le 9 du même mois, de Médavid Grancey, gouverneur d'Argentan, dans les plaines de Castiglione, remporta une victoire complète sur les impériaux commandés par le prince de Hesse-Cassel. Les résultats de cette journée pour l'ennemi furent trois mille hommes tués, trois mille cinq cents faits prisonniers, leurs étendards et leurs drapeaux pris, leur artillerie tombée en notre pouvoir, et le siége de Castiglione levé.

Pour récompenser le comte de Médavid, le roi l'honora, dès le 23 octobre 1706, du collier de ses ordres. Il le confirma dans son commandement en chef des troupes d'Italie qu'il ramena en France au mois d'avril 1707.

1707. — Après la bataille d'Hochsteds et le traité avec l'empereur, le gouverneur d'Argentan revint en France à la tête de sa division, composée de quinze mille hommes ; aussitôt l'arrivée de Médavid Grancey et de son corps d'armée, sa majesté lui donna le gouvernement général des pays et duché du Nivernais et Donzois, et le commandement en chef des troupes en Savoie, avec lesquelles il marche au siége de Toulon.

1714. — Le maréchal de Villars, après avoir terminé la guerre, eut encore la gloire de conclure la paix de Rastadt, et Philippe v conserva le trône d'Espagne.

Jacques-Eléonor Rouxel de Médavid, comte de Grancey, lieutenant-général des armées du roi, gouverneur des ville et château d'Argentan, des duchés de Nivernais et Donzois, qui avait figuré si brillamment par ses connaissances et ses vertus

27

guerrières, dans toutes les affaires, en Dauphiné et en Savoie, de 1708 à 1713, fut pourvu du commandement en chef des provinces de Dauphiné et Provence. Il sut arrêter les progrès de la peste qui désolait ce malheureux pays; il prouva qu'il savait aussi bien opérer en temps de paix, pour le salut de l'état, que combattre et vaincre en temps de guerre.

Le 12 août 1715, le roi se sentit incommodé d'une douleur que l'on traita de sciatique; à partir de ce jour, il garda son appartement jusqu'au jour de sa mort, qui arriva le 1er septembre. Louis xiv vécut soixante-dix-sept ans; il régna soixante-douze ans.

La haine que son despotisme avait soulevé fut si vive, que ses restes furent insultés par la populace.

1715-1774. — Louis xv, troisième fils du duc de Bourgogne, n'avait que cinq ans et demi lorsqu'il monta sur le trône de son bisaïeul, sous la régence du duc d'Orléans. C'est sous la régence que commença le sytème de l'Ecossais Jean Law, qui greva l'état d'une dette de 1,631,000,000 livres.

1723. — Louis xv, ayant atteint sa quatorzième année, déclara sa majorité. Le duc d'Orléans prit le titre de premier ministre; mais il mourut bientôt par suite des excès en tous genres auxquels il s'était livré. Le règne de Louis xv est aussi bien connu que celui de Louis xiv; la querelle à cause de la succession autrichienne, la paix d'Aix-la-Chapelle, qui dura depuis 1748 jusqu'en 1755; la bulle unigenitus; les supplices de Lalli Tollendal et du jeune de la Barre, ne sont plus que des jalons historiques.

L'état était épuisé par les frais de la guerre qui avait fini en 1748. Les dépenses de la cour étaient excessives; cent millions étaient engloutis dans les étonnants mystères du Parc-aux-Cerfs. La nation, qui payait, pouvait sortir de sa léthargie; la royauté, toute aux plaisirs, n'apercevait pas l'abîme creusé sous ses pas.

Le théâtre de la guerre se trouvait transporté dans les colonies. Les Anglais voulaient étendre leurs possessions à nos dépens : ils furent battus par l'amiral de la Galissonnière.

La division du parlement avec le clergé, le prodigieux dérangement des finances, causaient des rumeurs sinistres.

Ces émotions populaires furent un instant détournées par un événement imprévu. Le roi fut assassiné le 5 janvier, dans la cour de Versailles, par un misérable nommé *Robert-François Damien*, qui fut arrêté. C'était un insensé fanatique, qui paraît isolé et sans complices : il fut condamné et exécuté. La blessure du roi étant légère, il fut promptement guéri. On n'en parla plus.

Les longs mépris de l'Angleterre, et une épigramme du roi de Prusse, sur madame de Pompadour, produisent la guerre de sept ans. L'humiliant traité de 1763 dépouilla la France de ses possessions en Amérique, et fut particulièrement nuisible à la Normandie dont il détruisit le commerce.

Ces pertes et les frais de la guerre, les libéralités du roi en faveur de ses courtisanes et les orgies du Parc-aux-Cerfs, nécessitèrent la création de nouveaux impôts. La France, indignée, fit entendre des cris de vengeance ; peu s'en fallut que la mort violente de l'abbé Terray ne devînt le signal d'une révolution. Les parlements refusèrent d'enregistrer des nouvelles charges ; ils furent exilés et remplacés. On vit alors le manifeste aux Normands ; c'était un appel à la résistance : il ne trouva pas plus d'écho que les remontrances de la noblesse.

Louis xv, un moment réveillé par l'effroi, se rendormit en voyant que la foudre qui grondait ne tomberait que sur la tête de son petit-fils. Il continua sa pitoyable monarchie jusqu'en 1774, époque de sa mort. Son règne finit dans la boue. L'immoralité, le fanatisme avaient atteint leur plus haut périgée ; l'esprit philosophique brillait dans la littérature ; les disputes théologiques mêmes concoururent à l'affranchissement de l'esprit humain ; les encyclopédistes, les économistes hâtèrent le mouvement, et le despotisme caduc croula de toutes parts. Louis xv mourut détesté, méprisé.

1774-1793. — Louis xvi, petit-fils de Louis xv, monta sur le trône de son aïeul et fut le soixante-sixième roi de France. Avant son avénement, il avait épousé Marie-Antoinette d'Autriche. Témoin des événements du règne précédent, il n'ignorait pas qu'une révolution sociale était imminente, qu'il ne lui restait qu'à la diriger. Les prodigalités de la cour et l'épuisement des finances nécessitaient la création de nouveaux impôts. Les parlements refusèrent l'enregistrement des édits. Différentes circonstances vinrent encore compliquer les embarras du moment. Une démarcation impolitique entre le haut et le bas clergé, le rappel des ordonnances qui réservaient exclusivement les grades militaires à la noblesse, avaient accru la mauvaise disposition des esprits. L'affaire du collier, dont le résultat fut de rendre ridicule le cardinal de Rohan et de faire rejaillir jusque sur le trône l'infamie de quelques misérables qui s'étaient joués de ce prélat ambitieux, y mit le comble. La convocation des états généraux fut décidée et fixée au 5 mai 1789. Il fut décidé que la réprésentation du tiers serait égale à celle des autres ordres ; que le vote aurait lieu, non par ordre, mais à la pluralité des voix. Necker appela de cette décision à une assemblée de notables ; elle fut maintenue. Le bureau du comte de Provence, depuis Louis xviii, fut le seul qui appuya la double réprésentation.

Dans quelques contrées, les élections furent paisibles ; dans d'autres, tumultueuses. Celles du département de l'Orne se firent au milieu de rumeurs sourdes, mais sans éclat.

Députés d'Argentan aux Etats-Géneraux et à l'Assemblée Nationale Constituante (1789).

MM.

Decourmesnil,

Depréfeln,

L'abbé Leclerc.

Les députés des états avaient reçu, des électeurs, des cahiers où leurs vœux étaient exposés pour les réformes jugées nécessaires.

C'était à Versailles, le 5 mai, que la cour avait fixé la réunion des états. On a tout dit sur ce qui se passa aux états généraux, sur les humiliations auxquelles le tiers-état fut en butte et dont il se vengea si bien. D'abord le tiers garda le silence; le peuple cria vive le tiers! le tiers répondit vive la liberté ! vive l'égalité! et le trône chancela. Le tiers se déclara assemblée nationale. Repoussé de la salle des séances, les députés sont conduits dans un jeu de paume, où tous jurent de ne point se séparer que la constitution du royaume et la régénération publique ne soient établies.

La séance royale eut lieu le 23 juin 1789. Le roi casse la délibération du 17 juin, par laquelle les députés se sont constitués en assemblée nationale; prescrit les points sur lesquels ils auront à délibérer, et enjoint aux trois ordres de se retirer chacun dans leur chambre pour délibérer séparément. Le roi quitte la salle des séances. Le tiers s'en empare. Dreux-Brézé, maître des cérémonies, vient rappeler l'ordre du roi. Le président répond *que les députés de la nation ne pouvaient recevoir d'ordres.*

Le 25 juin, l'assemblée décréta l'inviolabilité de ses membres. Par ordre du roi, les deux ordres de la noblesse et du clergé se réunissent au tiers. Des troupes étrangères sont appelées à Paris. La Convention demande leur éloignement; sur le refus, l'agitation populaire se manifeste avec une effrayante énergie. Le prince

Lambesc, à la tête d'un régiment allemand et des Suisses, exécute, sur les attroupements, des charges de cavalerie. Plusieurs personnes furent blessées. Les gardes-françaises prennent parti pour le peuple. L'assemblée propose sa médiation ; le roi refuse ; pendant qu'on délibère, le peuble agit, et la Bastille est enlevée le 14 juillet. Le gouverneur, Delaunay, est égorgé, et sa tête portée au bout d'une pique. Flesselles, prévôt des marchands, soupçonné de connivence avec la cour, est tué d'un coup de pistolet, sur les marches de l'Hôtel-de-Ville. La cour est stupéfaite. Le renvoi des troupes, le rappel de Necker sont les gages de réconciliation. Le roi se rend à l'Hôtel-de-Ville et reçoit la cocarde tricolore des mains de Bailly. Le comte d'Artois et plusieurs autres courtisans, croyant avoir à rédouter la colère des Parisiens, se sauvent et passent à l'étranger en menaçant. Le roi reste seul. Le peuple répond aux menaces de l'émigration, en brûlant des châteaux et massacrant les propriétaires. Les premières victimes, dans nos contrées, furent M. Millet de la Chapelle-Moche, Tureau et son gendre dans la Sarthe. M. de Belzuns, major au régiment d'Artois, en garnison à Caen, fut massacré sur les marches de l'Hôtel-de-Ville, à la vue de son régiment, qui partit le même jour. Des femmes dépécèrent son cadavre, lui arrachèrent le cœur et les parties sexuelles, mirent le tout dans un plat d'eau, burent l'eau et mordirent le reste.

La disette générale commençait à se faire sentir ; les halles n'étaient plus approvisonnées. Nous possédons, aux archives de la ville d'Argentan, sous la date du 27 juillet 1789, un rapport de MM. Bouley et Lautour-Boismaheut, officiers de la troupe bourgeoise, sur leurs recherches dans les campagnes voisines, et mesures par eux employées pour faire apporter les bleds à la ville

Le 11 août 1789, la municipalité d'Argentan procède à la nomination d'un comité permanent, composé de vingt-quatre membres, qui devaient être renouvelé, par moitié, chaque mois. Les réunions étaient journalières : la délibération fixe les attributions de ce comité.

Le 24 août 1789, la milice bourgeoise d'Argentan prit le nom de milice nationale. On procéda à son organisation et à la nomination des officiers. La noblesse fut admise ; mais il fut décidé que ses droits aux grades ne seraient autres que ceux des bourgeois. Les nominations eurent lieu dans l'ordre suivant :

Colonel.	Desforges de Prémenil.
Lieutenant-colonel.	Le chevalier de Briouse.
Major.	Roger.
Capitaine aide-major.	Provost Desbrières.
Capitaines.	Lefessier Dufay.
	Boullay de la Grullière.
	Boulay Delacroix.
	Tancré Lainé.
Lieutenants.	Romey.
	Tancré Duverdier.
	Maheut.
	Perigaut Lamotte.
Sous-lieutenants.	Maurice.
	Marce.
	Bernier.
	Deslongrais.
Porte-drapeau.	Porcher Deslongchamps.

Au milieu de l'effervescence, l'Assemblée Nationale discutait la déclaration des droits de l'homme ; une seule nuit, celle du 4 août 1789, vit anéantir une féodalité de quatorze siècles.

Le clergé et la noblesse des provinces désavouent leurs députés et protestent contre l'abolition de leurs priviléges. Leur opposition appelle sur eux la vengeance du peuple, qui est prêt encore à courir aux armes.

1ᵉʳ octobre. — L'Assemblée présenta le premier chapitre de la Constitution , intitulé *des droits de l'homme*, à la sanction du roi. A cette occasion, il y eut un banquet offert par les garde du corps à la garde nationale et aux gendarmes de Flandre. Cette fête dégénéra en orgie; la cocarde nationale fut foulée aux pieds. Le roi et la reine, qui avaient paru, furent accusés d'avoir provoqué et approuvé cette action. Le 5 octobre, un attroupement se rend à Versailles pour demander au roi de faire cesser la famine et le prier de se rendre à Paris. Il accueillit la députation avec bienveillance. Le lendemain, 6 octobre, la foule veut pénétrer dans le château dont la garde nationale défend en vain l'entrée. Quelques misérables pénètrent dans les appartements de la reine. C'en était fait de cette princesse sans le cri d'alarme d'un garde du corps qui se sacrifie pour la soustraire aux atteintes de ces furieux.

La municipalité de Paris envoie le lendemain, 7 octobre, une députation au roi pour l'engager à venir résider à Paris; il s'y détermine. L'attroupement était aussi parti spontanément, emportant pour trophée les têtes de deux gardes du corps assassinés dans l'attaque du château.

Le même jour 7, l'Assemblée Nationale décrète qu'elle est inséparable de la personne du roi, et que Paris sera désormais le lieu de ses séances. L'exaltation des esprits prend un caractère de violence qui nécessite de décréter la loi martiale.

L'assemblée, qui venait de détruire l'ancien régime, travaille à reconstruire la société ; dans une déclaration solennelle, elle établit la liberté civile et religieuse, la liberté de la presse, l'égalité devant la loi ; autorise la vente des biens du clergé, déclarés biens nationaux et affectés au paiement des assignats , etc., etc. La noblesse, le clergé, le parlement protestent contre la déclaration de droits de l'homme et tous les autres pas vers l'indépendance.

1790. — L'émigration va croissant. Louis XVI se, rend à l'Assemblée Nationale, promet de maintenir la constitution et de défendre la liberté constitutionnelle. Les esprits flottaient incertains sur sa sincérité. Dans le même temps on conçut l'idée d'une réconciliation entre les partis; à cet effet, on créa une fête patriotique; le jour choisi fut le 14 juillet, anniversaire de la prise de la Bastille. Cette fête reçut le nom de fédération. Cent mille députés de toutes les fédérations du royaume vinrent au Champ-de-Mars. La ville d'Argentan fournit son contingent; on voit, aux archives de cette ville, une délibération du 25 août 1790, qui accorde la somme de cent livres au sieur Seguin, voiturier, pour avoir transporté les armes et bagages de MM. les députés d'Argentan à la confédération générale.

L'Assemblée Nationale, les députations de la France, des armées de terre et de mer et la famille royale se rendirent au Champ-de-Mars. La pluie avait cessé; le soleil venait éclairer une des scènes les plus imposantes qui se puissent présenter dans les annales des peuples. M. de Lafayette, l'épée à la main, monte sur l'autel de la patrie et prête le serment de fidélité au pacte fédératif. Quarante coups de canon annoncent ce serment solennel, qui fut bientôt répété par le président de l'assemblée, chaque député et par le roi. L'enthousiasme ne fut pas universel; la cour abandonna les confédérés à la malignité de ses écrivains. Son mépris occasionna bien des vengeances.

L'Assemblée Nationale reprit ses travaux. Le 5 août elle décréta l'institution des justices de paix, si necessaire et si faussée de nos jours. Des décrets précédents avaient exigé l'envoi de l'argenterie des comunautés et fabriques aux hôtels de la monnaie; elle avait autorisé les dons patriotiques. La lecture de ces décrets et leur mise à exécution, à Argentan, avait eu lieu. La municipalité n'était pas en mesure de faire elle-même des sacrifices, elle avait plutôt besoin de secours. En effet, nous

voyons dans un compte-rendu par le procureur de la commune d'Argentan , du 9 octobre 1790 , que les revenus de la municipalité étaient de onze cent dix-neuf livres onze sous ,
ci. . . . . 1,119 l. 11 s.

La dépense , non compris le traitement du secrétaire et du commis , de deux mille six cent trente-sept francs dix sous , ci. 2,637   10

Il existait donc un déficit de. . . . . . 1,517 l. 19 s.

Si l'on y ajoute mille francs pour le traitement du secrétaire et du commis 1,000

Le déficit est de. . . . . 2,617 l. 19 s.

On demande à messieurs du directoire les moyens de combler ce déficit. On voit encore, dans les archives de la ville d'Argentan, un rapport bien intéressant du procureur de la commune, daté du 11 novembre 1790 , sur les intérêts de localité, les acquisitions d'utilité et d'embellissement pour la ville et les changements à opérer, sur le transfert de la mairie dans la maison du domaine alors occupée par le sieur Rousset. receveur de Monsieur, frère du roi ; la réduction du jardin pour agrandir le marché et bâtir des échoppes ; la nécessité de reprendre les terrains bâtis ou en jardin, usurpés sur les fossés des anciennes fortifications ; de vendre les pâtures communes ; d'établir des foires et marchés aux bestiaux ; d'agrandir le Champ-de-Foire, en détruisant la forteresse; d'avoir une caserne et des troupes, la ville d'Argentan n'étant qu'à trois jours des côtes de la Manche. On proposait, à cet effet, d'acquérir la maison des dominicains ; on proposait aussi de faire curer l'Orne et de solliciter l'exécution du projet de la rendre navigable ; de réunir les deux hospices en un seul ; de réunir les quatre paroisses en une seule et d'annexer à la cure de la ville les communes de Cuigny, Moulins, partie en deçà de la rivière, Septvigny, Crennes, Urou, Say, Juvigni, Sarceaux et Fontenay; douze vicaires et six suppléants désserviraient indistinctement la ville et les campagnes. On proposait encore l'ouverture et agrandissement de la rue du Vicomte, interceptée par les fortifications élevées sous Henri Ier ; de reprendre le terrain occupé par la tour Hauteville avant sa démolition, et dont les voisins s'étaient emparés gratuitement. Les instructions données dans ce rapport n'ont pas été fidèlement exécutées ou ne l'ont été qu'en partie.

1791. — La municipalité d'Argentan délibéra qu'il serait adressé une demande à messieurs du département, pour solliciter l'ouverture d'une route d'Argentan à Mayenne par Ecouché, Rasnes, La Ferté-Macé, Couterne et Lassay, et d'une route de Lisieux à Falaise, avec embranchement sur Argentan.

La création des assignats, les dons patriotiques n'avaient pas suffi au rétablissement des finances. Neker s'était retiré dès le 27 septembre 1790. On avait exigé des ecclésiastiques le serment civique, en qualite de fonctionnaires civils. Cette exigeance donna lieu à des soulèvements et à des massacres inutiles. La cour de Rome défendit aux ecclésiastiques de prêter le serment demandé, et défendit toute communication spirituelle avec les prêtres assermentés et les intrus. Les personnes qui ne voulurent pas reconnaître la nouvelle église furent, dans quelques endroits, conduites à l'office sur un âne, la tête tournée vers la queue. Il y a peu d'années que les personnes qui ont été conduites dans cet équipage à Argentan sont décédées.

Le 12 janvier 1791, le procureur de la commune d'Argentan requit la lecture de cette loi relative au serment des ecclésiastiques, et son exécution dans la localité.

Le même jour, on procéda à la formation du bureau de paix, créé par le décret du 16 août 1790.

Le 21 janvier 1791 , MM. Prouverre Lapommerie, curé de Collandon , et Lesage , curé de Mauvaisville , déclarent qu'ils sont prêts à prêter le serment dans les termes suivants :

» Je fais serment de veiller avec soin sur les fidèles de la
» paroisse qui m'est confiée ; d'être fidèle à la nation , à la loi
» et au roi ; de maintenir, de tout mon pouvoir , la constitution
» decrétée par l'Assemblée Nationale, acceptée et sanctionnée
» par le roi , en tout ce qui n'intéresse ni le dogme , ni la
» puissance essentielle de l'église. »

Au même instant , MM. Dubrac, curé d'Argentan ; Maurice, Desval , Samson , vicaires d'Argentan, et Papillon , chapelain de Saint-Thomas , donnent leur adhésion à cette formule de serment.

La municipalité refuse de recevoir le serment dans les termes proposés , attendu qu'ils sont en dehors des termes sacramentels de la loi , et nomme deux commissaires, MM. Levon et Bernier, pour recevoir le serment des prêtres dans les campagnes.

Les prêtres non assermentés furent appelés en surveillance au chef-lieu, ou d'abord ils ne furent tenus que de répondre aux appels de chaque jour , puis renfermés comme des criminels ou exposés à être massacrés par la populace. On cite le capucin Valframbert, qui fut traîné par les pieds du troisième étage au rez-de-chaussée , ou il fut achevé ; l'abbé Samson, qui reçut un coup de sabres sur le bras , sous le portail de l'église Saint-Germain d'Argentan ; l'abbé Saint-Martin qui fut assassiné au pont Écrépin , un jour de marché, sous les yeux de la population assemblée.

Les travaux de l'Assemblée Nationale touchaient à leur terme ; elle devait se séparer après la proclamation de la constitution.

Le peu de confiance réciproque, entre le peuple et le sou-

verain , déterminèrent le dernier à prendre la fuite. Il fut
arrêté à Varennes et reconduit à Paris. Le silence de la population lui révélait un avenir effrayant. Le mot de déchéance
est prononcé ; des attroupements se forment pour appuyer
l'exécution de cette motion ; la loi martiale est proclamée et
la force les dissipe. Plus de cent hommes restèrent sur la place
à la première décharge d'artillerie.

Le 23 juin 1791, la municipalité d'Argentan délibéra qu'il
serait fait recherche des poudres existant dans la ville, pour
les déposer à la mairie, enjoignant à la garde nationale
d'arrêter tous émigrants, de se tenir prête à agir pour le
maintien de l'ordre public et la défense de la patrie ; qu'il
serait ordonné au sieur Millet de ne donner des chevaux à
qui que ce soit sans un écrit de l'officier municipal.

Le 14 juillet 1791 , la population d'Argentan , le clergé et la
garde nationale se transportèrent sur la place Mahé , où était
construit l'autel de la patrie , une face tournée vers la rue Pas-
de-Gaux , l'autre vers le Cours : elle était élevée de neuf mètres.
Le clergé monte à l'autel ; M. le curé et M. Chrétien , vicaire ,
célébrèrent la messe en face l'un de l'autre. Toutes les personnes présentes prêtèrent serment. M. le curé , tourné vers le
peuple , lui adressa un discours. M. Bouffey , vice-président
du directoire , lui succéda et fit également une allocution au
peuple ; il la reproduisit de l'autre côté, et le défilé commença.

Le 3 septembre 1791 , Thouret , président de l'Assemblée
Nationale, présenta au roi , pour l'accepter, l'acte de la constitution. Le 13 , le roi se rendit à l'Assemblée et donna son
adhésion.

Le lendemain , un décret de l'Assemblée ordonna que la constitution serait solennellement proclamée à Paris et dans les départements. Le 18 septembre , la proclamation fut lue au
Champ-de-Mars. Bailly , maire de Paris , dans une allocution

prononcée du haut de l'autel de la patrie, déclara que l'Assemblée Constituante en remettait le dépôt à la fidélité du roi et des juges, à la vigilance des pères de famille, des épouses et mères, à l'affection des jeunes citoyens et au courage de tous les Français.

Ces paroles furent suivies de réjouissances. L'Assemblée Nationale, dite Constituante, termina ses séances le 30 septembre 1791.

De nouvelles élections eurent lieu pour l'Assemblée Nationale législative, qui ouvrit ses séances le 1er octobre 1791. Ces élections furent opérées sous l'influence de l'insurrection de St-Domingue, qui venait de prendre un caractère atroce, et au moment où la Vendée royaliste et fanatique commençait à devenir menaçante.

A peine l'Assemblée législative fut-elle constituée, qu'elle parut hostile au pouvoir. Louis xvi voulut résister, en opposant son veto à quelques actes de l'Assemblée ; mais les moyens de le faire respecter lui manquaient.

1792. — La fermentation allait croissant et s'était manifestée par des massacres dans différentes villes.

On commençait à manquer de numéraire à Argentan. Le 20 janvier 1792, la municipalité de cette ville décida qu'il serait fait émission de billets de confiance de 10 sols et de 5 sols, jusqu'à concurrence de 24,000 francs ; que ces billets seraient signés Matrot et Tocville, et au dos Feval.

En butte à l'inimitié et aux soupçons de l'Assemblée, Louis xvi prit ses ministres parmi les Girondins. On l'accusa d'entraver ses ministres et de favoriser les émigrés de Coblentz ; on lui retira sa garde constitutionnelle ; on décréta la formation d'un camp de vingt mille hommes sous Paris. Pétion remplaça Bailly, maire de Paris et ancien président de la Constituante.

La conduite de l'Autriche nécessite une déclaration de guerre.

Le 11 juillet 1792, les Prussiens franchissent les frontières, qu'ils trouvent dégarnies. Le duc de Brunswick lance son manifeste, par lequel il déclare qu'il vient *châtier les rebelles, rétablir l'antique monarchie, et que la ville coupable (Paris) sera passée par les armes ; qu'il y fera passer la charrue et la couvrira de sel, si tout entière elle ne se jette aux genoux de son maître, de son roi.* Au milieu de ces embarras, le roi renvoie ses ministres. Il se forme des rassemblements; on veut forcer les Tuileries. Le 10 août, tout était prêt pour l'attaque du château. Rœderer ayant reconnu la faiblesse de la défense, engagea le roi à se rendre au sein du corps législatif. Le roi, suivi de toute sa famille, abandonna, pour ne plus y rentrer, l'asile de ses aïeux. Le trajet fut pénible. Arrivé dans la salle des séances, Louis XVI se place à côté du président et dit : « *Messieurs, je viens ici* » *pour éviter un grand crime. Je me croirai toujours en sûreté au* » *milieu des représentants de la nation. J'y resterai jusqu'à ce que* » *le calme soit rétabli.* »

Vergniaud, qui présidait, répondit que les membres de l'Assemblée seraient toujours fidèles à leur serment.

Un décret suspend le roi de ses fonctions et ordonne qu'il restera, ainsi que sa famille, dans l'enceinte du corps législatif, jusqu'à ce que le calme soit rétabli dans Paris.

La patrie avait été déclarée en danger par le corps législatif. Dans toutes les villes de France on avait pris les mesures ordonnées par la loi du 8 juillet 1792.

A Argentan, la municipalité déclara:

1° Le conseil en surveillance permanente ;

2° Les citoyens en état de porter les armes en état d'activité permanente ;

5° Que tous les citoyens seraient tenus de porter la cocarde nationale ;

4° Qu'il serait fait défense à tous les citoyens de sortir sans lumière après l'heure de la retraite, et ordonna d'arrêter tous contrevenants. Le 17 août, de nombreux rassemblements se forment à Paris et demandent le jugement de Louis XVI. La loi martiale est proclamée; la force brutale dissipe les attroupements.

2 septembre 1792.— « Aux armes, citoyens! aux armes! l'en» nemi est à nos portes. Verdun, qui l'arrête, ne peut tenir
» plus de huit jours. Qu'une armée de soixante mille hommes
» se forme pour marcher à son secours, tomber sous les coups
» de l'ennemi ou l'exterminer. »

Telle est la proclamation affichée sur les murs de la capitale. Le drapeau noir flotte sur les tours Notre-Dame; partout on répète : aux armes ! l'ennemi s'avance! Verdun est pris!... Tout à coup paraît Maillard, suivi d'une multitude d'ouvriers. Ce n'est pas aux frontières qu'il faut courir, dit-il, c'est aux prisons que sont nos ennemis ! On le suit ; le massacre dura deux jours. La terreur était organisée; les assassinats de septembre la complètent. Un tribunal extraordinaire est institué. Les provinces agissaient à l'instar de Paris.

L'Assemblée législative termina ses séances le 21 septembre 1792. La Convention, se trouvant constituée, ouvrit aussitôt les siennes. Par un de ses premiers décrets, elle condamne tous les prêtres insermentés à quitter le sol natal, sous les peines les plus graves ; déclare leur succession ouverte au profit de leurs héritiers. On se souvient, à Argentan, de l'abbé Herembert, curé de Vaux-Lebardout, propriétaire des maisons, rue de l'Horloge et du Marché, des prairies du Paty et de la terre de Barges.

Pour se conformer à ce décret, les prêtres non assermentés durent, à travers mille dangers, gagner la frontière. Quelques uns, parmi lesquels se trouvait le curé de la Barroche-Lucé, sous Domfront, furent assommés à Gacé (Orne), jetés dans les fossés fangeux du château, respirant encore ; préalablement ils avaient été dévalisés en faveur des assommeurs.

La Convention abolit la royauté en France et proclama la République, dont l'ère a commencé le 21 septembre 1792. Une commission de vingt-quatre membres fut nommée pour instruire le procès de Louis xvi. Dufriche Valasé, député de l'Orne, fit le premier rapport, le 6 novembre 1792. La Convention ordonna l'impression.

Sur les instances de l'émigration et à sa voix, l'Europe en armes envahit nos frontières. A la voix de la patrie, quatorze armées françaises marchent à sa rencontre. Cent bataillons de Normands intrépides et fiers sont à l'avant-garde, portent la terreur et l'épouvante dans les masses étrangères et placent leur drapeau sur la tente des rois.

La Convention est à peine réunie que la division éclate dans son sein ; elle s'occupe de se décimer. Le parti de la Montagne ne recule devant aucun excès ; il parvient à dominer ses antagonistes. Enfin on s'occupe du roi. Le 3 décembre 1792 parut le décret ainsi conçu : *La Convention Nationale déclare que Louis xvi sera jugé par elle.*

Le jour fixé pour entendre l'acte d'accusation, Barrere occupe le fauteuil. Les tribunes sont envahies par la multitude. Un député demande la parole ; c'est Legendre : « *Je demande*, » dit-il, *que l'interrogatoire ne soit interrompu* par aucun mur- » mure, aucun cri ; il faut que le silence des tombeaux effraie le » coupable. » Barrere réclame de même le silence, précurseur, dit-il, du jugement des rois par les nations.

Comme il achevait, paraît Louis xvi. Le désordre de ses vêtements, sa barbe négligée depuis plusieurs jours excitent la stupeur. On lui indique un fauteuil ; il salue l'assemblée et va s'asseoir.

« Louis, dit Barrere, la nation vous accuse. La Convention

» a décrété que vous seriez aujourd'hui traduit à sa barre.
» Vous allez entendre la lecture de l'acte énonciatif des faits
» qui vous sont imputés ; vous pouvez vous asseoir. »

Un secrétaire donne lecture de l'acte d'accusation. Barrere
récapitule chaque grief et interpelle l'accusé de répondre.
L'examen des pièces dura jusqu'à cinq heures. La séance fut
levée et le roi reconduit au Temple. La discussion avait été
fixée au 26 décembre. Ce jour, de Fermont présidait l'assemblée.

« Louis, dit-il, la Convention a décrété que vous seriez en-
» tendu définitivement aujourd'hui. »

« Mon conseil, répondit le roi, va vous lire ma défense. »
Desèze prit la parole ; le roi parla après lui.

« Avez-vous quelque chose à ajouter ? demanda le président. »
« Non, répondit le roi. » Vous pouvez vous retirer.

On le reconduisit au Temple.

Après les débats les plus violents, la Convention décrète :

« Que la discussion est ouverte sur le jugement de Louis
» Capet ;

« Et qu'elle sera continuée, toute affaire cessante, jusqu'à la
» prononciation du jugement. »

Les appels nominaux eurent lieu les 17, 18 et 19 janvier 1793.

NOMS DES DÉPUTÉS DE L'ORNE. LEURS VOTES.

		Sur l'appel au peuple.	Sur le sursis.
Dufriche Valasé,	la mort.	Non.	Non.
Bertrand Lahosdinière,	la mort.	Non.	Non.
Degrouas,	la mort.	Non.	Non.
Julien Dubois,	la mort.	Non.	Non.
Colombel,	la mort.	Non.	Non.
Plé Beaupré,	la mort.	Oui.	Oui.

Duboé,	la mort.	Oui.	Oui.
Dugué Dassé,	bannissement.	Oui.	Oui.
Fourney,	récl. dép.	Oui.	Oui.
Thomas,	la mort.	»	Oui.

Voici le résultat du dépouillement des votes :

Nombre des votants,	721	
Majorité absolue,	361	
Pour les fers,	2	
Pour le bannissement,	286	
Pour la mort avec sursis,	46	360
Pour la mort avec discussion sur l'utilité publique d'un sursis,	26	
Pour la mort sans phrase,		361.

DÉCRET DE LA CONVENTION DU 19 JANVIER 1793.

Article premier.

La Convention Nationale déclare Louis Capet, dernier roi des Français, coupable de conspiration contre la liberté de la nation et d'attentat contre la sûreté générale de l'État.

Article 2.

La Convention Nationale déclare que Louis Capet subira la peine de mort.

PROCLAMATION DU CONSEIL EXÉCUTIF DU 20 JANVIER.

1° L'exécution du jugement de Louis Capet se fera demain lundi 21 ;

2° Le lieu de l'exécution sera la place de la Révolution, ci-devant Louis xv.

Jacques Roux, l'un des commissaires, fit un rapport sur l'exécution, et Santerre ajouta : « Je n'ai qu'à me louer de la » forée armée, qui a été on ne plus obéissante; Louis Capet a voulu parler de commisération au peuple, je l'en ai empêché.

CHAPITRE XXIII.

ERE CHRÉTIENNE.

1793 — 1815.

> Ouvre, Dieu des enfers, tes avides manoirs!
> Que de morts vont descendre à tes rivages noirs!
> Caron, pour le passage, agrandis ta nacelle,
> Et toi, pâle Erinnys, repais ta faim cruelle!

SOMMAIRE.—République française.—Levée de 300,000 hommes.—Affaire du 14 mars à Argentan. — Massacres. — Violation du secret des lettres à Argentan.—Belle conduite d'un détachement de la garde nationale contre les insurgés de Maine-et-Loir. — Rédaction de la liste des suspects à Argentan. — Fin du régime de la Terreur. — Mort héroïque des Montagnards échappés à l'échafaud. — Contre-révolution.— Bandes du midi. — Directoire. — Mort de Babœuf. — Bonaparte en Italie.—Royalistes dans l'ouest. —Leurs opérations dans l'Orne. — Expédition d'Egypte. — 18 brumaire. — Nomination des consuls. — Marengo. — Conspiration.— Condamnation des conspirateurs. — Mort du duc d'Enghien. — Napoléon empereur. — Les Français à Berlin. — Batailles. — Paix de Tilsitt. — Les Français en Portugal. — Vol de la diligence au bois de Quesnay. — Les Français en Espagne. — Napoléon épouse Marie-Louise. — Naissance du roi de Rome. — Guerre et désastre de Russie. — Invasion étrangère. — Louis XVIII sur le trône. — Les Cent-Jours.

1795, 25 janvier. — Suppression, à Argentan, des maîtrises. Le même jour, décision de la municipalité pour inscrire à l'angle des rues le nom de chacune d'elles, avec le numéro des maisons.

La Vendée s'insurgea. La Convention, qui ne trouvait de salut que dans l'audace, déclara la guerre à la Hollande et à l'Angleterre. Elle décréta une levée de 300,000 hommes.

La ville d'Argentan devait fournir une compagnie de cinquante hommes. Une proclamation fut affichée et un registre fut ouvert, jusqu'au 14 mars, dans l'ancienne église des Capucins, pour recevoir les enrôlements volontaires; mais une horrible collision s'engagea entre les jeunes gens aristocrates et les prétendus patriotes. Les derniers étaient inférieurs en nombre et allaient succomber; un des officiers municipaux va chercher du secours à Ecouché. Bientôt la chance tourne; la lutte devient sanglante. Barbot Terceville, l'un des chefs des insurgés, est égorgé; sa tête, séparée du tronc, est mise au bout d'une pique et promenée dans la ville. Le nommé Michel Huquet, de la commune de la Ferrière, arrivant à Argentan, paraît effrayé d'un pareil trophée ou plutôt témoigne de la compassion pour la victime. Il n'en faut pas davantage pour exciter les assassins; il tombe sous leurs coups. Les arrestations suivirent le carnage. On se souvient encore, à Argentan, du malheureux Lacroix, domestique dans la maison Caulaincourt.

Le 17 mars, deux commissaires sont désignés pour aller à la poste, à l'arrivée des courriers à Argentan, avec autorisation de violer le secret des lettres et d'apporter à la mairie celles qui leur paraîtront suspectes.

Marat, l'un des chefs de la Montagne, venait d'être assassiné par Marie-Anne-Charlotte Corday, ci-devant Darmont. Des commissaires sont nommés pour vérifier chez Corday, son père, qui habitait la commune d'Argentan, s'il ne s'y trouve pas de correspondance criminelle indiquant un complot arrêté. Du reste, le coup fut inutile; Charlotte le paya de sa vie. L'armée française marchait de succès en succès. Dumourier changea de parti, se fit battre à Nerwinde et il se joignit aux ennemis. Il est aussitôt déclaré traître à la patrie. La Convention envoya les commissaires Camus, Quinette, Lamarque, Bancal, pour examiner sa conduite. Dumourier les livra aux Autrichiens ; lui-même passa dans le camp ennemi avec deux officiers supérieurs, les seuls qu'il put entraîner avec lui.

Le 10 mai 1793, Boulay-Lacroix, qui commandait le détachement de gardes nationaux d'Argentan, envoyé à Angers contre les insurgés de Maine-et-Loir, présente à la municipalité le certificat du général Menou, témoignant de la belle conduite de ce détachement. Il résulte du rapport de Boulay que, le 11 avril, à l'affaire de Chemillé, deux de ses hommes avaient été tués, Bonvou et Lavallée.

Au mois de mai 1793, la Convention envoya à Argentan quatre commissaires : MM. Lesage, d'Eure-et-Loir; Mariette, de la Seine-Inférieure ; Duval, de Rouen, et Plé Beaupré, de l'Orne, pour y suivre les traces d'une conspiration que l'on croyait ourdie par le duc d'Orléans, et rechercher la part qu'il aurait pu prendre aux troubles qui divisent les départements de la Vendée.

Plusieurs villes cherchèrent à secouer le joug ; elles furent mitraillées et décimées. Toulon avait ouvert ses portes aux Anglais : ils en furent bientôt chassés.

Le 20 juin 1793, le conseil général de l'Orne arrête que des lettres seraient envoyées aux administrations de district pour les engager à se réunir au chef-lieu pour conférer sur les moyens de préserver le département de l'invasion des rebelles de la Vendée et de la disette, que l'on attribue à la loi du 4 mai 1793, qui fixe le *maximum* du prix des grains et empêche l'approvisionnement des marchés.

Les députés d'Argentan étaient MM. Lainé, pour l'administration du district ; Belzais Courmenil, maire pour la commune Delange, pour le tribunal du district; Goupil Prefelne fils, pour la société populaire.

L'assemblée décida 1° que copie des procès-verbaux des séances seraient adressée au ministre de l'intérieur, qui sera prié de faire cesser la disette des subsistances dans l'Orne ;

2° Qu'il sera demandé au ministre vingt mille quintaux de blé pour mettre le département de l'Orne à même d'attendre le bienfait du rapport de la loi du 4 mai.

La loi des suspects fut promulguée et mise à exécution, à Argentan, le 30 août 1793. La liste des personnes suspectées d'aristocratie et d'incivisme fut rédigée, et elles furent arrêtées par catégories. Les tribunaux révolutionnaires prirent la place des tribunaux criminels ; des milliers d'individus de tout sexe et de tout âge tombèrent sous la hache des bourreaux. Marie-Antoinette, Bailli, le duc d'Orléans furent au rang des victimes. La Montagne dominait ; elle voulut écarter de l'assemblée les hommes droits et modérés. Les Girondins furent condamnés par ce sanglant tribunal. Plusieurs étaient parvenus à se sauver ; mais, le 31 octobre 1793, vingt et un d'entre eux, à onze heures du matin, étaient sur l'échafaud, et, trente minutes après, vingt et un des juges du roi de France avaient comparu devant leur juge éternel. Le parti de la Montagne se divisa, et la guillotine anéantit enfin ses pourvoyeurs. Avec Robespierre finit le régime de la terreur. Six d'entre eux avaient survécu ; ils furent traduits devant une commission militaire, qui les condamna à mort (c'étaient Goujeon, Bourbotte, Romme, Duroy, Duquesnoy et Soubrany). Ces fanatiques se poignardèrent et moururent en héros.

Pendant que les factions s'agitaient à Paris et dans les départements, Carnot avait organisé la victoire : Jourdan, Hoche, Perignon et Moncey l'avaient attelée à leur char. Les Anglais, déjoués dans leurs projets par la paix ou la victoire, suscitèrent une réaction contre-révolutionnaire plus sanglante que la terreur. Dans le midi, des bandes d'assassins royalistes, connus sous le nom de Compagnie de Jesus et Compagnie du Soleil, commirent des atrocités inouïes. Des émigrés, sous les ordres de M. de Sombreuil, débarquent à Quiberon: ils sont impitoyablement massacrés. L'insurrection s'organise contre la Convention ; le général Menou marche contre les insurgés. Ce général parlementa avec eux; il fut destitué et remplacé par Barras, qui obtint Bonaparte pour second. Ce dernier fit mitrailler les sections insurgées.

26 octobre 1795.—Le gouvernement fut confié au Directoire, composé de cinq membres. Sa conduite fut sage et ferme ; l'ordre se rétablit. Bonaparte fut nommé général en chef de l'armée d'Italie ; Jourdan commandait l'armée de Sambre-et-Meuse; Moreau était à la tête de l'armée du Rhin, à la place de Pichegru, dont la trahison avait occasionné quelques embarras. Hoche reçut le commandement des côtes de l'Océan et la mission de pacifier la Vendée, ce qu'il fit promptement. 1796. Babœuf, chef du parti démocratique, tenta de ressaisir le pouvoir. Ils échouèrent et périrent en hommes convaincus de la justice de leur cause. Bonaparte avait soumis l'Italie. La coalition étrangère se dissolvait par la force des choses et les victoires de nos troupes, lorsque les élections de 1797, en introduisant des royalistes dans la législation, vinrent ranimer leur espoir. Ils voulaient renverser le Directoire ; le Directoire triompha; sa puissance s'en accrut et parvint au plus haut degré. Le traité de Campo-Formio et le congrès de Rastadt complétèrent la paix avec l'Autriche et l'Empire; l'Angleterre seule continuait la guerre.

Quelques royalistes s'agitaient encore dans l'ouest. Le vicomte de Williamson, le baron de Commarque, le chevalier Billard opéraient dans l'Orne et le Calvados. On raconte que s'étant réunis à l'Anglaincherie, ils se dirigèrent vers l'habitation de M. Legoux, acquéreur de la propriété nationale de Pont-Valin;

qu'ils le rencontrèrent et le forcèrent à marcher avec eux; qu'ils enlevèrent de même M. Lebeneux, acquéreur de la propriété de Saint-Aubin, et les gardèrent comme ôtages, les menaçant de mort s'ils étaient poursuivis. Ils furent prendre du repos à la ferme de la Basse-Cour du jardin, après avoir mis leurs ôtages en sûreté. Le bruit de cet enlèvement fut bientôt répandu ; la générale fut battue ; des troupes de Caen, les gardes mobiles d'Argentan et Falaise se mirent à la poursuite des royalistes ; ceux-ci rançonnèrent leurs ôtages et les mirent en liberté. Ils se retirèrent vers le télégraphe de Giel. Trois individus, poussés en reconnaissance, tombèrent dans leurs mains ; c'étaient Leneveu, Cordier et Houdelière ; ils furent fusillés. Les royalistes, battant toujours en retraite, passèrent l'Orne au gué de la Folie, se dirigeant sur les bois de Mesnil-Jean, d'où ils virent consumer le château du Jardin, auquel la garde mobile de Falaise avait mis le feu. Ces bandes quittèrent l'Orne et se retirèrent dans la Mayenne.

Bonaparte, dont le Directoire devinait l'ambition, proposa l'expédition d'Egypte, qui lui fut confiée, pour s'en débarrasser. La seconde coalition se formait contre la république française ; la guerre reprit avec des succès variés. Instruit des événements d'Europe, Bonaparte revint en France, fit chasser, par ses grenadiers, le conseil des Cinq-Cents, réuni dans l'Orangerie de Saint-Cloud. Le bruit des tambours couvre la voix des législateurs en voyage, et le 19 brumaire an VIII (10 novembre 1799) est témoin de l'usurpation du nouveau César.

Un gouvernement provisoire fit préparer et publier la constitution de l'an VIII. Une nouvelle organisation remet le pouvoir aux mains de trois consuls : Bonaparte est le premier, les deux autres lui obéissent. Cette organisation comporte un corps législatif, un tribunat et un sénat conservateur. Bonaparte reprend le commandement de l'armée d'Italie. Les Autrichiens

sont écrasés à Marengo. Les royalistes, trompés dans leurs espérances, veulent assassiner le premier consul. L'explosion de
la machine infernale fut leur premier exploit ; les tribunaux en
firent justice. Une troisième coalition, une conspiration où figu-
raient Georges Cadoudal, Pichegru et Moreau, se formaient
en même temps. La conspiration échoua ; Moreau fut banni ;
Pichegru fut étranglé dans sa prison par un gendarme qui, depuis, devint officier supérieur et mourut en Russie. Georges
fut exécuté. Bonaparte fit enlever, au château Detenheim (duché
de Bade), le duc d'Enghien, accusé d'avoir dirigé le complot,
et le fit fusiller dans les fossés de Vincennes. Enfin, sur le suffrage de 3,572,529 contre 2,569 votes négatif, Bonaparte se fit
décerner le titre d'empereur héréditaire le 2 floréal an XII. Fils
de la liberté, Napoléon étouffa sa mère, marcha de victoires en
victoires. L'Italie, Gênes sont annexées à l'empire. Les batailles
d'Ulm, d'Austerlitz, amenèrent la paix de Presbourg. La bataille d'Erfurth anéanti la Prusse. Berlin ouvre ses portes à l'armée française.

1807.—Les sanglantes batailles d'Eyleau, livrée le 8 février ;
d'Ostrolenka, de Braunsberg, la prise de Dantzik et la bataille
de Friedland amènent la paix de Tilsitt. Alexandre reconnaît
Joseph, Louis et Jérôme, comme rois de Naples, de Hollande
et de Westphalie ; il reconnaît aussi la confédération du Rhin.
L'Angleterre tenait toujours ; l'empereur voulut détruire sa
puissance dans le Portugal. Le 30 novembre 1807, les troupes
françaises, sous les ordres de Junot, occupent Lisbonne. Le
prince Jean, qui n'avait fait aucune résistance, s'embarqua
pour le Brésil, et la déchéance de la maison de Bragance fut dé-
crétée en ces termes : *La maison de Bragance a cessé de régner
en Europe.*

1807.—La lutte de l'ouest contre la révolution était terminée,
M. Défrotté était tombé le dernier, en Normandie, dans les fos-

sés de Verneuil. Les assassinats sur les grandes routes n'étaient plus que le dernier coup du royalisme expirant. Nous retrouvons dans nos environs quelques uns de ces événements partiels et isolés.

Vers 1805, la diligence Michel, partant d'Evreux, fut dévalisée à quelque distance de cette ville. Le nommé *Lechevalier (Armand-Victor)*, dont le père possédait une propriété à St-Arnould-sous-Exmes (Orne), se trouvait au nombre des accusés ; il se déclara complice et voulut mourir avec ses amis. Cependant il fut acquitté. Deux ans après, le 7 juin 1807, sur la route de Falaise à Caen, dans le bois de *Quesnay*, deux kilomètres de Langannerie, une diligence chargée de 65,000 fr. de fonds publics, recette d'Alençon et d'Argentan, fut arrêtée. Les malfaiteurs jetèrent bas un des gendarmes et s'emparèrent de l'argent. La gendarmerie se mit bientôt en campagne ; un déserteur qui avait pris part à l'action les mit sur les traces des auteurs de ce crime ; ils furent arrêtés. Madame Decombray et Madame Acquet, sa fille, furent accusées d'avoir pris part à cette action et de l'avoir favorisée; on fut jusqu'à dire que madame Acquet, vêtue en homme, assistait à l'arrestation de la voiture. *Lechevalier* fut encore accusé d'être de la partie. Sur trente-deux prévenus, vingt-cinq étaient aux mains de la justice. L'instruction se faisait à Caen. Après cinq mois, la justice impériale jugea nécessaire de la faire continuer à Rouen, pour soustraire les accusés à la décision de leur jury naturel, duquel ils auraient pu espérer de l'indulgence.

Le procès de Lechevalier était conduit à part ; traduit devant une commission militaire, présidée par le général Hullin, il fut fusillé le 10 janvier 1808.

Un an après cette première exécution, 15 décembre 1808, les vingt-trois prévenus restant étaient traduits devant la cour de justice criminelle spéciale de Rouen ; dix furent condamnés à mort, quatre furent condamnés à vingt-deux ans de fers et de réclusion ; huit avaient pu se soustraire à l'action de la justice.

L'exécution de la dame Acquet fut sursise, parce qu'elle s'était déclarée enceinte ; les autres subirent leur jugement le même jour.

Les deux petites filles de madame Acquet, avec leur tante, se mirent en route pour l'Allemagne ; et au moment où Napoléon rentrait à Schœnbrunn, après avoir visité le champ de bataille de Wagram, il aperçut dans la cour, où elles avaient été introduites par un aide-de-camp, les deux enfants et leur tante vêtus de deuil. Il pensa que c'était la veuve et les enfants d'un officier mort dans la bataille ; il s'approcha d'eux avec bonté ; les deux petites filles se jetèrent à ses pieds en lui criant : grâce ! grâce ! Sire, rendez-nous notre mère. L'empereur les releva, lut la pétition, se plaignit vivement de n'avoir pas été prévenu de cette affaire par le duc d'Otrante, et refusa la grace : madame Acquet fut donc exécutée.

Un cordonnier de Donnay, qui avait recélé les 65,000 fr. dans son four, ne reparut dans le pays qu'après la restauration ; seul il avait recueilli cet argent trempé de sang.

1808. —L'invasion du Portugal par les troupes françaises n'était que le prélude de celle d'Espagne et de la déchéance des Bourbons de la péninsule. Pendant la série de victoires remportées dans ce pays, et qui épuisaient le sang français, une cinquième coalition s'était formée.

1809. —Napoléon abandonne la conduite de la guerre en Portugal à ses maréchaux et va combattre les Autrichiens. La victoire de Wagram termine la campagne ; la paix est signée à Vienne le 14 juillet 1809. Ce fut alors que l'empereur crut affermir son trône en s'alliant à la fille d'un empereur d'Allemagne : son mariage avec Joséphine fut dissous.

1810.— Le premier avril , Napoléon épousa Marie-Louise , archiduchesse d'Autriche.

1811.— Naissance du roi de Rome, fils de Napoléon et de Marie-Louise. A cette occasion le gouvernement impérial conçut l'idée de rajeunir la cérémonie de Salency; il voulut que la ville d'Argentan eût , ainsi que Surêne , ses rosières ; il autorisa donc le conseil municipal à disposer d'une somme de 1,200 fr. en faveur de deux jeunes filles de la ville , sages et vertueuses, qui épouseraient d'anciens militaires; et, au lieu d'une fleur qui ne suffisait plus au XIXᵉ siècle pour payer dix-huit printemps de sagesse , la rosière devait ajouter à sa couronne virginale une bourse de soie verte qui renfermait le prix de sa vertu. Grand fut le nombre des prétendantes. Les électeurs étaient difficiles et sévères , car ils prétendaient que , malgré leurs recherches, ils n'avaient pu rencontrer qu'une seule personne digne de rerecevoir la rose. Cette décision surprit tout le monde ; personne ne voulut croire que parmi les prétendantes , toutes , une seule exceptée , fussent de contrebande. *Watever is , is right.* La curiosité fut vivement excitée ; mais autant on mettait d'empressement à connaître l'avis du juge, autant celui-ci mettait de soin à cacher sa décision. Enfin , après un grand préambule , monsieur le maire proclama le nom de Marie-Louise Gautier ! prête à s'unir au sieur Loisel (René-Nicolas), ancien soldat des armées de la république. Peu de jours après les futurs époux reçurent la bénédiction nuptiale dans l'église St-Germain d'Argentan.

Un nouvel orage grondait dans le Nord ; Alexandre avait renoué ses relations avec l'Angleterre et s'apprêtait à rompre avec la France.

1812.— Napoléon s'avance au cœur de la Russie ; l'Europe succombe sous l'influence de son climat glacé. Napoléon laisse le commandement au roi de Naples et revient à Paris annoncer nos désastres et chercher les moyens de les réparer. Un autre fléau menace la France; la disette se fait sentir; partout on prit des mesures pour la prévenir. A Argentan, on proposa un emprunt sur les classes aisées de la société : elles refusèrent.

1813.—Napoléon obtint du sénat des hommes, de l'argent et des chevaux; plusieurs villes s'imposèrent volontairement. Argentan offrit trois cavaliers montes et équipés ; un habitant, le sieur Blanche, offrit de servir de sa personne et un cavalier, tous deux montés et équipés à ses frais. Cependant le prestige était détruit : une sixième coalition s'organise, les alliés de l'empereur l'abandonnent; son armée décimée, écrasée, était, le 30 octobre, sur le sol de la patrie que menaçait l'étranger.

De retour à Paris, le 9 novembre, l'Empereur se présente au sénat et obtient une levée de trois cent mille hommes. Il convoque le corps législatif ; ces courtisans du souverain victorieux retrouvent la parole pour résister au souverain malheureux, et facilitent l'invasion étrangère N'ayant plus d'autre appui que ses compagnons d'armes, Bonaparte remet au sort des batailles son dernier espoir ; il fait des prodiges ; mais, trahi de toutes parts, Paris vit les étrangers dans ses murs.

1814.—La branche aînée des Bourbons est appelée au trône. Le comte d'Artois ose le premier mettre le pied sur le sol français. Le conseil municipal d'Argentan et les officiers de la garde urbaine proposent de lui voter une adresse de félicitations comme lieutenant général du royaume.

Louis XVIII ainsi rappelé par les sénateurs impériaux, fit son entrée dans Paris le 3 mai. Le conseil municipal d'Argentan nomma trois députés, MM. Poisson-Grand-Pré, Chennevière-Pointel et d'Orglande, pour offrir à sa majesté l'hommage de l'amour et du respect des habitants de la ville pour sa personne sacrée.

Les traditions gothiques de l'émigration, les prétentions bizarres des émigrés et du clergé, les tendances du gouvernement au renversement de la Charte, les acquéreurs de biens nationaux menacés dans leur fortune, éloignaient la nation du souverain; le trône chancelait.

1815. —L'esprit public était dans ces dispositions, lorsque l'on apprit le débarquement de l'Empereur. Partout il fut bien accueilli du peuple et de l'armée. Son aigle, sans obstacle, vole de clocher en clocher, jusqu'aux tours Notre-Dame de Paris, où il fit son entrée le 20 mars 1815, et prit possession des Tuilleries que Louis XVIII avait évacuées la veille.

Napoléon, débarqué à Cannes, le 1er mars, avait adressé aussitôt une proclamation au peuple français, de Lyon, où il était entré le 10 avec huit mille hommes et trente pièces de canon. Son armée se multipliait en avançant. Il lance un décret portant dissolution de la chambre des pairs et de celle des communes, et convocation, à Paris, des députés des colléges électoraux des départements en assemblée extraordinaire du champ de mai, pour la modification des constitutions de l'empire. M. Colas-Courval, procureur du roi à Argentan, fut élu député de l'arrondissement pour cette assemblée. L'acte additionnel aux constitutions de l'empire, qui fut présenté à la nation, ne contenait pas une renonciation aux institutions impériales : il occasionna des soupçons. La coalition, sur le point de se dissoudre, se réunit plus que jamais, et un million d'hommes dut, à la fin de juillet, envahir la France. Il faut combattre ! Napoléon est à la tête d'une armée qu'il vient de créer ; elle se compose de cent vingt mille hommes, divisés en trois colonnes. Le 15 juin il entre en Belgique; le 16, avec soixante seize mille hommes, il bat, à Ligny, quatre-vingt-dix mille Prussiens sous les ordres de Blücher. Ney charge impétueusement, aux Quatre-Bras, les Anglais commandés par Wellington, et les fait reculer : trente mille ennemis jonchent le champ de bataille dans ces deux engagements. Le 18, la bataille de Waterloo, où devait expirer la fortune de la France, fut livrée par Napoléon à l'entrée de la forêt de Soignes. L'armée française, trahie de toutes parts, est mise dans une affreuse déroute. L'Empereur vient à Paris; il y rend compte de ce désastre sans exemple. L'ennemi sur ses traces menaçait la capitale. Un effort héroïque pouvait rétablir l'équilibre : Napoléon vaincu fut abandonné : sa déchéance fut prononcée pour la deuxième fois. Enfin, il s'éloigne de Fontainebleau pour aller à Rochefort s'embarquer sur le Bellérophon et se mettre à la merci des Anglais qui l'envoyèrent sous la zone torride (île Sainte-Hélène) expier sa grandeur et vouer à l'exécration de la postérité le nom de ses bourreaux.

CHAPITRE XXIV.

—

ERE CHRÉTIENNE.

—

1815. — 1848.

> Le monde est le théâtre sur lequel les hommes jouent la comédie; les hasards composent la pièce. La fortune distribue les rôles; les riches remplissent les loges; le parterre est pour les misérables ; la folie occupe l'orchestre ; le temps tire le rideau ; les insensés battent des mains pour applaudir, les sages sifflent la pièce quand elle est mal représentée.
>
> (THOMAS.)

> The fox was viceroi nam'd, the crowd
> To the new regent humbly bow'd.
> Wolwes, bears, and migthy tygers bend.
> And strive who most shall condescend.
>
> (GAY'S, FABLES.)

SOMMAIRE. — Gouvernement provisoire. — Retour de Louis XVIII. — Réaction dans le midi. — Chambre des introuvables. — Ney. — Les

Prussiens à Argentan. — Les halles transférées Grande-Rue. — Argentan reprend ses armoiries. — Élections. — Nouveau ministère. — Guerre d'Espagne. — Assassinat du duc de Berri. — Lois rétrogrades. — Troubles. — Naissance du duc de Bordeaux. — Fêtes à Argentan. — Mort de Napoléon. — Nouveau ministère. — Conspirations. — Enseignement mutuel à Argentan. — Vote pour une bibliothèque. — Projet de construction d'une halle et mairie. — Les Français en Espagne. — Élections. — Mort de Louis XVIII. — Charles X. — Lois rétrogrades. — La garde nationale licenciée. — Élections. — Massacres rue St-Denis. — La dauphine à Argentan. — Nouveau ministère. — Les 221. — Ordonnances du 25 juillet. — Révolution. — Charles X à Argentan. — Louis-Philippe Ier. — Établissements, constructions, etc. — Ouverture des rues à Argentan. — Le duc de Nemours à Argentan. — Chemin de fer. — Fin de l'ouvrage.

1815. — Une commission de gouvernement se constitua sous la présidence de Foucher de Nantes. Il favorisa la marche de l'armée prussienne sur Paris. L'ennemi pénétra dans ses murs, le 6 juillet, ayant Louis XVIII à sa suite. A la nouvelle de nos désastres, les citoyens désignés comme Bonapartiste, les mameloucks de la garde, le maréchal Brune, le général Ramel, sont assassinés. Pour résumer tous les crimes à la fois, énonçons la réaction de 1815 dans le midi. Le sang que les poignards ne pouvaient répandre était versé par les tribunaux, les commissions militaires et les cours prévôtales. La chambre de 1815, dite des introuvables, retentit de ces affreuses paroles : du sang ! des bourreaux ! des échafauds ! Les malheureux qui les prononcèrent furent applaudis. La France fut arrosée du plus généreux sang. Ney éclipsait les généraux alliés et les inconnus de l'émigration ; il devait expier sa gloire par une condamnation à mort, au mépris de tous les traités. La chambre des pairs la prononça le 6 décembre à minuit. Elle fut exécutée le 7, vers neuf heures du matin, à quarante pas de la grille du Luxembourg.

Les troupes étrangères sillonnaient la France. Le général Derycsel établit son quartier général à Argentan ; la ville pourvut à toutes ses dépenses.

M. Demolitoo , commandant de place à Argentan , ayant maintenu l'ordre et la discipline parmi les étrangers , reçut de la ville une gratification de quatre cents francs.

Le 5 novembre 1815 , le marché aux grains fut transféré dans la Grande-Rue.

1816. — Le 7 août , la ville d'Argentan demanda l'autorisation de reprendre ses anciennes armoiries. Un aigle aux ailes éployées , avec cette légende : *Jovi mea serviet ales.*

1817, 1818, 1819. — Les élections furent faites dans un sens modéré. Une loi favorable sur la presse fut adoptée ; mais une loi sur le rappel des bannis sans jugement , des troubles dans l'école de droit , des changements à la loi des élections , imaginées par des députés rétrogrades, déterminent les ministres Louis, Dessoles et Gouvion-St-Gyr à résigner leur portefeuille.

1820. — Guerre d'Espagne. Le curé Grégoire , ancien sénateur, est éliminé de la chambre des députés, quoique légalement élu. Le 13 février, le duc de Berri tombe sous le poignard de Louvel. Decase est renversé ; la liberté individuelle et la presse périodique sont suspendues. La loi du double vote passe à la majorité de cinq voix , celles des ministres. Les députés opposants sont insultés ; des rassemblements se forment ; des charges de cavalerie les dispersent.

Naissance du duc de Bordeaux , fils posthume du duc de Berri.

Le 3 août , la ville d'Argentan vota 200 francs pour le monument à élever à la mémoire du duc de Berri , et 300 francs pour la liquidation du domaine de Chambord , offert par la France au prince nouveau né.

1821. — Mort de Napoléon à Sainte-Hélène.

Le côté droit de la chambre se trouvant renforcé par les nou-

velles élections, le ministère Pasquier fit place au ministère de
Villèle, beaucoup plus rétrograde. Une loi restrictive de la liberté de la presse, un budget de neuf cents millions de francs,
furent facilement enlevés à la majorité compacte qui partageait
le gâteau. Plus Louis-XVIII penchait vers la tombe, plus un
gouvernement occulte grandissait en puissance. La société des
carbonari pénétrait d'Italie en France. L'intolérance du clergé,
la part qu'il prenait dans le gouvernement et le budget, occasionnèrent un mécontentement général. Plusieurs conspirations
éclatèrent et furent sévèrement réprimées. Le colonel Carron et
les sergents de La Rochelle périrent victimes de la plus lâche provocation.

1822.— Une école mutuelle était ouverte à Argentan ; les frères de l'école chrétienne prétendirent l'emporter sur la méthode
de Lancastre; ils eurent quelques chances de succès, mais elles
ne tardèrent pas à s'évanouir.

Un membre du conseil municipal proposa l'établissement
d'une bibliothèque publique ; sa proposition étant adoptée, le
conseil vota cinq cents francs au budget de 1823, nomma une
commission pour diriger l'établissement et le choix des livres.

1823.— Le projet de construire un hôtel de ville, une halle
aux grains, fut soumis au conseil municipal d'Argentan. Le bâtiment devait contenir un local pour la bibliothèque et un autre
pour la justice de paix. L'emplacement désigné était l'ancien
couvent des Dominicains, cédé à la ville par le gouvernement,
parce qu'elle ne se trouvait pas comprise au nombre des cités
désignées pour recevoir des garnisons.

La révolution d'Espagne pouvait avoir du retentissement en
France et faire obstacle à la marche du gouvernement rétrograde
qui enchaînait de plus en plus le peuple et la presse, inventait
les crimes de tendance et déférait aux tribunaux, jugeant sans
juri, les délits de la presse. Cent mille français pénètrent en Es-

pagne. Le but de cette promenade militaire était le rétablissement, en ce pays, de l'absolutisme, de l'autorité du clergé, de
faire du duc d'Angoulême un héros, de solder quelques dévoue-
ments monarchiques. L'ordonnance d'Andujar ne put arrêter
les réactions, et les échafauds se dressèrent en Espagne. Le
parti de l'émigration prit de l'audace : l'expulsion violente de
Manuel, contre laquelle l'opposition protesta, fut suivie de la
dissolution de la chambre. Les nouvelles élections, entachées de
fraudes et de violences, éclaircirent encore les rangs de l'opposition : les ministres en profitèrent pour faire adopter la septennalité, la conversion des rentes, la loi du recrutement et la
censure facultative des journaux.

1824.— Louis xviii mourut à Paris, le 16 septembre 1824, et
fut inhumé à Saint-Denis.

Le conseil municipal d'Argentan adopta le projet de construction de la mairie et des halles ; il adopta de même le projet
d'ouvrir une route départementale d'Argentan à Vimoutiers.

Le comte d'Artois, frère de Louis xviii, monta sur le trône,
sous le nom de Charles x. Ses dispositions favorables à l'émigration et au clergé lui avaient aliéné les esprits.

1825.—Une énorme liste civile, l'ascendant toujours croissant
du clergé, la loi barbare du sacrilége, le milliard d'indemnité
dévolu à l'émigration, donnaient à connaître ce qu'on devait
attendre du nouveau règne.

1826. — La loi sur les substitutions et le droit d'ainesse exci-
tèrent l'indignation publique. Ces projets, repoussés à la chambre
des pairs par une faible majorité, ne purent amener la chute du
ministère, soutenu par trois cents voix dans la chambre des députés. Le clergé, devenu le canal des grâces, entravait les rouages
de la machine gouvernementale; les absolutistes en furent gênés;
la défection commença.

1827. — Le 27 mai de cette année fut posée, par les autorités locales, la première pierre de l'Hôtel-de-Ville d'Argentan; une plaque de métal sur laquelle sont gravés l'époque et les noms des administrateurs, y est incrustée.

Menacé dans son existence, le ministre enfante un projet de loi pour enchaîner la presse. Il fut repoussé à la chambre des pairs : on illumina dans Paris. Quelques jours après, dans une revue, la garde nationale manifesta des vœux pour le renvoi des ministres ; elle fut licenciée le lendemain. La censure fut rétablie. Malgré la loi de septennalité, la chambre déclara que n'ayant reçu qu'un mandat quinquennal, elle ne pouvait continuer à siéger légalement. La dissolution fut arrêtée.

Les nouvelles élections amenèrent dans la chambre une majorité constitutionnelle. Celles de Paris devinrent l'objet d'une démonstration populaire; on illumina. Les ministres s'en irritèrent. La police reçut l'ordre de rendre la joie séditieuse. Le sang coula dans la rue St-Denis. Une fournée de soixante-seize pairs fut le dernier coup de ce ministère. Le secours donné aux Grecs, la victoire de Navarin, lui firent présumer qu'on lui tiendrait compte de la gloire de nos armes! Le peuple n'y songea pas.

Pendant ce temps, la duchesse d'Angoulême voyageait; elle vint à Argentan le 8 septembre 1827, et fut reçue à l'hôtel de la sous-préfecture aux frais de la ville.

1828. — Le nouveau ministère, mieux composé, présenta une loi plus satisfaisante sur la presse, fit signer une loi pour l'expulsion des jésuites, obtint 80,000,000 pour l'expédition de la Morée. Les projets de ce ministère étant en désaccord avec ceux de la camarilla et du maître, il devait succomber.

Dans cette même année on établit, à Argentan, les dames de l'éducation chrétienne. 1829. Un projet de loi municipale et départementale, tant soit peu satisfaisant, fut présenté; l'opposition le combattit. La cour saisit l'occasion et le retira. La session finissait; avant de clore, le ministère fit des promesses de réforme qui furent accueillies avec bonheur et confiance. Le ministère était en harmonie avec la nation. On apprend, tout à coup, que le roi a gourmandé ses ministres sur leurs con-concessions, et les a chassés pour faire place au ministère Polignac, composé de ce favori, Bourmont, Labourdonnaie, Courvoisier, Chabrol, Guernon Ranville et Capelle. Les menaces dont retentirent les journaux de ce ministère éveillèrent l'attention. Ils avaient donné le signal du combat; la résistance s'organisa.

Des associations pour le refus de l'impôt se formèrent en Bretagne et dans plusieurs départements.

1830. — Pour détourner l'attention publique, le ministère conçut le projet de l'expédition d'Alger. Labourdonnaie n'ayant pas obtenu la présidence du conseil, se retira et fut remplacé par Montbel. Le discours du roi, à l'ouverture de la session, se terminait par une menace. L'adresse, votée en réponse, dénonçait, en termes respectueux, la douleur et les inquiétudes de la nation et disait qu'il n'y avait pas, entre le ministère et la chambre, *concours* de vues politiques. La dissolution fut prononcée, l'ouverture de la nouvelle session fixée au 5 août.

A Paris et dans les départements, le retour des deux cent vingt et un députés signataires de l'adresse fut l'occasion d'ovations et de banquets populaires. A Argentan, des tables furent dressées dans l'ancien Cours, et la garde nationale et les autorités locales y trouvèrent leurs couverts.

Le 19 mai, deux des ministres, Chabrol et Courvoisier, furent remplacés par Chantelause et Montbel. A cette époque, les départements de l'Orne, du Calvados et de la Manche, furent désolés par des incendies, allumés par la malveillance. Un voile impénétrable en a, jusqu'à ce moment, caché les auteurs. La ville d'Argentan n'eut pas de malheurs à déplorer; mais il y eut quelques pertes dans les environs.

Malgré les menaces du ministère, les nouvelles élections donnèrent à l'opposition deux cent soixante six voix, et au ministère cent quarante-cinq. On arrêta la dissolution de la nouvelle chambre qui n'était pas encore organisée. Le 25 juillet furent rendues les ordonnances qui causèrent le renversement de la monarchie.

La première suspend la presse périodique ;

La deuxième dissout la chambre des députés, ou plutôt casse les élections ;

La troisième change la loi électorale, ou plutôt place l'élection dans la main des grands propriétaires et de l'autorité.

Tout ce système s'appuyait sur l'art. 14 de la Charte constitutionnelle.

La publication de ces ordonnances fut une déclaration de guerre entre le souverain et son peuple. La stupeur était générale dans Paris. Une indignation profonde succéda à ce premier sentiment; des rassemblements se formèrent, des gendarmes parurent. A leur vue, l'effervescence populaire s'accrut, la lutte devint acharnée. Le combat dura deux jours. Les rues étaient jonchées de cadavres. Le peuple, auquel s'étaient ralliés plusieurs régiments de la ligne, demeura maître du champ de bataille. Une commission, composée de Laffitte, Casimir Périer, Lobeau, Audry de Puyravau, Mauguin et de Schonen, fut installée en permanence à l'Hôtel-de-Ville. Charles x lui envoya trois commissaires chargés de traiter de l'abolition des ordonnances et de la composition d'un ministère populaire. Mauguin s'écria : *Il est trop tard!* La terrible sentence fut répétée; les envoyés se retirèrent.

30 Juillet. Sur la proposition de M. Laffitte, il fut décidé qu'on offrirait la lieutenance-générale au duc d'Orléans. Abandonné de ceux qui l'encensaient la veille, Charles x quitta St-Cloud pour Rambouillet. Sa présence, trop rapprochée de la capitale, pouvant y entretenir l'agitation, on lui députa trois

commissaires : MM. Odilon-Barrot, de Schonen et le maréchal Maison, pour le décider à partir; et, pour l'y mieux déterminer, le lieutenant-général envoya six mille gardes nationaux, suivis d'une multitude de volontaires pour le contraindre. Pour la troisième fois , cette famille partit pour l'exil, et prit sa route par la Normandie; elle arriva dans Argentan, le 4 août, et reçut l'accueil froid et respectueux dû à son malheur. Charles x occupa la maison Viel-Raveton, sur le petit Cours St-Martin. Il séjourna dans Argentan, et partit pour s'embarquer à Cherbourg, d'où il se dirigea vers l'Angleterre. *The pleasure of descending with ease and résignation.*

Le 5 août, le lieutenant-général procéda à l'ouverture des chambres. Sur la proposition de M. Bérard, le trône fut déclaré vacant en fait et en droit, et il fut décidé que la couronne serait décernée au duc d'Orléans. A peine ce résultat fut-il proclamé que la chambre entière, moins quelques députés du côté droit, se porta en corps au Palais-Royal, pour lui offrir la couronne. Le 9 août, le prince déclara officiellement accepter l'offre qui lui était faite , et prêta serment sous le nom de Louis-Philippe 1er, avec le titre de roi des Français.

Le nouveau souverain s'occupa de consolider l'ordre , de compléter, perfectionner et faire respecter les lois, et de maintenir la bonne intelligence avec les puissances étrangères. Il continue son règne avec prudence, sagesse et bonheur. Louis-Philippe est un homme de mœurs austères ; jamais la calomnie la plus audacieuse n'a osé toucher, même indirectement, sa vie privée. Doux et bon envers ceux qui le servent, il n en exige pas moins une exactitude rigoureuse dans l'accomplissement de leurs devoirs, et une propreté minutieuse. Jamais il n'appose sa signature sur aucune pièce sans, au préalable, en avoir pris connaissance. Il a beaucoup vu, sait beaucoup, aime à conter et conte bien. Le roi des Français est né le 6 octobre 1773. Charles x et le duc d'Angoulême sont morts au château de Frodshorff, sur la terre de l'exil. Il ne reste plus, de cette branche, que la duchesse d'Angoulême, qui a pris le titre de comtesse de Marne , la duchesse de Berri, le duc de Bordeaux, qui prend à l'étranger le nom de Henri v, roi de France *in partibus*, et sa sœur qui vient d'épouser le duc de Lucques et Piombino.

Le règne de Louis-Philippe n'étant pas encore du domaine de l'histoire, nous laisserons à d'autres le soin de l'écrire. Il nous suffira de dire que, depuis son avénement, sauf les suites de la conquête de l'Algérie , la France est dans une paix profonde : *Deus nobis hæc otia fecit.* Ce nouvel ordre de choses, cependant, fit opérer des mutations dans toutes les administrations, l'armée et la magistrature : *in shoals the servile creatures run to bow before the rising sun.* Il n'était personne qui ne se crût appelé à administrer l'état — qui ne voulût être officier. — N'était-on bon à rien , on se croyait propre à être juge, surtout lorsqu'on avait un parent, un ami député qui votait avec le ministère. C'était une imitation de la réaction de 1815, dont la déclaration d'inamovibilité vint consacrer les erreurs et causa de si grands maux. On gagna néanmoins la suppression des juges auditeurs. Aujourd'hui le pilote habile qui dirige le vaisseau de l'état préfère les gens de bien aux méchants, récompense le vrai mérite et les talents, ne fait d'injustice à personne, à moins qu'il ne soit mal informé. Nous terminerons par les événements d'Argentan depuis 1830 jusqu'à nos jours.

1830. — Il ne se passa rien de remarquable , sauf les fêtes et un banquet dans le nouveau Champ-de-Foire. Un discours, dont l'auteur n'est pas nommé, fut prononcé par un des membres du conseil municipal , désigné à cet effet , en présence de la population assemblée. Chaque année, les fêtes commémoratives des journées de juillet sont célébrées à Argentan par des actes de bienfaisance, des jeux et des feux d'artifices.

1833. — On établit à Argentan une école gratuite pour les garçons; elle est dirigée par un instituteur du deuxième degré.

1834.— On établit, au collége d'Argentan, une école primaire supérieure à laquelle une école élémentaire a été adjointe.

1835. — Un membre du conseil renouvelle la proposition faite en 1822, de créer une bibliothèque publique dans le local qui lui est destiné. Sa proposition est adoptée. La commission des finances est invitée à proposer, tant sur l'exercice courant que sur celui de 1836, les crédits qu'elle croira pouvoir ouvrir pour cet objet. Comme son aînée, cette délibération n'a pas eu d'exécution.

1836. — Une ordonnance royale, du 30 juin 1835, autorisait la création d'une caisse d'épargne à Argentan; les opérations ont été ouvertes le 19 janvier suivant.

1837, 1838, 1839, 1840. — Il a été fondé, à Argentan, une salle d'asile pour les enfants des classes indigentes, un cours spécial pour les adultes apprentis, ouvriers et autres. Il est ouvert du mois de novembre au mois de mai, de huit à dix heures du soir.

Un arrêté, du 18 novembre 1838, établit à Argentan un bureau de bienfaisance, et interdit la mendicité. Tous les ans on établit des ateliers de charité pour donner de l'occupation aux ouvriers pendant l'hiver : les fonds en sont alloués au budget de la ville.

Des sœurs de la miséricorde, pour le soulagement des malades à domicile, ont été appelées à Argentan. Il est pourvu aux dépenses de l'établissement par des souscriptions, des quêtes et par le budget de la ville.

1841, 1842, 1843, 1844, 1845. — Des masures encombraient la rue St-Germain ; elles ont été achetées par la ville, démolies et remplacées par de belles constructions. La nouvelle rue de l'Hôtel-de-Ville a été percée; mais elle ne sera définitivement

dressée que dans vingt-cinq ans: deux constructions doivent sub-
sister pendant ce laps de temps; c'est un petit pavillon dépendant
la maison Malfilâtre, et la tour Magloire. Dès 1840, il avait été
décidé qu'un abattoir serait construit sur la route de Falaise; il
a été terminé en 1845, mais n'est pas encore utilisé.

Le 27 mai 1841, il avait été arrêté que l'on construirait une
halle supplémentaire et une salle de spectacle dessus, du côté
est de la place de l'Hôtel-de-Ville. Cette construction est en
activité; on espère que le tout sera terminé en 1846.

La loi sur l'organisation municipale, datée du 21 mars 1831,
a produit parfois des élections bizarres. En l'année 1840, de nouveaux élus furent installés. Le défaut d'harmonie entre les
indivdus produisit la mésintelligence entre les conseillers ; alors
naquit la seconde guerre de la Jacquerie. Les résultats en furent
moins funestes que ceux de la première, car ils se bornèrent à
l'échange de quelques écrits qui furent bientôt oubliés.

C'est depuis l'installation de ce nouveau conseil que date la
publication des comptes-rendus et des tableaux synoptiques des
délibérations du conseil municipal. La première publication a eu
lieu en 1842, la deuxième en 1843. Cette méthode précieuse
met le public à même de connaître les affaires de la ville, de
juger ses mandataires et de puiser, dans l'expérience du passé,
les prévisions de l'avenir. Espérons qu'elle continuera d'être
mise en pratique.

Le 13 juillet 1842, un événement affreux mit la France en
deuil : *Ferdinand-Philippe-Louis-Charles-Henri d'Orléans*, né à
Palerme, le 3 septembre 1810, fils aîné du roi des Français,
devait partir pour St-Omer, où son altesse royale allait inspecter
plusieurs régiments désignés pour le corps d'armée d'opération
sur la Marne.

A onze heures, le prince monta en voiture, dans l'intention
d'aller à Neuilly faire ses adieux au roi, à la reine et à la famille

royale ; la voiture, en forme de calèche, était attelée de deux
chevaux à la Daumont.

Arrivé à la hauteur de la porte Maillot, les chevaux effrayés
ou animés outre mesure, prirent le galop; déjà le postillon ne les
maîtrisait plus qu'avec peine ; le prince lui cria : Tu n'es plus
maître de tes chevaux? Non, Monseigneur; mais je les dirige
encore. Le prince pensa qu'il ne parviendrait pas à les calmer; il
mit le pied sur le marche-pied de la voiture qui était très près de
terre; ses deux pieds touchèrent le sol, mais la force d'impulsion le
fit trébucher; la tête porta sur le pavé, la chûte fut horrrible.
S. A. R. resta sans connaissance à la place où elle était tombée.

On accourut au secours du prince, et on le transporta dans
la maison d'un épicier située à quelques pas delà. Son état ne
laissait aucun espoir ; le crâne présentait des lésions et un si
complet écrasement qu'ils devaient occasionner la mort instan-
tanée. Cependant il vécut jusqu'à quatre heures et demie,
moment où il rendit l'âme entre les bras du roi son père, sous
les larmes de sa mère, au milieu des sanglots et des cris de douleur de toute sa famille.

C'est à Dreux, dans la chapelle que la princesse douairière,
duchesse d'Orléans, a fait élever, pour la destiner à la sépulture
des princes et princesses des maisons de Toulouse et du Maine,
que repose le prince royal. *Anvers, Mascara, Portes de Fer et le
Col du Teniah* rediront son nom à la postérité.

En 1843, le 3 août, monseigneur le duc de Nemours, second
fils du roi des Français, voyageant avec son épouse dans le but
apparent de se faire connaître des populations et d'étudier leur
esprit, passa par Argentan où il séjourna. Les autorités locales
furent au devant lui. L'hôtel de Normandie avait été désigné
pour recevoir le prince. Le lendemain il fut visiter le haras du
Pin, d'où il partit pour se rendre au camp de Plelan en Bretagne.

1844, 1845. — Dans ces deux années, on fit des études à

Argentan et dans les environs pour la création du chemin de fer de Cherbourg à Tours, avec embranchement à Alençon. Dans le courant de 1845, tous les habitants d'Argentan qui veulent la prospérité de la ville et du pays, dans laquelle se confond la prospérité particulière, n'ont pas manqué de donner leur adhésion. La facilité des communications avec Nantes et Bordeaux permettrait de jeter, sur toutes ces lignes, tous les produits pour lesquels le pays manque de débouchés suffisants: les cidres, les bois, les charbons, les granits, les fourrages, les céréales. Nous recevrions en échange, avec des frais d'importation presque nuls, les fruits et légumes secs de la Touraine, jardin de la France ; les produits en bétail, beurre et salaisons du Bessin et du Cotentin ; les arrivages de l'étranger, dans les ports de la Manche et de la Méditerranée. Ce chemin de fer desservirait les agglomérations de population très rapprochées de nos contrées. Les foires et marchés seraient mieux fournis et plus fréquentés; les forges, qui languissent faute de pouvoir être alimentées par la houille, recevraient, avec ce combustible venu de Caen à peu de frais, une vie, une activité nouvelle; pourraient entrer en concurrence avec les forges du nord, contre lesquelles il ne leur est pas possible de lutter à 12 et 16 fr. près du cent de kilo.

Les conseils municipaux de Caen, de Falaise, d'Argentan, de Séez et d'Écouché ont, à l'unanimité, voté des allocations considérables dans l'intérêt du chemin de fer sur lequel l'enquête est faite. Cette unanimité de vœux prouve non seulement la sympathie des habitants des lieux que le chemin de fer doit traverser, mais encore que ces populations ont réduit à leur juste valeur les bruits semés par les rétardataires et les antagonistes des chemins de fer, qu'ils seraient la cause d'augmentation dans le prix des denrées, de perturbation dans le commerce ; qu'ils tueraient les diligences et le roulage. Tous ces

sujets d'inquiétude ont disparu devant les faits et l'expérience.
S'il pouvait y avoir augmentation dans le prix des denrées, les
terres et les revenus augmenteraient en proportion; le salaire de
l'ouvrier augmenterait également en concours avec la hausse
du prix des denrées. Cela n'est pas nouveau ; l'établissement
des chemins de fer n'apporterait aucun changement sérieux au
cours ordinaire des choses; s'il y avait augmentation d'un côté,
il y aurait baisse de l'autre dans le prix des denrées sèches
employées par les classes peu aisées de la société, par suite du
bas prix des transports. La perturbation dans le commerce; mais
ce serait en augmentation dans le mouvement commercial et
dans l'avantage qu'on en retirerait ; on suivrait le progrès
actuel. S'arrêter dans ce mouvement général, ce serait se faire
écraser sous les pieds de ceux qui suivent; il faut donc emboîter
le pas, car on ne s'arrêterait pas pour relever les trainards. Anéantir les diligences et le roulage ! l'expérience prouve que si les
voitures pour le transport des voyageurs sont aujourd'hui moins
nombreuses dans la direction que suit le chemin de fer, elles le
sont deux fois plus dans les directions latérales, dans la sphère
de son attraction. Enfin, si le chemin de fer pouvait froisser
quelques industries, il faut reconnaître que la somme des avantages et du bien dépasserait dans une progression infinie la
somme du préjudice et du mal qu'elle pourrait occasionner.
Tout fait espérer que le gouvernement exaucera les vœux des
populations qui sollicitent, avec tant d'instance, leur place dans
le droit commun et leur régénération. Notre plus vif regret est
de ne pouvoir donner pour conclusion à ce livre, l'arrêt suprême
du pouvoir qui décidera l'ouverture de cette nouvelle voie de
prospérité.

Nous ne pouvons que faire connaître les tracés décidés, le
25 mars 1846 , par délibération de la commission de l'ouest :

De Bonnières à Caen ;

De Serquigny à Rouen ;

De Paris à Rennes, par Le Mans, avec embranchement sur Alençon ;

Du Mans à Caen.

Elle a rejeté le tracé de Paris à Rennes par Dreux.

En écrivant ce recueil historique, nous avons exposé les faits avec simplicité. Le public jugera ; nous prions nos lecteurs de ne point s'arrêter à la rédaction plus ou moins aisée, mais de pénétrer nos pensées et le sens de ce livre. Si nous avons commis des erreurs matérielles, des anachronismes, ils sont involontaires, et au premier avis dont nous aurons reconnu l'exactitude, nous nous empresserons de les rectifier.

GERMAIN.

Caen, imp. de Ch. Woinez.